CHEMISCHE TECHNOLOGIE
IN EINZELDARSTELLUNGEN
HERAUSGEBER: PROF. DR. FERD. FISCHER, GÖTTINGEN

ALLGEMEINE CHEMISCHE TECHNOLOGIE

SICHERHEITSEINRICHTUNGEN IN CHEMISCHEN BETRIEBEN

VON

DR.-ING. KONRAD HARTMANN

GEHEIMER REGIERUNGSRAT, SENATSVORSITZENDER IM REICHS-
VERSICHERUNGSAMT, PROFESSOR AN DER TECHN. HOCHSCHULE
ZU BERLIN

MIT 254 FIGUREN IM TEXT

Springer-Verlag Berlin Heidelberg GmbH

1911

ISBN 978-3-662-33456-0   ISBN 978-3-662-33854-4 (eBook)
DOI 10.1007/978-3-662-33854-4

Vorwort.

Mit der Entwicklung der Industrie haben die Maßnahmen zur Sicherung der Arbeiter gegen die mit ihrer Berufstätigkeit verbundenen, Leben und Gesundheit bedrohenden Gefahren wachsende Bedeutung gewonnen. Denn diese Gefahren sind größer geworden, neue Fabrikationsarten, die Verwendung und Erzeugung neuer Stoffe haben neue Schädigungen erzeugt, die entweder zu Unfällen oder zu Erkrankungen führen können. Den Arbeitgebern ist daher immer mehr die sittliche und wirtschaftliche Pflicht erwachsen, durch geeignete Betriebseinrichtungen und zweckentsprechende Betriebsführung ihre Arbeiter zu schützen.

In der chemischen Industrie tritt die Notwendigkeit, zur Sicherung der Arbeiter Maßnahmen zu ergreifen, um so mehr hervor, als die Arbeiter sich der Größe und Art der mit vielen chemischen Stoffen und Arbeitsprozessen verbundenen Gefahren nicht völlig bewußt sind, ferner den Zeitpunkt des Eintretens der Gefahr, auch wenn sie über diese belehrt worden sind, mangels ausreichender chemischer Vorkenntnisse nicht rechtzeitig erkennen können, und weil gewisse Schädlichkeiten erst bei dauernder Einwirkung auf den Organismus zu einer Gesundheitsgefahr führen, die erst erkannt wird, wenn Abhilfe kaum oder nicht mehr möglich ist.

Um die Durchführung von Sicherheitsmaßnahmen allgemein zu erzielen, hat die Gesetzgebung mit den durch sie veranlaßten Gesetzen, Verordnungen und Vorschriften in besonders eingehender Weise bei der chemischen Industrie eingegriffen.

Es ist anzuerkennen, daß in weiten Kreisen der Unternehmer diesen Maßnahmen volles Verständnis entgegengebracht wird, und daß von ihnen unter Aufwendung großer Kosten Sicherheitseinrichtungen in ihren Betrieben geschaffen worden sind. Solche vorbildliche Vorkehrungen darzustellen, an der Hand der gesetzlichen Anforderungen den Arbeiterschutz in der chemischen Industrie zu erörtern, ist die Aufgabe dieses Buches.

Da die Bauart und Arbeitsweise der Betriebseinrichtungen in anderen Bänden der „Chemischen Technologie" eingehend behandelt wurde, so ist hier darauf nur insoweit einzugehen, als es zum Verständnis der Schutzmaßnahmen notwendig ist.

Ebenso kann mit Rücksicht auf den bemessenen Umfang des Buches die Eigenart der chemischen Stoffe nur insofern behandelt werden, als sie besondere Gefahren erzeugt. Namentlich bei den Gift- und Sprengstoffen kann nur das Wesentlichste besprochen werden.

Zahlreiche Angaben sind dem aus Anlaß des 25jährigen Bestehens der gewerblichen Arbeiterversicherung von dem Verbande der Deutschen Berufsgenossenschaften als Denkschrift herausgegebenen umfangreichen Werk „Unfallverhütung und Betriebssicherheit" entnommen worden. Der Bearbeiter des technischen Teils dieses Buches, Herr Professor Dr.-Ing. *Max Schlesinger*, hat hierzu bereitwilligst seine Einwilligung gegeben, wofür ich ihm verbindlichsten Dank sage.

Weitere zahlreiche Angaben entstammen den von den technischen Aufsichtsbeamten der Berufsgenossenschaft der chemischen Industrie über ihre Tätigkeit erstatteten Jahresberichten und den von der Berufsgenossenschaft veröffentlichten Musterblättern bewährter Sicherheitseinrichtungen. Dem Genossenschaftsvorstande, der die Benutzung dieser wertvollen Mitteilungen erlaubt hat, bin ich zu aufrichtigem Danke verpflichtet.

Dr.-Ing. h. c. Konrad Hartmann.

Inhaltsverzeichnis.

I. Einleitung.

Die chemische Industrie umfaßt eine große Zahl der verschiedenartigsten Gewerbszweige und Fabrikationsarten, die in ihren Betriebseinrichtungen und Arbeitstätigkeiten Leben und Gesundheit der Arbeiter mit den allerverschiedensten Gefahren bedrohen. Während in anderen Industriezweigen in der Hauptsache nur gewisse Gefahrenursachen zu bekämpfen sind, treten bei der chemischen Industrie nahezu alle Gefahrenarten auf, die überhaupt in gewerblichen Betrieben vorkommen. Es darf aber hieraus nicht geschlossen werden, als sei die chemische Industrie ganz besonders gefährlich. Die Unfallstatistik zeigt, daß im Verhältnis zur Zahl der Arbeiter die Zahl der Unfälle weit geringer ist, als z. B. in der Bergwerks-, Hütten-, Steinbruchs-, Holzindustrie und in der Schiffahrt und dem Fuhrwesen.

Die Zahl der Erkrankungen, die durch die Tätigkeit in chemischen Betrieben hervorgerufen werden, wird sich wohl im Verhältnis zu der Zahl der Krankheitsfälle in anderen Industriegruppen ungünstiger stellen, jedoch kann das nur für einige Fabrikationsarten mit besonderer Vergiftungsgefahr gelten.

Die Unfallstatistik zeigt weiter, welche Gefahrenarten besonders zu Unfällen führen.

Über die Zahl der in den Betrieben der chemischen Industrie vorkommenden Unfälle geben die alljährlich von der später (S. 11) noch zu kennzeichnenden Berufsgenossenschaft der chemischen Industrie aufzustellenden Rechnungsergebnisse insofern Aufschluß, als die Zahl der angemeldeten Unfälle und die Zahl derjenigen, für welche in dem Rechnungsjahr zum erstenmal eine nach den Bestimmungen des Gewerbe-Unfallversicherungsgesetzes festzusetzende Entschädigung gezahlt wurde, mitgeteilt wird. Hiernach hat sich für die genannte Berufsgenossenschaft für die letzten Jahre folgendes ergeben:

	1907	1908	1909
Zahl der Betriebe	8618	8699	8702
Zahl der versicherten Personen (Vollarbeiter, jeder zu 300 Arbeitstage gerechnet)	214904	209199	219601
Zahl der angemeldeten Unfälle	13034	12236	12307
Zahl der entschädigten Unfälle	2038	1994	1895

Wie sich die Unfälle auf die Betriebseinrichtungen und Vorgänge verteilen, bei denen sie sich ereigneten, wird von der Berufsgenossenschaft auch jedes Jahr mitgeteilt, jedoch wird eine genaue Unfallstatistik nur nach einem längeren Zeitraum im Reichs-Versicherungsamt bearbeitet, so daß genaue

Zahlen nicht für jedes Jahr vorliegen. Die letzte Unfallstatistik behandelt die im Jahre 1907 erstmalig entschädigten Unfälle und ist dabei für die Berufsgenossenschaft der chemischen Iudustrie folgendes ermittelt worden[1]:

die Unfälle ereigneten sich bei:		
Kraftmaschinen (davon 17 an Dampfmaschinen)		19
Transmissionen		33
und zwar durch:		
Wellen und Wellenverbindungen	10	
Zahnräder	1	
Riementriebe	19	
Seil- und Kettentriebe	3	
Arbeitsmaschinen (ausgenommen Hebemaschinen)		351
und zwar:		
Drehbänke	8	
Bohrmaschinen	9	
Hobel- und Fräsmaschinen u. dgl. für Metall	4	
Hobel- und Fräsmaschinen für Holz u. dgl.	15	
Kreissägen für Holz	21	
Bandsägen	1	
Schleif- und Schmirgelmaschinen	13	
Schneide- und Wiegemaschinen	32	
Mühlen, Kollergänge, Walzen, Misch-, Knet-, Rühr-, Reibe-, Sieb-, Brechmaschinen	44	
Hammer- und Stampfwerke	3	
Pressen, Prägewerke, Druckmaschinen	87	
Walzen und Kalander	41	
Zentrifugen	11	
Ventilatoren und Exhaustoren	8	
Pumpen	12	
Sonstige Arbeitsmaschinen	42	
Hebemaschinen		67
und zwar:		
Fahrstühle und Aufzüge	15	
Kranen, Winden, Flaschenzüge, Rollenzüge	38	
Sonstige Hebemaschinen	14	
Dampfkessel und Dampfkocher		3
(davon 2 durch Explosionen)		
Dampfleitungen		2
Elektrischer Strom		3
Sprengstoffe (Explosion)		43
Feuergefährliche, heiße und ätzende Stoffe		295
und zwar:		
Explosion und Entzündung von Gasen und Flüssigkeiten	46	
Flammen von Öfen usw., Feuersbrünste	29	
Glühendes Metall, Asche, Schlacke usw.	13	
Heiße Flüssigkeiten, Wasserdampf	49	
Ätzende Stoffe, Säuren, Laugen	113	
Giftige Stoffe und Gase	50	
Zusammenbruch, Einsturz, Umfallen, Herabfallen von Gegenständen		159
und zwar:		
Materialmassen	18	

---

[1] Gewerbe-Unfallstatistik für das Jahr 1907. Beiheft zu den Amtlichen Nachrichten des Reichs-Versicherungsamts. (Berlin 1910, Behrend & Cie.)

Die Liste läßt erkennen, daß im Gegensatz zu der vielfach vertretenen Ansicht, die eigenartigen Gefahren der giftigen, feuergefährlichen und explosiblen Stoffe erzeugten in der chemischen Industrie die Hauptmasse der Unfälle, die Gefahren der mechanischen Einrichtungen, der Lastbewegung und des Verkehrs in den Betriebsstätten genau so wie bei den meisten anderen Industriegruppen auch hier die größere Zahl der Unfälle herbeiführen. Daher müssen bei der Festsetzung und Durchführung von Sicherheitsmaßnahmen diese der gewerblichen Arbeit eigentümlichen Hauptgefahren auch gebührend beachtet werden.

Wenn in der chemischen Industrie den eigenartigen Gefahren der giftigen, feuergefährlichen und explosiblen Stoffe besonders große Aufmerksamkeit gewidmet wird, so ist dies dadurch gerechtfertigt, daß diese Gefahren nicht selten unvermutet auftreten, oft auch in ihrer Größe gar nicht erkannt und jedenfalls den Arbeitern vielfach in ihrer ganzen Schädlichkeit erst bekannt werden, wenn sie eine Katastrophe herbeigeführt haben.

Dazu kommt die Erwägung, daß der Arbeiterschutz in der chemischen Industrie mehr als in jeder anderen die Erkrankungsgefahren, wie sie namentlich durch Vergiftung entstehen, beseitigen muß, und daß solche Gesundheitsschädigungen nicht nur unmittelbar durch Giftstoffe, sondern auch durch die bei Bränden und Explosionen entstehenden Gase und Dämpfe entstehen können.

Solche Fälle sind auch für die Unfallverhütung wichtig, denn wenn die Erkrankungen sich als ein plötzliches, d. h. in einem verhältnismäßig kurzen Zeitraum auftretendes Ereignis kennzeichnen, so gelten sie nach der Rechtsprechung des Reichs-Versicherungsamtes als Unfall und ihre erwerbsbeeinträchtigenden Folgen sind von der Berufsgenossenschaft der chemischen Industrie nach den Bestimmungen des Gewerbe-Unfallversicherungsgesetzes (vgl. S. 11) zu entschädigen.

Die allgemeine Durchführung von Sicherheitsmaßnahmen erfordert eine
gesetzliche Regelung, die auf dem Gebiete der chemischen Industrie wegen
der eigenartigen Gefahren besonders eingehend erfolgt ist.

Gesetzliche Bestimmungen.

Allgemeine Befugnisse zum Schutze vor Gefahren und damit auch zum
Schutze der Arbeiter vor Betriebsgefahren sind durch die in den verschiedenen
Bundesstaaten geltenden landesrechtlichen Bestimmungen und Gesetze über
die Polizeiverwaltung den Polizeibehörden gegeben.

Das Strafgesetzbuch enthält in den §§ 222, 230 bis 232 Bestimmungen
über fahrlässige Tötung und Körperverletzung, die auch in Anwendung
kommen, wenn der Arbeitgeber oder der für ihn Verantwortliche durch Außer-
achtlassung der Aufmerksamkeit, zu der er vermöge seines Amtes, Berufs oder
Gewerbes verpflichtet war, also z. B. durch Nichtanbringung von Schutzvorrichtungen, die Körperverletzung oder den Tod eines Arbeitnehmers
verursacht. Auch § 309, welcher von der Bestrafung bei fahrlässiger Brand-
stiftung handelt, § 330 und § 367 Abs. 14 und 15, welche die fehlerhafte
oder vorschriftswidrige Leitung und Ausführung von Bauarbeiten betreffen,
§ 367, der im Abs. 4 von der ohne Erlaubnis erfolgten Zubereitung von Schießpulver oder anderen explodierenden Stoffen und Feuerwerken und im Abs. 5
von der vorschriftswidrigen Aufbewahrung und Behandlung feuergefährlicher
und explosiver Stoffe und Feuerstätten handelt, und §§ 368 und 369, welche
eine Bestrafung festsetzen, wenn gewisse oder vorgeschriebene Vorsichtsmaßregeln gegen Feuersgefahr unbeachtet gelassen wurden, kommen für den
Schutz der Arbeiter unter Umständen zur Geltung.

Ferner sind wichtig die Bestimmungen des Haftpflichtgesetzes,
welche für bestimmte Betriebsgruppen und darunter auch für die Betriebe
der chemischen Industrie die Entschädigungsverpflichtung der Unternehmer
festlegen, sofern durch Verschulden der Bevollmächtigten, Repräsentanten,
Betriebsleiter, Aufseher der Tod oder die Körperverletzung eines Menschen
herbeigeführt ist.

Die gesetzliche Grundlage für die zum Schutze von Leben und Gesundheit
der Arbeiter und auch zum Schutze der Nachbarschaft zu ergreifenden Maßnahmen bildet hauptsächlich das Reichsgesetz vom 1. Juni 1891, betreffend
Abänderung der Gewerbeordnung[1].

Nach § 16 der Gewerbeordnung ist zur Errichtung von Anlagen, welche
durch ihre örtliche Lage oder die Beschaffenheit der Betriebsstätte für die
Besitzer oder Bewohner der benachbarten Grundstücke oder für das Publikum
überhaupt erhebliche Nachteile, Gefahren oder Belästigungen herbeiführen
können, die Genehmigung der nach den Landesgesetzen zuständigen Be-
hörde erforderlich.

Zu solchen Anlagen gehören aus dem Bereiche der chemischen und ver-

---

[1] D. F. Hoffmann, Die Gewerbeordnung mit den Ausführungsbestimmungen.
7. bis 10. Aufl. (Berlin 1910, Carl Heymanns Verlag.)

wandten Industrie: Schießpulverfabriken, Anlagen zur Feuerwerkerei und zur Bereitung von Zündstoffen aller Art (hierzu gehören auch die Sprengstoffe, flüssiges Acetylen, Zündhölzer), Gasbereitungs- und Gasbewahrungsanstalten, Anstalten zur Destillation von Erdöl, Anlagen zur Bereitung von Braunkohlenteer, Steinkohlenteer und Koks, sofern sie außerhalb der Gewinnungsorte des Materials errichtet werden, chemische Fabriken aller Art, Firnissiedereien, Leim-, Tran- und Seifensiedereien, Knochenbrennereien und Knochenbleichen, Poudretten- und Düngpulverfabriken, Asphaltkochereien und Pechsiedereien, soweit sie außerhalb der Gewinnungsorte des Materials errichtet werden, Kalifabriken und Anstalten zum Imprägnieren von Holz mit erhitzten Teerölen, Anlagen zur Herstellung von Celluloid, Anlagen zur Destillation oder zur Verarbeitung von Teer und Teerwasser, Anlagen, in welchen aus Holz oder ähnlichem Fasermaterial auf chemischem Wege Papierstoff hergestellt wird (Cellulosefabriken), Anlagen, in welchen Albuminpapier hergestellt wird, und Anlagen zur Herstellung von Zündschnüren und von elektrischen Zündern.

Außerdem ist nach § 24 der Gewerbeordnung die bezeichnete Genehmigung auch zur Anlegung von Dampfkesseln, mögen sie zum Maschinenbetrieb bestimmt sein oder nicht, erforderlich. Dampfkochgefäße, Dampfüberhitzer, Dampfbehälter und Dampfkochkessel sind jedoch keine Dampfkessel im Sinne dieser Gesetzesbestimmung.

Das Genehmigungsverfahren soll nach § 18 der Gewerbeordnung gleich mit dazu benutzt werden, um die zum Schutze der Arbeiter gegen Gefahr für Leben und Gesundheit erforderlichen Maßregeln zu erörtern und in Form von Bedingungen vorzuschreiben. Es hat dies den Vorteil, daß schon für die Einrichtung der Anlage die Forderungen, wie sie in §§ 120a bis 120c der Gewerbeordnung gekennzeichnet sind, zur Geltung gebracht werden können, so daß den Unternehmern die lästigen nachträglichen Auflagen nach Möglichkeit erspart werden. Zur Vermeidung von Widersprüchen zwischen den für die Genehmigung festzusetzenden Bedingungen und den Unfallverhütungsvorschriften der für das Unternehmen in Frage kommenden Berufsgenossenschaft sind diese Vorschriften auch zu beachten.

Nach diesen Gesichtspunkten sind von einigen Landeszentralbehörden Anleitungen aufgestellt worden, die von den für die Genehmigung zuständigen Behörden zu beachten sind.

Für Preußen gilt die vom Minister für Handel und Gewerbe erlassene „Technische Anleitung" vom 15. Mai 1895 (Ministerialblatt für die gesamte innere Verwaltung in den Kgl. Preußischen Staaten — MBl. 1895, S. 196), abgeändert durch Erlaß vom 9. Januar 1896 (MBl. 1896, S. 9), vom 16. März, 1. Juli 1898 (MBl. 1898, S. 98 und 187) und vom 15. März 1907 (Ministerialblatt der Handels- und Gewerbeverwaltung — HMBl. 1907, S. 67). Sie enthält außer allgemeinen Gesichtspunkten besondere Hinweise für folgende, der chemischen Industrie angehörende oder verwandte Betriebsarten: Gasbereitungs- und Gasbewahrungsanstalten, Anstalten zur Destillation von Erdöl, Anlagen zur Bereitung von Braunkohlen- und Steinkohlenteer, sofern sie außerhalb der Gewinnungsorte des Materials errichtet werden, Firnis-, Leim-, Teer-, Seifensiedereien, Knochenbrennereien, Knochenkochereien und Knochenbleichen, Asphaltkochereien und Pechsiedereien, soweit sie außerhalb der Gewinnungsorte des Materials errichtet werden, Anstalten zum Imprägnieren von Holz mit erhitzten Teerölen, Anlagen zur Destillation oder zur Verarbeitung von Teer und Teerwasser.

Für andere Betriebe gelten die in der Gewerbeordnung dargelegten Gesichtspunkte.

In Württemberg ist diese preußische Anleitung als Richtschnur zu beachten.

In Baden gilt die Verordnung des Badischen Ministeriums des Innern vom 23. Dezember 1883, den Vollzug der Gewerbeordnung betr., (Gesetzes- und Verordnungsblatt 1883, S. 357).

Die Bestimmungen der Reichsgewerbeordnung über den Schutz von Leben und Gesundheit der Arbeiter lauten in den §§ 120a, 120c bis 120e:

„Die Gewerbeunternehmer sind verpflichtet, die Arbeitsräume, Betriebsvorrichtungen, Maschinen und Gerätschaften so einzurichten und zu unterhalten und den Betrieb so zu regeln, daß die Arbeiter gegen Gefahren für Leben und Gesundheit so weit geschützt sind, wie es die Natur des Betriebes gestattet.

Insbesondere ist für genügendes Licht, ausreichenden Luftraum und Luftwechsel, Beseitigung des bei dem Betrieb entstehenden Staubes, der dabei entwickelten Dünste und Gase so wie der dabei entstehenden Abfälle Sorge zu tragen.

Ebenso sind diejenigen Vorrichtungen herzustellen, welche zum Schutze der Arbeiter gegen gefährliche Berührungen mit Maschinen oder Maschinenteilen oder gegen andere in der Natur der Betriebsstätte oder des Betriebes liegende Gefahren, namentlich auch gegen die Gefahren, welche aus Fabrikbränden erwachsen können, erforderlich sind.

Gewerbeunternehmer, welche Arbeiter unter 18 Jahren beschäftigen, sind verpflichtet, bei der Einrichtung der Betriebsstätte und bei der Regelung des Betriebes diejenigen besonderen Rücksichten auf Gesundheit und Sittlichkeit zu nehmen, welche durch das Alter dieser Arbeiter geboten sind.

Die zuständigen Polizeibehörden sind befugt, im Wege der Verfügung für einzelne Anlagen diejenigen Maßnahmen anzuordnen, welche zur Durchführung der in §§ 120a bis 120c enthaltenen Grundsätze erforderlich und nach der Beschaffenheit der Anlage ausführbar erscheinen.

Durch Beschluß des Bundesrates können Vorschriften darüber erlassen werden, welchen Anforderungen in bestimmten Arten von Anlagen zur Durchführung der in den §§ 120a bis 120c enthaltenen Grundsätze zu genügen ist.

Soweit solche Vorschriften durch Beschluß des Bundesrates nicht erlassen sind, können dieselben durch Anordnung der Landes-Zentralbehörde oder durch Polizeiverordnungen der zum Erlasse solcher berechtigten Behörden erlassen werden.

Durch Beschluß des Bundesrates können für solche Gewerbe, in welchen durch übermäßige Dauer der täglichen Arbeitszeit die Gesundheit der Arbeiter gefährdet wird, Dauer, Beginn und Ende der zulässigen täglichen Arbeitszeit und der zu gewährenden Pausen vorgeschrieben und die zur Durchführung dieser Vorschriften erforderlichen Anordnungen erlassen werden."

Von dem Recht, Verordnungen zu erlassen, haben der Bundesrat, die Landeszentralbehörden und die zum Erlaß von Polizeiverordnungen zuständigen Behörden vielfach Gebrauch gemacht. Die Bekanntmachungen des Bundesrates sind im Reichsgesetzblatt (RGBl.) mitgeteilt und werden in den weiteren Ausführungen kurz bezeichnet. Eine Zusammenstellung der von den

Landeszentralbehörden oder durch Polizeiverordnungen zum Schutze gewerblicher Arbeiter erlassenen Vorschriften ist im Reichsamt des Innern bearbeitet worden[1].

Auf Grund des § 120e der Gewerbeordnug hat der Bundesrat folgende für die chemische Industrie besonders wichtige Vorschriften erlassen:

Für die Einrichtung und den Betrieb von Anlagen zur Herstellung von Bleifarben und anderen Bleiprodukten, vom 26. Mai 1903 (RGBl. 1903, S. 225);

für die Einrichtung und den Betrieb der Bleihütten, vom 16. Juni 1905 (RGBl. 1905, S. 545);

für Betriebe, in denen Maler-, Anstreicher-, Tüncher-, Weißbinder- oder Lackierarbeiten ausgeführt werden, vom 27. Juni 1905 (RGBl. 1905, S. 555);

für die Einrichtung und den Betrieb von Anlagen zur Herstellung elektrischer Akkumulatoren aus Blei oder Bleiverbindungen, vom 6. Mai 1908 (RGBl. 1908, S. 172);

für die Einrichtung und den Betrieb gewerblicher Anlagen, in denen Thomasschlacke gemahlen oder Thomasschlackenmehl gelagert wird, vom 3. Juli 1909 (RGBl. 1909, S. 543);

für die Einrichtung und den Betrieb gewerblicher Anlagen zur Vulkanisierung von Gummiwaren, vom 1. März 1902 (RGBl. 1902, S. 59);

für die Einrichtung und den Betrieb von Anlagen zur Herstellung von Alkali-Chromaten, vom 16. Mai 1907 (RGBl. 1907, S. 233).

Weiter sind vom Königlich Preußischen Minister für Handel und Gewerbe eine Reihe von Erlassen ausgegeben worden, in denen Vorschriften oder Anleitungen verkündet sind, die für die chemische Industrie besonderes Interesse haben. Diese Erlasse sind im Ministerialblatt der inneren Verwaltung (MBl.) und im Ministerialblatt der Handels- und Gewerbeverwaltung (HMBl.) veröffentlicht und behandeln folgendes:

Bedingungen für die Errichtung von Acetylenfabriken, Erlasse vom 2. November 1897 (MBl. 1897, S. 262), 8. Juni 1905 (HMBl. 1905, S. 164), 6. April 1906 (HMBl. 1906, S. 169), 25. April und 18. Juni 1909 (HMBl. 1909, S. 235 u. 283);

Gesichtspunkte, welche zur Abwendung gesundheitsschädlicher Wirkungen des Wasser- und Halbwassergases zu beobachten sind. Erlasse vom 2. Juli 1892 und 8. Januar 1906 (MBl. 1892, S. 325, HMBl. 1906, S.18); für Halbwassergasanlagen abgeändert durch Erlaß vom 31. Dezember 1896 (MBl. 1897, S. 7);

Grundsätze für die Einrichtung und den Betrieb von Sauggas-Kraftanlagen, Erlasse vom 17. Januar 1903 (HMBl. 1903, S. 14) und 20. Juni 1904 (HMBl. 1904, S. 338);

Grundsätze für die Aufstellung, Beschaffenheit und den Betrieb neu zu errichtender Luftgasanlagen, Erlaß vom 21. September 1910 (HMBl. 1910, S. 510);

---

[1] Landesbehördliche Arbeiterschutzvorschriften. Zusammengestellt im Reichsamt des Innern. (R. v. Deckers Verlag, Berlin.)

Erlaß vom 5. Oktober 1897, betreffend Schutzmaßregeln gegen die Einatmung von Arsenwasserstoffgas in Farbenfabriken und bei der Herstellung von Chlorzink;

Erlasse vom 22. Oktober 1902 und 8. Januar 1904, betreffend Vergiftung durch Einatmen von Arsenwasserstoff (HMBl. 1902, S. 390 und 1904, S. 21);

Anleitungen zu Vorschriften über die Anlegung und den Betrieb von Schwarzpulverfabriken und von Fabriken zur Herstellung gelatinierten, rauchschwachen Pulvers, vom 9. Dezember 1903 (MBl. 1903, S. 398);

Bestimmungen über die Einrichtung und den Betrieb von Anlagen zur Herstellung von nitroglycerinhaltigen Sprengstoffen, Erlasse vom 10. Oktober 1893 und 19. November 1900 (MBl. 1901, S. 36), dazu Erlasse vom 23. März 1901 (MBl. 1901, S. 141), 15. Juni 1899, 15. Februar und 23. November 1906 (HMBl. 1906, S. 105, 395);

Erlaß vom 23. März 1901, betreffend den Blitzschutz für Anlagen zur Herstellung von nitroglycerinhaltigen Sprengstoffen (HMBl. 1901, S. 7);

Anleitung zu Vorschriften über Blitzschutzvorrichtungen für Pulver- und Sprengstoffabriken, sowie für Pulver- und Sprengstoffmagazine, Erlaß vom 13. November 1906 (HMBl. 1906, S. 378);

Erlaß vom 25. September 1887, betreffend Anforderungen an die Betriebsleiter von Pulver- und Sprengstoffabriken;

Erlaß vom 20. Mai 1892, betreffend die Ordnung des Betriebes und das Verhalten der Arbeiter in Sprengstoffabriken;

Erlaß vom 14. März 1899, btereffend Beschränkung der Akkordarbeit in Sprengstoffabriken;

Erlaß vom 6. Februar 1900, betreffend die Bauart von Magazinen für brisante Sprengstoffe (MBl. 1900, S. 102);

Anleitung zu Vorschriften für die Anlage und den Betrieb von Pikrinsäurefabriken, vom 24. Oktober 1903 (MBl. 1903, S. 349);

Erlaß vom 14. April 1904, betreffend Führer von Sprengstoff- und Pulvertransporten (HMBl. 1904, S. 110);

Erlasse vom 14. September 1905 (Polizeiverordnung), 30. September 1905, 22. September 1906 und 14. Februar 1908, betreffend Verkehr mit Sprengstoffen (HMBl. 1905, S. 282 und 297, 1906, S. 352 und 1908, S. 45);

Erlasse vom 15. Februar und 23. November 1906, betreffend Dynamitfabriken (HMBl. 1906, S. 105 und 395);

Erlaß vom 6. Dezember 1906, betreffend Einrichtung und Veränderung von Sicherheitssprengstoffabriken (HMBl. 1906, S. 400);

Erlaß vom 6. Juni 1906, betreffend Lötarbeiten an gefüllten Pulverfässern (HMBl. 1906, S. 228);

Erlaß vom 4. November 1903, betreffend Gefährlichkeit von Blitzlichtpulver (HMBl. 1903, S. 355);

Erlaß vom 31. März 1895, betreffend die Zugehörigkeit der elektrochemischen Betriebe zu den genehmigungspflichtigen Anlagen;

Erlaß vom 8. Januar 1900, betreffend Schutzmaßregeln bei der Verwendung von Salpetersäure;

Erlaß vom 28. Dezember 1901, betreffend Gefahr der Bleivergiftung in Bleihütten (HMBl. 1902, S. 5);

Erlaß vom 10. Juli 1905, betreffend Einrichtung und Betrieb von Bleihütten (HMBl. 1905, S. 219);

Erlaß vom 22. April 1902, betreffend Ersatz von Bleiweiß durch Zinkweiß, Lithopon und andere Farbmaterialien (HMBl. 1902, S. 186);

Erlaß vom 6. Juni 1903, betreffend Einrichtung und Betrieb von Bleifarbenfabriken (HMBl. 1903, S. 213);

Erlaß vom 7. Dezember 1903, betreffend Erkrankungen durch Einatmen von Manganstaub (HMBl. 1903, S. 407);

Sicherheitsvorschriften für Reinigungsanstalten, in denen Benzin oder ähnliche leicht entzündliche Reinigungsmittel verwendet werden, und für Betriebe, in denen die in diesen Anstalten verwendeten Reinigungsmittel zu erneuter Verwendung gereinigt werden, Erlaß vom 3. August 1903 (HMBl. 1903 S. 277);

Erlasse vom 28. August 1902, 29. Mai 1905, 20. Januar 1906, 27. Mai 1907 und 14. Juni 1910, betreffend Verkehr mit Mineralölen (HMBl. 1902, S. 336, 1905, S. 138, 1906, S. 75, 1907, S. 180 und 1910, S. 258);

Erlasse vom 29. Februar 1904 und 3. Februar 1905, betreffend Berufskrankheiten der Petroleumarbeiter (HMBl. 1904, S. 76 und 1905, S. 36);

Erlaß vom 11. Juni 1908, betreffend Verwendung von Mineralölen zur Herstellung von Lacken (HMBl. 1908, S. 236);

Erlaß vom 5. Januar 1909, betreffend Benzinextraktionsanlagen (HMBl. 1909, S. 16);

Erlasse vom 14. August, 9. September 1905 und 5. April 1909, betreffend Verkehr mit verflüssigten und verdichteten Gasen (HMBl. 1905, S. 247 und 281 und 1909, S. 189);

Erlaß vom 23. Oktober 1906, betreffend Polizeiverordnung über Mineralwasserapparate (HMBl. 1906, S. 368);

Erlaß vom 26. Juni 1907, betreffend Einrichtung und Betrieb von Anlagen zur Herstellung von Alkali-Chromaten (HMBl. 1907, S. 242);

Erlaß vom 14. Januar 1910, betreffend Dampfdestillierapparate (HMBl. 1910, S. 44);

Erlaß vom 9. Dezember 1910, betreffend Verkehr mit Ferrosilizium (HMBl. 1910, S. 576).

Erlaß vom 31. Juli 1909, betreffend Einrichtung und Betrieb gewerblicher Anlagen, in denen Thomasschlacke gemahlen oder Thomasschlackenmehl gelagert wird (HMBl. 1909, S. 346).

Erlaß vom 9. Februar 1903, betreffend Arbeitspausen im Betriebe zur Verarbeitung von Thomasschlacke (HMBl. 1903, S. 408);

Erlaß vom 22. Februar 1901, betreffend Prüfung der Bauart von Dampfkesseln und Dampffässern (HMBl. 1901, S. 9);

Erlasse vom 25. Juni 1901 und 9. September 1902, betreffend Untersuchung der Dampffässer (HMBl. 1901, S. 121 und 1902, S. 359);

Erlaß vom 28. Januar 1903, betreffend Betrieb und Ausrüstung von Autoklaven (HMBl. 1903, S. 29);

Erlaß vom 5. August 1907, betreffend Verwendung von Gußeisen zu Dampffässern (HMBl. 1907, S. 315);

Erlaß vom 24. März 1908, betreffend Herstellung, Lagerung und fabrikatorische Verwendung von Äthyläther (Schwefeläther) (HMBl. 1908, S. 120);

Erlasse vom 7. Februar 1908, 16. August 1909 und 21. September 1909, betreffend Polizeiverordnung über Einrichtung und Betrieb von Dampffässern (HMBl. 1908, S. 46, 1909, S. 356 und 427);

Erlaß vom 23. Februar 1910, betreffend Herstellung, Lagerung und fabrikatorische Verwendung von Schwefelkohlenstoff (HMBl. 1910, S. 71);

Grundsätze für die gewerbepolizeiliche Überwachung der Betriebe zur Herstellung von Celluloidwaren und der dazugehörigen Lagerräume, Anlagen zum Erlaß vom 7. und 28. Mai 1910 (HMBl. 1910, S. 183 und 214).

Erlasse vom 17. März 1908 und 27. Dezember 1909, betreffend Polizeiverordnung über Einrichtung und Betrieb von Aufzügen (Fahrstühlen) (HMBl. 1908, S. 91 und 1910, S. 8);

Erlaß vom 25. März 1908, betreffend Polizeiverordnung über Aufstellung, Beschaffenheit und Betrieb von beweglichen Kraftmaschinen (HMBl. 1908, S. 129);

Erlaß vom 8. Oktober 1909, betreffend Betrieb von Schmirgelscheiben (HMBl. 1909, S. 447);

Erlaß vom 14. April 1907, betreffend tragbare elektrische Handlampen (HMBl. 1907, S. 123);

In Bayern bestehen folgende Vorschriften:

K. Allerhöchste Verordnung vom 15. Oktober 1905, die Herstellung, Aufbewahrung von Acetylen, sowie Lagerung von Carbid betreffend (Gesetz- und Verord.-Blatt 1905, S. 611);

Ministerialbekanntmachung vom 5. März 1909, Sauggas-Kraftanlagen betreffend (Ministerial-Amtsblatt 1909, S. 245);

Oberpolizeiliche Vorschriften vom 2. Mai 1909, zum Schutze der Arbeiter in chemischen Wäschereien, in denen Benzin und ähnliche leicht entzündliche Reinigungsmittel verwendet werden (Gesetz- und Verord.-Blatt 1909, S. 369);

Ministerial-Bekanntmachung vom 30. September 1909, Luftgasbeleuchtungsanlagen betreffend (Ministerial-Amtsblatt 1909, S. 797);

K. Allerhöchste Verordnung vom 9. Juni 1902, betreffend leicht entzündliche flüssige Stoffe (Gesetz- und Verord.-Blatt 1902, S. 211);

Ministerial-Bekanntmachung vom 27. Juli 1905, den Verkehr mit Sprengstoffen betreffend (Gesetz- und Verord.-Blatt 1905. S. 351).

In Sachsen gelten folgende Ministerialverordnungen[1]:

1. Regulativ über Baue von und in Privatpulvermühlen, sowie über den Betrieb derselben vom 18. Juli 1855 (Gesetz- und Verord.-Blatt 1856, S. 423).

2. Regulativ für die in den Sicherheitszünderfabriken zu beobachtenden Sicherheitsmaßregeln vom 3. April 1882.

3. Ministerialverordnung, die Fabrikation von Phosphorpillen betreffend, vom 9. April 1886 (Gesetz- und Verord.-Blatt 1886, S. 81).

4. Ministerialverordnung, die Herstellung, Aufbewahrung und Verwendung von Acetylen, sowie die Lagerung von Carbid betreffend; vom 13. Mai 1905 (Gesetz- und Verord.-Blatt 1905, S. 156).

5. Verordnung, leicht entzündliche und feuergefährliche Stoffe und Gegenstände betreffend; vom 29. November 1907 (Gesetz- und Verord.-Blatt 1907, S. 265).

Für Hessen gilt:

Verordnung, die Herstellung, Aufbewahrung und Verwendung von Acetylen betreffend, vom 2. Oktober 1905 (RBl. 1905, S. 268);

Verordnung, die Herstellung, Aufbewahrung und Verwendung von Luftgas betreffend, vom 29. Dezember 1905 (RBl. 1906, S. 10);

Verordnung, die Lagerung und Aufbewahrung von Mineralölen betreffend, vom 30. Mai 1903 (RBl. 1903, S. 287).

Durch das Reichsgesetz vom 10. Mai 1903 (RGBl. 1903, S. 217) ist die Verwendung von weißem oder gelbem Phosphor zur Herstellung von Zündhölzern und anderen Zündwaren verboten.

Die gesetzlichen und polizeilichen Bestimmungen über Dampfkessel sind in der vorstehenden Angabe nicht erwähnt. Näheres hierüber, soweit Preußen in Frage kommt, hat *Jäger* ausführlich mitgeteilt[2].

Eine andere maßgebende Grundlage für die Durchführung der Unfallverhütung ist in den Unfallversicherungsgesetzen enthalten. Die nach Maßgabe der letzteren den durch Betriebsunfall verletzten oder den Hinterbliebenen der getöteten Personen zu leistenden Unfallentschädigungen sind ausschließlich von den Arbeitgebern der versicherten Betriebe aufzubringen. Diese Arbeitgeber sind zur Ausführung der genannten Gesetze zu Berufsgenossenschaften vereinigt, soweit es sich um Privatbetriebe handelt.

Für die chemischen Betriebe ist zur Durchführung des Gewerbe-Unfallversicherungsgesetzes vom 6. Juli 1884, dessen jetzt geltende revidierte Fassung vom 30. Juni 1900 datiert ist, die Berufsgenossenschaft der chemischen Industrie geschaffen worden. Zu dieser Berufsgenossenschaft gehören nach dem Beschluß des Bundesrates vom 21. Mai 1885 eine Reihe von Industriezweigen, die in einzelnem in Auslegung dieses Beschlusses in einem alphabetischen Verzeichnis der versicherten Gewerbszweige angegeben

---

[1] Vgl. Schlippe: Im Königreich Sachsen geltende gewerberechtliche Bestimmungen über die Errichtung, die Einrichtung und den Betrieb sowie die staatliche Beaufsichtigung von Fabriken usw. Leipzig, Roßbergsche Verlagsbuchhandlung.

[2]) H. Jäger, Bestimmungen über Anlegung und Betrieb der Dampfkessel. III. umgearbeitete und erweiterte Auflage. (Berlin, Carl Heymanns Verlag 1910.)

sind, das in seiner letzten Fassung vom Reichs-Versicherungsamt in dem von ihm 1910 herausgegebenen Handbuch der Unfallversicherung, Bd. 3, veröffentlicht worden ist.

Die Berufsgenossenschaft der chemischen Industrie hat ihren Sitz in Berlin (W. 10, Sigismundstr. 3) und umfaßt acht Sektionen mit dem Sitz in Berlin, Breslau, Hamburg, Köln a. Rh., Leipzig, Mannheim, Frankfurt a. M., und Nürnberg. Nach dem letzten Ausweis für 1909 umfaßt die Berufsgenossenschaft 8702 Betriebe mit 219 601 durchschnittlich versicherten Personen (S. 10). Zu letzteren gehören nicht nur die Arbeiter, sondern nach dem Statut der Berufsgenossenschaft auch Unternehmer kleinerer Betriebe und Betriebsbeamte, deren Jahresarbeitsverdienst Mk. 6000.— nicht übersteigt; andere Unternehmer und Betriebsbeamte, sowie Personen, welche die Betriebe zeitweilig betreten, können nach den Festsetzungen des Statuts freiwillig versichert werden.

Die Berufsgenossenschaften haben das größte Interesse an einer Verminderung der von ihnen zu zahlenden Entschädigungssummen und daher an einer Verminderung der Unfallzahlen. Um dieses Interesse wirksam betätigen zu können, ist ihnen gesetzlich das Recht gegeben, Vorschriften zu erlassen:

„1. über die von den Mitgliedern zur Verhütung von Unfällen in ihren Betrieben zu treffenden Einrichtungen und Anordnungen unter Bedrohung der Zuwiderhandelnden mit Geldstrafen bis zu Mk. 1000.— oder mit der Einschätzung ihrer Betriebe in eine höhere Gefahrenklasse oder, falls sich die letzteren bereits in der höchsten Gefahrenklasse befinden, mit Zuschlägen bis zum doppelten Betrag ihrer Beiträge.

2. über das in den Betrieben von den Versicherten zu Verhütung von Unfällen zu beobachtende Verhalten unter Bedrohung der Zuwiderhandelnden mit Geldstrafe bis zu Mk. 6.—.“

Von diesem Recht hat die Berufsgenossenschaft der chemischen Industrie weitgehenden Gebrauch gemacht. Sie hat zahlreiche Vorschriften erlassen, die in eingehenden Beratungen der Sektionen und dann in der Genossenschaftsversammlung festgestellt und vom Reichs-Versicherungsamt genehmigt worden sind. Einige dieser Vorschriften wurden im Laufe der Jahre nach neuen Erfahrungen geändert. Zurzeit (1. April 1911) gelten folgende Vorschriften (die beigefügten Ziffern geben den Tag an, von dem ab die Vorschriften in Kraft getreten sind):

Revidierte allgemeine Unfallverhütungsvorschriften (14. 4. 98), dazu Nachträge (16. 9. 98, 22. 7. 99 und 16. 5. 03).

Besondere Vorschriften für Seifenfabriken (27. 10. 88), dazu Nachtrag (19. 6. 03);

„ „ für Lack- und Firnisfabriken (17. 9. 96), dazu Nachträge (22. 9. 98 und 19. 6. 03);

„ „ für Düngerfabriken (einschließlich Abdeckereien mit Knochenverarbeitung (17.9.96), dazu Nachtrag (19. 6. 03);

„ „ für Düngerfabriken (einschließlich Thomasschlackenmühlen) mit Ausschluß der Knochenverarbeitung (17.9.96), dazu Nachtrag (19. 6. 03)

Besondere Vorschriften für Sprengzündhütchen- und Zündhütchenfabriken (14. 8. 97), dazu Nachtrag (19. 6. 03);

„ „ für das Laden von Revolver-, Jagd-, Sport- und Militärpatronen mit Schwarzpulver oder rauchschwachem Pulver und für das Entladen derselben (16. 8. 97), dazu Nachtrag (19. 6. 03);

„ „ für die gewerbsmäßige Herstellung sowie die Verdichtung und Verflüssigung von Acetylengas (16. 8. 97), dazu Nachtrag (19. 6. 03);

„ „ für Betriebe zur Herstellung von Feuerwerkskörpern (16. 8. 97), dazu Nachtrag (19. 6. 03);

„ „ für Mineralwasserfabriken (13. 8. 91), dazu Nachträge (16. 8. 97 und 19. 6. 03);

„ „ zum Schutze gegen die Wirkung salpetriger (nitroser) Gase und im Zusammenhange damit speziell für den Verkehr mit Salpetersäure (31. 7. 99) dazu Nachtrag (19. 6. 03);

„ „ für Fabriken von Zündern jeder Art (31. 7. 99), dazu Nachtrag (19. 6. 03);

„ „ für die Lagerung leichter Kohlenwasserstoffe des Steinkohlenteers bis zum spezifischen Gewicht von 0,9 (19. 6. 03);

„ „ für den Betrieb von Dampffässern (25. 11. 03), dazu Nachtrag (10. 3. 06);

„ „ für den Betrieb von Apparaten und Gefäßen unter Druck, welche den Bestimmungen für Dampffässer nicht unterliegen (25. 11. 03);

„ „ für die Anlage und den Betrieb von Pikrinsäurefabriken (25. 11. 03);

„ „ für Fabriken zur Herstellung von Schwarzpulver und schwarzpulverähnlichen Sprengstoffen (10. 3. 06);

„ „ für Fabriken zur Herstellung von Nitropulver, rauchschwachem Pulver (10. 3. 06), dazu Nachtrag (1. 5. 10);

„ „ gegen Vergiftung durch Arsenwasserstoff (10.3.06)

„ „ für die Fabrikation und Verwendung von komprimierten Gasen (10. 3. 06);

„ „ für Nitroglycerinsprengstoff-Fabriken (1. 5. 10).

Wie dieses Verzeichnis beweist, hat die Berufsgenossenschaft nicht nur Vorschriften zur Bekämpfung der allgemeinen Unfallgefahren erlassen, sondern auch in besonderen Vorschriften die eigenartigen Gefahren der chemischen Industrie behandelt.

Zurzeit ist die Berufsgenossenschaft damit beschäftigt, fast sämtliche der vorbezeichneten Vorschriften nach den neueren Erfahrungen umzuarbeiten. Ein fertiger Entwurf, der voraussichtlich im Jahre 1911 von der Genossenschaftsversammlung beschlossen und vom Reichs-Versicherungsamt genehmigt wird, liegt für die allgemeinen Vorschriften vor, die in dieser Neubearbeitung auch die Vorschriften für die Lagerung leichter Kohlenwasserstoffe und für Düngerfabriken enthalten sollen.

Weitere Entwürfe sind ausgearbeitet für

neue Vorschriften:	für Werkzeug- und Arbeitsmaschinen,	
„	„	für Aufzüge (Fahrstühle),
„	„	zum Schutz gegen gefährliche Gase und Dämpfe,
„	„	für Trinitrotoluolfabriken,
„	„	für Ammonnitratfabriken;
abgeänderte Vorschriften:	für Seifenfabriken,	
„	„	für Lack- und Firnissiedereien,
„	„	für die gewerbsmäßige Verdichtung und Verflüssigung von Gasen, sowie über Transportgefäße für verflüssigte oder verdichtete Gase,
„	„	für Mineralwasserfabriken,
„	„	für den Betrieb von Dampffässern,
„	„	für Sprengkapsel- und Zündhütchenfabriken,
„	„	für Betriebe zur Herstellung von Feuerwerkskörpern;
kleinere Abänderungen:	für die Lagerung leichter Kohlenwasserstoffe des Steinkohlenteers bis zum spezifischen Gewicht von 0,9.	
„	„	für Fabriken zur Herstellung von Schwarzpulver und schwarzpulverähnlichen Sprengstoffen,
„	„	für Fabriken von Zündern jeder Art,
„	„	für das Laden und Entladen von Patronen.

Wichtig ist, daß die Berufsgenossenschaft durch ihre Unfallverhütungsvorschriften höhere Anforderungen an die Betriebssicherheit stellen kann, als sie durch die Konzessionsurkunde festgesetzt sind[1].

Zur wirksamen Durchführung ihrer Vorschriften hat die Berufsgenossenschaft von dem ihr gesetzlich zustehenden Recht der Überwachung der Betriebe durch technische Aufsichtsbeamte Gebrauch gemacht. Am 1. Januar 1911 waren 11 Beamte angestellt. Die von diesen alljährlich erstatteten Berichte werden seit Jahren von der Berufsgenossenschaft und dann mit den Berichten der anderen gewerblichen Berufsgenossenschaften vom Reichs-Versicherungsamt veröffentlicht[2]. Sie bilden eine inhaltreiche Fundgrube für die Beurteilung von Unfallgefahren und für die zu deren Bekämpfung in den Betrieben geschaffenen zweckmäßigen Einrichtungen, so daß das Studium

---

[1] Bescheid des Reichs-Versicherungsamts, Amtliche Nachrichten desselben 1908 Nr. 11.

[2] Jahresberichte der gewerblichen Berufsgenossenschaften über Unfallverhütung für 1907, 1908, 1909. Beihefte zu den Amtlichen Nachrichten des Reichs-Versicherungsamts. (Berlin 1908, 1909, 1910, Verlag von Behrend & Cie.)

dieser Berichte namentlich den Beamten, welche für die unfallsichere Gestaltung der Betriebe zu sorgen haben, sehr empfohlen werden kann.

Die behördlichen Verordnungen und berufsgenossenschaftlichen Unfallverhütungsvorschriften geben in ihren meisten Bestimmungen nur an, welchen Forderungen die herzustellenden Sicherheitseinrichtungen zu entsprechen haben, dagegen wird die spezielle Konstruktion der letzteren nicht bezeichnet, sondern dem Betriebsunternehmer und seinen Beamten ist es überlassen, entweder selbst geeignete Konstruktionen auszudenken oder sich an bewährte Vorbilder zu halten oder aus den im Handel vorkommenden Formen Geeignetes auszuwählen. Hierbei wird der Rat der staatlichen und berufsgenossenschaftlichen Aufsichtsbeamten, die Beachtung der Literatur von großem Werte sein.

Seit einigen Jahren ist in Frankfurt a. M. das Institut für Gewerbehygiene auf private Anregung und als privates Unternehmen eingerichtet worden. Es will den Betriebsunternehmern in allen gewerbehygienischen und unfallverhütungstechnischen Fragen Rat erteilen und ist dabei insofern für die chemische Industrie von großer Bedeutung, als bei seiner Errichtung auf die Bedürfnisse dieses Spezialgebietes besondere Rücksicht genommen worden ist. In dem Institut wird das einschlägige Material gesammelt und verarbeitet.

Zu den Aufgaben des Instituts gehören „ die Ausarbeitung von hygienischen Gutachten, Ausarbeitung von Plänen, Ausfindigmachung aller geeigneten Mittel für Unternehmer, Konstrukteure, Erfinder und Behörden, gebotenenfalls unter Mitwirkung eines physiologischen oder sonst in Frage kommenden, rein wissenschaftlichen Instituts“, ferner „die Ausfindigmachung der geeigneten Methoden und Mittel zur einwandfreien Durchführung fabrikatorischer Prozesse im Hinblick auf Arbeiter- und Anwohnerschutz, wodurch der Unternehmer vor schweren Schäden und Verlusten bewahrt werden kann.“

Es kann also nur empfohlen werden, sich gegebenenfalls an dieses Institut um Auskunft zu wenden. Eine umfangreiche Bücherei und Sammlung von Berichten über Krankheitserscheinungen, Unfallverhütung u. a. m. und eine kleine Sammlung von Demonstrationsgegenständen aus dem Gebiet der Gewerbehygiene und Unfallverhütung ermöglichen die leichte Kenntnisnahme bewährter Sicherheitseinrichtungen[1].

Letzteres ist auch der Fall bei den in den letzten Jahren in einigen deutschen Städten eingerichteten Museen für Arbeiterschutz und Arbeiterwohlfahrt. Die bedeutendsten Veranstaltungen dieser Art sind die von Reichs wegen eingerichtete Ständige Ausstellung für Arbeiterwohlfahrt in Charlottenburg und das Kgl. Bayerische Arbeitermuseum in München. Beide enthalten ein außerordentlich umfangreiches Material an zweckmäßigen Vorkehrungen des Arbeiterschutzes in Form von betriebsfähigen Maschinen und anderen Betriebseinrichtungen, Modellen, Zeichnungen, Photographien usw.

---

[1] Die Mitteilungen des Instituts für Gewerbehygiene erscheinen als Beiblatt zur Zeitschrift „Sozial-Technik“ (1. Jahrgang 1910), Verlag von A. Seydel, Berlin.

Die Berufsgenossenschaft hat außerdem seit mehreren Jahren zahlreiche Blätter veröffentlicht, welche in klarer Abfassung bewährte Sicherheitseinrichtungen erläutern und bildlich darstellen, so daß damit ein zuverlässiger Rat für die praktische Befolgung der Unfallverhütungsvorschriften erteilt wird.

In den weiteren Ausführungen dieses Werkes werden Angaben der Jahresberichte der technischen Aufsichtsbeamten und der erwähnten Blätter soweit als nötig verwertet werden.

Nach den Bestimmungen des Gewerbe-Unfallversicherungsgesetzes hat jeder Arbeiter und Betriebsbeamter, dessen Jahresarbeitsverdienst Mk. 3000.— nicht übersteigt (die Berufsgenossenschaft der chemischen Industrie hat diesen Satz auf Mk. 6000.— erhöht), einen gesetzlichen Anspruch auf Unfallentschädigung, wenn der Verletzte in einem versicherungspflichtigen Betriebe als Versicherter beschäftigt war und einen Betriebsunfall erlitten hat; im Falle des Todes geht der Anspruch auf die Hinterbliebenen über. Voraussetzung für das Vorliegen eines Unfalles ist, daß der Betroffene, sei es durch äußere Verletzung, sei es durch organische Erkrankung eine Schädigung seiner körperlichen oder geistigen Gesundheit (Körperverletzung oder Tod) erleidet und sodann, daß diese Schädigung auf ein plötzliches, d. h. in einen verhältnismäßig kurzen Zeitraum eingeschlossenes Ereignis zurückzuführen ist, welches in seinen, möglicherweise erst allmählich hervortretenden Folgen den Tod oder die Körperverletzung verursacht. Die sogenannten Gewerbekrankheiten, welche als das Endergebnis der eine längere Zeit andauernden, der Gesundheit nachteiligen Betriebsweise bei bestimmten Gewerbetätigkeiten aufzutreten pflegen, sind nicht als Unfälle anzusehen. Dagegen sind Gesundheitsschädigungen, die als Folge einer plötzlichen Einwirkung von giftigen oder sonst schädlichen Stoffen auftreten, z. B. Vergiftungen durch einmaliges oder doch kürzere Zeit hindurch erfolgtes Einatmen von schädlichen Gasen, den Unfällen zuzurechnen, also als solche von der Berufsgenossenschaft zu entschädigen. Eine genaue Scheidung zwischen Unfall und Gewerbekrankheit ist nicht möglich, da der für das Vorliegen eines Unfalles wichtige Begriff der Plötzlichkeit nicht feststeht, und die Begriffe „plötzlich" und „allmählich" an der Grenze ineinandergehen; es muß im Streitfalle die Rechtsprechung entscheiden.

Da bei den besonderen Verhältnissen der chemischen Industrie die Vergiftungen und ähnliche Körperschädigungen eine große Bedeutung besitzen, diese Ereignisse aber je nach Lage des besonderen Falles einen Unfall oder eine Gewerbekrankheit bedeuten können, so hat die Berufsgenossenschaft der chemischen Industrie in ihren Unfallverhütungsvorschriften auch Forderungen aufgenommen, die mehr die Verhütung von Erkrankungen als von Unfällen zum Ziele haben.

Aus der verschiedenen Gefährlichkeit der in der Berufsgenossenschaft vereinigten Gewerbszweige ergibt sich gemäß den gesetzlichen Bestimmungen des Gewerbe-Unfallversicherungsgesetzes die Höhe der von den Betrieben zur Deckung der im Laufe eines Jahres bei der Berufsgenossenschaft entstandenen gesamten Kosten zu leistenden Umlagebeiträge, indem diese proportional zu den im Betriebe verdienten anrechnungspflichtigen Löhnen und zu der für den Betrieb festgesetzten Gefahrenziffer zu berechnen sind. Letztere wird nach einem Verfahren ermittelt, das für jeden Gewerbszweig das Verhältnis der in einer Reihe von Jahren in ihm entstandenen Löhne und der für Unfälle in diesem Gewerbszweig gezahlten Entschädigungen angibt. Die Berufsgenossenschaft der chemischen Industrie hat aber noch in ihrem, die Gefahrenziffer und ihre Anwendung zusammenstellenden Gefahrentarif besonders bestimmt, daß die Normalgefahrenziffer der einzelnen Betriebe unter gewissen Voraussetzungen nach der auf den Betrieb durch Unfälle entfallenden Belastung erhöht oder vermindert werden kann, und daß sie auch erhöht wird, wenn mangelhafte Betriebseinrichtungen vorliegen oder eine von der üblichen erheblich abweichende, die Gefahr steigernde Betriebsweise vorhanden ist.

Der Betriebsunternehmer ist also ganz bedeutend daran interessiert, daß die Gefährlichkeit des Gewerbszweigs, zu dem sein Betrieb gehört und auch die besondere Gefährlichkeit seines Betriebes möglichst gering ist, da sich hiernach die Höhe der von ihm zu zahlenden Beiträge zur Unfallversicherung richtet. Dazu kommt noch, daß bei Zuwiderhandlung gegen die Unfallverhütungsvorschriften die bereits erwähnte Bestrafung bis zu Mk. 1000 eintreten und bei Nichtbefolgung der sonst noch bestehenden Arbeiterschutzbestimmungen und Polizeiverordnungen auch empfindliche Strafen entstehen können.

Von Bedeutung ist es ferner, daß nach § 136 des Gewerbe-Unfallversicherungsgesetzes die Betriebsunternehmer, Bevollmächtigten oder Repräsentanten, Betriebs- oder Arbeiteraufseher der Berufsgenossenschaft, unter Umständen auch anderen Organen, wie z. B. den Krankenkassen, für deren durch die Entschädigungspflicht erwachsenen Aufwendungen haften, wenn sie den Unfall vorsätzlich oder durch Fahrlässigkeit herbeigeführt haben.

II. Betriebsführung.

Die Art der Betriebsführung ist für die Sicherheit der Arbeiter von größter Wichtigkeit. Das gilt namentlich von vielen chemischen Betrieben, deren Eigenart Gefahren erzeugt, die von den Arbeitern nicht in vollem Maße erkannt und gewürdigt werden können.

Eine sachgemäße Beaufsichtigung der Arbeiter durch den Unternehmer selbst oder durch dessen Betriebsbeamte, Werkmeister usw. ist daher für die Unfallverhütung von ausschlaggebender Bedeutung. Allerdings bleibt immer der Unternehmer für die Durchführung der von Behörden oder der Berufsgenossenschaft erlassenen Sicherheitsvorschriften verantwortlich. Er kann diese Verantwortung nicht auf seine Beamten abwälzen. Aber wenn der Unternehmer zuverlässige und mit den Gefahren der Fabrikation vertraute Beamte und Meister anstellt, so werden diese in den meisten Fällen wirksamer als der Unternehmer den Arbeiterschutz durchführen und damit tatsächlich eine Entlastung des Unternehmers von der ihm den Vorschriften gegenüber verbleibenden Unfallverhütungsfürsorge herbeiführen.

Die berufsgenossenschaftlichen Vorschriften (S. 12) enthalten nur in den für die Pikrinsäurefabriken geltenden Bestimmungen eine die Anstellung von Betriebsführern und Aufsehern betreffende Bestimmung. Sie lautet:

„Außer einem zuverlässigen Betriebsführer ist ein mit dem Betriebe vertrauter Stellvertreter vorzusehen" (§ 21).

„Für die Abteilungen a und b sowie c und d (vgl. S. 38) ist je ein Aufseher einzustellen." (§ 22)

Der Unternehmer hat die Pflicht, selbst oder durch seine Betriebsbeamten, Werkmeister, Aufseher u. dgl. die Arbeiter über die ihnen drohenden Gefahren zu belehren und ihnen nötigenfalls besondere Anweisungen und Anleitungen zu geben. Die von der Berufsgenossenschaft erlassenen Vorschriften (S. 12) sind durch Aushang in Plakatform an geeigneter, allen Arbeitern leicht zugänglicher Stelle bekannt zu geben. In den neuen allgemeinen Vorschriften ist bestimmt, wie sie zur Kenntnis der Arbeiter zu bringen sind:

„Zu diesem Zweck sind die Vorschriften entweder an geeigneter, allen Arbeitern zugänglicher Stelle auszuhängen oder jedem Arbeiter in Buchform bei Beginn seiner Tätigkeit gegen Empfangsbescheinigung zu behändigen." (III, § 2)

Es genügt aber nicht, daß die Unfallverhütungsvorschriften im Betriebe ausgehängt oder in Buchform ausgehändigt werden, denn es ist eine bekannte Erfahrung, daß die Arbeiter selten oder niemals diese Vorschriften lesen.

Die Berufsgenossenschaft hat daher auch verschiedene Bestimmungen erlassen, durch welche die Unternehmer angehalten werden, für gefährliche Verrichtungen den Betriebsbeamten und Arbeitern besondere Belehrung und Anweisung zu geben.

Es ist bestimmt für Schwarzpulver- und Nitropulverfabriken:

„Betriebsbeamte und Meister sind mit ausführlicher Dienstvorschrift zu versehen und hierauf durch Handschlag von der Betriebsleitung zu verpflichten" (§ 51, § 48).

„Sämtliche Arbeiter sind über ihr Verhalten bei vorkommenden Explosionen und bei Brandunglück genau zu belehren." (§ 41, § 52)

für Nitropulverfabriken:

„Sämtliche Arbeiter sind über ihr Verhalten bei vorkommenden Bränden genau zu belehren. Sie sind besonders auf die Gefahren der sich dabei entwickelnden nitrosen Gase aufmerksam zu machen. Das Wiederbetreten der Räume nach einem Brande ist erst nach ausreichender Lüftung zu gestatten." (§ 52)

für Nitroglycerinsprengstoffabriken:

„In jedem Gebäude des gefährlichen Betriebes sind durch Anschlag die für dasselbe besonders in Frage kommenden Arbeitsanweisungen, die Verhaltungsmaßregeln im Fall drohender Gefahr sowie die Behandlungsweise beim Einatmen nitroser Dämpfe durch Sauerstoff und Chloroform bekannt zu machen und als Merkblatt zu behändigen" (§ 37).

„Die Arbeitgeber haben dafür zu sorgen, daß alle Arbeiter der gefährlichen Betriebsabteilung von den für sie bestimmten Vorschriften Kenntnis erhalten, daß ihnen die Ausführung ermöglicht und sie zu ihrer Erfüllung angehalten werden. Neu angestellten Arbeitern sind die wichtigsten Bestimmungen unter Hinweis auf die vorhandenen Vorschriften mündlich mitzuteilen und als Merkblatt zu behändigen." (§ 46)

Für die Herstellung von Feuerwerkskörpern gilt:

„Die Betriebsunternehmer sind verpflichtet, die Arbeiter über die gefährlichen Eigenschaften der von ihnen zu verarbeitenden Materialien und Erzeugnisse zu unterrichten" (§ 4).

„Die Betriebsunternehmer sind verpflichtet, dafür zu sorgen, daß die Vorschriften für die Arbeiter auch von fremden Personen während ihres Aufenthaltes in dem Betriebe sinngemäß befolgt werden." (§ 5)

Selbstverständlich haben die Arbeiter die Pflicht, den Unternehmer bei der Beaufsichtigung zu unterstützen. Die allgemeinen berufsgenossenschaftlichen Vorschriften verlangen:

„Jeder Arbeiter hat die Pflicht, diejenigen Personen, welche ihm zur Hilfe oder Unterweisung beigegeben sind, insbesondere Lehrlinge und jugendliche Arbeiter, auf die mit ihrer Beschäftigung verbundenen Gefahren aufmerksam zu machen und darauf zu achten, daß die gegebenen Verhaltungsvorschriften seitens dieser ihm unterstellten Personen befolgt werden." (II, 6)

Gleiches fordern die neuen Vorschriften. (§ 43)

Die eigenartigen Gefahren der chemischen Industrie bedingen eine besonders sorgsame Auswahl der Arbeitskräfte für die gefährlichen Arbeiten.

Die Gesetzgebung hat daher zahlreiche Vorschriften geschaffen, die vom Unternehmer zu beachten sind. Das Kinderschutzgesetz vom 30. März 1903 (RGBl. 1903, S. 113) und die Reichsgewerbeordnung verbieten für viele Betriebsarten die Beschäftigung von Kindern. Auch die Beschäftigung von jugendlichen Arbeitern und Frauen ist in Ausführung der Reichsgewerbeordnung durch Bundesratsbeschlüsse und Polizeiverordnungen für viele in der chemischen Industrie vorkommende Arbeitstätigkeiten gänzlich verboten oder auf bestimmte Arbeitszeiten eingeschränkt.

Auch die berufsgenossenschaftlichen Vorschriften enthalten einige Bestimmungen.

Nach den besonderen Vorschriften ist die Beschäftigung jugendlicher Arbeiter verboten: in den Pulverfabriken bei Herstellung und Verpackung des Pulvers; in den Nitroglycerinsprengstoffabriken und Zündhütchenfabriken bei der Herstellung der Sprengstoffe; in den Pikrinsäurefabriken, beim Laden und Entladen von Patronen, in den Zünderfabriken in Räumen, in denen mit Zündsatz bzw. Pulver gearbeitet wird, und in den Lagerräumen leichter Kohlenwasserstoffe.

In diesen Betrieben sowie bei der Herstellung von Feuerwerkskörpern sind bei den angegebenen Tätigkeiten nur nüchterne und zuverlässige Leute zu beschäftigen. Für Nitroglycerinsprengstoffabriken ist noch bestimmt, daß

„bei der Herstellung der Sprengstoffe nur nüchterne und zuverlässige Leute nicht unter 18 Jahren einzustellen sind, welche vor ihrer selbständigen Beschäftigung die nötige Anleitung erhalten haben." (§ 39)

Auch die Beschäftigung erwachsener männlicher Arbeiter unterliegt insofern gewissen Einschränkungen, als durch Bundesratsbeschlüsse und Polizeiverordnungen für manche Arbeiten der Arbeitgeber nur solche Personen einstellen darf, welche die Bescheinigung eines von der höheren Verwaltungsbehörde dazu ermächtigten Arztes darüber beibringen, daß sie nach ihrem Gesundheitszustand für diese Beschäftigung geeignet sind. Ebenso bestehen für die Arbeitszeit bei gewissen Verrichtungen Vorschriften. Da hierfür sehr verschiedene Bestimmungen zu beachten sind, die auch vielfach geändert werden, so wird der Unternehmer gut tun, sich gegebenenfalls Rat bei der zuständigen Gewerbeinspektion zu holen.

In den besonderen Unfallverhütungsvorschriften zum Schutz gegen die Wirkung salpetriger (nitroser) Gase ist bestimmt:

„Lungen- und herzleidende Arbeiter, welche in Betrieben, bei denen salpetrige Gase vorkommen, beschäftigt werden, sind verpflichtet, von ihrem Zustande ihren Vorgesetzten Mitteilung zu machen." (§ 9)

Gleiches bestimmen die Vorschriften für das Zerkleinern des Carbids bei der Herstellung von Acetylen (§ 18).

Eine weitere allgemeine Einschränkung ist durch die allgemeinen berufsgenossenschaftlichen Vorschriften gegeben, welche bestimmen:

Besonders gefährliche Arbeiten dürfen nur solchen Personen übertragen werden, denen die damit verbundene Gefahr bekannt ist." (I 20)

und

„Personen, von denen dem Arbeitgeber bekannt ist, daß sie an Trunksucht, Fallsucht, Krämpfen, zeitweiligen Ohnmachtsanfällen, Schwindel, Schwerhörigkeit oder anderen körperlichen Schwächen oder Gebrechen in dem Maße leiden, daß sie dadurch bei gewissen Arbeiten einer außergewöhnlichen Gefahr ausgesetzt sind, dürfen mit derartigen Arbeiten nicht beauftragt werden." (I 18)

Ähnlich lauten die neuen Vorschriften:

„Besonders gefährliche Arbeiten dürfen nur solchen Personen übertragen werden, von denen nach erfolgter Belehrung und Prüfung feststeht, daß sie die damit verbundene Gefahr und die erforderlichen Schutzmaßnahmen genau kennen, und von denen angenommem werden kann, daß sie die Arbeiten mit der erforderlichen Vorsicht ausführen." (§ 43)

„Personen, welche an Ohnmachtsanfällen, Fallsucht, Krämpfen, Schwindel, Schwerhörigkeit, Kurzsichtigkeit, Bruchschäden oder anderen nicht in die Augen fallenden körperlichen Schwächen oder Gebrechen in dem Maße leiden, daß sie dadurch bei gewissen Arbeiten einer außergewöhnlichen Gefahr ausgesetzt sein würden, dürfen mit solchen Arbeiten nicht beauftragt werden, sobald der Auftraggeber von dem Leiden Kenntnis erhalten hat." (§ 42)

Arbeiter mit solchen Gebrechen und Schwächen werden in den Vorschriften verpflichtet, ihren Vorgesetzten hiervon Kenntnis zu geben, wenn sie mit einer derartigen Arbeit beauftragt werden.

Alkoholmißbrauch erhöht die Unfallgefahr und kann die Unfallfolgen schwerer gestalten. Aus beiden Gründen ist es gerechtfertigt, in den Betrieben auf eine Einschränkung des Genusses alkoholhaltiger Getränke hinzuwirken, teils durch Verbot des Genusses während der Arbeitszeit und Verbot des Verkaufs solcher Getränke innerhalb der Betriebsstätten, teils auch dadurch, daß den Arbeitern andere Getränke, wie Kaffee, Tee, Milch, Mineralwasser, Fruchtwasser u. dgl. zu billigen Preisen dargeboten werden.

Die Unfallverhütungsvorschriften enthalten folgende Bestimmungen:

für Schwarzpulver- und Nitropulverfabriken:

„In der Fabrik ist der Genuß geistiger Getränke, außer Bier und Obstwein, zu verbieten, bei der Arbeit auch der Genuß der letzteren." (§ 46, § 44)

für Nitroglycerinsprengstoffabriken:

„In der Fabrik ist der Genuß geistiger Getränke verboten." (§ 35)

Eine selbstverständliche Forderung der allgemeinen Vorschriften lautet:

„Betrunkenen Personen ist der Aufenthalt an den Betriebsstätten nicht zu gestatten." (I 19)

Für die Betriebe der Sprengstoffindustrie gilt als Grundsatz zur Abschwächung der Unfallgefahr, die Anzahl der dieser Gefahr ausgesetzten Arbeiter dadurch möglichst zu beschränken, daß ihnen ein bestimmter Wirkungskreis angewiesen, das Betreten anderer gefährlicher Betriebsstellen verboten und in diesen nur eine geringe Zahl Arbeiter beschäftigt wird, so daß wenigstens beim Eintritt einer Explosion die Zahl der Opfer gering bleibt, sofern durch die weiteren Maßnahmen (S. 33 ff.) eine gefährliche Übertragung der Explosion auf andere Arbeitsräume verhindert wird. Auch ist es wichtig, daß in solchen gefährlichen Betrieben nur Arbeiter sich aufhalten, die mit den Gefahren vertraut sind, da unkundige Personen durch unsachgemäßes Verhalten großes Unheil anrichten können.

Zur Erfüllung dieser Forderungen hat die Berufsgenossenschaft folgendes vorgeschrieben:

für Schwarzpulverfabriken:

„In den Arbeitsstätten dürfen sich nur diejenigen Arbeiter aufhalten, welche darin nach den Bestimmungen der Betriebsleitung beschäftigt werden. Jedem Arbeiter ist ein bestimmter Wirkungskreis anzuweisen. Der Betrieb ist so anzuordnen, daß die Arbeiten regelmäßig ineinandergreifen und nirgends Verwirrung oder eine größere Ansammlung von Menschen und Material entstehen kann.

Die Anzahl der in jedem Gebäude mit Explosionsgefahr beschäftigten Arbeiter ist auf das äußerste Maß zu beschränken.

In gehenden Pulverherstellungswerken, mit Ausnahme der hydraulischen Pressen und der in § 4 Abs. 6 (S. 35) bezeichneten Werke, sollen nicht mehr als 2 Arbeiter beschäftigt werden.

Zuträger sind anzuweisen, das Werk sofort nach Ausführung ihrer Verrichtung zu verlassen." (§ 39)

„Den in Pulverherstellungsräumen beschäftigten Arbeitern ist der Eintritt in die Räume der Feuerungsanlagen strenge verboten, ebenso ist den in letzteren tätigen Arbeitern sowie den Laternenanzündern verboten, Pulverwerke zu betreten." (§ 57)

Für Nitropulverfabriken gelten ähnliche Bestimmungen (§ 51, § 56) und weiter:

„In den Pulververarbeitungsräumen dürfen keine anderen Arbeiten, als der Betrieb erfordert, vorgenommen werden." (§ 30)

Für Nitroglycerinsprengstoffabriken gelten Bestimmungen, welche die höchstzulässige Zahl der Arbeiter für jeden Raum festsetzen und später bei besonderer Erörterung der Gefahren dieser Fabrikation mitgeteilt werden.

Für Zündhütchenfabriken ist bestimmt:

„Die Arbeiter dürfen Räume mit Explosionsgefahr, in denen sie nicht zu arbeiten haben, ohne besondere Erlaubnis durchaus nicht betreten." (§ 43)

Die Arbeiter werden natürlich in den Vorschriften ausdrücklich verpflichtet, diesen Anordnungen zu entsprechen.

Allgemein ist bestimmt:

„In Arbeitsräumen und auf Arbeitsplätzen dürfen die Arbeiter nur die ihnen zugewiesenen Verkehrswege, Ein- und Ausgänge benutzen. Unbefugten ist es verboten, abgesperrte Räume zwischen bewegten Maschinen und Transmissionen zu betreten." (II, 9)

Bei der großen Gefährlichkeit der Sprengstoffindustrie ist die Zulassung fremder Personen, die in Unkenntnis der Gefahren oder aus Unvorsichtigkeit Unglücksfälle herbeiführen können, nur unter Vorsichtsmaßnahmen zu gestatten.

Die berufsgenossenschaftlichen Unfallverhütungsvorschriften bestimmen daher, daß fremden Personen der Zutritt zu den Pulver-, Nitroglycerinsprengstoff-, Zündhütchen-, Zünderfabriken, Pikrinsäurefabriken, zu den Betrieben der Herstellung von Feuerwerkskörpern, des Ladens und Entladens von Patronen und der Lagerung leichter Kohlenwasserstoffe des Steinkohlenteers

„nur unter besonderer Erlaubnis und nur unter zuverlässiger Begleitung zu gestatten ist."

Für die Nitroglycerinsprengstoffabriken ist noch bestimmt, daß

„nichtbefugten Personen der Zutritt nur mit besonderer Erlaubnis und nach Eintragung in ein zu diesem Zwecke geführtes Register in zuverlässiger Begleitung zu gestatten ist." (§ 40)

Die große Vorsicht, die in der Sprengstoffindustrie walten muß, bedingt manche sonst nicht nötige Maßnahmen. So ist das Einnehmen von Mahlzeiten nach den berufsgenossenschaftlichen Unfallverhütungsvorschriften in den Pulverfabriken in den Räumen mit Explosionsgefahr und in den Sprengstoffräumen der Nitroglycerinsprengstoffabriken, mit Ausnahme des Nitrier-, Scheide-, Wasch- und Nachscheideraums verboten.

Die Vorschriften fordern für die **Schwarzpulverfabriken:**

„Den Pulverarbeitern sind geeignete Räume zum Waschen und Umkleiden zur Verfügung zu stellen." (§ 3)

Für die **Nitroglycerinsprengstoffabriken** wird zu gleichem Zweck die Bereithaltung eines Gebäudes

„in der Nähe des Fabrikeinganges oder in der Nähe der einzelnen Betriebsabteilungen verlangt.

„Die Räume müssen so eingerichtet sein, daß sie genügende Unterkunft gewähren und eine Kontrolle der Arbeiter ermöglichen." (§ 2)

In den **Pikrinsäurefabriken** ist den Arbeitern ein besonderer Speiseraum anzuweisen (§ 23). In den Betrieben ist das Essen zu untersagen. In **Schwarzpulver- und Nitropulverfabriken** ist das Einnehmen der Mahlzeiten in den Pulverarbeitsräumen zu verbieten (§ 46, § 44).

Für **Nitroglycerinsprengstoffabriken** gilt:

„Das Einnehmen von Mahlzeiten in den Sprengstoffräumen mit Ausnahme des Nitrier-, Scheide-, Wasch- und Nachscheideraumes ist nicht gestattet." (§ 35)

In den **Zünderfabriken** sind

„für die Arbeiter besondere Räume zur Einnahme der Mahlzeiten und zur Aufbewahrung der Kleider einzurichten." (§ 11)

Für die **Pulverfabriken, Fabriken zur Herstellung von Zündhütchen und Feuerwerkskörpern und für das Laden und Entladen von Patronen** verlangen die Vorschriften:

„die größte Ordnung und Reinlichkeit. Das Hineintragen oder Hineinwehen von Erde oder Sand in die Räume mit Explosionsgefahr ist möglichst zu verhindern."
„Vor den Eingängen geeignete Vorrichtungen zum Reinigen des Schuhzeuges vorhanden sein. (Matten, Decken, hölzerne Abstreichroste)." (§ 32, § 35, § 12 u. 13, § 15, § 9)

Die berufsgenossenschaftlichen Unfallverhütungsvorschriften für Fabriken zur Herstellung von **Schwarzpulver, schwarzpulverähnlichen Sprengstoffen und Nitropulver** fordern daher:

„Sämtliche Werke und Arbeitsräume müssen mindestens in jeder Woche einmal gründlich gereinigt werden. Der Fußboden, die Wände, Decken, Maschinen usw. sind vom Staube zu reinigen." (§ 34, § 37)

In den beiden erstgenannten Betriebsarten sind

„die Fußdecken aufzunehmen und an einem geeigneten Orte auszuklopfen." (§ 34)

Für die **Nitroglycerinsprengstoffabriken** ist bestimmt:

„In den Sprengstoffwerken muß überall die größte Ordnung und Reinlichkeit herrschen. Vor dem Betreten der Gebäude ist die Fußbekleidung zu reinigen. Die Vorplätze der von den Schutzwällen eingeschlossenen Gebäude, die Gänge durch die Wälle und der Raum rings um das Gebäude bis zum Schutzwall sowie Fußwege und Treppen innerhalb der Fabrik sind frei und rein zu halten. Die Wege, auf denen Sprengstoffe transportiert werden, müssen im Winter schneefrei gehalten und bei Glätte bestreut werden." (§ 28)

Für Zünderfabriken gilt:

„Das Hineintragen oder Hineinwehen von Erde oder Sand in die Gebäude mit Explosionsgefahr ist möglichst zu verhindern. Der Eingang dieser Gebäude ist mit einem Vorbau zu versehen, in welchem das Schuhzeug zu wechseln ist. Die Vorplätze der einzelnen Gebäude müssen so hergestellt sein, daß sie sich leicht reinigen lassen." (§ 6)

Die Arbeiter haben gleichfalls auf Ordnung und Reinlichkeit zu achten; weiter sind ihnen noch folgende Vorschriften gegeben:

in Schwarzpulverfabriken:

„Wo bei der Beschaffenheit der Wege das Hineintragen von Schmutz oder Sand durch Abtreten der Füße nicht verhindert werden kann, ist beim Betreten der Räume das Schuhzeug abzulegen oder zu wechseln oder es sind die vorhandenen Überschuhe zu benutzen.

Pulvermagazine und Trockenkammern dürfen nur mit Filzschuhen oder ohne Schuhzeug betreten werden.

Die auf dem Boden liegenden Decken und Läufer sind sorgfältig zu reinigen und, wenn nötig, auszuklopfen." (§ 58)

in Nitropulverfabriken:

„Jeder Eintretende hat sich der an den Eingängen angebrachten Vorrichtungen zum Reinigen des Schuhzeuges auf das Sorgfältigste zu bedienen. Wo bei der Beschaffenheit der Wege das Hineintragen von Schmutz oder Sand durch Abtreten der Füße nicht verhindert werden kann, ist beim Betreten der Räume das Schuhzeug zu wechseln oder es sind Überschuhe zu benutzen." (§ 57)

„Beim Betreten der Räume mit Pulverstaubentwicklung und der Trockenhäuser für Nitrocellulose müssen Filzschuhe oder nicht mit Eisenstiften genagelte Lederschuhe oder ebensolche Pantoffeln getragen werden, oder das Schuhzeug ist abzulegen." (§ 57)

Für das Laden und Entladen von Patronen gilt:

„Die etwa auf dem Boden liegenden Teppiche und Läufer sind mindestens täglich sorgfältig zu reinigen und wenn nötig auszuklopfen." (§ 35)

Der gute Zustand der Betriebseinrichtungen und Betriebsgeräte ist für die Unfallverhütung von größter Bedeutung, die gute Instandhaltung der Sicherheitsvorkehrungen ist für deren Wirkung geradezu Bedingung. Arbeitgeber und Arbeitnehmer müssen in Durchführung dieser Forderungen zusammenwirken.

Daher bestimmen die allgemeinen Unfallverhütungsvorschriften der Berufsgenossenschaft der chemischen Industrie:

„Der Unternehmer hat für die Instandhaltung der Schutzvorrichtungen Sorge zu tragen und die Ausführung der für den Betrieb erlassenen Unfallverhütungsvorschriften zu überwachen oder geeignete Personen mit diesen Obliegenheiten zu betrauen." (I 16)

„Alle im Gebrauch befindlichen Geräte, Apparate und maschinellen Einrichtungen sind in betriebssicherem Zustande zu erhalten." (I 17)

In den neuen Vorschriften heißt es:

„Der Unternehmer oder dessen Stellvertreter hat die Ausführung der auf den Betrieb bezüglichen Unfallverhütungsvorschriften zu überwachen und für die Beschaffung sowie Instandhaltung der Schutzvorrichtungen Sorge zu tragen oder geeignete Personen mit diesen Obliegenheiten zu betrauen." (§ 40)

Die neuen Vorschriften fordern von Arbeitgebern und Arbeitnehmern:

„Alle im Gebrauch befindlichen Geräte, Apparate, Maschinen, Fahrzeuge und Einrichtungen sind in betriebssicherem Zustande zu erhalten." (§ 41)

Den Arbeitnehmern wird in den allgemeinen Vorschriften geboten:

„Jeder Arbeiter hat vor der Benutzung von Werkzeugen, Geräten, Apparaten und maschinellen Einrichtungen diese, sowie die dabei angebrachten Schutzvorrichtungen daraufhin zu prüfen, ob dieselben sich im ordnungsmäßigen Zustande befinden. Sofern dies nicht der Fall ist, hat er sofort die vorhandenen Mängel zu beseitigen oder seinem Vorgesetzten davon Anzeige zu machen." (II 1)

„Jeder Arbeiter ist verpflichtet, etwa von ihm wahrgenommene Beschädigungen oder sonstige auffallende Erscheinungen an den Betriebseinrichtungen sofort anzuzeigen." (II 7)

In den neuen Vorschriften heißt es:

„Jeder Arbeiter ist verpflichtet, die von ihm wahrgenommenen Beschädigungen oder sonstigen auffallenden Erscheinungen, mit denen eine Gefahr verbunden sein könnte, seinem Vorgesetzten rechtzeitig zu melden, oder, soweit er dazu befugt und in der Lage ist, die Mängel selbst zu beseitigen." (§ 41)

Von den Arbeitern muß ferner verlangt werden, daß sie die von dem Unternehmer erstellten Betriebseinrichtungen und Schutzvorkehrungen sachgemäß benutzen und keine unnützen Dinge treiben. Die berufsgenossenschaftlichen Vorschriften verlangen daher:

„Die Arbeitsgeräte und Schutzvorrichtungen sind nur zu dem Zwecke, für den sie bestimmt sind, zu benutzen. Der Mißbrauch, die eigenmächtige Beseitigung, absichtliche Beschädigung, Nichtbenutzung der vorhandenen Sicherheitsvorrichtungen und vorgeschriebenen Schutzmittel ist strafbar. Schutzvorrichtungen, die aus Betriebsrücksichten für bestimmte Zwecke entfernt worden sind, müssen, nachdem dieser Zweck erreicht ist, sofort wieder angebracht werden." (II 2)

„Arbeiter dürfen die ihnen für bestimmte Zwecke überwiesenen Leitern nur zu diesen verwenden. Die Benutzung nicht betriebssicherer Leitern ist verboten." (II 14)

„Dem Arbeiter ist es verboten, sich an Maschinen zu schaffen zu machen, deren Bedienung, Benutzung oder Instandhaltung ihm nicht obliegt." (II 8)

„Das Ausruhen und Schlafen an Feuerstellen, auf Öfen, Kesselmauerungen, Dächern, hohen Gerüsten oder in besetzten Pferdeständen, sowie in unmittelbarer Nähe von laufenden Maschinen, Gruben oder Gleisen ist nicht gestattet." (II 11)

In den neuen Vorschriften wird ähnliches bestimmt und weiter gefordert:

„Jeder Arbeiter hat den ihm zugewiesenen Wirkungskreis innezuhalten und darf sich nicht eigenmächtig an anderen Maschinen, Apparaten oder Einrichtungen zu schaffen machen.

Das Betreten abgesperrter Räume ist Unbefugten strengstens verboten." (§ 56)

Es ist selbstverständlich, daß

„alle den Zwecken des Betriebes zuwiderlaufenden Beschäftigungen, insbesondere Spielereien, Neckereien, Zänkereien und sonstige mutwillige Handlungen, die geeignet sind, den Urheber selbst oder andere zu gefährden, verboten sind." (II 3)

Weitere berufsgenossenschaftliche Vorschriften behandeln die durch **Abfallstoffe, Ablagerung von Staub** und **Anhäufung von Material** in Sprengstoffabriken entstehende Unfallgefahr:

Es wird bestimmt für **Schwarzpulverfabriken**:

„Durch Unvorsichtigkeit verschüttete Satzmaterialien und Pulvermasse dürfen, soweit dieselben als verunreinigt anzusehen sind, zur weiteren Verarbeitung nicht verwendet werden. Das Verunreinigte ist in ein besonders dafür bezeichnetes Kehrichtfaß zu schütten, welches sich in oder bei jedem Pulverarbeitsraume befinden muß. Der Inhalt des Kehrichtfasses ist sofort anzufeuchten und so oft als nötig, spätestens bei der wöchentlichen Reinigung, an den dafür bestimmten Ort zu schaffen." (§ 30)

für Nitropulverfabriken:

„Verschüttetes Pulver, Pulverstaub und verschüttete Pulvermasse sind, soweit sie als verunreinigt anzusehen sind, in ein besonders dafür bezeichnetes Kehrichtfaß zu werfen, welches in oder bei den Arbeitsräumen vorhanden sein muß.

Diese Abgänge dürfen nicht in den Boden vergraben werden. Soweit ihre Reinigung möglich, können sie zur weiteren Fabrikation verwendet werden, anderenfalls sind sie an einem hierfür bestimmten Ort unter Aufsicht mindestens alle Woche zu verbrennen." (§ 25)

„Nitroglycerinhaltige, beim Walzen usw. frei werdende Abwässer sind zu sammeln und durch Behandlung mit Kalk, Soda oder dergleichen unschädlich zu machen." (§ 26)

für Nitroglycerinsprengstoffabriken:

„In den Arbeitsräumen verschüttetes Nitroglycerin ist sofort mit Gur oder einem Schwamm aufzunehmen.

Wenn Nitroglycerin auf durchlässigem Boden verschüttet ist, so muß die Betriebsleitung sofort in Kenntnis gesetzt werden. Diese hat Anweisungen zu geben, daß der durchtränkte Boden beseitigt und unschädlich gemacht wird." (§ 29)

für Pikrinsäurefabriken:

„Verschüttete oder verunreinigte Pikrinsäure ist sofort in ein Gefäß mit Wasser zu bringen, welches zu diesem Zweck in jeder Abteilung vorhanden sein muß." (§ 34)

für die Herstellung von Feuerwerkskörpern:

„Verschüttetes, verstreutes oder abgestaubtes Pulver und entzündliche Sätze sind behutsam aufzunehmen. Sie sind zu weiterer Verarbeitung nicht zu verwenden, sondern in ein mit Wasser gefülltes Gefäß zu schütten oder in sonstiger Weise, jedenfalls aber ohne Anwendung von Feuer, unschädlich zu machen." (§ 19)

„In den Herstellungs- und Verpackungsräumen für entzündliche Sätze und Feuerwerkskörper ist jede durch den Betrieb nicht gebotene Anhäufung von Pulver, entzündlichen Sätzen und Rohstoffen zu vermeiden. Rohmaterialien und fertige Fabrikate sind in besonderen Gebäuden, keinesfalls in den Arbeitsräumen, aufzubewahren." (§ 20)

für Zünderfabriken:

„Verschüttetes Pulver, Pulverkehricht, Zündsatz und Abfallstücke von fertigen Zündern müssen durch Eintragen in Wasser oder in sonst geeigneter Weise unschädlich gemacht werden.

Überall, wo Sprengstoffe zur Verwendung gelangen, ist strenge darüber zu wachen, daß der sich entwickelnde Staub sich nicht in gefahrbringender Menge irgendwo ansammeln kann." (§ 14)

für Zündhütchenfabriken:

„Unbrauchbare Abfälle von Explosivstoffen sind unter Wasser aufzubewahren und ist denselben die Explosionsfähigkeit nach den besten bekannten Methoden möglichst bald zu entziehen.

Der lose Sprengstoff aus den Sprengzündhütchen und den Zündhütchen ist im Wasser oder in sonstiger Weise unschädlich zu machen." (§ 17)

Ferner ist für Schwarzpulverfabriken vorgeschrieben:

„In den Pulverherstellungs- und Verpackungsräumen ist jede durch den Betrieb nicht gebotene Anhäufung von Pulver und Rohstoffen zu vermeiden.

Pulver und Pulversätze, deren Bearbeitung in einem Arbeitsraum beendet ist, sind aus diesem sofort zu entfernen. Zur einstweiligen Unterbringung sowohl der fertigen als der zu bearbeitenden Sätze sind, soweit erforderlich, die Ablagestellen zu benutzen." (§ 31)

Der erste Absatz gilt auch für **Nitropulverfabriken** (§ 31).

Für **Pikrinsäurefabriken** gilt:

„In jedem Fabrikationsraume darf sich nur soviel Pikrinsäure befinden, wie der geregelte Fortgang des Betriebes es erfordert. Produkte, welche nicht gleich weiterverarbeitet werden, sind entweder unter Wasser zu setzen oder in die Ablagermagazine zu bringen." (§ 30)

für **Patronenladereien:**

„Größere Mengen von Schießpulver dürfen nur vorschriftsmäßig und in solchen Räumen gelagert werden, deren Benutzung für diesen Zweck polizeilich genehmigt ist." (§ 3)

Bei Besprechung der Sicherheitsmaßnahmen der Betriebsanlage wird auf die **Blitzschutzvorrichtungen** hingewiesen werden (S. 46). In Würdigung der für Räume, in denen Sprengstoffe erzeugt, verarbeitet oder aufbewahrt werden, besonders zu beachtenden Blitzgefahr ist von der Berufsgenossenschaft für das Verhalten der Arbeiter bei Gewitter vorgeschrieben:

für die Fabriken zur Herstellung von **Schwarzpulver** und **schwarzpulverähnlichen Sprengstoffen** und **Nitropulver:**

„Während der Dauer eines Gewitters, welches sich über dem Betriebsorte entladet, ist die Arbeit in den Räumen mit Explosionsgefahr sowie die Verlade- und Packarbeit einzustellen. Die Arbeiter haben diese Räume zu verlassen. Maschinen, die unter Aufsicht arbeiten müssen, sind stillzusetzen." (§ 40, § 39)

Für die **Nitroglycerinsprengstoffabriken** gilt ähnliches:

„Während eines sich über dem Betriebsort entladenden Gewitters ist die Arbeit in den Patronen-, Meng-, Pack- und Trockenräumen zu unterbrechen. Neue Operationen dürfen im Nitrierhause nicht begonnen werden. Die Arbeiter haben die Arbeitsstätten zu verlassen und sich in die dafür angewiesenen Räume zu begeben. Die in die Gebäude führenden Licht- und Kraftleitungsdrähte sind von der Hauptleitung abzustöpseln." (§ 33)

Ähnlich lauten die Vorschriften für **Zündhütchen- und Zünderfabriken,** für **Betriebe zur Herstellung von Feuerwerkskörpern,** für das **Laden und Entladen von Patronen.**

Schließlich ist noch eine Maßnahme zu erwähnen, die von der Berufsgenossenschaft in den besonderen Vorschriften für **Nitroglycerinsprengstoffabriken** gefordert wird, um für die Beurteilung von Explosionskatastrophen Material zu erhalten, das dann für künftiges Vorgehen verwertet werden kann. Die Bestimmung lautet:

„Die Betriebsunternehmer sind verpflichtet, dem Genossenschaftsvorstande über jede in ihrem Werke erfolgte Explosion, auch wenn Personen nicht verunglückt sind, unter Beifügung von Photographien oder Skizzen eingehenden Bericht zu erstatten. Aus demselben muß besonders die Art und Menge des zur Explosion gelangten Sprengstoffes, die Wirkung auf Nachbarwerke und die weitere Umgebung unter Berücksichtigung der Entfernungen, die Zahl der Verletzten oder Getöteten und die mutmaßliche Veranlassung zu ersehen sein." (§ 42)

Erste Hilfe bei Unfällen.

Bei Verletzungen ist die erste sachgemäße Hilfe oft von ausschlaggebender Bedeutung für den Verlauf der Heilbehandlung, für die Folgen des Unfalls. In vielen chemischen Betrieben ist die erste Hilfeleistung noch ganz besonders wichtig bei den Vergiftungen. Die Berufsgenossenschaft der chemischen Industrie hat daher in ihre Unfallverhütungsvorschriften folgende Bestimmungen aufgenommen, die auch dem Arbeiter die Wichtigkeit und Notwendigkeit einer schnellen und zweckmäßigen Wundbehandlung darlegen.

„In jedem Betriebe ist mindestens eine Tafel auszuhängen, auf der die erste Hilfeleistung bei Unfällen allgemein verständlich beschrieben und durch entsprechende Abbildungen, soweit erforderlich, erläutert ist." (I 27)

„In jedem Betriebe ist das notwendigste Verbandmaterial vorrätig zu halten und zum Schutze gegen Verunreinigung durch Staub, unreine Hände usw. zweckentsprechend aufzubewahren." (I 28)

„Es ist darauf zu halten, daß, solange eine offene Wunde nicht wenigstens durch einen Notverband geschützt ist, der Verletzte die Arbeit unterbricht." (I 29)

„Verletzte, welche infolge eines Unfalls, der eine drei Tage übersteigende Arbeitsunfähigkeit zur Folge hatte, ärztlich behandelt worden sind, dürfen erst dann zur Arbeit wieder zugelassen werden, wenn durch den Arzt die Wiederherstellung ihrer Arbeitsfähigkeit bescheinigt ist." (I 30)

Von den Arbeitern wird verlangt:

„Jede im Betriebe erhaltene Verletzung ist von dem Verletzten, sobald er hierzu imstande ist, an zuständiger Stelle zu melden." (II 22)

„Der Arbeiter hat dafür Sorge zu tragen, daß jede Wunde, auch wenn sie noch so gering erscheint, sofort gereinigt und gegen das Eindringen von Staub oder sonstigen Unreinlichkeiten sorgfältig geschützt wird."

„Solange die Verletzung nicht mindestens durch einen Notverband geschützt ist, hat der Verletzte die Arbeit zu unterbrechen." (I 23)

In den neuen Vorschriften wird weitergehend gefordert:

„In jedem Betriebe ist mindestens eine Tafel auszuhängen, auf der die erste Hilfeleistung bei Unfällen allgemein verständlich beschrieben und, soweit erforderlich, durch entsprechende Abbildungen erläutert ist. Auch sind die der Eigenart des Betriebes entsprechenden Hilfsmittel für die erste Hilfeleistung bei Unfällen, wie Verbandstoffe, Brandbinden, Sauerstoffatmungsapparate usw., an geeigneter Stelle und gegen Staub geschützt bereit zu halten. Es ist Sorge zu tragen, daß wenigstens eine im Betriebe beschäftigte Person mit der Handhabung der Hilfsmittel vertraut ist." (§ 77).

„Der Verletzte hat dafür zu sorgen, daß Wunden, auch wenn sie ganz geringfügig erscheinen, sofort gereinigt und gegen das Eindringen von Schmutz und Staub sorgfältig geschützt werden. Besonderer Wert ist auf vorsichtige Behandlung von Wunden bei der Beschäftigung in Knochenmühlen, Abdeckereien und sonstigen Fabriken zu legen, in denen mit Wundinfektion zu rechnen ist. Solange die Wunde in solchen Betrieben nicht wenigstens durch Notverband geschützt ist, hat der Verletzte seine Tätigkeit zu unterbrechen." (§ 78)

„Jeder im Betriebe entstandene Unfall, bestehe er in einer Verletzung oder in der plötzlichen Beeinträchtigung der Gesundheit, z. B. infolge des Einatmens schädlicher Gase, Dämpfe oder Staubarten, ist dem Arbeitgeber bzw. dessen Vertreter sofort zu melden." (§ 79)

Für größere Betriebe sind eine der Arbeiterzahl entsprechende Zahl von Personen ärztlich auszubilden und zu prüfen, so daß sie die erste Hilfe leisten können. Es empfiehlt sich, hierzu die vielfach bestehenden Organisationen des Roten Kreuzes, der Samaritervereine, Sanitätswachen, Unfallstationen u. dgl. zu benutzen und bei der Ausbildung darauf zu achten, daß sie sich auf die besonderen Gefahren der Betriebe erstreckt, in denen die Helfer nötigenfalls tätig sein sollen.

Diese erste Hilfe soll natürlich nur eine Nothilfe sein. Es ist dann möglichst schnell ein Arzt zu holen oder der Verunglückte ärztlichem Beistand zuzuführen.

In größeren Betrieben werden besondere Rettungswachen eingerichtet, in denen gegebenenfalls auch ständig Helfer, Heilgehilfen u. dgl. sich bereit halten und die zur Vornahme schleuniger Rettungsversuche, Heilbehandlung sowie zum Transport nach einem Krankenhaus usw. notwendigen Mittel und Geräte vorrätig gehalten werden. Wenn in dem Betrieb besondere Feuerwehren und Feuerwachen eingerichtet sind, so werden gewöhnlich die Rettungswachen oder Fabrikunfallstationen damit verbunden und einige der Feuerwehrleute auch als Helfer oder Samariter ausgebildet.

Diese Stationen müssen mit dem vorgeschriebenen Verbandzeug ausgerüstet werden, erhalten aber in größeren Betrieben noch andere Hilfsmittel, manchmal sogar vollständige Ausstattung für ärztliche Hilfeleistung. Neuerdings werden in chemischen Fabriken vielfach Sauerstoffapparate nicht nur zur Rettung sondern auch zur ersten Hilfeleistung bereitgehalten.

Die schon seit langer Zeit bekannte Wirkung des Sauerstoffs als Gegenmittel bei Vergiftungen mit Kohlenoxydgas und anderen Gasen hat nämlich dazu geführt, Apparate anzuwenden, durch die der Vergiftete Sauerstoff einatmen kann, oder wenn der Verunglückte hierzu nicht mehr imstande ist, so wird ihm durch den Apparat Sauerstoff zwangsweise zugeführt.

Mit dieser künstlichen Sauerstoffeinatmung wird eine gleichzeitige künstliche Entleerung der Lunge von den giftigen Gasen verbunden. Die Armaturen- und Maschinenfabrik „Westfalia" in Gelsenkirchen liefert z. B. solche Apparate nach Angabe von Dr. *Brat*. Durch Hin- und Herbewegen eines Hebels eines Regulierapparates wird dem Verunglückten durch eine Maske Sauerstoff zugepreßt und dann mittels eines Exsiccators die Lunge entleert. Dieses Verfahren ist so lange fortzusetzen, bis der Bewußtlose wieder atmet oder der Wiederbelebungsversuch als erfolglos aufgegeben werden muß. Die Ventilanordnung der Maske kann auch so eingestellt werden, daß nur Zuführung von frischem Sauerstoff ohne künstliche Entleerung der Lunge entsteht; dies geschieht, wenn bei Verunglückten noch Respiration vorhanden ist.

Ein Apparat zur Sauerstoff-Inhalation bei Rauch- und Gasvergiftung liefert auch das Drägerwerk in Lübeck. In einem Koffer sind die einzelnen Teile untergebracht, darunter ein kleiner Sauerstoffzylinder, ein Finimeter zur Kontrolle über die vorrätige Sauerstoffmenge, ein Sparapparat, System Dr. *Roth-Dräger*, zur Verwendung des Sauerstoffs nur während des Einatmens und eine Maske, die in jeder Körperlage benutzt werden kann. Auch wird gegebenenfalls der Koffer mit einem Apparat zum Aufblähen der Lungen und mit dem notwendigsten Verbandzeug ausgerüstet.

Für die erste Hilfeleistung bei Unfällen in elektrischem Betrieb hat der Reichsgesundheitsrat im Benehmen mit dem Verband deutscher Elektrotechniker eine Anleitung ausgearbeitet.

Als Gegenmittel gegen die schweren Vergiftungszustände, die durch Einatmen nitroser Gase entstehen können, hat sich das Chloroform bewährt, das, innerlich genommen, die Eigenschaft besitzt, konvulsivische Zustände, wie sie durch tetanisierende und die Reflexerregbarkeit steigernde Mittel hervorgebracht werden, aufzuheben oder doch wenigstens herabzudrücken. Die größte zulässige Einzelgabe des Mittels, das vorsichtig und gegen Licht geschützt aufzubewahren ist, beträgt nach der Pharmacopoea Germanica 0,5 g, die größte Tagesgabe 1,5 g. Dr. *Seyfferth*, Direktor der Rheinisch-Westfälischen Sprengstoff-A.-G., in Troisdorf bei Köln, hat eine sogenannte Chloroformstation angegeben, in der dosiertes Chloroform aufbewahrt wird.

Neuerdings wird auch bei solchen Vergiftungen die schon erwähnte Sauerstoffatmung durchgeführt.

Eine besondere Vorschrift für die erste Hülfeleistung hat die Berufsgenossenschaft zum Schutz gegen die Wirkung salpetriger (nitroser) Gase erlassen:

„Durch salpetrige Gase beschädigte Personen sind zur möglichst sachgemäßen Behandlung ohne weiteres einem Krankenhaus zu überweisen." (I 10)

III. Betriebsanlage und Betriebseinrichtungen.

1. Bauliche Anlage.

Die Anordnung der Betriebsgebäude und Betriebsräume, ihre bauliche Ausführung und Instandhaltung ist für die Unfallsicherheit eines jeden Betriebes von großer Bedeutung. Wie die Unfallstatistik lehrt, gehören nicht nur die Bauarbeiten zu den gefährlichen Arbeitstätigkeiten, sondern auch durch unzweckmäßige Bauart, schlechte Ausführung und Instandhaltung der Betriebsstätten werden verhältnismäßig viele Unfälle verursacht. Weiter aber ist die gegenseitige Lage der Baulichkeiten, ihre Verteilung auf dem Betriebsgrundstück von Einfluß auf die Betriebssicherheit, denn von diesen Eigenheiten der Anlage hängt der Verkehr der Arbeiter sowie die Art und der Umfang des Transportes der Rohstoffe und Fabrikate und damit das Auftreten von Gefahren ab, die durch die Verkehrswege, die Bewegung von Lasten, die Verwendung von Transporteinrichtungen bedingt werden. Zu diesen Unfallgefahren treten in verschiedenen Betrieben der chemischen Industrie die besonderen hinzu, die durch die feuergefährlichen und explosiven Eigenschaften der bei der Fabrikation verwendeten oder erzeugten Stoffe entstehen. Für solche Betriebsanlagen sind daher erhöhte und besondere Anforderungen an die Bausicherheit und die bauliche Anordnung zu stellen, die darauf abzielen, daß Brände und Explosionen möglichst vermieden und wenn sie entstehen, möglichst unschädlich gemacht werden.

Die zahlreichen Bundesratsbekanntmachungen, Ministerialerlasse, Polizeiverordnungen (S. 7 ff.), sowie die berufsgenossenschaftlichen Unfallverhütungsvorschriften (S. 12 ff.) enthalten daher für solche Betriebe eingehende Bestimmungen für die baulichen Anlagen.

In größeren chemischen Betrieben müssen Neu- und Umbauten häufig ausgeführt werden, und nicht selten geschieht dies dann durch die Betriebsunternehmer in eigener Regie. Ob dann diese Regiebauarbeit von der Berufsgenossenschaft der chemischen Industrie als ein nur zum Hauptbetrieb des Unternehmers gehörender mitversicherter Nebenbetrieb angesehen wird oder bei der Versicherungsanstalt der für den Bezirk, in dem die Fabrik liegt, zuständigen Baugewerks-Berufsgenossenschaft besonders anzumelden und zu versichern ist, hängt von der Lage des einzelnen Falles ab. Es empfiehlt sich daher, daß dann der Betriebsunternehmer bei diesen Berufsgenossenschaften durch Anfrage sich Gewißheit über die berufsgenossenschaftliche Zugehörigkeit seines Regiebaues verschafft. In jedem Falle wird der Betriebsunternehmer die von der in Frage kommenden Baugewerks-Berufsgenossenschaft erlassenen Unfallverhütungsvorschriften und die etwa sonst noch geltenden Baupolizeiverordnungen bei der Bauausführung zu beachten haben. Die Berufsgenossenschaft der chemischen Industrie hat im allgemeinen für die Bauarbeiten eigene Vorschriften nicht erlassen. Für besondere Fälle aber bestehen Unfallverhütungsvorschriften.

Besondere Vorsichtsmaßnahmen sind nämlich nötig, wenn Bau- oder Montagearbeiten in unmittelbarer Nähe bewegter Transmissionsteile ausgeführt werden. Zahlreiche Unfälle mit häufig schweren Folgen sind dadurch entstanden, daß Arbeiter die Gefahren laufender Wellen, Riemen, Transmissionsseile nicht beachtet haben und dicht an ihnen z. B. mit dem Anstreichen von Wänden, Aufführen von Bauteilen bei Umbauten, Verlegen von Leitungen beschäftigt waren. Die allgemeinen Unfallverhütungsvorschriften der Berufsgenossenschaft verlangen daher, daß bei solchen Arbeiten vorübergehend Schutzvorkehrungen zu treffen sind (I 53). Es sind dann die laufenden Triebwerksteile mit festen Verschlägen zu versehen, wenn sie nicht für die Dauer der in ihrer Nähe auszuführenden Arbeit außer Gang gesetzt werden können.

In Hinsicht auf die Explosionsgefahr gewisser Betriebe sind weiter folgende Vorschriften für Ausbesserungs- und Erneuerungsarbeiten erlassen:

Für Fabriken zur Herstellung von Schwarzpulver und schwarzpulverähnlichen Sprengstoffen enthalten die besonderen Vorschriften der Berufsgenossenschaft folgende Bestimmungen:

„Wenn in Pulverwerken Ausbesserungsarbeiten auszuführen sind, so ist sämtliches Pulver aus dem Raume zu entfernen und dieser sowie der auszubessernde Gegenstand von Pulver und Pulverstaub zu reinigen.

Hierauf ist der auszubessernde Gegenstand und die Stelle im Umkreise von wenigstens 3 m mit Wasser zu begießen und während der Ausbesserungsarbeiten so naß zu erhalten, daß ein etwa entstehender Funke keine Entzündung bewirken kann.

Während der Dauer der Reparatur ist an der Arbeitsstelle eine mit Wasser gefüllte Brandspritze oder Gießkanne bereit zu halten.

Alle Reparaturen dürfen erst dann begonnen werden, nachdem der zuständige Betriebsführer oder Meister auf Grund vorher erlangter Überzeugung, daß alle Vorsichtsmaßregeln genau erfüllt sind, die besondere Erlaubnis dazu erteilt hat." (§ 43)

für Fabriken zur Herstellung von Nitropulver:

„Vor Beginn von Ausbesserungs- oder Erneuerungsarbeiten an Gebäuden, Einrichtungen und Maschinen in den Räumen mit feuergefährlichem Inhalt sind sämtliche leicht entzündlichen Stoffe aus dem Raume zu entfernen. Auch sind vorher die Maschinen und der Fußboden von anhaftendem Staub oder festsitzender Pulvermasse gründlich zu reinigen und nach Erfordern anzufeuchten." (§ 41)

Weiter gilt für den Beginn der Reparaturarbeiten die für Schwarzpulverfabriken erlassene Bestimmung des letzten Absatzes des § 43.

Für Betriebe zur Herstellung von Feuerwerkskörpern ist bestimmt:

„Wenn in Betrieben zur Herstellung von Feuerwerkskörpern Ausbesserungs- oder Erneuerungsarbeiten auszuführen sind, so sind alle entzündlichen Sätze und sämtliches Pulver aus dem betreffenden Raume zu entfernen und dieser sowie der auszubessernde

Gegenstand von Staub zu reinigen. Hierauf ist der auszubessernde Gegenstand und die Stelle im Umkreise von wenigstens 3 m mit Wasser zu benetzen und während der Arbeit so naß zu halten, daß ein etwa entstehender Funke keine Entzündung bewirken kann. Während der Dauer der Ausbesserung dürfen in dem betreffenden Raume keine Feuerwerksarbeiten nebenbei ausgeführt werden. An der Arbeitsstelle ist genügend Wasser, sowie Hausspritze oder Gießkanne bereit zu halten." (§ 29)

Ferner gelten die obenerwähnten, für Pulverfabriken erlassenen Vorschriften über das Naßhalten der Baustellen und Bereithalten von Spritzen und Gießkannen.

Für Nitroglycerinsprengstoffabriken wird folgendes für Erd- und Bauarbeiten, sowie Abbruchsarbeiten und Reparaturen mit Explosionsgefahr bestimmt:

„Innerhalb einer Entfernung bis 30 m von Arbeitsstellen mit Explosionsgefahr dürfen beim Wiederaufbau zerstörter Gebäude oder bei der Ausführung von Neubauten in der zugehörigen Gruppe während des Betriebes an einer Stelle nicht mehr als höchstens 10 Arbeiter beschäftigt werden.

Abbruchsarbeiten von Arbeitsstätten und Betriebseinrichtungen sowie Reparaturen an Apparaten und Leitungen, die mit Nitroglycerin in Berührung gekommen sind, dürfen nur nach Anweisung der Betriebsleitung unter Aufsicht des Meisters vorgenommen werden.

Derartige Arbeiten sind im allgemeinen nur dann auszuführen, wenn die Temperatur im Freien oder in den Gebäuden über $+10^{\circ}$ C beträgt. Ausnahmen hiervon sind in dringenden Fällen gestattet, aber unter der Bedingung, daß die betreffenden Teile mit warmem Wasser so lange begossen werden, bis das Nitroglycerin mit Sicherheit aufgetaut ist.

Vor Beginn der Arbeiten ist in und an den Gebäuden aller Sprengstoff zu entfernen und eine sorgfältige Reinigung sämtlicher Gegenstände vorzunehmen.

Das Hämmern und jede Bearbeitung von Teilen, die mit Nitroglycerin in Berührung gekommen sind, seien sie aus Eisen, Metall oder Holz, werden streng verboten; ebenso sind Lötreparaturen nicht gestattet mit Ausnahme derjenigen an sorgfältig gereinigten Gefäßen und Leitungen, in denen Nitroglycerinabfallsäure vorhanden war." (§ 31)

Für Pikrinsäurefabriken ist bestimmt:

„Bei Reparaturen in den Abteilungen a bis e (vgl. S. 38) darf Feuer nur in Gegenwart des Betriebsführers angezündet werden." (§ 27)

„Reparaturen an Apparaten und Gegenständen, die mit Pikrinsäure in Berührung gekommen sind, dürfen nur unter Aufsicht und nach Entfernung der anhaftenden Pikrinsäure ausgeführt weden. Unbrauchbar gewordenen Holzgegenstände sind unter Beobachtung der nötigen Vorsichtsmaßregeln zu verbrennen." (§ 36)

Für die Anlage der Fabriken von Explosivstoffen gilt die Regel, einer etwa entstehenden Explosion möglichst freien Raum zu geben, die Arbeiterzahl auf viele einzelne Gebäude zu verteilen und auf großem Areal unterzubringen, um die Übertragung von Bränden und Explosionen von der Entstehungsstelle nach anderen Betriebsgebäuden hin möglichst zu hindern und die Zahl der einem Unfall ausgesetzten Arbeiter möglichst zu vermindern. Der letztere Gesichtspunkt führt auch zu der Forderung, das Betreten der gefährlichen Betriebsstätten durch andere, auf ihnen nicht beschäftigte Arbeiter oder durch andere Unberufene zu verhindern.

Hierzu ist für Fabriken von Feuerwerkskörpern und Zündern in den berufsgenossenschaftlichen Vorschriften bestimmt:

„Bei Neuanlagen ist das Fabrikgrundstück zweckentsprechend zu umfriedigen. An den Eingängen sind Warnungstafeln anzubringen, welche das unbefugte Betreten sowie das Rauchen verbieten.

Bei bestehenden Anlagen müssen jedenfalls an den Zugängen und öffentlichen Verkehrswegen derartige Warnungstafeln aufgestellt sein.“ (§ 6, § 4)

Für die Fabriken zur Herstellung von Schwarzpulver, schwarzpulverähnlichen Sprengstoffen und Nitropulver wird bestimmt:

„Das Fabrikgelände ist, soweit dies seine Lage erfordert, gegen unbeabsichtigtes Betreten in geeigneter Weise zu schützen.

An den Zugängen und öffentlichen Verkehrswegen müssen Schilder augenfällig angebracht sein, welche das Gelände als Pulverfabrik bezeichnen sowie das Rauchen und den Zutritt Unbefugter verbieten.“ (§ 1)

„Die Fabrik ist, sofern sie nicht eingezäunt ist, durch die Anordnung der Gebäude oder durch Schranken, Warnungstafeln oder in sonst erkennbarer Weise in das Gebiet des explosionsgefährlichen und ungefährlichen Betriebes zu trennen. Wo eine solche Trennung wegen der örtlichen Lage bei bestehenden Werken nicht möglich ist, sind die einzelnen Gebäude mit Explosionsgefahr durch geeignete Absperrungen oder Warnungstafeln gegen das unbefugte Betreten zu sichern.

Unter Gebäuden mit Explosionsgefahr sind solche zu verstehen, in denen Pulversätze hergestellt, verarbeitet oder aufbewahrt werden, sowie solche, in denen fertiges Pulver gelagert wird.“ (§ 2)

Die Anbringung solcher Warnungstafeln am Fabrikeingange und an passenden Stellen, wo Wege an die Umzäunung herantreten, wird auch für Nitroglycerinsprengstoffabriken vorgeschrieben (§ 1).

Für diese Fabriken ist auch eine Umzäunung durch folgende Bestimmung gefordert:

„Der Teil des Fabrikgrundstückes, auf welchem die Betriebe mit Explosionsgefahr liegen, muß mit einer geeigneten Umzäunung umgeben sein, welche ein unbeabsichtigtes Betreten des Grundstücks ausschließt und ein Übersteigen nach Möglichkeit erschwert.“ (§ 1)

Ebenso ist für Zündhütchenfabriken und für das Laden von Patronen, und zwar für das Fabrikgrundstück, auf welchem die Sprengstoffe hergestellt werden und das Laden der Patronen mit Schießpulver vorgenommen wird, vorgeschrieben, daß diese Betriebsstätten mit einer geeigneten Umzäunung umgeben sein müssen, welche das unbeabsichtigte Betreten möglichst verhindert.

„Das unbefugte Betreten ist auch durch Warnungstafeln an den Zugängen zu verbieten.“ (§ 3, § 1)

Um das von einer Explosion oder einem Brand ergriffene Fabrikgebiet möglichst zu beschränken, bestimmen die berufsgenossenschaftlichen Vorschriften für Fabriken zur Herstellung von Schwarzpulver und schwarzpulverähnlichen Sprengstoffen, sowie von Nitropulver:

„Das Fabrikgelände ist, soweit es die Art des Geländes gestattet, mit Laubholzbäumen und Strauchholz zu bepflanzen; außerdem ist, besonders in der nächsten Umgebung der Pulverhäuser, für die Unterhaltung eines guten, kurz zu haltenden Graswuchses zu sorgen.“ (§ 6, § 9)

Außerdem wird für die Fabriken zur Herstellung von Schwarzpulver und schwarzpulverähnlichen Sprengstoffen noch vorgeschrieben:

„Liegt die Fabrik in einem Nadelholzwalde, so sind Vorkehrungen zur Verhütung der Feuerübertragung durch Lauffeuer zu treffen, z. B. durch Abholzung eines mindestens 3 m breiten Streifens um die gefährlichen Werke und durch Anlage eines kleinen, von Pflanzenwuchs frei zu haltenden Sicherheitsgrabens am Rande des Nadelholzes." (§ 6)

für Nitroglycerinsprengstoffabriken:

„Das Fabrikgebäude des gefährlichen Betriebsteils und die Schutzwälle sind, soweit es die Bodenbeschaffenheit gestattet, mit Laubholzbäumen und Strauchwerk zu bepflanzen; außerdem ist, besonders in der nächsten Umgebung der Gebäude mit Explosionsgefahr, für einen guten, kurz zu haltenden Graswuchs zu sorgen. Liegt die Fabrik in einem Nadelholzwalde, so sind Vorkehrungen zur Verhütung der Feuerübertragung durch Lauffeuer zu treffen, z. B. durch Abholzung eines mindestens 3 m breiten Streifens um die gefährlichen Werke und durch Anlage eines kleinen, von Pflanzenwuchs frei zu halten Sicherheitsgrabens am Rande des Nadelholzes." (§ 8)

Zum Schutz gegen die Übertragung von Explosionen wird in den besonderen Unfallverhütungsvorschriften der Berufsgenossenschaft der chemischen Industrie für Fabriken zur Herstellung von Schwarzpulver und schwarzpulverähnlichen Sprengstoffen bestimmt:

„Bei Neuanlagen sind die Gebäude mit Explosionsgefahr einzeln mit einem Erdschutzwalle oder einer Erdschutzwand zu umgeben.

Diese Schutzeinrichtungen müssen die Dachtraufe der eingeschlossenen Gebäude um mindestens 1 m überragen. Erdschutzwälle sind mit mindestens 0,5 m starker Krone bei entsprechender Basis herzustellen und sorgfältig, möglichst mit Mutterboden und Quecken, zu bekleiden. Die Erdschutzwälle bestehen aus zwei senkrecht und parallel aufgestellten, gegenseitig verankerten Wellblechwänden, denen ein Abstand von mindestens 1 m zu geben und deren Zwischenraum mit Erde auszufüllen ist.

Die Erdschutzwälle oder Erdschutzwände können bei Gebäuden, in welchen Mengen von nicht über 500 k Pulver gleichzeitig verarbeitet werden, durch Mauern ersetzt werden. Den letzteren ist eine Kronenbreite von mindestens 0,75 m und eine Basis von mindestens 1 m zu geben. (Siehe auch § 8 Abs. 2). Erdschutzwände und Schutzmauern müssen einen Abstand von mindestens 1 m von der Gebäudewand haben.

Bei bestehenden Anlagen sind Gebäude mit Explosionsgefahr, sofern sie nicht nach dem Ausblasesystem (§ 8) gebaut sind und ihr Abstand voneinander weniger als 50 m beträgt, gegen die Übertragung einer Explosion auf Nachbarwerke in geeigneter Weise durch Wälle usw., wie vorstehend, zu sichern.

Pulverwerke mit Kraftbetrieb (Körnwerk, Preßwerk, Stampfwerk usw.), sofern sie nicht nach dem Ausblasesystem gebaut sind, dürfen nur dann baulich miteinander verbunden sein, wenn in ihnen insgesamt nicht mehr als 4 Arbeiter beschäftigt werden und die Räume durch massive Wände von genügender Stärke voneinander getrennt sind." (§ 4)

Schutzwälle bei Fabriken von Feuerwerkskörpern und Zündern jeder Art müssen nach den berufsgenossenschaftlichen Vorschriften bis zur Firsthöhe des Gebäudes reichen. Die Walleingänge dürfen nicht Gebäuden mit Explosionsgefahr gegenüberliegen.

Für diese Schutzwälle bestimmen weiter die Unfallverhütungsvorschriften der Berufsgenossenschaft der chemischen Industrie für Nitroglycerinsprengstoffabriken:

„Die Gebäude, in denen Sprengstoff enthalten ist, und die Trockenhäuser für Kollodiumwolle müssen mit gut berasten Erdwällen von 1 m Kronenbreite, im natürlichen Böschungswinkel und 1 m höher als der Gebäudefirst, umgeben sein.

Der Fuß der Wälle soll wenigstens 1 m von dem Gebäudesockel abliegen.

Stollen- oder mit Erde bedeckte Betonmagazine brauchen nicht umwallt zu werden, bedürfen jedoch eines Schutzwalles gegenüber dem Eingange.

3*

Die Gänge durch die Wälle sind so anzulegen, daß Vorübergehende gegen direkte Schußwirkung und Stichflammen geschützt sind. Außer einem für einen Mann befahrbaren Tunnel für die Nitroglycerin- bzw. Säureleitung darf der Schutzwall zwischen zwei explosionsgefährlichen Gebäuden keine Durchbrechung, insbesondere keinen Durchgang haben.

Die Leitungskanäle müssen zum Schutze gegen Explosionsübertragung seitlich der Gebäude münden und an den Ausgängen durch starke Verschlüsse gegen Schußwirkung gesichert sein.

Tunnel sind in Beton oder Mauerwerk, bestehende hölzerne bei Erneuerung massiv auszuführen.

Bei den Gebäuden zur Herstellung des Sprengöls und seiner Verarbeitung zu Sprengstoffen ist an der Außenseite der Umwallung neben jedem Durchgange eine gegen herabfallende Wurfstücke gesicherte Deckung anzubringen.

Für Patronenhütten solcher Sprengstoffe, welche höchstens 5% Nitroglycerin enthalten, genügt statt der Umwallung eine gegenseitige Trennung durch Wälle nach dem Ausblasesystem." (§ 4)

In diesen Bestimmungen ist das „Ausblasesystem" erwähnt, das vielfach bei Gebäuden mit Explosionsgefahr angewendet wird und darin besteht, daß drei Seiten der Gebäude stark, die vierte und die Decke schwach, also z. B. als leichte Glasfensterwand und leichtes Dach, gebaut werden, so daß die Explosionswirkung sich hauptsächlich nach oben und einer Seite hin äußert, die dann möglichst gegen einen Wald, eine Wasserfläche oder einen Berg gerichtet wird.

Für die Fabriken zur Herstellung von Nitropulver bestimmen die Vorschriften:

für Gebäude mit Explosionsgefahr:

„Gebäude mit Explosionsgefahr, wie Trockenhäuser für Nitrocellulose und solche, in denen rauchschwaches Pulver in Schränken getrocknet wird, sind einzeln mit Erdwällen oder Erdschutzwänden zu vesehen und bei Neubauten und wesentlichen Umänderungen der bestehenden Anlagen mindestens 50 m voneinander und von anderen Gebäuden zu errichten. Die Schutzvorrichtungen müssen die Dachtraufe der eingeschlossenen Gebäude um mindestens 1 m überragen. Erdschutzwälle sind mit mindestens 0,5 m starker Krone bei entsprechender Basis herzustellen und sorgfältig möglichst mit Mutterboden und Quecken zu bekleiden. Die Erdschutzwände bestehen aus zwei senkrecht und parallel aufgestellten, gegenseitig verankerten Wänden aus Wellblech oder anderem unverbrennbaren Material, denen ein Abstand von mindestens 1 m zu geben und deren Zwischenraum mit Erde auszufüllen ist." (§ 2)

für Gebäude mit Staubentwicklung:

„Arbeitsstätten mit Staubentwicklung, wie gewisse Polierwerke sowie Abstaubwerke und Siebwerke müssen, wenn sie nicht mindestens 50 m voneinander und von anderen Gebäuden entfernt liegen, entweder, bei geeigneter Lage, nach dem Ausblasesystem gebaut oder durch Feuerschutzwände oder Brandmauern gegeneinander geschützt sein.

In jeder solcher Arbeitsstätte dürfen nicht mehr als 750 k Pulver vorhanden sein.

Beträgt die zu bearbeitende Menge trockenen Pulvers nicht mehr als 100 k, so genügt ein Abstand von 10 m, ohne daß die vorstehenden Schutzmaßregeln nötig sind.

Die nach dem Ausblasesystem hergestellten Gebäude bestehen aus drei gemauerten Wänden und einer leichten Wand, sowie aus einem leichten Pultdach.

Brandmauern müssen die Dachfläche, Feuerschutzwände die First der Gebäude um mindestens 0,5 m überragen; letztere sind als Mauern oder gut versteifte Blechwände auszuführen." (§ 3) für Gebäude mit Brandgefahr:

„Die Gebäude oder Arbeitsstätten, bei welchen nur Brandgefahr in Frage kommt, bedürfen keines besonderen Schutzes, wenn sie einen Abstand von mindestens 10 m voneinander haben oder bei zusammenhängenden Gebäuden Fürsorge getroffen ist, daß die rasche Fortpflanzung des Feuers von einer auf die andere Arbeitsstätte oder auf Nebenräume nicht eintreten kann und die daselbst beschäftigten Personen schnell und unbehindert ins Freie gelangen können. Beträgt der Abstand weniger als 10 m, so sind die einander gegenüberliegenden Wände als Brandmauern auszubilden, oder es sind Feuerschutzwände zwischen ihnen anzubringen.

Magazine und Pulvertrockenhäuser ohne Trockenschränke müssen, wenn sie nicht mindestens 50 m von anderen Gebäuden und voneinander entfernt liegen oder umwallt sind, feuersicher hergestellt sein oder mit Feuerschutzwänden umgeben werden." (§ 4)

Für Nitroglycerinsprengstoffabriken bestimmen die Vorschriften über Einteilung und Abstand der Gebäude mit Explosionsgefahr:

„Die Herstellung von Nitroglycerinsprengstoffen, deren Verpackung und Lagerung hat in getrennten Gebäuden zu erfolgen, die von den der Fabrikation unmittelbar dienenden Gebäuden ohne Explosionsgefahr mindestens 100 m und von dem übrigen ungefährlichen Teil der Fabrikanlage mindestens 250 m entfernt sein müssen.

Der Abstand von mindestens 100 m gilt für die Kessel- und Maschinenhäuser, das Hilfslaboratorium zur Untersuchung der Sprengstoffe, die Zumischpulverfabrik mit Ausnahme der Calcinieröfen für Kieselgur (siehe § 3d), die Bleilöterei sowie Wasch- und Aufenthaltsräume für Arbeiter der Sprengstoffabteilungen. Welche Gebäude, deren weitere Entfernung von der Sprengstoffabteilung eine wesentliche Erschwerung des Betriebes zur Folge haben würde, außerdem hierunter zu rechnen sind, hat der Genossenschaftsvorstand zu entscheiden.

Kleinere Motoranlagen für einzelne Gebäude des Sprengstoffbetriebes, ebenso die Säuremischstationen und die Gebäude zum Abwiegen oder Vermessen der Säure und des Glycerins können noch innerhalb der Zone von 100 m in der Nähe der zugehörigen Gebäude aufgestellt werden. In einem Patronenpapierlager nahe den Patronenhütten darf auch die Durchlochung und Bedruckung des Papiers und das Zeichnen der Kisten erfolgen.

Zu dem ungefährlichen Teil im Abstande von 250 m gehören: Die zu Wohnräumen für Angestellte und zu Bureauzwecken benutzten Gebäude sowie alle nicht in unmittelbarer Verbindung mit dem eigentlichen Sprengstoffbetriebe stehenden Hilfsbetriebe, wie Schlosserei, Tischlerei, Kollodiumwollfabrik ohne Kollodiumwolltrockenhäuser, Calcinieröfen für Gur usw.

Die Gebäude zur Herstellung, Lagerung des Sprengöls sowie zur Verarbeitung des Sprengöls zu Sprengstoffen sind systemweise anzuordnen. Innerhalb eines Systems sollen die explosionsgefährlichen Gebäude in nicht mehr als zwei Reihen liegen. Reservegebäude können in der zweiten oder in einer dritten Reihe errichtet werden, jedoch darf immer nur eins der demselben Zwecke dienenden Gebäude zur Herstellung von Sprengstoffen in Benutzung sein.

Zu einem „System" sind zu zählen: Nitrier-, Scheide-, Wasch- und Filterhäuser, gegebenenfalls Sprengölmagazine und die Gebäude zur weiteren Verarbeitung des Sprengöls zu Sprengstoffen.

Der Abstand der im Betriebe befindlichen Systeme voneinander muß von Gebäudesockel zu Gebäudesockel mindestens 80 m betragen.

Alle übrigen Entfernungen sind von Mitte zu Mitte der Gebäude gerechnet, falls nicht ausdrücklich etwas anderes bemerkt ist.

Die Entfernung des Nitrier- und Scheidehauses vom Waschhause ist bei einem Inhalt bis zu 600 k Nitroglycerin auf 25 m, bei Mengen bis zu 1200 k auf mindestens 40 m und bei der größten zulässigen Menge von 2000 k auf mindestens 50 m zu bemessen.

Im Waschhaus darf sich bei denselben Entfernungen die doppelte Menge Nitroglycerin befinden.

Für die Gebäude zur Verarbeitung des Sprengöls zu Sprengstoffen (Vorgelatinierung, Knet-, Misch-, Menghaus und Zwischenlager für Sprengstoffe) sind die für das Nitrierhaus festgesetzten Mengen und Entfernungen maßgebend, soweit in § 15 b nicht anders bestimmt ist.

Nachscheidung, Abwasserhaus und Denitrierung, in denen Ansammlungen von Sprengöl durch geregelten Betrieb zu verhindern sind und für welche deshalb Entfernungen nicht vorgeschrieben zu werden brauchen, können für mehrere Systeme gemeinschaftlich verwendet werden.

Wird in ein System ein Sprengölmagazin eingeschaltet, so muß dessen Abstand von den Nachbargebäuden bei der größten zulässigen Menge von 4000 k mindestens 30 m betragen.

Die Gruppe der Patronenhütten für Sprengstoffe mit einem Nitroglyceringehalt von mindestens 25% ist von Gebäudesockel zu Gebäudesockel in einer Entfernung von 80 m von den Gebäuden zur Herstellung der Sprengstoffe zu errichten. Die Entfernung der Patronenhütten unter sich hat bei einer Sprengstoffmenge von 50 k 12 m und bei der größten zulässigen von 75 k 15 m zu betragen.

Bei der Verarbeitung eines Sprengstoffes von höchstens 5% Nitroglyceringehalt dürfen, bei einem Abstande der Patronenhütten von 15 m, 200 k Sprengstoff in demselben enthalten sein.

Die Entfernung der Packhäuser von den Patronenhütten und untereinander ist bei Vermeidung aller nicht durch den Betrieb bedingter Ansammlungen auf 30 m zu bemessen.

Die Magazine zur Lagerung von Sprengstoffen müssen von den Packhäusern bei einem Sprengstoffinhalt von 5000 k mindestens 40 m und darüber hinaus bis zur größten zulässigen Menge von 30 000 k 150 m Abstand haben. Zwischen den Magazinen unter sich darf bei 5000 k Inhalt die Entfernung nicht weniger als 15 m und bei 30 000 k nicht unter 40 m betragen.

Die Kollodiumwolltrockenhäuser sind unter sich sowie den Gebäuden des gefährlichen Teiles und der im § 3 festgesetzten 100-m-Zone im Abstande von 45 m zu errichten." (§ 3)

Eine Tabelle über den geringsten zulässigen Abstand der einzelnen Betriebsgebäude wird später mitgeteilt.

Für Pikrinsäurefabriken wird in den Vorschriften verlangt:

„Die Anlage ist in folgende Abteilungen räumlich zu trennen:
a) Herstellung der Rohpikrinsäure und ihre Scheidung von der Nitrirsäure.
b) Umwandlung der rohen in Reinpikrinsäure.
c) Trocknen der Reinpikrinsäure.
d) Sieben und Verpacken.
e) Lagerung." (§ 1)

„Die Abteilungen b), c) und d) sind jede für sich mit Erdwällen zu umgeben. Von der Umwallung von b) kann nur Abstand genommen werden, wenn sowohl Gebäude wie innere Einrichtungen ausreichende Garantien für Feuersicherheit bieten." (§ 2)

„Bei einer Tagesproduktion bis zu 100 k können die Abteilungen c) und d) in einem Walle vereinigt werden." (§ 3)

„Andere zu dem Betriebe gehörige Gebäude, in denen keine Pikrinsäure vorhanden ist, sind mindestens 30 m entfernt zu legen." (§ 4)

„Das Lager e) ist ebenfalls zu umwallen und von den Abteilungen a) bis d) mindestens 100 m bei einem Bestande von mehr als 10 000 k aber mindestens 200 m entfernt zu legen." (§ 5)

„Die Abteilungen a) bis d) und das Lager e) sind mit einem 2,25 m hohen Zaun zu umgeben, der von den Gebäuden wenigstens 5 m entfernt ist; an den Zugängen sind Warnungstafeln anzubringen; außerdem müssen die Zugänge so bewacht werden, daß Unbefugte keinen Zutritt finden können." (§ 6)

„Die Erdwälle sollen 1 m Kronenbreite und von den Gebäuden 1 m Abstand haben. Bei den Abteilungen b), c) und d) müssen die Wälle die Höhe der Dachtraufen der Gebäude, bei dem Lager e) die Firsthöhe 1 m überragen." (§ 7)

„Alle Wälle müssen mit doppelseitiger gleichwinkeliger Böschung angelegt werden. Die Wälle sind so anzulegen, daß eine direkte Schußwirkung ausgeschlossen ist." (§ 8)

„Bei den Abteilungen b), c) und d) sind zum Schutze gegen eintretende Gefahr sichere Deckungen für die Arbeiter anzubringen." (§ 9)

„Für die Aufnahme solcher Produkte, deren sofortige Weiterverarbeitung nach dem Gange des Betriebes nicht möglich ist, sind in der Nähe der Abteilungen in der im § 7 angegebenen Weise umwallte Ablagemagazine anzulegen." (§ 10)

„Das Lager e) ist entweder aus feuersicher imprägniertem Holz oder aus Zementbeton zu erbauen. In dem letzteren Falle ist die innere Fläche mit dichtem Material (Linoleum) zu verkleiden." (§ 13)

Für Zündhütchenfabriken ist von der Berufsgenossenschaft vorgeschrieben:

„Die Gebäude, in denen trockener Sprengstoff aufbewahrt und verarbeitet wird, sowie Sprengzündhütchen verpackt und letztere, oder solche Zündhütchen, welche gleiche Explosionsgefahr haben, gelagert werden, müssen einzeln mit sicheren Erdwällen (vgl. § 37) oder Mauern umgeben sein. Der Anbau der Lademaschine ist nach der Ausblaseseite durch Erdwall zu sichern.

Die Wälle müssen die Dachtraufe der eingeschlossenen Gebäude um mindestens 1,0 m überragen.

Die Gänge durch die Wälle dürfen nicht in der Schußlinie nach Verkehrswegen oder nahen Gebäuden angelegt sein." (§ 4)

für die Herstellung von Feuerwerkskörpern:

„Bei Neuanlagen müssen die für Herstellung von Feuerwerkskörpern bestimmten Räume mindestens eine Höhe von 3 m und eine Bodenfläche von 16 qm für jede Arbeitsstelle haben." (§ 8)

„In Gebäuden, in denen außer einem zur Herstellung von Feuerwerkskörpern benutzten Raume noch andere Räume zu dem gleichen Zwecke oder zur Lagerung explosiver oder leicht entzündlicher Stoffe benutzt werden sollen, sind diese Räume durch massive, weder durch Türen, noch durch Fenster, noch sonstige Öffnungen durchbrochene Mauern vollständig voneinander abzuschließen." (§ 9)

„Räume, in denen mehrere Arbeiter gleichzeitig mit der Herstellung von Feuerwerkskörpern beschäftigt werden, müssen mit mindestens zwei Ausgängen versehen sein." (§ 10)

für Lack- und Firnisfabriken:

„Bei Neuanlagen müssen die zur Herstellung von Lack und Firnissen dienenden Gebäude von anderen Baulichkeiten räumlich getrennt oder mindestens durch Brandmauern geschieden werden." (§ 1)

Für die gewerbsmäßige Herstellung, Verdichtung und Verflüssigung von Acetylengas wird verlangt:

„Die Herstellung und Verdichtung von Acetylengas einerseits und die Verflüssigung desselben andererseits muß in getrenntliegenden Gebäuden vorgenommen werden. Sofern der zur Verdichtung des Gases angewandte Druck acht Atmosphären übersteigt, muß diese Arbeit in einem gesonderten Raume erfolgen." (§ 1)

Die berufsgenossenschaftlichen Unfallverhütungsvorschriften verlangen für die Lagerung leichter Kohlenwasserstoffe:

„Neu zu errichtende Lager müssen so angelegt sein, daß der Inhalt der Gefäße sich beim Auslaufen auf dem umliegenden Terrain nicht verbreiten kann. Oberirdisch angelegte Lager sind zu diesem Zwecke mit einem Damm zu umgeben, der keinerlei Durchlaß haben darf." (§ 1)

„Bei Lagerungen mit Bedachung ist das Gebäude feuersicher so zu konstruieren, daß die Übertragung eines Brandes von außen möglichst verhindert wird." (§ 2)

„Ein anderen Zwecken dienendes Gebäude darf in der Nähe des Lagers nur errichtet werden, wenn seine Außenwand von der Wand des nächsten Lagerhauses oder Lagerreservoirs mindestens 20 m entfernt ist." (§ 3)

Gebäude mit Brandgefahr müssen feuersicher erbaut werden. Gebäude mit Explosionsgefahr sind entweder nach dem schon erwähnten Ausblasesystem zu errichten oder im allgemeinen leicht herzustellen und leicht zu überdachen, so daß im Falle einer Explosion die Explosionsgase schnell entweichen können, oder es ist eine Bauweise zu wählen, die bei einer Explosion zu einer vollständigen Zertrümmerung des Bauwerks ohne Bildung größerer Sprengstücke führt, die Explosionswirkung also möglichst auf ihren Herd beschränkt. Als eine solche Bauart ist die Ausführung in Eisenbeton vielfach gewählt worden, die auch bei Explosionen sich bewährt hat. Für die weitere Bauausführung solcher Gebäude, namentlich derjenigen mit Staubentwicklung, ist zu beachten, daß die Ablagerung von Sprengstoffstaub durch dichte Herstellung der Wände und Fußböden möglichst vermieden wird. Weiter sind diese Bauteile so zu gestalten, daß abgelagerter Staub leicht bemerkt und durch Abwaschen beseitigt werden kann.

Funkenbildung ist an vielen Betriebsstellen durch Vermeidung von aufeinanderreibenden Eisenteilen zu verhüten, was namentlich bei den Tür- und Fensterbeschlägen und bei der Verwendung eiserner Befestigungsteile bei Bildung der Fußböden zu beachten ist. Für letztere ist in besonderen Fällen ein Bleiverschlag vorgeschrieben. Funkenbildende Reibung sucht man auch durch die Verwendung elastischer Fußböden zu vermeiden, also z. B. durch Ausführung in fugenlosem Asphalt, durch Belegen der Zementfußböden mit Linoleum oder ähnlichen weichen Stoffen. Für besondere Fälle sind besondere Vorschriften erlassen (S. 41 ff.).

Türen und Fenster sind möglichst groß zu gestalten, um die Explosionswirkung abzuschwächen und die Flucht der Arbeiter bei drohender Gefahr zu erleichtern. Die Türen müssen zu letzterem Zweck nach außen aufschlagen, für die Fenster ist dies nicht nötig, da sie bei Explosionen doch herausgedrückt werden.

Wenn in besonderen Betrieben eine zu starke Erhitzung der Räume durch Sonnenstrahlen gefährlich werden kann, so sind die nach der Sonnenseite zu gelegenen Fenster aus Mattglas herzustellen oder zu blenden. Glas mit Blasen oder Warzen ist wegen der Brennglaswirkung dieser Fehlerstellen nicht zu verwenden.

Die neuen Vorschriften verlangen allgemein:

„Über Arbeitsplätzen befindliche Glasdächer und Oberlichtfenster, die der Gefahr der Zertrümmerung durch Werkstücke oder Arbeitsgeräte ausgesetzt sind, müssen, sofern sie nicht aus Drahtglas bestehen, mit Drahtnetzen von nicht über 3 cm Maschenweite unterfangen werden." (§ 5)

Die Herstellung der Türen aus Eisen hat sich für Gebäude mit Explosionsgefahr nicht bewährt, da sie bei Explosionen schwere Sprengstücke ergaben. Soll aus Gründen der Feuersicherheit oder zur besseren Sicherung der Zugänge gegen Einbrüche (Entwendung von Sprengstoffen) bei den Türen Eisen zur Verwendung kommen, so empfiehlt es sich, Holztüren mit Eisenbeschlag anzuwenden.

Nach diesen Erwägungen hat die Berufsgenossenschaft der chemischen Industrie im einzelnen für die **Bauart** der Betriebsgebäude außer dem schon vorstehend bezeichneten noch folgendes vorgeschrieben:

für Fabriken zur Herstellung von **Schwarzpulver und schwarzpulverähnlichen Sprengstoffen**:

„Bei Neuanlagen sind Gebäude mit Feuerstätten massiv zu erbauen. Die Gebäude mit Explosionsgefahr sind möglichst leicht herzustellen und leicht zu überdachen.

Gebäude, in denen nicht mehr als 500 k Pulver gleichzeitig bearbeitet werden, können bei geeigneter örtlicher Lage nach dem sogenannten Ausblasesystem, nämlich aus drei mindestens 75 cm starken, massiv gemauerten Wänden und einer leichten Glasfensterwand sowie aus einem leichten Pultdache von schwer verbrennlichem Material hergestellt werden. Die Mauern müssen die Dachfläche um mindestens 0,5 m überragen." (§ 8)

„In Gebäuden mit Explosionsgefahr sind die Beschläge für Türen und Fenster so herzustellen, daß eine Reibung von Eisen auf Eisen ausgeschlossen ist. Bei Neubauten und Reparaturen ist die Verwendung eiserner Nägel, Schrauben, Klammern verboten. Die Verwendung von Eisen ist in diesen Gebäuden in reibender Verbindung nur mit Kupfer, Bronze, Weißmetall oder Messing gestattet." (§ 12)

„Der Weg für den Pulvertransport muß von Feuerungsanlagen so weit entfernt bleiben, daß eine Gefährdung durch Funken ausgeschlossen ist, auch darf er, soweit das Gelände es zuläßt, nicht an den gefährlichen Seiten der nach dem Ausblasesystem gebauten Werke oder an anderen gefährlichen Stellen vorbeiführen." (§ 13)

für Fabriken zur Herstellung von **Nitropulver**:

„Bei Neubauten sind die Gebäude mit Explosionsgefahr aus leichtem, gegen die erste Einwirkung des Feuers widerstandsfähigem Material, die Gebäude des brandgefährlichen Betriebes feuersicher herzustellen." (§ 6)

ferner:

„In den Trockenhäusern ist das für die Gestelle und Herden zur Verwendung gelangende Holz gegen die erste Einwirkung des Feuers widerstandsfähig zu machen." (§ 11)

für **Zündhütchenfabriken**:

„Die Gebäude zur Aufbewahrung von trocknem Sprengstoff, das Trocken-, Körn- und Siebhaus, sowie Vorderwand und Dach des Anbaues des Ladehauses müssen in leichtem Material ausgeführt sein." (§ 6)

„Das Holzwerk der Gebäude mit Explosivgefahr muß tunlichst mit Wasserglas oder sonstigen geeigneten Mitteln gegen die Einwirkung von Feuer möglichst widerstandsfähig gemacht sein." (§ 7)

für das **Laden von Patronen mit Schwarzpulver oder rauchschwachem Pulver und für das Entladen**:

„Das Holzwerk sämtlicher nach Inkrafttreten dieser Unfallverhütungsvorschriften neu zu errichtender Gebäude, in denen Patronen geladen werden, muß mit Wasserglas oder sonstigen geeigneten Mitteln gegen die Einwirkung von Feuer möglichst widerstandsfähig gemacht sein." (§ 4)

für die **Gebäude zur Herstellung und Verpackung der Sprengstoffe in den Nitroglycerinsprengstoffabriken**:

„Die Gebäude, in denen Nitroglycerin hergestellt und zu Sprengstoffen verarbeitet wird, sowie die Patronenhütten und Packhäuser sind aus einem Material zu erbauen, welches der ersten Einwirkung des Feuers Widerstand bietet und bei einer Explosion keine schweren Wurfstücke bildet. Zulässig ist z. B. Holz mit feuersicherem Anstrich, der in angemessenen Zeiträumen zu erneuern ist." (§ 5)

für die Magazine dieser Fabriken:

„Bei Neubauten müssen die Magazine, soweit sie nicht in Stollen angelegt sind, aus Beton hergestellt, überwölbt und mit 1 m hoher Erdschicht bedeckt werden. Der Fußboden soll aus Beton sein. Die Innenwände sind glatt zu verputzen." (§ 6)

für das Sprengölmagazin:

„Ein zur Entlastung der Fabrikationsstätten in das System neu eingeschaltetes Aufbewahrungshaus für Sprengöl ist nach Art der Magazine zu erbauen." (§ 7)

Die Fußböden, Decken und Wände müssen noch folgenden Forderungen der berufsgenossenschaftlichen Vorschriften entsprechen:

in Fabriken zur Herstellung von Schwarzpulver und schwarzpulverähnlichen Sprengstoffen:

„Die Fußböden in den Gebäuden mit Explosionsgefahr sind aus Holz ohne eiserne Befestigungsmittel, aus Asphalt oder ähnlichem elastischem Material herzustellen. Dieselben sind glatt und dicht zu halten, Fugen mit Holz oder elastischem Material sorgfältig auszufüllen.

Die nicht aus Holz, Asphalt oder ähnlichem fugenlosen elastischen Material bestehenden Fußböden der Gebäude mit Explosionsgefahr sind mit Linoleum oder einem ähnlichen weichen Belag zu versehen, der die Eigenschaft hat, bei einem Brande nicht nachzuglimmen." (§ 11)

„Die Innenwände und Decken der Gebäude mit Explosionsgefahr, in denen sich Pulverstaub entwickelt, sind mit Ausnahme von älteren Werken, bei denen es nicht ausführbar ist, mit einem hellen Firnis-, Emaillefarben- oder sonstigem abwaschbaren Anstrich zu versehen.

Das Holzwerk ist gegen die erste Einwirkung des Feuers widerstandsfähig zu machen" (§ 10).

in Fabriken zur Herstellung von Nitropulver:

„Die inneren Wandflächen sind in Werken, in welchen sich Pulverstaub bildet, mit einem abwaschbaren Anstrich zu versehen.

Die Fußböden sind entweder aus Zement herzustellen und mit Linoleum zu belegen oder aus einem weichen, elastischen Material ohne besonderen Belag anzufertigen." (§ 8)

in Nitroglycerinsprengstoffabriken:

„Die Wände der Gebäude zur Herstellung und Verpackung der Sprengstoffe müssen dicht, ihre Innenseiten glatt und ebenso wie Dach und Außenwände mit einem hellen Anstrich versehen sein."

„Als Fußbodenbelag ist in Gebäuden zur Herstellung des Sprengöls und der Sprengstoffe sowie in den Patronenhütten Blei, Linoleum oder ein ähnliches Material zu wählen. Für Packhäuser und Magazine ist ein Belag nicht erforderlich." (§ 5)

In Gebäuden zur Herstellung und Verpackung der Sprengstoffe in den vorgenannten Fabriken ist:

„der Fußboden mit einem Bleibelag zu versehen." (§ 7)

Für Pikrinsäurefabriken gilt:

„Die Wände der Abteilungen a) bis d) (S. 38) sollen glatt und leicht zu reinigen sein. Die Fußböden sollen undurchlässig, leicht abzuspülen und mit Gefälle versehen sein.

Das Dach soll möglichst leicht und möglichst feuersicher konstruiert werden." (§ 11)
„Zu den Fußböden sollen keine Metalle (Nägel) und keine kalk- oder gipshaltigen Materialien benutzt werden." (§ 12)

in Zündhütchenfabriken:

„Die Fußböden der Räume, in denen Sprengstoff in losem, trockenem Zustande aufbewahrt, Sprengstoff getrocknet, gekörnt, gesiebt, sowie in die Transportbehälter gefüllt wird, müssen aus Asphalt oder Zement oder aus Brettern durchaus glatt und dicht hergestellt sein. Im letzteren Falle sind die metallischen Befestigungsmittel zu versenken und zu verkitten.

Diese Fußböden müssen einen Belag aus Weichblei, Kautschuk, Linoleum oder einem ähnlichen, dichten, weichen Stoff erhalten. Darüber ist an den Verkehrsstellen noch ein Teppich- oder Wachstuchläufer zu legen.

Die Fußböden der Räume, in denen Zündhütchen gepreßt werden, müssen ebenfalls aus Asphalt oder Zement, oder aus Brettern glatt und dicht hergestellt sein, so daß sich der Sprengstoffstaub leicht entfernen läßt.

Die Fußböden aller Räume zur Gewinnung des Knallquecksilbers sind aus Asphalt oder Zement oder sonstigem festen Material glatt und ohne Fugen herzustellen.

Die Innenseite der Wände der Räume, in denen Sprengstoff verarbeitet wird, müssen dicht und glatt und so gearbeitet sein, daß sie nicht abbröckeln." (§ 10)

beim Laden und Entladen von Patronen:

„Die Fußböden in denjenigen Räumen, in denen Patronen geladen werden, müssen glatt und dicht gehalten und, wenn sie nicht aus Holz bestehen, mit einem weichen, dichten Belag bedeckt sein." (§ 7)

für die Herstellung von Feuerwerkskörpern:

„Die Fußböden derjenigen Räume, in welchen mit Pulver und entzündlichen Sätzen gearbeitet wird, müssen glatt und dicht gehalten sein. Die metallischen Befestigungsmittel sind zu verdecken.

Bei Neuanlagen und Reparaturen alter Fußböden dürfen nur Holz- oder Messingstifte verwendet werden.

Soweit der Fußboden nicht aus Holz oder Asphalt besteht, muß derselbe mit weichem, den Staub nicht durchlassendem Belag versehen werden." (§ 13)

in Zünderfabriken:

„Die Fußböden der Räume, in denen Sprengstoffe oder Zündsatz verarbeitet oder verpackt werden, müssen aus Asphalt oder Zement, oder aus Brettern durchaus glatt und dicht hergestellt sein. Im letzteren Falle sind die metallenen Befestigungsmittel zu versenken und zu verkitten. Diese Fußböden müssen einen Belag aus Kautschuk, Linoleum, oder einem ähnlichen, dichten, weichen Stoff erhalten." (§ 9)

„Die Wände und Decken der Räume, in denen Sprengstoff und Zündsatz verarbeitet wird, müssen dicht und glatt und so gearbeitet bzw. gesichert sein, daß sie nicht abbröckeln." (§ 10)

in Lack- und Firnisfabriken:

„Die Wände, Decken und Fußböden der Arbeitsräume müssen bei Neuanlagen aus feuersicherem Materiale hergestellt sein." (§ 2)

Bei den Wegen und Vorplätzen an den gefährlichen Gebäuden ist die Gefahr des Entstehens von Entzündungen durch Funkenbildung und zu große Erhitzung zu beseitigen.

Die hierzu nötigen Vorsichtsmaßnahmen werden in den berufsgenossenschaftlichen Vorschriften durch folgende Bestimmungen gefordert:

für Fabriken zur Herstellung von Schwarzpulver und schwarzpulverähnlichen Sprengstoffen:

„Zur Verhütung des Einwehens von Sand, Staub usw. sind die Gebäude mit Explosionsgefahr mit einem Vorflur zu versehen und die unmittelbar an den Pulverarbeits- und Aufbewahrungsgebäuden liegenden Wege mit Gerberlohe, einem ähnlichen Material oder Brettlagen zu bedecken, oder es ist auf sonst geeignete Weise der erwähnten Gefahr vorzubeugen." (§ 7)

„Bei anhaltend trockener Witterung müssen die Türschwellen und die unmittelbare Umgebung der Pulverhäuser ausreichend genäßt werden.

Vor den Pulverwerken muß stets Wasser zur Verfügung stehen, soweit die Temperaturverhältnisse es gestatten." (§ 36)

für Fabriken zur Herstellung von Nitropulver:

„Zur Verhütung des Einwehens von Sand und Staub usw. sind die unmittelbar an den Pulverarbeits- oder Aufbewahrungsgebäuden liegenden Wege mit Brettlagen oder Gerberlohe und dergleichen zu bedecken, oder es ist auf sonst geeignete Weise der erwähnten Gefahr vorzubeugen.

Gerberlohe, Brettlagen usw. sind feucht zu halten." (§ 10)

„Bei anhaltend trockener Witterung müssen die Türschwellen und alle unmittelbare Umgebung der Pulvergebäude ausreichend genäßt werden." (§ 59)

für Zündhütchen- und Zünderfabriken und für Betriebe zur Herstellung von Feuerwerkskörpern:

„Die Vorplätze der von den Schutzwällen eingeschlossenen Gebäude und die Gänge durch die Wälle müssen so hergestellt sein, daß sie sich leicht reinhalten lassen." (§ 5, § 7)

Außer diesen besonderen Vorschriften gelten allgemein **für alle Betriebe** der Berufsgenossenschaft folgende:

„Alle Fußböden sind, soweit es die Natur des Betriebes gestattet, in gutem Zustande zu erhalten; sofern das Entstehen schlüpfriger oder glatter Stellen nach der Art des Betriebes oder nach den Witterungsverhältnissen nicht vermieden werden kann, ist einem Ausgleiten durch geeignete Mittel nach Möglichkeit vorzubeugen." (§ 4)

In den neuen Vorschriften ist allgemein verlangt:

„Fußböden, Wege und Arbeitsplätze in der Fabrik müssen so beschaffen sein, daß sie einen gefahrlosen Verkehr gestatten." (§ 1)

Für die **Türen** und **Fenster** bestimmen die berufsgenossenschaftlichen Unfallverhütungsvorschriften folgendes:

für die Schwarzpulver- und Nitropulverfabriken:

„Die Arbeitsräume sind mit großen Fenstern und Türen zu versehen, letztere müssen nach außen aufschlagen. Zu den Fenstern ist blasen- und warzenfreies Glas zu verwenden. Die nach der Sonnenseite zu gelegenen Fensterscheiben sind aus Mattglas herzustellen oder zu blenden." (§ 9, § 8)

für Nitroglycerinsprengstoffabriken:

„Die Türen sollen nach außen aufschlagen und so angelegt sein, daß sie auf kürzestem Wege zur nächsten Deckung führen. Die Fenster sind auf der Sonnenseite zu blenden und nach der Innenseite zum Schutz gegen Glassplitter mit engmaschigen Drahtnetzen oder durchlochten Blechen zu versehen. Bei Scheiben aus Drahtglas oder Glimmer bedarf es auf der Innenseite keines besonderen Schutzes." (§ 5)

Für die **Magazine** dieser Fabriken ist bestimmt:

„Zum Abschluß dienen Doppeltüren, von denen die äußere aus 5 cm starkem Eichenholze bestehen muß. Beide Türen sind mit Schlössern zu versehen." (§ 6)

für **Pikrinsäurefabriken**:

„Die Türen sollen nach außen aufschlagen." (§ 11)

„Die Fenster der Abteilungen b), c) und d) und des Lagers e) sind auf der Sonnenseite zu blenden." (§ 12)

für **die Zündhütchenfabriken und das Laden und Entladen von Patronen**:

„Die der Sonnenseite zu belegenen Fensterscheiben der Gebäude mit Explosivgefahr müssen geblendet sein." (§ 8, § 5)

„Die Türen der Gebäude mit Explosivgefahr sollen nach außen aufschlagen." (§ 9, § 6)

für **Zünderfabriken**:

„Die Türen und Fenster der Gebäude, in denen explosible Stoffe lagern oder verarbeitet werden, müssen nach außen aufschlagen. In Räumen, in welchen sich loses Pulver oder Zündsatz befindet, müssen die Fenster auf der Sonnenseite geblendet sein." (§ 8)

für **die Herstellung von Feuerwerkskörpern** gilt ähnliches und weiter:

„Die Fensterscheiben der Gebäude müssen aus mattem Glase hergestellt oder derartig geblendet sein, daß das Eintreten der direkten Sonnenstrahlen verhindert wird. Die Fenster dürfen nicht vergittert sein." (§ 10)

Außerdem wird für die Schwarzpulver- und Zünderfabriken bestimmt:

„In Gebäuden mit Explosionsgefahr sind die Beschläge für Fenster und Türen so herzustellen, daß eine Reibung von Eisen auf Eisen ausgeschlossen ist." (§ 12, § 10)

und weiter für die Schwarzpulverfabriken:

„Bei Neubauten und Reparaturen ist die Verwendung eiserner Nägel, Schrauben und Klammern verboten. Die Verwendung von Eisen ist in diesen Gebäuden in reibender Verbindung nur mit Kupfer, Bronze, Weißmetall oder Messing gestattet." (§ 12)

Ferner müssen in Lack- und Firnisfabriken

„die Türen feuersicher sein, in Eisen- oder Steinfalzen ruhen und nach außen aufschlagen." (§ 3)

„Die Fenster müssen mit von außen verschließbaren eisernen Läden versehen sein, sofern für benachbarte Gebäude Feuersgefahr vorhanden ist." (§ 4)

In Betrieben zur Herstellung, Verdichtung und Verflüchtigung von Acetylengas müssen die Türen, die zu diesen Räumen führen, nach außen aufschlagen (§ 2).

Hinsichtlich der Türen ist noch zu erwähnen, daß in **Schwarz- und Nitropulverfabriken**:

„nach Schluß der Arbeit die Türen der Werke zu verschließen und die Schlüssel an den dazu bestimmten Ort zu bringen" sind. (§ 42, § 40)

Ferner sind in Nitroglycerinsprengstofffabriken:

„alle Räume der Sprengstoffabteilung außerhalb der Arbeitszeit verschlossen zu halten." (§ 36)

Über Notausgänge bestimmen die allgemeinen Vorschriften:

„Um Personen aus Feuersgefahr leicht retten zu können, ist für zweckentsprechende Bauart von Ausgängen, Ausgangstüren, Treppen und Fenstern Sorge zu tragen." (§ 11)

und die neuen:

„Zur Rettung aus Feuers- und anderen Gefahren müssen genügend Ausgänge, Fenster und Treppen oder Notleitern vorhanden sein. Die Türen müssen nach außen aufschlagen und dürfen nicht verstellt, die Fenster nicht fest vergittert werden. Die Notausgänge sind als solche kenntlich zu machen." (§ 3)

Für bedeckte Räume der Lagerung leichter Kohlenwasserstoffe ist vorgeschrieben:

„daß sie zwei getrennte, von innen zu öffnende Ausgänge haben." (§ 4)

Weiter ist für Schwarz- und Nitropulverfabriken vorgeschrieben:

„Türen und Vorplätze der Gebäude mit Explosionsgefahr müssen stets frei bleiben und dürfen auch vorübergehend nicht verstellt, die Türen während der Arbeitszeit auch nicht verschlossen werden." (§ 37, § 33)

Für Pulver- und Sprengstoffabriken, Pulver- und Sprengstoffmagazine ist der Gefahr, daß durch Blitz Entzündungen und Explosionen hervorgerufen werden, durch die Anlage von Blitzschutzvorrichtungen zu begegnen. Vorschriften über diese sind in Polizeiverordnungen niedergelegt, die in Preußen nach den bereits bezeichneten Ministerialanleitungen (S. 8) erlassen wurden. Hiernach ist für Gebäude, die nach behördlichen Vorschriften mit besonderen Erdschutzwällen oder Erdschutzwänden umgeben werden müssen, eine Blitzableiteranlage herzustellen, die in ihrem äußeren Teil einen einschlagenden Blitz aufzufangen und dadurch vom Gebäude fernzuhalten hat und in ihrem inneren Teile an den Gebäuden anzubringen ist, um einen vom äußeren System nicht genügend aufgefangenen und abgeleiteten Blitz oder eine Teilentladung aufzunehmen, unschädlich abzuleiten und insbesondere das Innere des Gebäudes von elektrischen Spannungen freizuhalten. Ferner sind Maßregeln für die Rohr- und elektrischen Leitungen zu treffen, um die Einführung höherer elektrischer Spannungen in das Innere der Gebäude zu verhindern. Schließlich sind Maßnahmen für die metallenen Gegenstände im Innern der Gebäude durchzuführen, um dort Entladungen, hervorgerufen durch Spannungen zwischen den einzelnen Gegenständen, zu vermeiden.

Bei Gebäuden, die nicht mit besonderen Erdschutzwällen oder Erdschutzwänden umgeben zu werden brauchen, sind alle voraussichtlichen Einschlagstellen des Blitzes durch Auffangvorrichtungen zu schützen und diese sowie die anzulegenden Gebäudeleitungen mit einer Erdleitung zu verbinden. Zur Erhöhung der Sicherheit sind unter Umständen auch neben dem zu schützenden Gebäude besondere Auffangvorrichtungen auf Masten anzuordnen und an die Erdleitung der Gebäude anzuschließen.

Für Gebäude, welche weder Explosivstoffe noch größere Mengen anderer leicht entzündlicher Stoffe enthalten, genügen Blitzableiter nach den für gewöhnliche Gebäude geltenden Grundsätzen, wie solche der Verband deutscher Elektrotechniker aufgestellt hat[1].

Die berufsgenossenschaftlichen Vorschriften enthalten über den Blitzschutz für Fabriken zur Herstellung von Schwarzpulver, schwarzpulverähnlichen Sprengstoffen und Nitropulver folgende Bestimmung:

---

[1] Elektrotechnische Zeitschrift 1901, S. 390.

„Gebäude mit Explosionsgefahr sind mit einer zuverlässigen Blitzschutzanlage zu versehen, wenn diese bei der örtlichen Lage, Bodenbeschaffenheit und Bauart geboten erscheint. Vorhandene Blitzschutzanlagen sind stets in gutem Zustande zu erhalten und müssen jährlich mindestens einmal sachverständig geprüft werden. Das Ergebnis der Prüfung ist in ein dauernd aufzubewahrendes Buch einzutragen, welches dem Aufsichtsbeamten auf Verlangen vorzulegen ist. Dieselbe hat sich sowohl auf die oberirdische wie auf die Erdleitung zu erstrecken." (§ 14, § 15)

Für Nitroglycerinsprengstofffabriken wird bestimmt:

„Alle Gebäude, in welchen Sprengstoffe hergestellt oder aufbewahrt werden, sind mit einer Blitzschutzanlage zu versehen, welche den besten bekannten Erfahrungen entsprechen muß.

Diese Blitzschutzanlagen sind alljährlich, am besten im Frühling, sowie nach jedem starken Gewitter einer gründlichen Besichtigung zu unterziehen und mindestens zweimal im Jahre einer genauen Prüfung durch einen Sachverständigen zu unterwerfen. Letztere hat sich sowohl auf die oberirdische als auch auf die Erdleitung zu erstrecken.

Das Ergebnis der durch den Sachverständigen vorzunehmenden Prüfungen ist mit Angabe der gefundenen Widerstände von jedem einzelnen Gebäude in ein ordnungsmäßig zu führendes Revisionsbuch einzutragen, welches den technischen Aufsichtsbeamten auf Verlangen vorzulegen ist.

Bei Gebäuden mit elektrischer Beleuchtung sind die Zuleitungsdrähte so zu verlegen, daß während eines sich über dem Betriebsorte entladenden Gewitters die Verbindung mit der Hauptleitung unterbrochen werden kann." (§ 11)

Ferner müssen in Betrieben zur Herstellung von Feuerwerkskörpern

„alle Gebäude, soweit es die Bodenbeschaffenheit nach dem Urteil eines Sachverständigen zuläßt, mit Blitzableitern versehen sein; letztere müssen in gutem Zustande erhalten und alle Jahre einmal durch Sachverständige geprüft werden. Die Prüfung hat sich sowohl auf die oberirdische als auch auf die Erdleitung zu erstrecken. Dem Beauftragten sind die Prüfungsatteste auf Erfordern vorzulegen." (§ 14)

Für Zündhütchen- und Zünderfabriken und für das Laden und Entladen von Patronen sind von der Berufsgenossenschaft Blitzableiter nicht vorgeschrieben; jedoch müssen

„Vorhandene Blitzableiter stets in gutem Zustande gehalten und jährlich mindestens einmal durch Sachverständige geprüft werden. Die Prüfung hat sich sowohl auf die oberirdische, wie auf die Erdleitung zu erstrecken." (§ 11, § 8)

Auch für Pikrinsäurefabriken wird nur verlangt:

„Vorhandene Blitzableiter sind halbjährlich und nach jedem starken Gewitter auf ihre Zuverlässigkeit sachverständig zu prüfen. Über diese Prüfungen ist Buch zu führen." (§ 18)

Für die Lagerung leichter Kohlenwasserstoffe ist bestimmt:

„Vorhandene Blitzableiter müssen stets in gutem Zustande gehalten und jährlich mindestens einmal durch Sachverständige geprüft werden. Die Prüfung hat sich sowohl auf die oberirdische wie auf die Erdleitung zu erstrecken." (§ 5)

Die Aufgabe des Blitzschutzes ist, das Auftreten von Funken zu verhindern, deren Gefährlichkeit darin besteht, daß sich Menschen in sie einschalten und dann durch die Entladung verletzt oder getötet werden, oder daß brennbare Materialien entzündet werden. Die durch Glühendwerden leitender Körper von zu geringem Querschnitt auftretende Feuersgefahr kann durch reichliche Bemessung aller Querschnitte verhütet werden. Die Blitzschutzanlagen beruhen auf dem Franklinschen Blitzableiter und dem Faradayschen Käfig oder auf einer Verbindung beider. Beim Blitzableiter wird dem Blitz ein Weg von möglichst geringem Widerstand bis zur Erde geboten. Scharfe Ecken, Umkröpfungen, Spiralen sind daher bei der Blitzableitung zu vermeiden, der auch reichlicher Querschnitt zu geben ist. Der Blitzableiter muß guten Erdschluß haben, weshalb er vielfach an vorhandene Wasser- oder Gasleitungen angeschlossen wird. Steht ein solches Leitungsnetz nicht zur Verfügung, so werden große Erdplatten aus einem dichten Gewebe von verzinktem oder verzinntem Eisendraht angewendet, die in das Grundwasser oder in stets feuchte Erde eingebettet werden. Bei der Abschätzung des Schutzbereichs geht man namentlich bei Lagern und Fabrikationsräumen der Sprengstoffindustrie sehr sicher und wendet den sog. einfachen Schutzkegel an, bei dem der vom Blitzableiter geschützte Kreis die Entfernung der Spitze der Auffangestange von der Erde zum Halbmesser hat. Geerdete Metallkörper können Gelegenheit zur Bildung einer Funkenstrecke bieten, indem der Blitz auf sie überspringt.

Der Faradaysche Käfig beruht darauf, daß die in einer Kammer aus Metallwänden befindlichen Gegenstände gegen Blitzschlag gesichert sind, leitende Gegenstände (Metallkörper, Kohlen) müssen aber mit einer der Wände leitend verbunden sein. Eine solche Kammer kann erhalten werden, wenn das Gebäude aus Wellblech hergestellt wird. Bei Explosionen würden aber die Wellblechplatten gefährliche Sprengstücke abgeben. Es werden daher Gebäude der Sprengstoffindustrie aus anderen Materialien, die solche Stücke nicht erzeugen, hergestellt und dann durch einen Käfig vor Blitzschlag geschützt. Der Käfig wird durch rings um das Gebäude aufgestellte Gasrohrstangen, die unten Anschluß an eine Erdleitung erhalten, und durch ein sie verbindendes Netzwerk aus Drähten gebildet. Ist das Gebäude von einem Wall umgeben, so werden die Stangen auf ihn gestellt und durch Drahtseile oder Bandeisen mit der Ringleitung verbunden. Die Maschenweite des Netzes wird 2 bis 3 m genommen. Es wird auch hierzu Stacheldraht verwendet, von dem manche annehmen, daß er durch seine große Zahl von Spitzen wirksam sei. Metallmassen im Käfig werden an die Ringleitung angeschlossen, entweder durch besondere Leitungen oder dadurch, daß der Fußboden, den man in den Nitroglycerinfabriken vielfach mit Hartblei bedeckt, mit der Erdleitung verbindet.

Um recht sicher zu gehen, können beide Systeme miteinander derart verbunden werden, daß das durch einen Faradayschen Käfig geschützte Gebäude außerdem noch mit Blitzableitern versehen wird, die oben mit dem Netzwerk, unten mit der Ringleitung verbunden werden.

Die berufsgenossenschaftlichen Vorschriften über das Verhalten der Arbeiter bei Gewitter sind schon besprochen (S. 27).

Heizungs- und Feuerungsanlagen bieten für Betriebe, in denen feuergefährliche Gegenstände oder Sprengstoffe hergestellt oder verarbeitet werden, eine besondere Gefahr durch die Feuerungen, Schornsteine, Öfen und Heizapparate. Daher muß die Unfallverhütungsfürsorge auch diese Gefahrenquellen beachten. Die Berufsgenossenschaft der chemischen Industrie hat folgende Vorschriften erlassen:

Für Fabriken zur Herstellung von Schwarzpulver und schwarzpulverähnlichen Sprengstoffen gilt:

„Bei Neuanlagen sind zur Erwärmung der Räume mit Explosionsgefahr ausschließlich Dampf- oder Warmwasserheizungen zulässig, die auch als Luftheizung ausgebildet sein können. Die Heizkörper, die in genügender Entfernung von Holz und anderen brennbaren Materialien angebracht sein müssen, sind mit einem weißen Anstrich zu versehen.

Bei bestehenden Anlagen sind auch andere Heizeinrichtungen gestattet, sofern sie ein Dichthalten der Heizkörper und Feuerzüge sowie ein Innehalten der vorgeschriebenen Temperatur gewährleisten.

Die Feuerstellen selbst müssen durch eine massive Wand vom Trockenraum getrennt sein.

Die Feuerung der Wasser- oder Dampfheizung muß sich in einem besonderen, massiv gebauten Raume befinden.

Die Durchgänge der Leitungsrohre durch die Mauer sind dicht zu halten.

Die Feuerzüge der Heizanlage und der Schornstein dürfen nicht in die Umfassungsmauer der Betriebs- oder Lagerräume eingebaut sein. Die Schornsteine, deren Höhe nicht mindestens 20 m beträgt, sind mit Funkenfängern zu versehen.

An den Heizapparaten sind Thermometer anzubringen.

Die Bedienung der Feuerung ist besonderen Arbeitern zu übertragen, welche Räume mit Explosionsgefahr nicht betreten dürfen.

Zum Anheizen der Feuerungen ist die Verwendung von Stroh, Hobelspänen oder anderen leicht funkengebenden Brennmaterialien zu verbieten.

Die Heizkörper sind nach Möglichkeit gegen das Ablagern von Pulverstaub zu schützen. Ein häufiges, regelmäßig zu wiederholendes Abwischen derselben ist anzuordnen. In den Pulvertrockenräumen müssen Thermometer so angebracht sein, daß die Temperatur von außen beobachtet werden kann; außerdem sind in der Nähe der Heizkörper Thermometer anzubringen.

Die Temperatur in der Trockenkammer darf 75° C nicht überschreiten.

Die Schornsteine sind häufig zu fegen, die Anhäufung von Brennmaterial in den Heizräumen ist zu vermeiden.“ (§ 16)

Für Fabriken zur Herstellung von Nitropulver gilt besonders:

„Zur Erwärmung der Räume, in denen Nitrocellulose getrocknet wird, darf, wenn die Heizung im Raume selbst liegt, nur Warmwasserheizung, für die Pulverherstellungs-, Trocken- und Lagerräume, sowie für die Räume zur Aufbewahrung nitroglycerinhaltiger Rohmasse auch Niederdruckdampfheizung verwendet werden. Liegt die Heizung außerhalb dieser Räume, so kann Hochdruck-, Dampf- oder Wasserheizung in Anwendung kommen.“ (§ 17)

Für die Heizkörper, die Durchgänge der Leitungsrohre durch die Mauern, die Feuerzüge der Heizanlage und die Schornsteine, die Bedienung der Feuerungen, die Feuerung der Wasser- oder Dampfheizung und das Anheizen gelten die für die Schwarzpulverfabriken erlassenen Bestimmungen.

Die besonderen Unfallverhütungsvorschriften für Nitroglycerinsprengstoffabriken bestimmen:

„Die Heizung der Gebäude zur Herstellung, Verarbeitung, Verpackung und Lagerung der Sprengstoffe darf nur durch Dampf oder heißes Wasser geschehen. Die Temperatur des Dampfes darf innerhalb der Räume 120° C nicht überschreiten.

In dem Kollodiumwolltrockenhaus dürfen die Heizkörper nicht im Trockenhause selbst liegen. Es müssen Vorkehrungen getroffen werden, daß kein Wollstaub auf die Heizkörper gelangen kann.

Die Heizkörper müssen von unbekleideten Holzwänden und brennbaren Materialien mindestens 15 cm, von bekleideten 10 cm entfernt bleiben und gegen die Ablagerung von Staub sowie gegen Spritzer von Sprengöl geschützt sein. Zur Erkennung von Staubablagerung sind die Heizkörper entsprechend zu streichen.

Feuerungsanlagen für Warmwasser- oder Niederdruckdampfheizung müssen sich in einem besonderen Gebäude befinden, dessen Entfernung von dem nächstgelegenen Gebäude mit Explosionsgefahr oder einem Kollodiumwolltrockenhause mindestens 25 m beträgt.

Die Schornsteine unter 20 m Höhe sind mit einem Funkenfänger auszurüsten.

Zum Anheizen ist die Verwendung von Stroh, Hobelspänen und ähnlichem, Funken gebenden Material verboten.

Die Arbeiter zur Bedienung der Feuerungen dürfen das Kollodiumwolltrockenhaus und die Räume mit Explosionsgefahr nicht betreten." (§ 13)

Für Pikrinsäurefabriken wird verlangt:

„Die Heizung darf nur durch Dampf oder Heißwasser von nicht über 120° C geschehen. Das Lager darf nicht geheizt werden." (§ 14)

„Heizvorrichtungen und sonstige Dampfleitungen innerhalb der Gebäude sind täglich von Staub, insbesondere von Pikrinsäurestaub zu reinigen." (§ 29)

Auch für Sprengzündhütchen- und für Zündhütchenfabriken sowie für Betriebe, in denen das Laden oder Entladen von Patronen erfolgt, wird verlangt, daß die Beheizung der Räume durch Dampf- oder Wasserheizung bewirkt werden muß, und daß die Heizkörper gegen das Auflagern von Sprengstoffstaub möglichst zu schützen sind.

Räume, in denen Acetylengas hergestellt, verdichtet oder verflüssigt wird, dürfen auch nur durch Dampf- oder Wasserheizung erwärmt werden (§ 2).

In Lack- und Firnisfabriken darf:

„Die Erwärmung der Arbeits- und Lagerräume, in denen mit leicht entzündlichen Substanzen, wie Spiritus, Äther, Benzin usw. gearbeitet wird, nur mittels Dampf, Warmwasser oder durch Öfen, die von außen zu heizen sind, geschehen." (§ 13)

Die besonderen Vorschriften für Betriebe zur Herstellung von Feuerwerkskörpern bestimmen:

„Zur Erwärmung der Innenräume, in denen explosive Stoffe lagern oder verarbeitet werden, sind ausschließlich Dampf- oder Wasserheizungen von einer Temperatur nicht über 120° C zulässig. Die Ofenheizschlangen und die Leitungsrohre derselben, die in genügender Entfernung von Holz- und anderen brennbaren Materialien angebracht sein müssen, sind dicht zu halten, gefundene Fehler sind zu beseitigen.

Die Feuerung der Wasser- und Dampfheizungsanlage muß als Außenfeuerung angelegt und von den Räumen, in denen explosive Stoffe lagern oder verarbeitet werden, durch eine massive Wand abgeschlossen sein. Die Durchgänge der Leitungsrohre müssen dicht und verschmiert sein. Die Heizungskanäle dürfen mit der Umfassungsmauer der Betriebs- oder Lagerräume nicht verbunden werden." (§ 17)

Für die Zünderfabriken gilt:

„Die Heizung der Räume muß durch Dampf oder heißes Wasser bewirkt werden. Die Heizkörper sind gegen das Auflagern von explosiblem Staub möglichst zu schützen, müssen sich reinigen lassen und ebenso wie die Leitungsrohre in genügender Entfernung von Holz oder anderen brennbaren Materialien angebracht werden." (§ 13)

Für Räume, in denen Acetylengas hergestellt, verdichtet oder verflüssigt wird, ist nach den besonderen Unfallverhütungsvorschriften nur die Erwärmung durch Dampf oder Wasserheizung gestattet.

Für die Lagerung leichter Kohlenwasserstoffe gilt:

„Die Beheizung der Räume darf nur durch heißes Wasser oder durch Dampf von nicht über 120° C bewirkt werden." (§ 7)

In den Schwarzpulverfabriken sind

„Ruß und Asche aus den Heizapparaten und Öfen nach Ablöschung mit Wasser an den dafür bestimmten Ort zu bringen." (§ 65)

Ferner ist die Entzündungsgefahr bei den Trockenanlagen zu beachten.

In Schwarzpulverfabriken sind:

„Heizrohre und Öfen der Trockenhäuser frei von Pulverstaub zu halten. Die Temperatur in der Trockenkammer darf 75° C nicht übersteigen." (§ 67)

Die Unfallverhütungsvorschriften der Berufsgenossenschaft der chemischen Industrie bestimmen für Fabriken zur Herstellung von Nitropulver:

„Das Trocknen von Nitrocellulose ist, soweit es deren Verwendungszweck gestattet, zu vermeiden.

Die Höchsttemperatur in den Trockenhäusern für Nitrocellulose und nitroglycerinhaltiges Pulver soll +50° C, für Nitrocellulosepulver +85° C nicht überschreiten. Auf einer entsprechenden Vorrichtung muß die Temperatur auf +1° C genau abgelesen werden können, ohne daß ein Betreten des Trockenhauses nötig wird.

Beim Trocknen der Nitrocellulose ist ein Verstäuben derselben nach Möglichkeit zu vermeiden. Die Darrhorden müssen so beschaffen sein, daß sich der Staub auf denselben überall leicht erkennen (dunkle Beizung) und beseitigen läßt. Das Abwischen mit feuchten Schwämmen oder Tüchern hat täglich wiederholt gründlich zu erfolgen.

Die Darrhorden dürfen auf ihren Unterlagen nicht geschoben werden, wie überhaupt jede Reibung bei trockner Nitrocellulose vermieden werden muß." (§ 18)

„In den Trockenhäusern ist das für die Gestelle und Horden zur Verwendung gelangende Holz gegen die erste Einwirkung des Feuers widerstandsfähig zu machen." (§ 11)

„Werden zum Trocknen von rauchschwachem Pulver Schränke verwendet, welche auf Grund vorausgegangener, eingehender Brandversuche die Gewähr bieten, daß sie im Fall einer Entzündung ihres Inhaltes den sich entwickelnden Pulvergasen leichten Abzug gestatten, und sind außerdem derartige Schränke in Gebäuden aufgestellt, welche vermöge ihrer Bauart ein Entweichen der im Brandfall entstehenden Pulvergase sicherstellen, so sollen diese Trockenhäuser von den Bestimmungen des ersten Absatzes befreit und lediglich als brandgefährlich (siehe § 4) zu betrachten sein. Die Entscheidung darüber, ob die Schränke bzw. die in Betracht kommenden Gebäude den gestellten Anforderungen entsprechen, steht dem Genossenschaftsvorstand zu." (§ 2)

Für Nitroglycerinsprengstoffabriken ist vorgeschrieben:

„Das Kollodiumwolltrockenhaus kann aus Holz, Beton oder Mauerwerk mit feuersicherem Dache hergestellt werden. Es ist mit einem Vorraum zu versehen, in welchem die Wolle zum Trocknen vorbereitet, verwogen und in die Transportbehälter gefüllt wird, sofern diese Arbeiten nicht in einem anderen Raume ausgeführt werden. Als Fußbodenbelag wird Blei, Linoleum oder ein ähnliches Material vorgeschrieben. Wände, Türen und Fenster wie in § 5 unter b) und c) angegeben." (§ 5e)

Dunkelheit erhöht die Unfallgefährlichkeit, daher verlangt die Berufsgenossenschaft in ihren allgemeinen Vorschriften:

„Alle Arbeitsstätten und Verkehrswege sind, soweit die Natur des Betriebes es gestattet, für die Dauer ihrer Benutzung ausreichend zu beleuchten." (§ 15)

Dem natürlichen Tageslicht muß soviel wie möglich Eingang in die Betriebsräume verschafft, künstliche Beleuchtung sollte grundsätzlich nur bei eintretender Dunkelheit benutzt, dann aber auch in ausreichendem Maße herbeigeführt werden.

Über die Anlage von Fenstern ist bereits das für die Unfallverhütung in Sprengstoffabriken Wichtige gesagt worden (S. 44). Die künstliche Beleuchtung bietet Gefahren, die für gewisse Arten von Betrieben besondere Vorsichtsmaßnahmen erfordern. Es ist eine selbstverständliche Forderung, daß für Räume, in denen bei gewöhnlicher Vorsicht eine gefahrdrohende Entwicklung, Ansammlung oder Ausbreitung von leicht entzündlichen Gasen, Dämpfen oder staubförmigen Körpern eintreten kann, die Verwendung von offenem Licht unzulässig ist. Es ist dann eine künstliche Außenbeleuchtung in abgeschlossenen Laternen oder eine Innenbeleuchtung durch elektrische Glühlampen unter Überglocken einzurichten. Oder die Räume dürfen nur mit Sicherheitslampen betreten werden. Näheres hierüber ist im Kapitel „Feuersicherheit", S. 70 angegeben. Die elektrische Beleuchtung erzeugt durch die für sie verwendete Stromspannung und durch das Eintreten von Kurzschlüssen besondere Gefahren. Diese sind bei Besprechung der elektrischen Einrichtungen behandelt (S. 121).

Für die Beleuchtung der Betriebsräume enthalten die berufsgenossenschaftlichen besonderen Unfallverhütungsvorschriften folgende Bestimmungen.

In den Fabriken zur Herstellung von Schwarz- und Nitropulver:

„darf die Beleuchtung nur entweder durch elektrisches Glühlicht in Doppelbirnen, deren Hauptleitung, Ausschaltung und Sicherung außerhalb des Gebäudes liegt, oder von außen durch Kerzen oder Lampen geschehen, die durch ein Gehäuse geschützt und durch starke, dichtschließende Glasscheiben von den Pulverräumen abgeschlossen sind. Lampen dürfen nur mit Rüböl oder solchen Brennstoffen gespeist werden, bei denen eine Explosion ausgeschlossen ist.

Als bewegliche Beleuchtungskörper im Innern der Gebäude sind nur elektrische, mit Elementen oder Akkumulatoren versehene Glühlampen zulässig.

Jede Ablagerung von explosivem Staub an der Lichtquelle ist zu verhüten. Elektrische Beleuchtungen müssen stets in gutem Zustand erhalten und daraufhin alle Jahre einmal sachverständig geprüft werden.

Die Besorgung der Laternen und Lampen hat in einem dafür bestimmten Raume zu geschehen und damit sind besondere Arbeiter zu beauftragen, welche sie brennend wieder an Ort und Stelle zu schaffen haben. Den Laternenanzündern ist das Betreten der Räume mit Explosionsgefahr zu verbieten." (§ 15, § 16)

Die besonderen Vorschriften für das Laden und Entladen von Patronen bestimmen:

„Die Arbeits- und Lagerräume dürfen nur vermittels zuverlässig abgeschlossener Außenbeleuchtung oder durch elektrische, mit Überglocken versehene Glühlampen versehen werden. Jede Ablagerung von explosivem Staub an der Lichtquelle muß verhütet werden. Bei elektrischer Beleuchtung muß eine Erhitzung der Leitungsdrähte und jede Funkenerzeugung ausgeschlossen sein. Die elektrische Anlage ist halbjährlich mindestens einmal auf ihre Feuersicherheit sachverständig zu untersuchen und hierüber ein Revisionsbuch zu führen.

In dringenden Fällen ist der Zutritt zu den Räumen mit Sicherheitslampen gestattet, die vor ihrer Benutzung auf ihren ordnungsmäßigen Zustand geprüft sind. Das Betreten der Räume mit offenem Licht, sowie das Anzünden von Streichhölzern oder die Benutzung eines sonstigen Feuerzeuges ist unbedingt verboten." (§ 10)

Für die Herstellung von Feuerwerkskörpern ist bestimmt:

„Die künstliche Beleuchtung von Betriebsabteilungen, in denen explosive Stoffe lagern oder verarbeitet werden, ist mittels zuverlässig isolierter Lampen und, insoweit sie nicht aus elektrischen Glühlampen mit Schutzglocken bestehen, als Außenbeleuchtung zu bewirken. Als flüssiges Beleuchtungsmittel darf nur Rüböl verwendet werden. Jede Ablagerung von explosivem Staub an der Lichtquelle ist sofort zu beseitigen. Elektrische Beleuchtungen müssen stets in gutem, jede Gefahr ausschließendem Zustand erhalten und daraufhin alle Jahre einmal durch Sachverständige geprüft werden." (§ 16)

Für Nitroglycerinsprengstoffabriken gilt im wesentlichen dasselbe wie für Schwarzpulverfabriken. Auch Steckkontakte müssen außerhalb des Gebäudes liegen. Ferner ist bestimmt:

„Als bewegliche Beleuchtungskörper im Innern der Gebäude mit Explosionsgefahr sind elektrische oder andere als zuverlässig bekannte **Sicherheitslampen**, wie z. B. *Davy*sche, zugelassen. Kabellampen, deren Drähte durch einen Schlauch gesichert sein müssen, sind gestattet.

Für das Kollodiumwolltrockenhaus ist auch die Benutzung der *Davy*schen Sicherheitslampe verboten." (§ 12)

In Fabriken von Zündern muß die Beleuchtung folgenden berufsgenossenschaftlichen Unfallverhütungsvorschriften entsprechen:

„Die künstliche Beleuchtung darf nur mittels zuverlässig isolierter Lampen bewirkt werden. Jede Ablagerung von explosivem Staub an der Lichtquelle muß verhütet werden. Bei elektrischer Beleuchtung muß eine Erhitzung der Leitungsdrähte und jede Funkenerzeugung ausgeschlossen sein. Die einzelnen Glühlampen müssen mit Glasüberglocken versehen sein. Die Anlage ist mindestens alljährlich auf ihre Feuersicherheit sachverständig zu untersuchen und hierüber ein Revisionsbuch zu führen. Die Besorgung der Lampen und Laternen ist bestimmten zuverlässigen Arbeitern zu übertragen.

Es darf kein Arbeits- oder Lagerraum — in welchem sich loses Pulver oder Zündsatz befindet — mit offenem Licht betreten, auch nicht in solchen Räumen durch Streichhölzer oder auf andere Art Licht angezündet werden. Muß ein solcher Arbeits- oder Lagerraum mit Licht betreten werden, so darf dies nur unter Anwendung einer Sicherheitslampe geschehen.

Die Ausschaltung der elektrischen Lampen und die Sicherungen müssen außerhalb der beleuchteten Räume liegen." (§ 12)

Für die Lagerung leichter Kohlenwasserstoffe gilt:

„Die Beleuchtung darf nur entweder durch elektrisches Glühlicht in Doppelbirnen, deren Hauptleitung und Ausschaltung außerhalb des Gebäudes liegt, oder von außen durch Lampen geschehen, die durch ein Gehäuse geschützt und durch starke dichtschließende Glasscheiben von den Lagerräumen abgeschlossen sind. Als bewegliche Beleuchtungskörper sind nur elektrische, mit Elementen oder Akkumulatoren versehene Glühlampen zulässig." (§ 6)

In Lack- und Firnisfabriken dürfen

„die Arbeits- und Lagerräume, in denen mit leicht entzündlichen Substanzen, wie Spiritus, Äther, Benzin usw. gearbeitet wird, nur vermittels zuverlässiger, isolierter Innen- oder Außenbeleuchtung erhellt oder nur mit Sicherheitslampen betreten werden." (§ 14)

Weiter bestimmen die Vorschriften für die Herstellung sowie Verdichtung und Verflüssigung von Acetylengas, daß die hierzu

„dienenden Räume nur vermittels zuverlässig abgeschlossener Außenbeleuchtung erhellt werden. In dringenden Fällen ist das Betreten dieser Räume mit Sicherheits-

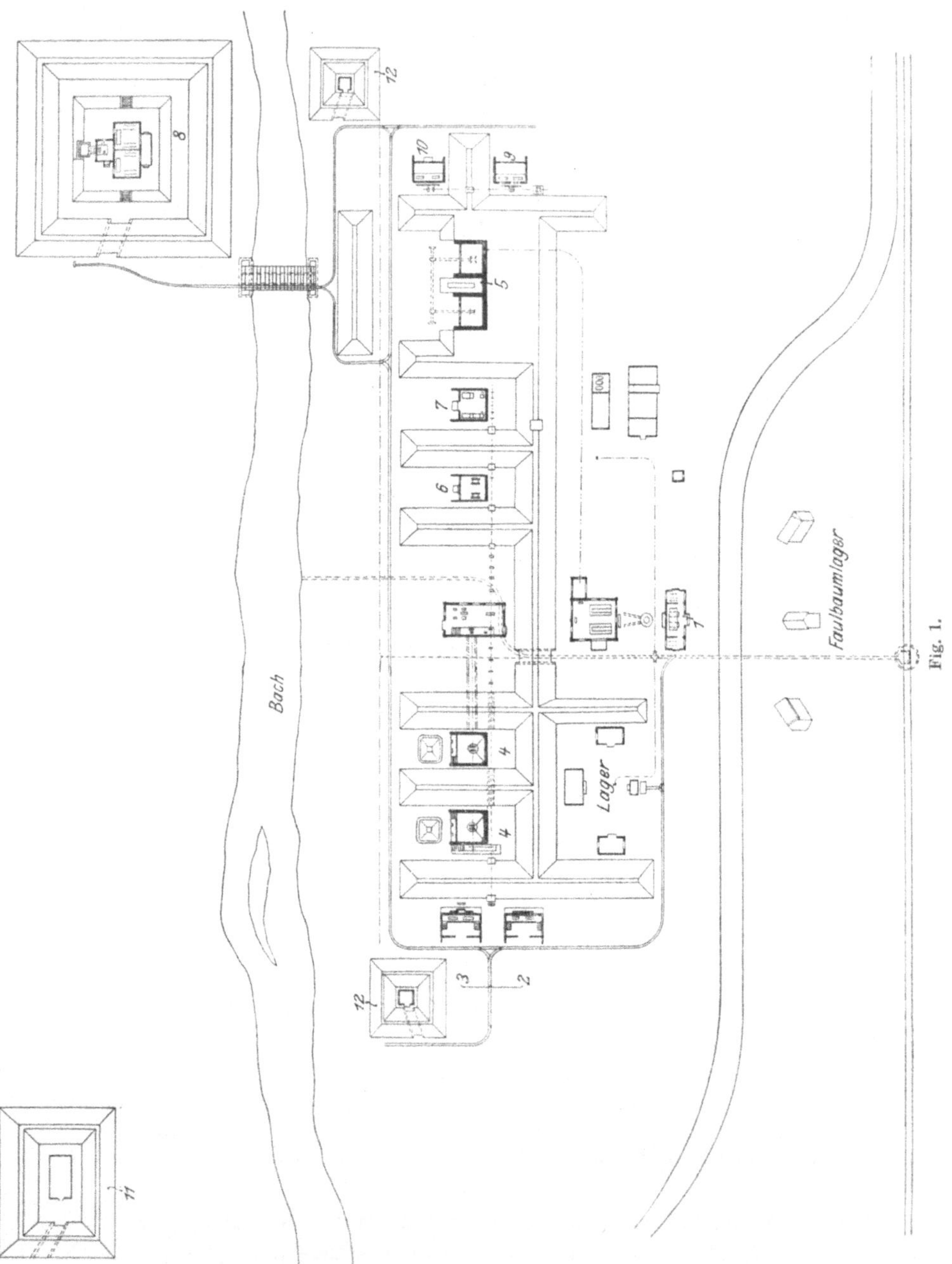

Bach
Lager
Faulbaumlager
Fig. 1.

lampen gestattet, die vor ihrer Benutzung auf ihren ordnungsmäßigen Zustand geprüft
sind." (§ 3)

Die Vorschriften für Fabriken zur Herstellung von Feuerwerkskörpern
verlangen noch:

„Die Beleuchtungslampen der Herstellungsräume sind im Innern frei von Staub
zu halten.

Nur diejenigen Arbeiter dürfen Lampen und Heizungen bedienen, denen diese Arbeiten besonders übertragen sind." (§ 35)

diejenigen für Pikrinsäurefabriken:

„Die Beleuchtung muß durch elektrische Glühlampen erfolgen, deren Zuleitungen
getrennt zu verlegen sind. Die Lampen sind mit Schutzglocken zu umgeben." (§ 15)

„Bei den Abteilungen b), c), d) und e) muß die Beleuchtung von außen erfolgen.
Die Lampen oder ihre Leitungen dürfen mit dem Hause nicht in Verbindung stehen."
(§ 16)

„Alle Lichtleitungen sollen den Vorschriften des Verbandes Deutscher Elektrotechniker entsprechen und halbjährlich durch einen Sachverständigen geprüft werden.
Über die Prüfungen ist Buch zu führen." (§ 17)

„Das Betreten des Gebietes der Pikrinsäurefabrik und der Gebäude mit Feuer oder
offenem Licht und das Rauchen daselbst ist verboten." (§ 25)

Es ist noch zu erwähnen, daß die neuen allgemeinen berufsgenossenschaftlichen Vorschriften Bestimmungen über die Verhütung von Bränden
in Räumen mit Explosionsgefahr enthalten. Diese Anforderungen werden
im Abschnitt „feuer- und explosionsgefährliche Stoffe" besprochen.

Weiter werden bauliche Vorschriften für die Benzinentfettung der Knochenverarbeitung in Düngerfabriken und für Zünderfabriken in den besonders diese Betriebe behandelnden Abschnitten behandelt.

Eine den berufsgenossenschaftlichen Vorschriften entsprechende Anlage
einer Schwarzpulverfabrik veranschaulicht Fig. 1. Die einzelnen Gebäude, die den verschiedenen Fabrikations- und Lagerungszwecken dienen,
sind durch eine Schmalspurtransportbahn miteinander verbunden und im
Bilde durch folgende Ziffern gekennzeichnet:

1. Verkohlungsanlage,
2. Zerkleinerungsanlage,
3. Mengwerksanlage,
4. Läuferwerk,
5. Hydraulische Presse (Satz- und Preßraum),
6. Körnwerk,
7. Siebwerk,
8. Trockenhaus,
9. Abschleifwerk,
10. Polierwerk,
11. Sortier- und Packhaus,
12. Zwei Zwischendepots (Ablagemagazine).

Die in der *Pulverfabrik Hamm der Deutschen Waffen- und Munitionsfabriken* ausgeführte Blitzschutzanlage ist in Fig. 2 angedeutet. Die
starken Linien geben die Führung der Blitzableitung.

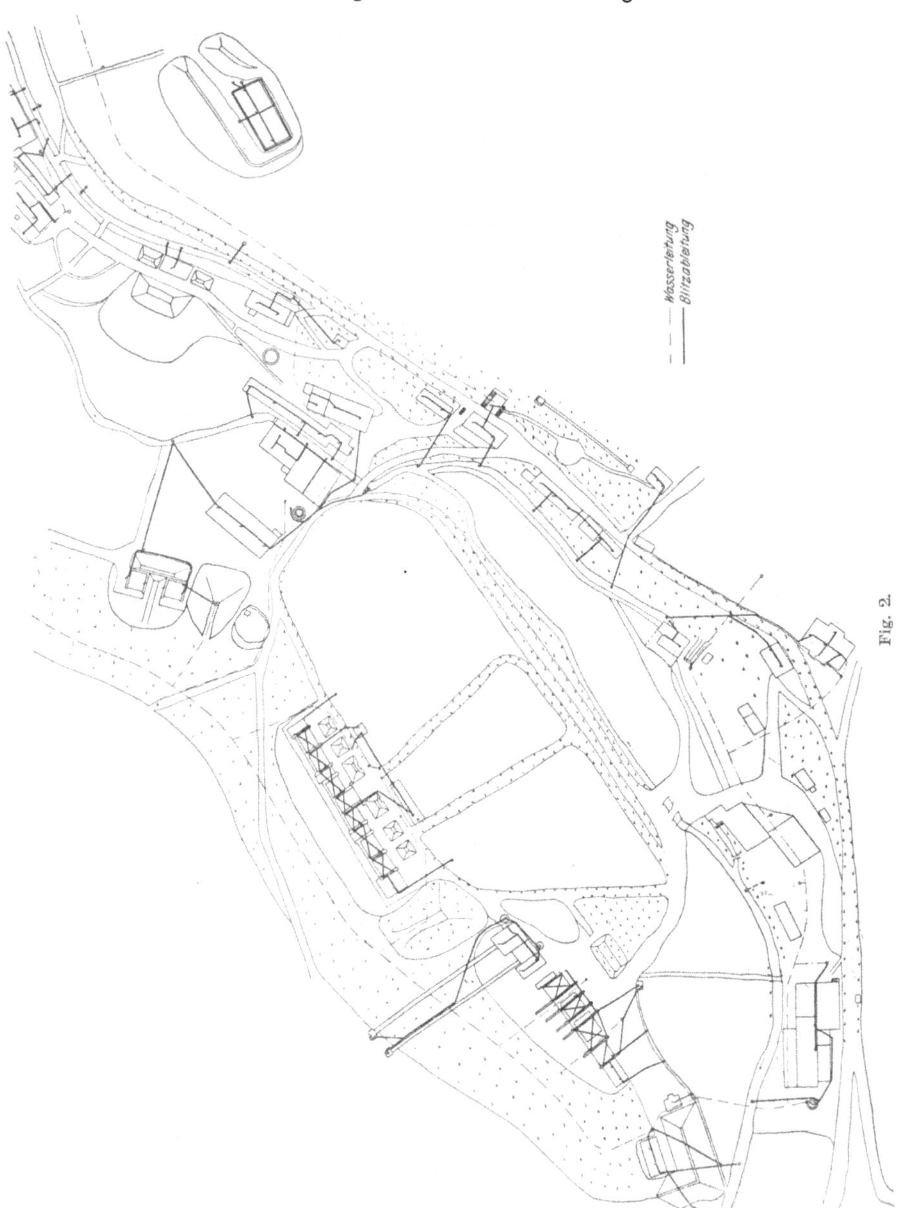

Als ein Beispiel eines Sprengstoffmagazins ist die von der *Basalt A.-G.* in Linz a. Rh. ausgeführte Anlage in Fig. 3—7 veranschaulicht.

Das Magazin ist nach den polizeilichen Vorschriften für die Lagerung von 50 kg Dynamit erbaut. Es besteht aus einem Vorderraum von 1,11 m Breite und 1 m Länge zur Unterbringung von Zündhütchen und Auftaukasten und einem Hinterraum von 1,11 m Länge und Breite zur Aufnahme von Sprengstoffen. Beide Räume sind durch eine 1 Stein starke Ziegelsteinwand mit 0,80 × 1,60 m großer Tür aus Doppelbohlen voneinander getrennt. Nach außen hin sind die Räume durch eine 1½ Stein starke Ziegelsteinoder Betonwände umgrenzt. Die obere Abgrenzung bildet ein halbkreisförmiger Mauerbogen (Tonnengewölbe) in der Stärke der Umfassungswände. Die Höhe vom Fußboden bis zum Scheitel des Gewölbes beträgt 2 m. Der Fußboden ist aus einer 10 cm starken Lehmschicht mit darüberliegender Filzdecke hergetsellt. Im Vorderraum sind rechts und links in den Außenwänden Nischen ausgespart, welche zur Aufnahme der Auftaugefäße dienen und deren Größe 0,60 × 0,50 × 0,25 m beträgt.

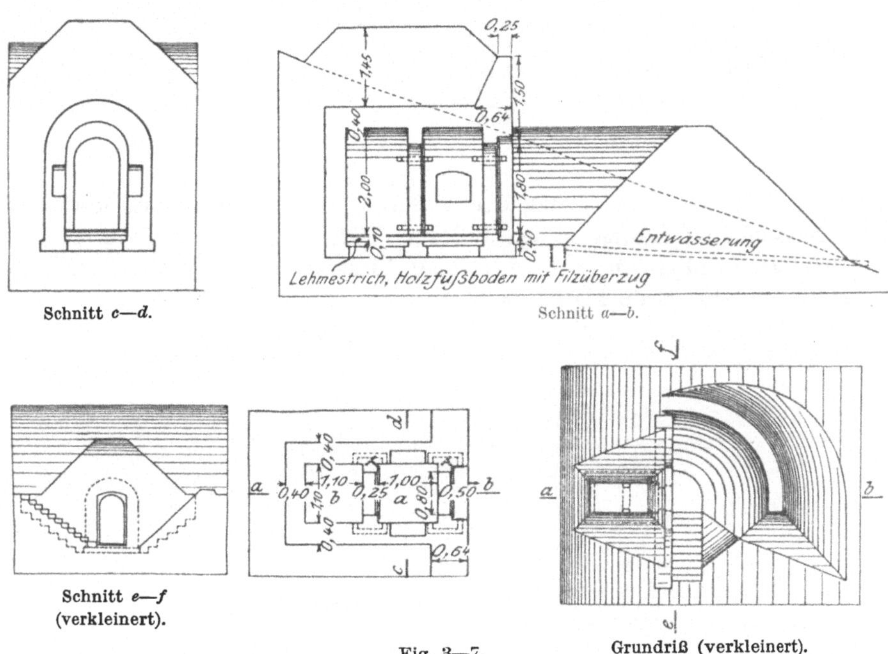

Fig. 3—7.

Die Außentür ist 0,80 × 1,60 m groß und besteht aus zwei Lagen je 3—4 cm starker Eichenbohlen, von denen die äußere mit Eisenblechbeschlag versehen ist. Sie schlägt nach außen hin auf, und zwar derart, daß eine Reibung zwischen der Unterseite und dem Fußboden nicht stattfinden kann. Hierdurch wird ein Erzeugen von Funken vermieden. Die Mauerleibungen sind so nahe an die Türöffnung herangerückt, daß es erschwert ist, mit einem Eisen oder dgl. die Tür zu erbrechen, indem keine Angriffspunkte hierzu vorhanden sind. Zur weiteren Sicherung sind an der Innenseite oben und unten Z-förmige Haken angebracht, welche beim Schließen der Tür in das Mauerwerk hineingreifen.

Zum Verschluß dienen für jede Tür zwei Kunstschlösser mit Zuhaltung. Diese sowie sämtliche Verbindungsteile und die erwähnten Sicherheitshaken sind aus Messing hergestellt.

Durch Aussparen von Luftkanälen im Mauerwerk ist **für** Ventilation
hinreichend gesorgt, und zwar geht von beiden Seiten der **Außentür** oben
und unten von den Türleibungen aus je ein Kanal durch das Mauerwerk
in den Vorderraum und von diesem aus in den Hinterraum, so daß stets

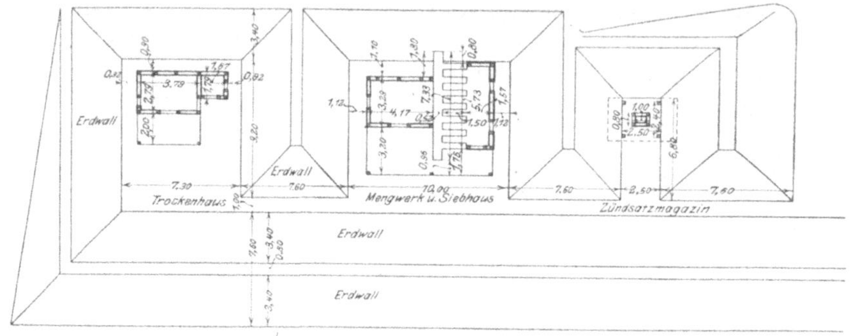

Fig. 8.

ein Ausgleich der inneren und der äußeren Temperatur stattfinden kann.
Die Ausläufe der Kanäle in den äußeren Türleibungen sind **vergittert**.

Das ganze Magazin ist bis 1 m über First mit losem **Boden** beschüttet,
oder ganz in die Erde hineingebaut.

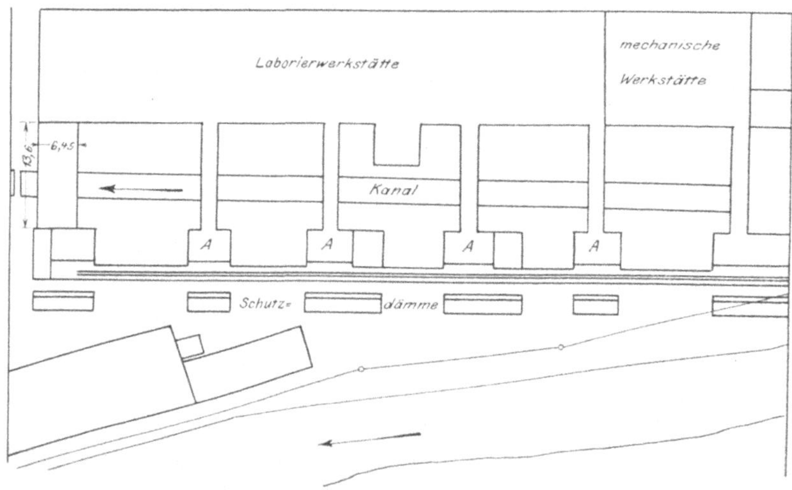

Fig. 9.

Eine Anordnung der Gebäude für die **Herstellung des Zündsatzes
für Zündhütchen**, wie sie von den *Deutschen Waffen- und Munitionsfabriken*
in Karlsruhe ausgeführt worden ist, veranschaulicht Fig. 8. Im Bilde liegt
links das Trockenhaus, dann folgt das Mengwerk und Siebhaus und rechts
das Zündsatzmagazin. Diese drei Gebäude sind voneinander und nach außen
hin durch Erdschutzwälle geschützt, welche die Dachtraufe der eingeschlossenen
Gebäude um mindestens 1 m überragen. Im Trockenhaus befindet sich der

Trockenschrank. Im links angeordneten Raume des Mengwerkes und Siebhauses werden die Zündhütchenbestandteile gesiebt und verwogen, in den
Räumen daneben erfolgt das Mischen. Die hierzu dienenden Mischtrommeln
sind in Kammern untergebracht, die dadurch gebildet sind, daß von der
starken Trennmauer des Mischwerks und Siebhauses einzelne kurze, ebenfalls
dicke Mauern senkrecht ausgehen.

Ein Bild von der Anordnung der Ladehütten in der Patronenladerei
der *Deutschen Waffen- und Munitionsfabriken* gibt Fig. 9.
Die nähere Einrichtung einer dieser Ladehütten veranschaulicht Fig. 10.

Wie schon betont, ist die gute Instandhaltung der Betriebsanlage für die Unfallverhütung von größter Bedeutung. Diesem geben die allgemeinen, also für alle zur Berufsgenossenschaft der chemischen Industrie gehörenden Betriebe geltenden Unfallverhütungsvorschriften dieser Berufsgenossenschaft Ausdruck durch die allgemeine Bestimmung:

„Alle zum Betriebe gehörigen baulichen Anlagen sind in bausicherem Zustande zu erhalten.“ (I 1)

Da nach der Unfallstatistik namentlich die Zahl der durch Ausgleiten und Stolpern auf den Fußböden und Verkehrswegen entstehenden Unfälle verhältnismäßig sehr groß ist, so verlangt die Berufsgenossenschaft mit Recht die gute Beschaffenheit und

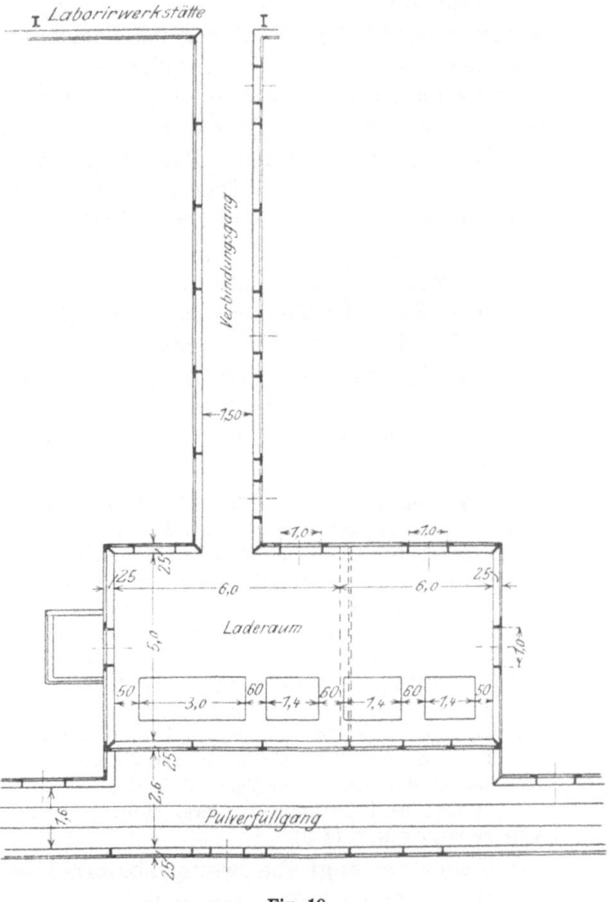

Fig. 10.

Instandhaltung aller Fußböden (S. 44), in den neuen Vorschriften auch die
der Wege und Arbeitsplätze (S. 44). Insbesondere wird noch gefordert:

„Laufbretter und Laufplanken müssen eine genügende Breite besitzen und so stark
oder derart unterstützt sein, daß beim Betreten oder Befahren ein Kippen und größere
Schwankungen vermieden werden.“ (I 6)

In den neuen Vorschriften wird ähnliches verlangt (§ 10).
Für die Verkehrswege ist allgemein bestimmt:

„Es ist Sorge zu tragen, daß die Verkehrswege in allen Arbeitsräumen in gutem Zustande erhalten und durch Anhäufung von Material oder durch den Transport von Gegenständen nicht versperrt werden, sofern dies nicht durch die Betriebsweise vorübergehend bedingt ist." (I 2)

„Zwischen bewegten Maschinen- und Transmissionsteilen befindliche enge Räume, die nur mit Gefahr betreten werden können, sind für Unberufene abzusperren." (I 3)

Die neuen Vorschriften verbieten auch das Versperren von Verkehrswegen und Ausgängen durch Anhäufen von Material (§ 57).

Wenn die Fußböden durch Feuchtigkeit, Fette, Seifen, Öl schlüpfrig werden, so ist häufige Reinigung und Bestreuen mit Stoffen, die das Ausgleiten verhindern, wie Sägemehl, notwendig. Gleiches gilt für Treppenstufen. Ebenso sind die im Freien liegenden Wege, Rampen, Treppen, Brücken möglichst sauber zu halten, beim Eintritt von Schnee und Eis nach erfolgter Reinigung mit Sand, Asche, Sägemehl oder dgl. zu bestreuen.

Weiteres, namentlich über die Reinhaltung der Betriebsanlagen und Beseitigung der Abfallstoffe, ist bereits bei Besprechung der **Betriebsführung** angegeben (S. 23).

An verschiedenen Bauteilen sind zur **Verhütung der Absturzgefahr** besondere Sicherheitseinrichtungen anzubringen.

In den allgemeinen Vorschriften der Berufsgenossenschaft wird bestimmt:

„Galerien, Bühnen, feste Übergänge und Treppenöffnungen sind mindestens von einer Seite mit einem festen Geländer und mit Fußleiste zu versehen." (I 5)

Die neuen Vorschriften enthalten folgende Bestimmung, die auch auf andere erhöhte Arbeitsplätze ausgedehnt ist:

„Galerien, Bühnen und feste Übergänge von mehr als 0,5 m Höhe, und solche über Behältern mit heißen und ätzenden Flüssigkeiten sind an den freiliegenden Seiten mit einem festen, das Hindurchfallen von Personen verhindernden Geländer von mindestens 1 m Höhe und mit einer mindestens 5 cm hohen Fußleiste zu versehen.

Ebenso sind alle höher als 1 m liegenden Podeste sowie Mauerwerke von Kesseln Blasen, Öfen usw., die als Arbeitsplatz dienen oder regelmäßig betreten werden, zu umfriedigen. Bei Dampfkesseln darf jedoch die Umfriedigung nur aus einem einfachen Randgeländer ohne Zwischenstange bestehen.

Sturzbühnen, an denen sich feste Geländer nicht anbringen lassen, müssen zum Schutze gegen das Herabfallen von Personen mit einem Fangrost ausgerüstet werden.

Rampen und Bühnen zum Be- und Entladen von Eisenbahnwagen und Fuhrwerken bedürfen an der Ladeseite keines Geländers, ebenso die Ladestellen am Wasser.

Gerüste und Bühnen für Bau, Montage- und sonstige vorübergehende Arbeiten sind zu schützen." (§ 6)

Weiter verlangt die Berufsgenossenschaft der chemischen Industrie:

„Gruben und Kanäle, versenkte Gefäße und andere gefahrbringende Vertiefungen in den Arbeitsräumen und auf den Arbeitsplätzen sind, soweit dies mit der Arbeitsweise vereinbar ist, sicher abzudecken oder mit festem Geländer oder vorstehendem Rand zu versehen.

Wo eine Vermehrung des Zuganges, ein Abdecken, eine Einfriedigung oder ein Abschluß durch Geländer nicht möglich ist, ist bei eintretender Dunkelheit für Beleuchtung zu sorgen. Gestattet die Art des Betriebes, die Beschaffenheit der Räume und Arbeitsplätze oder der Verkehr in denselben eine geeignete Beleuchtung nicht, so sind die Arbeiter zu verpflichten, beim Begehen dieser Räume und Arbeitsplätze Laternen bei sich zu führen.

Für die im Fußboden befindlichen Luken genügen selbstschließende Falltüren." (I 13)

Die neuen Vorschriften bestimmen:

„Gefahrbringende Gruben, Kanäle, versenkte Gefäße und andere Vertiefungen in den Arbeitsräumen und auf Arbeitsplätzen sind sicher abzudecken oder wie Bühnen mit festem Geländer zu versehen. Ausgenommen von dieser Bestimmung sind die in besonderen Gruppen angeordneten Gruben in Leimfabriken (Kalkäscher), bei denen nur die in der Nähe von Verkehrswegen liegenden zu sichern sind.

Im Fußboden befindliche Luken müssen umwehrt oder mit Scharnierklappen versehen sein, die sich selbsttätig hinter der Last schließen oder beim Öffnen die Umwehrung ersetzen.

Vertiefungen und Fußbodenöffnungen bei Bauarbeiten sind sinngemäß wie vorstehend zu sichern." (§ 7)

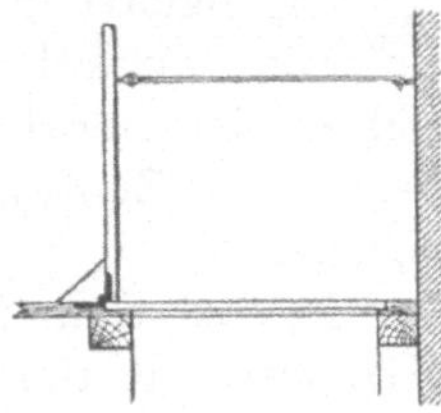

Fig. 11.

Für die in diesen Vorschriften genannten Scharnierklappen (Falltüren) hat die Berufsgenossenschaft folgende Bauarten empfohlen:

Befindet sich die Fußbodenöffnung neben einer Wand, so wird die Falltür zweckmäßig so angebracht (Fig. 11), daß sie nach der der Wand gegenüberliegenden Seite hin aufschlägt; ihre Feststellung erfolgt durch zwei Hakenstangen, die auch den seitlichen Abschluß bilden. Die Falltür wird mittels Eisen- oder Lederscharnieren am Fußboden befestigt; durch einen zwischen den Scharnieren

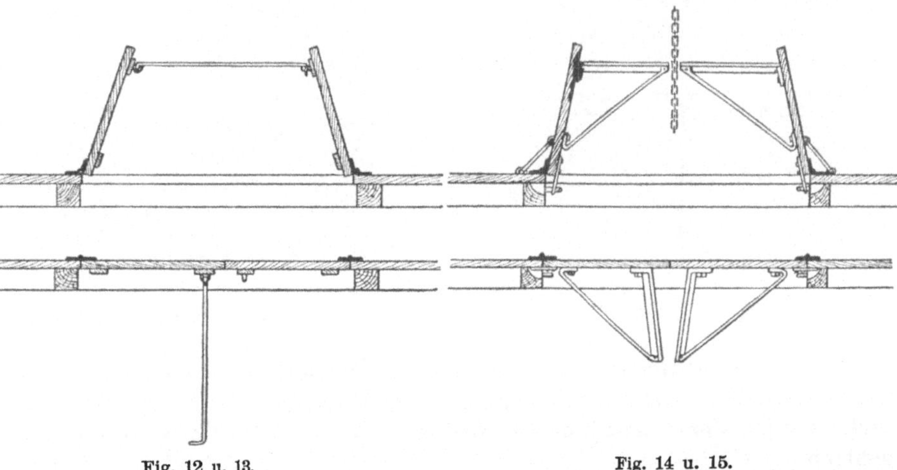

Fig. 12 u. 13.　　　　　　　　　　Fig. 14 u. 15.

aufgeschraubten Klotz ist zu verhindern, daß die Falltür um 180° gedreht und auf den Fußboden nach rückwärts umgelegt werden kann.

Für Luken inmitten des Fußbodens eignen sich die in Fig. 12 bis 15 dargestellten Doppelklappen, die entweder durch zwei eingehakte Eisenstangen, welche gleichzeitig die seitliche Umwehrung der Fußbodenöffnung bilden, auseinandergehalten oder in der geöffneten Stellung durch kurze, am Fußboden mit Scharnieren befestigte Stangen festgehalten werden. Den seitlichen Abschluß der Öffnungen bilden dann die an den Klappen befestigten Dreiecke aus Winkeleisen und Stangen.

Andere Bauarten zeigen Fig. 16 bis 19. Mit der Falltür ist eine Flach-
eisenumwehrung verbunden, die aufgestellt mit dem Deckel die Fußbodenöffnung von allen Seiten umgibt. Soll eine Seite der Umwehrung zum Herausnehmen des durch die Öffnung transportierten Ladegutes frei bleiben, so
werden die betreffenden Abschlußstangen so gestaltet, daß sie ausgehakt
werden können.

Die Bauart Fig. 18 und 19 kann verwendet werden, wenn der Raum
unter dem Deckel sehr niedrig ist, so daß die darunter verkehrenden Arbeiter
sich an den herabhängenden Eisenstangen stoßen könnten. In zusammen-
geklapptem Zustande werden die Abschlußstangen durch einen Steckkloben
gehalten.

Fig. 20 und 21 zeigen die Umwehrung einer Aufzugluke durch eine
Klappbarriere, deren Rahmen c beiderseits um Bolzen d nach oben drehbar

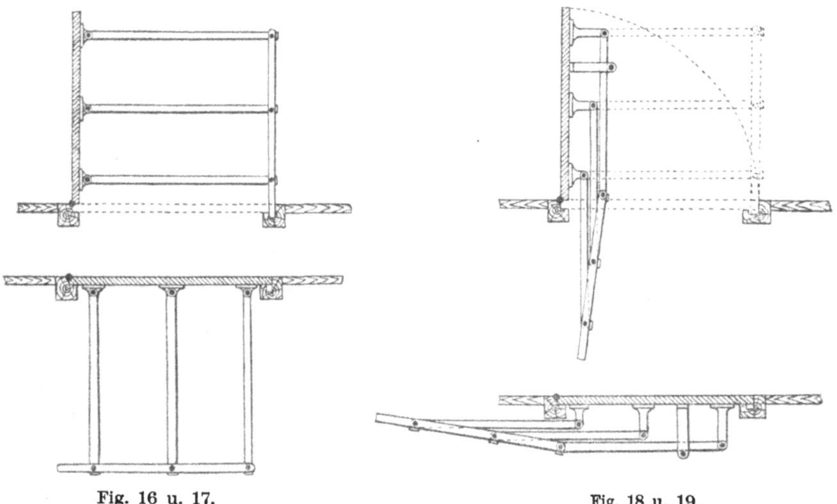

Fig. 16 u. 17.   Fig. 18 u. 19.

ist und an der Hinterwand befestigt wird. Zwei an den Wandarmen befindliche Zapfen begrenzen die Bewegung des Rahmens nach unten. Beim Be-
und Entladen der Aufzugschale a wird die Umwehrung c der Öffnung hochgeklappt.

Häufig werden die in den Fußböden der einzelnen Stockwerke befindlichen Aufzugöffnungen durch Falltüren verschlossen, die durch die herauf-
kommende Förderlast sich öffnen und gleich nach deren Durchgang von
selbst wieder zufallen (Fig. 22). Unterhalb der um die Zapfen c aufklappbaren
Falltüren a und b sind Rollen F befestigt, um das zwischen ihnen laufende
Zugseil S zu führen und damit vor Reibung zu schützen.

Wenn die Bodenöffnung zum Abstürzen von Material dient, so ist der
Absturz der dort tätigen oder verkehrenden Personen durch Roste zu verhindern. Einrichtungen dieser Art werden später bei Besprechung der Zerkleinerungsmaschinen (S. 156 ff.) angegeben.

Gegen das Einsetzen solcher Schutzgitter in kleinere Fußbodenöffnungen wird der Einwand erhoben, daß die Stäbe das Abstürzen des Materials
erschweren. Für solche Fälle eignet sich dann der in Fig. 23 und 24 dargestellte Schutzbügel. Das Sturzloch bleibt selbst vollständig frei, während
der Rundeisenbügel der Gefahr des Hindurchstürzens einer erwachsenen
Person vorbeugt, allerdings nur, wenn die freien Öffnungen an der Seite des
Bügels genügend klein sind.

Für Wandluken bestimmen die allgemeinen berufsgenossenschaftlichen
Unfallverhütungsvorschriften:

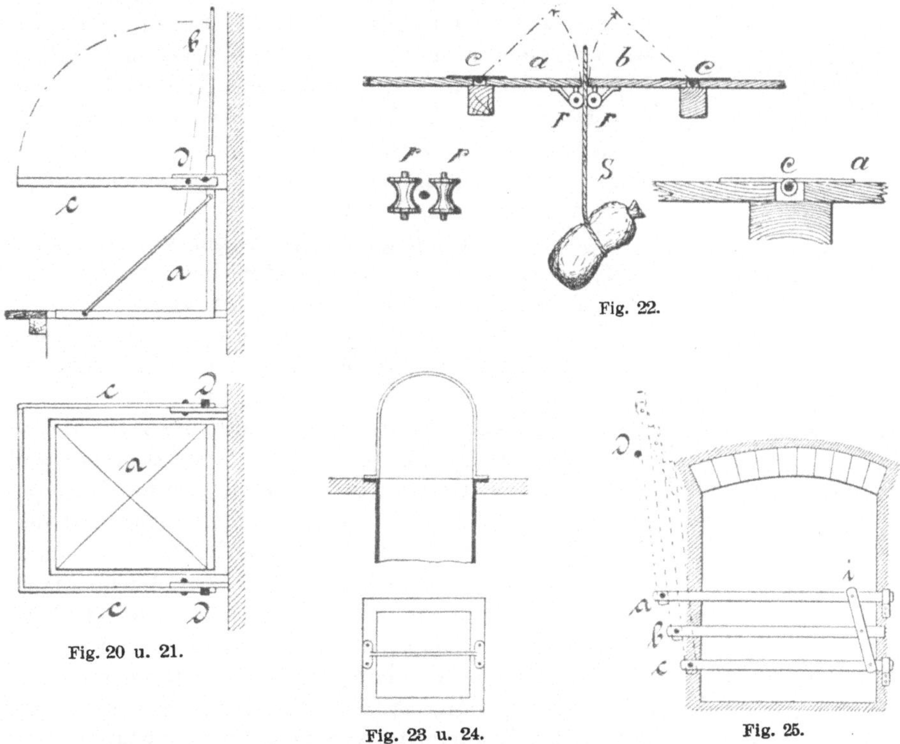

Fig. 20 u. 21.

Fig. 22.

Fig. 23 u. 24.

Fig. 25.

„Alle ins Freie führenden und bis zum Fußboden reichenden Luken der oberen Stockwerke sind an beiden Seiten mit Handgriffen und mit einer Brustwehr zu versehen." (I 12)

In den neuen Vorschriften heißt es:

„Die Luken der oberen Stockwerke sind mit einer Brustwehr in der Höhe von mindestens 1 m zu versehen. Bei abnehmbarer Brustwehr sind zu beiden Seiten eiserne
Handgriffe anzubringen. Nach außen aufschlagende Lukenklappen müssen so gesichert
sein, daß sie von der Windenlast nicht aus den Angeln gehoben werden können." (§ 4)

Einige empfehlenswerte Bauarten solcher Lukensicherungen sind nach
Angaben der Berufsgenossenschaft der chemischen Industrie und der
Lagerei-Berufsgenossenschaft in den Fig. 25 bis 34 dargestellt.

Gewöhnlich wird eine Brüstungsstange angebracht, die in der üblichen Höhe 85 bis 90 cm um einen Bolzen drehbar an der Innenseite der Wand befestigt ist und sich in einen Haken einlegt. Wird die Brüstungsstange bei

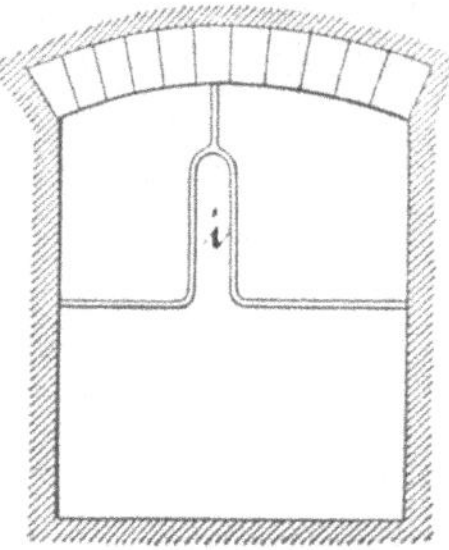

Fig. 26.

Benutzung der Förderluke hochgeklappt, so legt sie sich gegen einen Anschlagstift. Notwendig sind dann zwei seitliche Handgriffe, die dem Arbeiter beim Hereinholen oder Herausbringen der Last einen Halt bieten. Größere Sicherheit bietet der Verschluß nach Fig. 25 mit drei Stangen d, die um Bolzen a, b und c drehbar sind.

Diese Abschlüsse haben den Übelstand, daß sie beim Bewegen der Last durch die Luke, also dann, wenn die Gefahr des Abstürzens mehr als sonst vorliegt, weggenommen sind und damit keine Sicherheit bieten. Festgemachte Brustwehren hindern aber das Herein- und Herausbringen der Last. In der Ausführung Fig. 26 ermöglicht ein fest eingemauerter Eisenbügel i das Bewegen der Last ohne Behinderung.

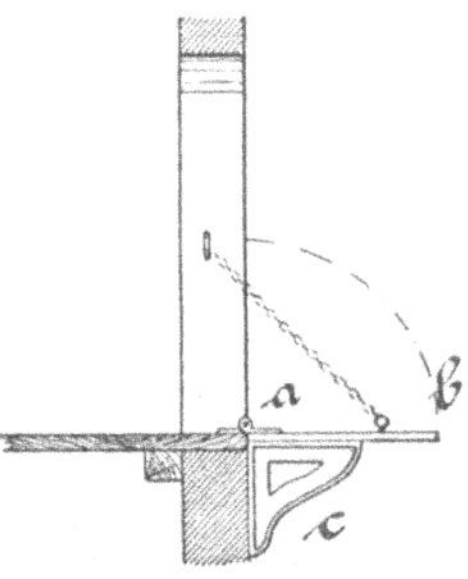

Fig. 27.

Ein innen vorzulegender Querriegel verhindert das Zurückschwingen der hereingeholten Last, wobei schon öfters Arbeiter mit hinausgeschleudert wurden.

Bequem zum Einnehmen und Abgeben von Lasten ist die in Fig. 27 dargestellte Klappe a, die, nach oben geschlagen, ebenfalls als Brustwehr dient.

Für gewisse Fälle ist auch die Bauart Fig. 28 empfehlenswert. Die bewegliche Schutzklappe wird durch seitliche Ketten in der angegebenen Lage gehalten und bewegt sich beim Hereinholen der Last derart nach einwärts, daß die durchgehende Last ungehindert durchgezogen werden kann. Zur Verhinderung eines Durchscheuerns des Tragseiles an der äußeren Klappenkante ist diese mit einer Walze versehen.

Bei geringer Höhenlage des die Aufzugsrolle tragenden Auslegebalkens wird das Hereinschwenken der Last in den Lagerraum erschwert, und es werden dann die Arbeiter durch Überanstrengung oder durch die Last gefährdet. Dann eignen sich zur Verhütung solcher Unfälle die Bauarten Fig. 29 bis 32, bei denen Schienen a herausgelegt sind und die durch sie durchgezogene Last von einem herausgeschobenen Wagen b aufgenommen wird (Fig. 29 und 30) oder dieser Wagen so lang gemacht wird, daß er vorgeschoben bis unter die Last reicht, dabei aber auf dem Lagerboden durch zwei

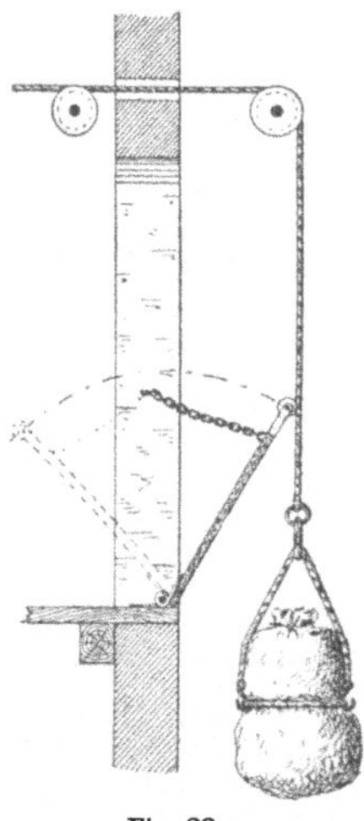

Fig. 28.

starke eiserne Führungsbügel b am Überkippen verhindert wird (Fig. 31 und 32). Diese Anordnung ist geeignet, wenn Schienen aus der Gebäudemauer nicht vorstehen sollen. Eine Abart der hinausgeschobenen Plattform veranschaulichen Fig. 33 und 34. Damit die Schienen kein Verkehrshindernis bilden, ist der Fußboden zwischen und neben ihnen bis auf Schienenhöhe mit Holz, Zement und dgl. auszugleichen.

Als eine Sicherung gegen Absturz werden auch manchmal Fußleisten an der Luke angebracht, sie verhindern allerdings das Abrutschen des Fußes nach außen, bieten aber andererseits die Gefahr, daß beim Anstoßen des Fußes der Körper einen Ruck nach außen erhalten kann.

Wenn außerhalb des Gebäudes, also vor der Wandluke, ein Vorbau mit einer Bodenluke angebracht wird, dann kann diese mit Falltüren versehen werden, die dann aber durch ein Hebelwerk vom Innern des Gebäudes zu öffnen und zu schließen sein müssen, damit die Arbeiter hierzu sich nicht zu weit nach außen vorbeugen müssen.

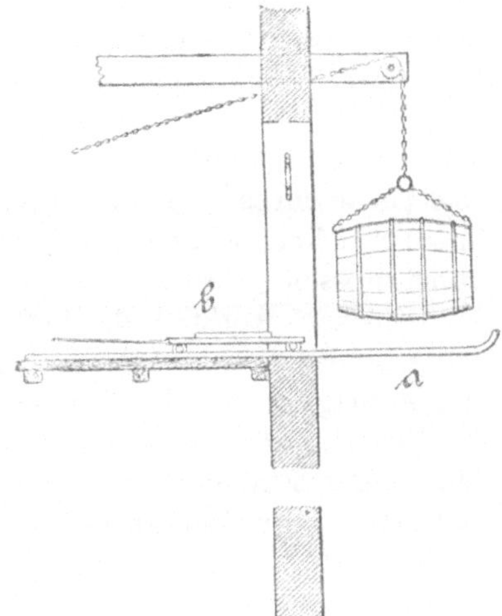

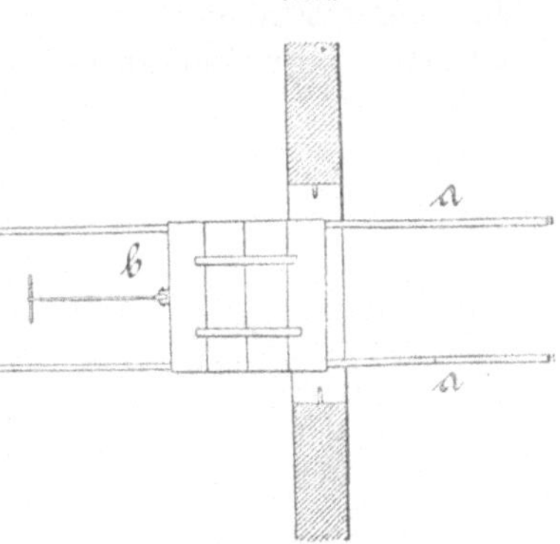

Fig. 29 u. 30.

Die Leitern sind allerdings nicht als Teile der Bauanlage anzusehen, da sie aber gleichem Zweck wie die Treppen dienen, so seien sie hier mit behandelt.

Der betriebssichere Zustand von Treppen und Leitern bedingt, daß sie und namentlich die Treppenstufen, frei von Stoffen, die, wie Öl, Fett, Seife das Abgleiten begünstigen, gehalten werden; nötigenfalls sind die Stufen mit Sägemehl, Asche oder dgl. zu bestreuen. Weiter müssen schadhafte Stufen und

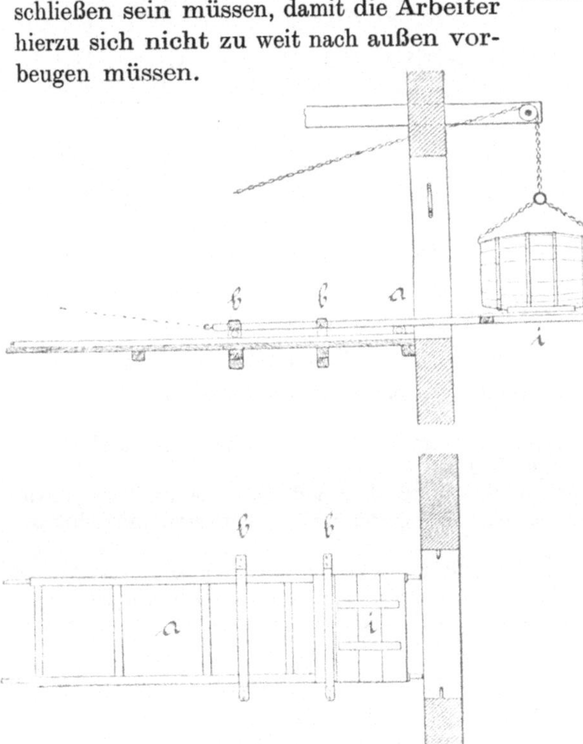

Fig. 31 u. 32.

Sprossen rechtzeitig ersetzt werden. Ausgetretene Treppenstufen, abgenutzte oder sonst schadhafte Leitersprossen sind außerordentlich gefährlich.

Sehr wichtig ist bei den Leitern die Befestigung der Sprossen an den Holmen (Leiterbäumen); sie muß sicher gegen Abbrechen und Ablösen sein und ein leichtes Auswechseln der Sprosse gestatten. Angenagelte Sprossen sitzen unsicher, bei angeschraubten rosten die Schrauben leicht ein, eingesteckte Rundsprossen werden, auch wenn sie mit Vorstecksplinten versehen sind, leicht locker, wodurch der Fuß den festen Halt verliert. Sicher ist die Befestigung der Sprossen durch Bügel, das Einzapfen in rechteckige Löcher und das Aufnageln auf den abgesetzten Holm.

Die Unfallstatistik zeigt, daß eine verhältnismäßig große Zahl von Unfällen durch Fall von Leitern und Treppen und durch Umfallen, Ausrutschen, Zerbrechen von Leitern und Treppen entstehen.

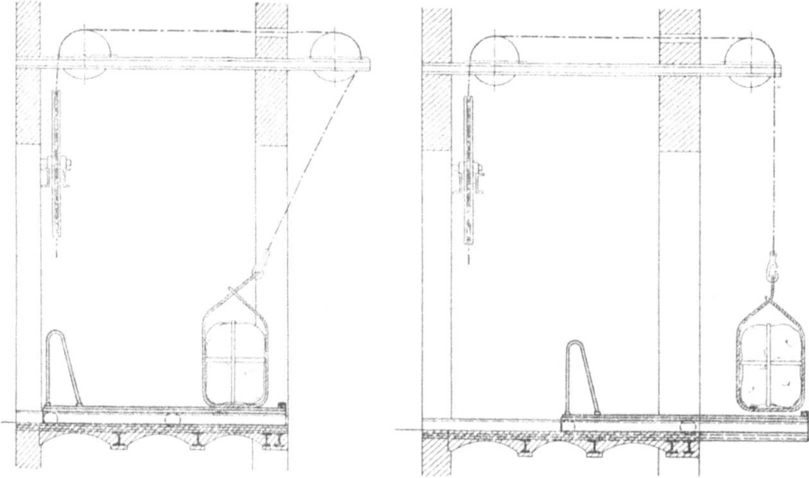

Fig. 33 u. 34.

Die allgemeinen berufsgenossenschaftlichen Vorschriften verlangen daher:

„Feststehende Treppen sind mindestens an einer Seite mit Handleiste oder Handseil zu versehen." (I 7)

„Bewegliche Treppenleitern (Stehleitern) müssen genügend stark sein, und sind in betriebssicherem Zustande zu erhalten." (I 8)

„Leitern sind der Beschaffenheit des Fußbodens und dem oberen Stützpunkte entsprechend so auszurüsten, daß sie gegen Abgleiten und Ausrutschen möglichst gesichert sind." (I 9)

„Leitern, welche zu Aufmauerungen, Bühnen, Luken usw. führen, müssen mindestens 0,75 m über die Oberkante der zu besteigenden Stellen hinausragen, falls nicht eine andere Vorrichtung eine genügende Sicherheit für das Hinauf- und Hinabsteigen bietet." (I 10)

In den neuen Vorschriften wird weitergehend verlangt:

„Feststehende Treppen, auch wenn sie an beiden Seiten von einer Wand begrenzt werden, sind mindestens an einer Seite mit Griffstange oder Handseil auszurüsten, die von jeder Stufe erreichbar sein müssen. Treppenöffnungen sind wie Bühnen (§ 6) oder Luken im Fußboden (§ 7) zu schützen." (§ 2)

„Leitern, Trittleitern und tragbare Treppen müssen betriebssicher sein und vollzählige Sprossen bzw. Stufen haben.

Bewegliche Leitern und tragbare Treppen sind der Beschaffenheit des Fußbodens und dem oberen Stützpunkte entsprechend durch geeigneten Beschlag, z. B. Spitzen, Gummifüße, Haken usw. gegen Abgleiten zu sichern. An Stellen, wo ihre Verwendung regelmäßig geschieht, sind zur weiteren Sicherung zweckentsprechende Vorrichtungen anzubringen.

Leitern, welche zu Aufmauerungen, Bühnen, Luken usw. führen, müssen die Oberkante der zu besteigenden Stellen um etwa 70 cm überragen, falls oben nicht andere Vorrichtungen zum Festhalten beim Verlassen und Besteigen der Leiter vorhanden sind." (§ 9)

An senkrechten Wänden, Pfeilern u. dgl. hochführende Leitern müssen mit den Sprossen so weit von der hinter ihnen liegenden Fläche abstehen, daß die Füße auf ihnen genügenden Platz haben und nicht nur mit den Spitzen

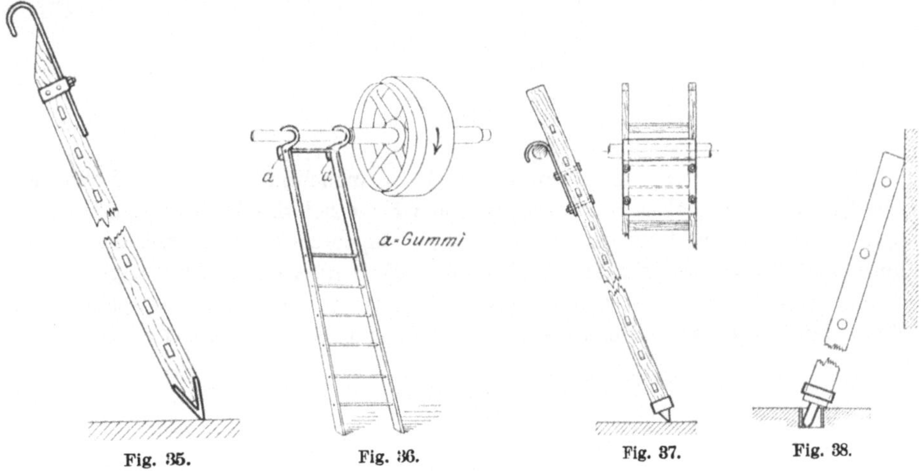

Fig. 35.   Fig. 36.   Fig. 37.   Fig. 38.

aufruhen. Ferner kann gegen das Herunterfallen eine Sicherung durch Bügel geschaffen werden, die in Abständen um die Leiter gelegt sind, so daß der Arbeiter durch sie hindurchsteigt und sich nötigenfalls an ihnen festhalten oder fangen kann.

Das Abrutschen und Umfallen der Leiter wird am sichersten durch deren obere Befestigung mittels Haken, Einstecken in Haltebügel oder Führung mit Rollen auf Schienen verhindert. Dachleitern und Feuerleitern werden hierzu mit Haken versehen. Auch Leitern, die zur Wartung von Wellentransmissionen dienen, werden mit Haken versehen, mit denen sie über die Welle oder über in der Nähe angeordnete Querstangen gehängt werden (Fig. 35). Hierbei ist aber zu verhindern, daß die Kleider des Arbeiters von der sich drehenden Welle aufgewickelt werden. Dies kann geschehen dadurch, daß man den Arbeiter durch Weglassen der letzten Sprossen (Fig. 36), besser noch durch Ausschlagen dieses leeren Raumes mit Holz oder Blech oder durch eine verschiebbare Schutzkappe (Fig. 37) von der Welle fernhält, oder daß man eine mechanische oder elektrische Ausrückvorrichtung mit der Leiter derart verbindet, daß beim Wegnehmen der Leiter von der Aufbewahrungsstelle die Transmission selbsttätig stillgesetzt wird, ehe also die Leiter zur Anlage auf der Welle gelangt. Diese Anordnung erfordert allerdings, daß für jeden Gruppenantrieb eine besondere Leiter vorhanden ist. Einen sicheren Halt haben auch die Leitern, die zum Gebrauch an Warengestellen in Magazinen mit Führungsrollen am oberen Ende versehen sind, welche auf festen Schienen laufen.

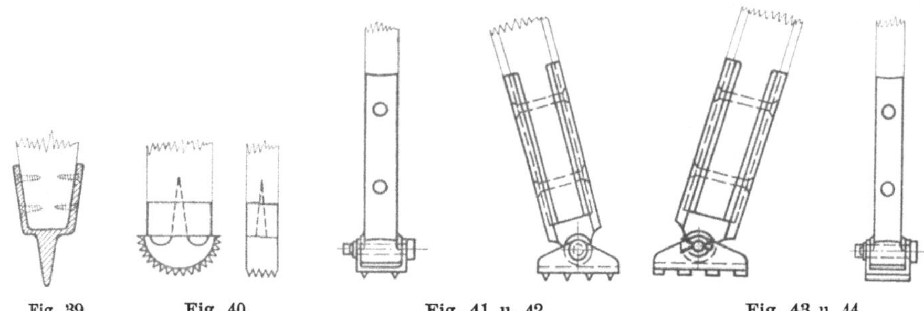

Fig. 39.   Fig. 40.   Fig. 41 u. 42.   Fig. 43 u. 44.

Zur Verhinderung des Abrutschens kann manchmal auch am Fußboden eine Querleiste angebracht werden, gegen welche sich die Holmenden stützen, oder es werden im Fußboden Vertiefungen angebracht, in welche die Holme hineingestellt werden (Fig. 38). Andere Mittel sind die verschiedenartigen, in die Praxis eingeführten Leiterfüße, deren Material und Form aber der Art des Fußbodens angepaßt werden muß. Auf weichem Boden können eiserne Füße

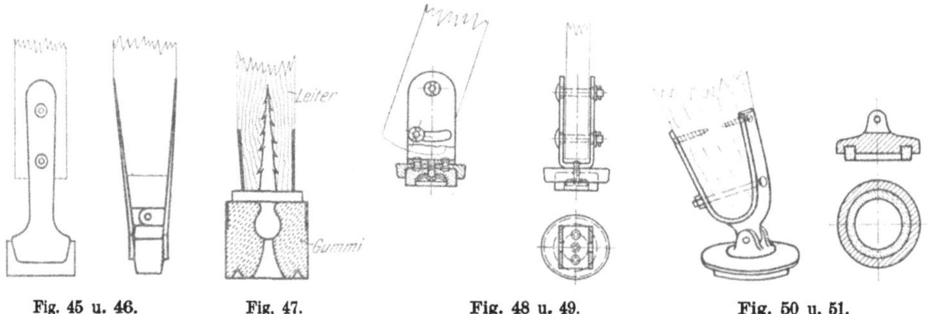

Fig. 45 u. 46.   Fig. 47.   Fig. 48 u. 49.   Fig. 50 u. 51.

verwendet werden, harter Boden (Pflaster, Fliesen, Eisenbelag) erfordert die Anwendung weicher, genügende Reibung ergebender Materialien, wie Gummi und Leder. Die einfache Eisenspitze zeigen Fig. 35, 37 und 39; wird die Leiter in sehr verschiedener Schräglage gebraucht, so wird der eiserne Fuß halbrund gestaltet (Fig. 40). Besser sind in solchen Fällen die einstellbaren Tatzen mit Eisenspitzen (Fig. 41 und 42), für harten Boden mit Holz- oder Lederbelag (Fig. 43 und 44). Übliche Formen von Leiterfüßen mit Klötzen, Platten oder Ringen aus Gummi veranschaulichen die Fig. 45 bis 54, von denen Fig. 48

bis 54 Leiterfüße zeigen, die sich nach der Schräglage der Leiter von selbst einstellen oder eingestellt werden.

Zur Sicherung gegen Abrutschen werden auch Stützen angebracht, wie Fig. 55 und 56 nach einer Ausführung von *Blasberg & Co.* in Berlin und Düsseldorf zeigen. Stehleitern sind gegen Auseinanderrutschen durch eingehakte Sperrstangen oder durch besondere Bauart zu sichern.

Es empfiehlt sich manchmal, an den Leitern einen sicheren Standort für die Arbeiter anzubringen. Bei Leitern, welche zu Aufmauerungen, z. B. auf

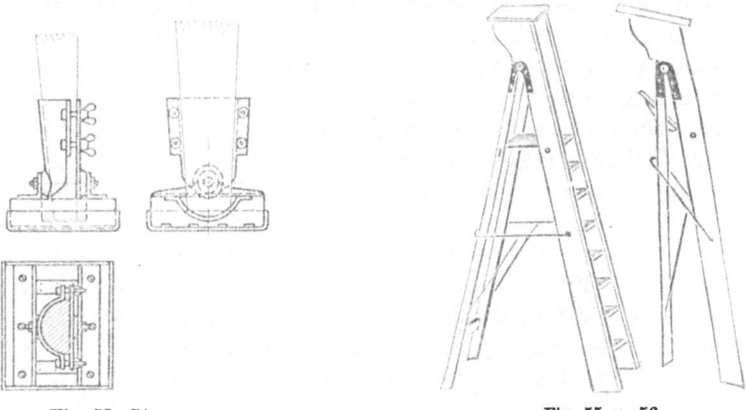

Fig. 52—54.   Fig. 55 u. 56.

die Kesseleinmauerung, zu Bühnen, Luken usw. führen, muß dafür gesorgt werden, daß der Arbeiter beim Auf- und Abstieg entweder an einem verlängerten Holm der Leiter oder an besonderen Griffstangen, die an dem zu besteigenden Ort befestigt sind, sich anhalten kann.

2. Feuersicherheit und Feuerbekämpfung.

Die Zahl der Unfälle, die in gewerblichen Betrieben durch Feuer und Brände entstehen, ist verhältnismäßig klein, so daß der Feuersicherheit und Feuerbekämpfung im allgemeinen nur eine geringe Unfallfürsorge zu widmen ist. Aber in vielen Betrieben der chemischen Industrie ist die Feuersgefahr doch so bedeutend, daß besondere Vorsichtsmaßnahmen zu treffen sind, um so mehr als bei Brandkatastrophen nicht selten eine größere Zahl von Arbeitern gefährdet werden. Denn mit der Feuersgefahr ist vielfach Explosionsgefahr verbunden, indem entweder durch ein ausgebrochenes Schadenfeuer oder durch offene Flammen Explosionen entstehen oder diese zu Bränden führen. Es sind daher bei vielen Betriebsarten die Maßnahmen zur Bekämpfung von Feuers- und Explosionsgefahren miteinander zu verbinden, manchmal sind sie dieselben.

Diese Maßnahmen betreffen die Verhütung von Entzündungen, die Bekämpfung ausgebrochener Feuer und die Rettung gefährdeter Personen.

Eine allgemeine Erörterung feuersicherer Bauweise würde zu weit führen; es kann hier nur insofern darauf eingegangen werden, als es sich um die Gebäude mit Brandgefahr in besonders feuergefährlichen Betrieben handelt. Für solche Gebäude sind bereits die von der Berufsgenossenschaft der chemischen Industrie erlassenen Unfallverhütungsvorschriften angegeben (vgl. S. 31 ff.). Selbstverständlich sind auch die feuerpolizeilichen Verordnungen zu befolgen.

Die Maßnahmen zur Verhütung von Entzündungen erstrecken sich hauptsächlich auf die Vermeidung offenen Feuers und offenen Lichtes, auf Verhinderung zu starker Erhitzung durch Sonnenstrahlen, Heizkörper, Trockeneinrichtungen (S. 44, S. 48 ff.), durch Feuerungen oder sonst offene Feuer, auf die Beleuchtungsmittel (S. 52, S. 124), Verhütung von Selbstentzündungen, Verbot der Verwendung von Zündhölzern und Feuerzeugen, des Rauchens (S. 76), des Tragens genagelter Schuhe oder sonstiger mit Eisenteilen, die Funken geben können, versehenen Kleidungsstücke (vgl. das Kapitel „Persönliche Ausrüstung der Arbeiter" und S. 24) und dann ganz besonders auf die Verhütung des Entstehens von Funken durch Eisenteile an Betriebseinrichtungen (S. 40) und durch die Verwendung der Elektrizität (S. 121), sowie auf die Verhütung des Entzündens durch Blitz (S. 46).

Verbote für das Anzünden von Feuer enthalten die Unfallverhütungsvorschriften für Schwarzpulver- oder Nitropulverfabriken. Sie lauten:

„Es ist darauf zu halten, daß im Umkreis von 300 m um die Fabrik keine Feuer im Freien angezündet werden." (§ 53, § 50)

Die Beleuchtung im allgemeinen ist bereits erörtert worden (S. 52). Für feuergefährliche Räume insbesondere bestimmen die allgemeinen Unfallverhütungsvorschriften der Berufsgenossenschaft der chemischen Industrie:

„Für Räume, geschlossene Gefäße und Apparate, in welchen bei gewöhnlicher Vorsicht eine gefahrdrohende Entwicklung, Ansammlung oder Ausbreitung leicht entzündlicher oder explosiver Gase, Dämpfe oder staubförmiger Körper eintreten kann, ist die Verwendung jedes offenen Feuers unzulässig. Das Betreten solcher Räume bei Dunkelheit ist, sofern sie nicht mittels zuverlässig isolierter Innen- oder umschlossener Außenbeleuchtung erhellt sind, nur mit *Davy*schen bzw. die gleiche Sicherheit bietenden Lampen zu gestatten." (I, 23)

Die neuen Vorschriften verlangen:

„Das Betreten explosionsgefährlicher Räume mit offenem Licht oder Laternen sowie auch die Benutzung von Feuerzeug in denselben ist verboten.

Als bewegliche Beleuchtungskörper sind für solche Räume nur geschützte elektrische oder andere als zuverlässig bekannte Sicherheitslampen, wie z. B. die *Davy*schen, zu benutzen. Bei Kabellampen müssen die isolierten Drähte noch durch eine haltbare Umhüllung gesichert sein.

Dieselben Vorsichtsmaßregeln sind zu beachten bei Destillierblasen, Apparaten, Gefäßen, Gruben und Kanälen, in denen sich entzündliche Gase befinden könnten, insbesondere auch beim Hineinleuchten in eiserne Transportgefäße." (§ 97)

„Räume mit feuergefährlichen Stoffen ohne Staub- und Gasentwicklung dürfen außer mit elektrischen oder Sicherheitslampen nur mit gut abgeschlossenen Laternen betreten werden." (§ 48)

Weitere Forderungen über die Benutzung von Sicherheitslampen sind in den besonderen Unfallverhütungsvorschriften niedergelegt und bereits erwähnt (S. 52 ff.).

Die *Davy*schen Lampen kennzeichnen sich durch das über der Dochtflamme angeordnete feinmaschige Drahtnetz, das die Wärme, die sich innerhalb der Lampe durch die Entzündung eingedrungener Gase entwickelt, so schnell ableitet, daß eine Übertragung dieser Entzündung auf die außerhalb der Lampe befindlichen entzündlichen Gase nicht stattfindet. Allerdings darf dabei eine stoßartige oder rasch strömende Bewegung der Gase nicht eintreten, da diese sonst die Flammen seitlich lenken und dann ein Erglühen des Drahtnetzes und damit eine Entzündung oder Explosion entstehen kann. Für solche Fälle werden Sicherheitslampen mit doppeltem Drahtnetz und schließlich noch mit durchbrochenem Blechmantel verwendet. Die Lampen

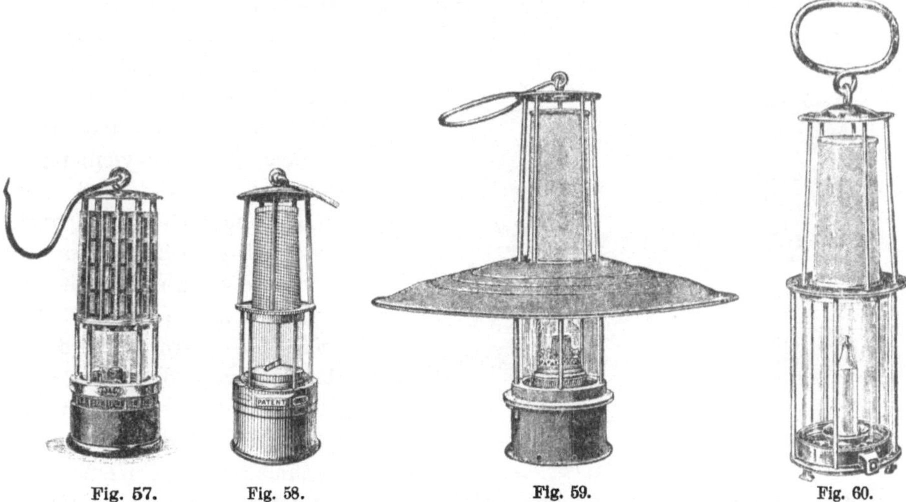

Fig. 57.　　　　Fig. 58.　　　　　　　Fig. 59.　　　　　　　　Fig. 60.

werden mit Kerzen-, Öl-, Benzin-, Spiritus- oder Acetylenbrand ausgestattet. Kerzen- und Ölbrand geben ein zu schwaches Licht. Spiritusglühlicht erwies sich nach Versuchen als nicht sicher. Benzin und Acetylen ergeben bessere Leuchtwirkung als Öl.

Da durch das Öffnen der Lampen in dem gefährlichen Raum die dann freibrennende Flamme eine Entzündung oder Explosion erzeugen kann, so werden vielfach Lampen mit Verschlußvorrichtung durch Plombe, magnetischen Verschluß usw. angewendet. Letzterer kann nur mit Hilfe besonderer Magnete geöffnet werden. Um das Wiederanzünden erloschener Lampen zu ermöglichen, ohne sie hierzu zu öffnen, werden sie mit Schlag- oder Reibzündern versehen.

Die bekannten guten Lampenarten, wie sie z. B. von *Friemann & Wolf* in Zwickau, *Wilh. Seippel* in Bochum, *Julius Pintsch* in Berlin geliefert werden, haben sich gegen explosible Gase fast ausnahmslos bewährt. Die gewöhnliche Bauart zeigt Fig. 57, die Ausgestaltung mit Sicherheitsmantel

Fig. 58 nach Ausführungen von *Friemann & Wolf*; eine Magazinsicherheitslampe von *Seippel* für Petroleumbrand stellt Fig. 59 dar, sie ist mit Scheinwerfer versehen. Fig. 60 veranschaulicht eine Lampe für Kerzenbrand von *Seippel*.

Eine besonders für Fabrikzwecke konstruierte Sicherheitslampe wird von *Julius Pintsch* in Berlin O hergestellt. Sie wird mit einer Öllampe oder einem Stearinlicht versehen und kennzeichnet sich besonders durch die leichte Zerleg- und Zusammensetzbarkeit und damit erleichterte Reinigung und durch die Anordnung einer Auslöschvorrichtung, die nach dem Gebrauch oder im Notfall benutzt wird. Fig. 61 und 62 veranschaulichen zwei Formen.

Bei der Wahl solcher Sicherheitslampen ist darauf zu achten und nötigenfalls durch Versuche zu ermitteln, ob sie für die besonderen Betriebsverhältnisse brauchbar sind, da manche Lampenarten wohl gegen manche feuergefährliche Stoffe und Gase, nicht aber gegen andere sicher sind.

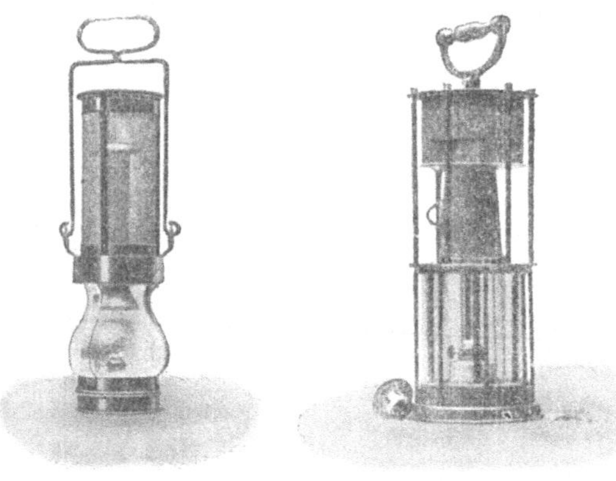

Fig. 61.   Fig. 62.

Nach Untersuchungen eines technischen Aufsichtsbeamten der Berufsgenossenschaft der chemischen Industrie leiden die Acetylenlampen an dem Übelstand, daß ihnen ein Gasbehälter fehlt, der auch schwerlich angebracht werden kann, ohne die Lampe unhandlich zu machen. Die Größe der Flamme ist daher abhängig von der Menge des sich jeweils entwickelnden Acetylengases, die aber nicht gleichmäßig ist. Um eine reine, hell leuchtende Flamme zu bekommen, muß die Luftzuführung häufig reguliert werden, sonst fehlt es an Luft zur vollständigen Verbrennung des Acetylengases, und unverbranntes Gas erzeugt im Innern der Lampe fortwährend kleine Explosionen, tritt auch durch das Drahtnetz nach außen, was im Interesse der Sicherheit vermieden werden muß.

Die nach dem *Davy*schen Prinzip konstruierten Sicherheitslampen mit Spiritusglühlicht haben sich nicht bewährt, da auch bei Verwendung engmaschiger Drahtnetze die Flamme durch diese nach außen schlägt.

Fast völlig sicher sind die elektrischen Sicherheitslampen, sofern nicht die Gefahren des elektrischen Stromes auftreten.

Sie werden mit Akkumulatoren als transportable Handlampen und mit Stromzuleitung gebaut.

Bei den tragbaren Handlampen sind mehrfach Todesfälle infolge mangelhafter Bauart eingetreten, wenn der Isolationswiderstand des menschlichen Körpers in feuchten und schmierigen Räumen herabgesetzt war und die Beschäftigung der Arbeiter zu einer großen Oberflächenberührung, wie z. B. beim

Reinigen von Dampfkesseln, führte. Es ist daher durch den Preußischen Minister für Handel und Gewerbe im Erlaß vom 14. April 1907 (S. 10) angegeben worden, daß die Handlampen in feuchten und schmierigen Räumen nachstehenden Anforderungen genügen müssen: die Griffe müssen aus Isoliermaterial bestehen; Metalleinführungen für die Leitungen in den Griffen sind unzulässig; die äußeren Teile der Lampenfassungen müssen isolierend sein und sämtliche stromführende Teile der Berührung entziehen; die Schutzkörbe, Tragbügel oder dgl. müssen auf isolierenden Teilen befestigt sein; die biegsamen Leitungen müssen bei der Einführung in den Griff so geschützt werden, daß auch bei roher Behandlung ein Bruch an der Einführungsstelle nicht zu befürchten ist. Wenn bei vorhandenen Lampen die ersten vier Forderungen nachträglich nicht erfüllt werden können, so ist eine Erdungsleitung mit guter Erdung anzuwenden, mit der der Griff, der Schutzkorb und die Lampenfassung in sicherer Weise zu verbinden sind.

Als eine tragbare Lampe hat sich die Ever-Ready-Lampe der *Electrical Specialty Co.* bewährt, die mit Trockenelementen versehen ist. Die Brenndauer ist jedoch nur gering, die Leuchtkraft dagegen gut; die Auswechslung des Elementes geschieht rasch und ohne Schwierigkeiten.

Die „*Varta*" *Akkumulatoren-Gesellschaft*, Berlin NW liefert verschiedene Bauarten, darunter die nach Fig. 63, mit Gehäuse aus Aluminiumguß hergestellt und mit Sicherung gegen unbefugtes Öffnen durch Plombierung. Die Lampe ist mit zwei wechselseitig einzuschaltenden Glühlampen ausge-

Fig. 63. Fig. 64.

rüstet, von denen die eine als Reserve dient, sofern die andere plötzlich durchbrennt oder durch andere Zufälle erlischt. Die Lichtstärke der Glühlampen ohne die Reflektorwirkung beträgt 4 Normalkerzen; die Brenndauer 9 Stunden, das Gewicht etwa 2,8 k.

Eine andere Bauart (Fig. 64) ist zum Tragen in der Hand als auch am Gürtel mit oberem Tragbügel und Gürtelhaken versehen. Brenndauer etwa 3 Stunden, Helligkeit 4 Normalkerzen (ohne Reflektor), Gewicht 1,2 k. In der Ausführung mit weniger heller Glühlampe (1,5 Normalkerzen) beträgt die Brenndauer 10 Stunden.

Die üblichen Porzellanarmaturen der mit Stromzuleitung versehenen Handlampen bieten wohl Schutz gegen Nässe, indessen erweisen sie sich nicht als zuverlässig in explosionsgefährlichen sowie in durchtränkten oder solchen Räumen, die mit ätzenden Dünsten erfüllt sind. Es liegt dies zumeist daran, daß, wenn die äußere Glasglocke zufällig fehlt, die schädlichen Dämpfe in das Innere der Porzellanarmatur eindringen können und hier die Anschlußkontakte angreifen oder beim weiteren Eindringen in die Rohrleitung durch

Kondensation oder durch chemische Einwirkung Störungen hervorrufen. Bei der Verwendung von Metall zum Schutze der Porzellanteile oder zu deren Zusammenhalten sind aber Erdschlüsse möglich, die in Räumen mit feuergefährlichen Stoffen Explosionen veranlassen können.

Die *Bergmann-Elektrizitätswerke* in Berlin verfertigen eine elektrische Sicherheitslampe für feuchte, durchtränkte, feuer- und explosionsgefährliche Räume. Bei diesen Lampen sind die Porzellanteile so angeordnet, daß der isolierte Leitungsdraht auf seinem ganzen Wege bis zu den Kontaktstiften nur mit Isoliermaterial in Berührung kommt; da die Kontaktstifte und die Metallteile der Fassung in Porzellan eingebettet sind, ist ein Erdschluß auch bei Beschädigung der Drahtisolation nicht möglich.

Nach § 24 und 35 der vom Verbande Deutscher Elektrotechniker aufgestellten Vorschriften für die Errichtung elektrischer Starkstromanlagen (S. 121) sind für die Verhältnisse, unter denen die in Frage kommenden Glühlampen zur Verwendung gelangen, nur solche Glühlampen zulässig, die im luftleeren Raume brennen und mit dichtschließenden Überglocken, die auch die Fassung dicht einschließen, versehen sind. Ferner müssen die Leitungen eine wasserdichte Isolierhülle haben, deren Beschaffenheit der verwendeten Spannung entspricht, und sind nur in Rohren oder als Kabel zulässig.

Diesen Vorschriften ist bei der Konstruktion der in den *Höchster Farbwerken* zum Ausleuchten von Gefäßen, die feuergefährliche Dämpfe enthalten, benutzten Lampe dadurch genügt, daß eine Kohlenfadenglühlampe in eine mit Schutzglocke versehene Porzellanarmatur eingesetzt ist und die Zuleitungen, die wasserdichte Umhüllungen besitzen, in ein Rohr eingezogen sind. Das Rohr ist ohne Unterbrechung bis in die Porzellanarmatur eingeführt. Durch ein schmiedeeisernes Kreuzstück mit Kralle wird die Lampe in einer bestimmten Lage festgehalten und zugleich geerdet.

Eine namentlich für heiße, nasse und säurehaltige Räume sich eignende elektrische Handlampe wird von *J. Carl* in Ober-Weimar geliefert.

Einen elektrischen Faßausleuchter liefern *Frankl & Kirchner* in Mannheim. Er ist wasserdicht und explosionssicher konstruiert und am Ende mit einem Korkstück versehen, um durch Aufstoßen die Lampe nicht zu beschädigen. Die Lampe wird an einer Stange in das Spundloch eingeführt.

Um bei der elektrischen Beleuchtung durch Glühlampen eine Berührung der Lampe und der Kontaktteile mit der sie umgebenden Luft zu verhindern und etwa entstehende Funkenerscheinungen unschädlich zu machen, werden die Lampen mit möglichst dicht schließenden Glasglocken umgeben. Es muß dann aber durch einen Sicherheitsverschluß verhindert werden, daß von unberufener Hand die Schutzglocke abgeschraubt oder beim Auswechseln der Lampen die Leitung nicht stromlos gemacht wird. Ein solcher Verschluß wird von der *Allgemeinen Elektrizitäts-Gesellschaft* in Berlin hergestellt. Am Lampengefäß ist ein Sperrschloß angebracht, das den aufgeschraubten Schutzkorb mit der Glasglocke festhält. Durch einen Schlüssel kann die Sperrung gelöst, die Glocke also abgeschraubt werden, gleichzeitig wird aber das Schlüsselloch selbsttätig verriegelt, so daß der Schlüssel, solange die Glocke nicht wieder aufgeschraubt ist, sich nicht aus dem Schloß wegnehmen läßt. Ebenso ist der Schalter mit Schloß versehen, in das der Schlüssel nur eingeführt werden kann, wenn der Schalter ausgeschaltet ist. Der Schlüssel läßt sich dann nur wieder wegnehmen, wenn vorher die Ausschaltung erfolgt ist. Jeder Schalter mit zugehöriger Lampe muß einen besonderen Schlüssel erhalten.

In Betrieben mit leicht entzündlichen Stoffen, Gasen, Staub und Fasern muß zur Vermeidung von Funkenbildung die etwa sich in den metallenen Teilen der Maschinen oder an den Riemen sich ansammelnde Elektrizität sicher abgeführt werden. Es geschieht dies durch eine sicher wirkende und gut unterhaltene Erdleitung. Zur Vermeidung der Riemenelektrizität können die Riemen auf der Außenseite mit verdünntem säurefreien Glycerin (1 Teil Glycerin 28° Bé und 1 Teil Wasser) angefeuchtet werden.

Um dieser Forderung auch dann zu genügen, wenn Öffnungen in den Wänden z. B. für Riemendurchlässe usw. vorhanden sind, kann die Öffnung einschließlich des Riemen- oder Seil- oder Rädertriebes durch Wände vollständig von dem zu schützenden Raume abgeschlossen werden, wie dies Fig. 65 nach einer Ausführung der *Höchster Farbwerke* zeigt. Es bleiben dann nur die Öffnungen für den Durchgang der Transmissionswelle *a* übrig. Letztere wird von einem Rohr *b* umgeben, das gegen die Welle

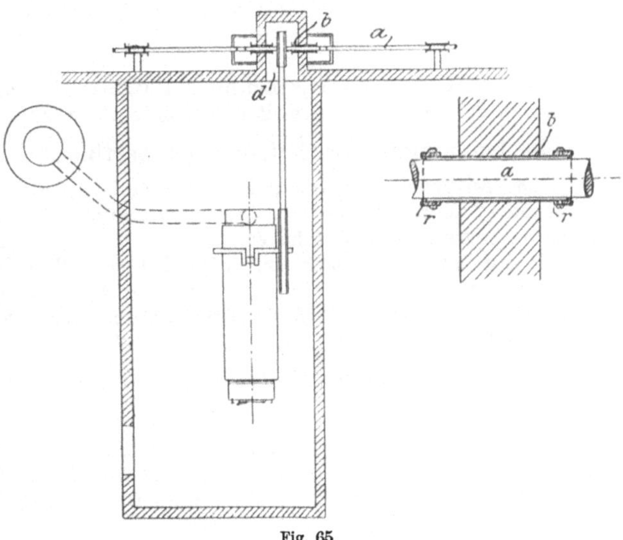

Fig. 65.

durch Filz *c* lose abgedichtet wird. Wenn der Übertritt von feuerempfindlichem Staub nach dem Transmissionsraume verhütet werden soll, dann wird der Spielraum zwischen Welle und Rohr so weit gehalten, daß er mit einer Bürste gereinigt werden kann; er wird dann auch durch eine Filzscheibe abgeschlossen.

Eine eigenartige Ausführung der Erdung rotierender Maschinenteile und deren Lager zur Verhinderung von Funkenbildung veranschaulichen Fig. 66 und 67. Mit der Welle wird eine Metallscheibe durch Anlöten oder Einschrauben verbunden, die stets in Wasser taucht, das einem Gefäß *W* von der Wasserleitung aus durch ein mit Absperrhahn versehenes Rohr *a* zugeführt wird. Hierdurch wird eine gute Erdung der rotierenden Teile erzeugt; die der ruhenden metallenen Teile kann durch Leitungsdrähte durch Anschluß an das Wassergefäß erreicht werden. Dieses wird durch einen ins Wasser tauchenden Deckel

S staubfrei gehalten. Zur Beobachtung des Wasserstandes können kleine, durch Holzdeckel verschließbare Schaulöcher angebracht werden.

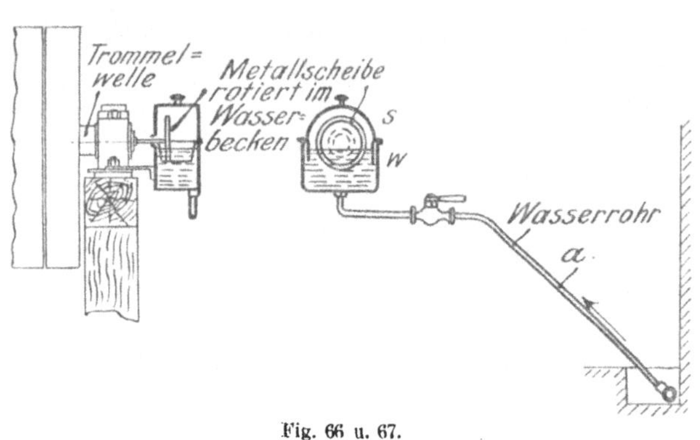

Fig. 66 u. 67.

Eine Gefahr zu Entstehung eines Brandes bilden entzündliche Abfälle. Die berufsgenossenschaftlichen Vorschriften bestimmen daher:

„Eine Aufbewahrung von feuergefährlichen und explosiven Stoffen in größeren Mengen innerhalb der Arbeitsräume ist, soweit die Natur des Betriebes es nicht erfordert, zu verbieten." (I 21)

„Eine Anhäufung von gebrauchtem Putzmaterial und selbstentzündlichen Fabrikabfällen in den Arbeitsräumen ist zu verbieten." (I 22)

In den neuen Vorschriften wird bestimmt:

„Die Aufbewahrung feuergefährlicher und explosiver Stoffe ist nur an den dafür bestimmten Lagerstellen gestattet. In Arbeitsräumen dürfen sich nur die durch die Fabrikation bedingten Mengen befinden.

Feuergefährliche Abfälle sind möglichst schnell zu beseitigen.

Mit Öl durchtränkte, alte Putzwolle oder Putzlappen, die leicht zur Selbstentzündung neigen, dürfen innerhalb der Arbeitsräume nur in feuersicheren Behältern aufbewahrt werden." (§ 14)

Für Schwarz- und Nitropulverfabriken wird noch besonders verlangt:

„Gebrauchte Putzwolle und gebrauchte Putzlappen sind am Tage im Arbeitsraum in besonderen Behältern aufzubewahren und abends aus den Betriebsgebäuden zu entfernen. Auch die Anhäufung leicht brennbarer Stoffe neben diesen Gebäuden ist unstatthaft." (§ 34, § 38)

Weitere Vorschriften für die Beseitigung von Abfällen u. dgl. sind S. 25, für die Verhütung der Ablagerung von Staub auf Heizkörpern, Lampen usw. auf S. 49ff. besprochen.

Das Rauchen bietet nicht allein durch glühendes Rauchmaterial die Gefahr der Entzündung, sondern veranlaßt auch die Arbeiter, Zündhölzer oder andere Zündmittel mit sich zu führen, mit denen auch Unheil angerichtet werden kann.

Die allgemeinen Unfallverhütungsvorschriften fordern vom Arbeiter:

„In Betriebsräumen, in denen sich feuergefährliche oder explosive Stoffe finden, darf nicht geraucht werden." (II 19)

Die neuen berufsgenossenschaftlichen Bestimmungen bestimmen allgemein:

„Das Rauchen in feuergefährlichen Betriebsräumen und auf feuergefährlichen Arbeits- oder Lagerplätzen ist verboten." (§ 58)

Für die Schwarz- und Nitropulver- und für die Zündhütchen-fabriken bestimmen die berufsgenossenschaftlichen Vorschriften:

„Soweit das Rauchen überhaupt gestattet ist, darf es nur in den von den Betriebs-leitern angewiesenen Räumen geschehen, woselbst dann eine Gelegenheit zur Aufbewahrung der Rauchgeräte vorhanden sein muß." (§ 47, § 45, § 40)

„Innerhalb des Fabrikgeländes dürfen nur Sicherheitszündhölzer verwendet werden." (§ 41, § 46)

Weitergehend wird für Nitroglycerinsprengstoffabriken

„das Rauchen für alle Angestellten und Arbeiter innerhalb der Umzäunung verboten." (§ 48)

„Feuerzeug und eiserne Gegenstände, wie Schlüssel, Messer u. dgl. dürfen in den Sprengstoffbetrieb nicht mitgenommen werden." (§ 39)

Beim Laden und Entladen von Patronen und in Fabriken zur Herstellung von Feuerwerkskörpern ist

„das Rauchen sowie das Mitbringen von Zündhölzern, Feuerzeugen oder Rauch-geräten in die Arbeits- oder Lagerräume verboten." (§ 12, § 2)

In Lack- und Firnisfabriken ist:

„das Rauchen in den Fabrikations- und Lagerräumen zu verbieten." (§ 17)

In Zünderfabriken ist

„das Rauchen in den Arbeitsräumen und auf dem engern Fabrikgrundstück zu verbieten, ebenso das Mitbringen und die Benutzung von Feuerzeug, doch darf letzteres, soweit es der Betrieb erfordert, bestimmten Arbeitern erlaubt werden." (§ 3)

Für Fabriken zur Herstellung von Feuerwerkskörpern ist

„das Mitbringen, die Aufbewahrung und Benutzung von Zündhölzern und Feuer-zeugen aller Art (auch sog. Bengalen) in den Herstellungsräumen mit Explosionsgefahr, sowie die Benutzung von Zündhölzern und Feuerzeugen in den Lagerräumen verboten." (§ 26)

Für die Lagerung leichter Kohlenwasserstoffe ist:

„das Rauchen in und bei den Lagern sowie das Mitbringen von Zündwaren verboten." (§ 16)

Für Schwarz- und Nitropulverfabriken wird noch bestimmt:

„Feuerzeug und eiserne Gegenstände, wie Schlüssel, Messer u. dgl. dürfen in die Betriebsräume nicht mitgenommen werden. Es ist hierüber eine geeignete Kontrolle auszuüben." (§ 49, § 47)

Den Arbeitern wird geboten:

„Pfeife, Zigarren, Zündhölzer und Feuerzeug, ebenfalls Schlüssel, Messer und sonstige eiserne Gegenstände dürfen in das Gebiet des gefährlichen Betriebes nicht mit-genommen werden, sondern sind in den dafür angewiesenen Räumen im Gebiet des un-gefährlichen Betriebes zurückzulassen.

Auf Arbeiter zur Bedienung der Feuerungen findet die vorstehende Bestimmung bezüglich der Zündhölzer keine Anwendung, doch dürfen sie nur Sicherheitszündhölzer benutzen; sie sind dafür verantwortlich, daß letztere im Betriebe nicht in die Hände der Pulverarbeiter kommen." (§ 55, § 54)

Für Zündhütchenfabriken gilt:

„Andere Rauchgeräte, als die dort (in von den Betriebsleitern angewiesenen Räumen, § 40) aufzubewahrenden, sowie Feuerzeug darf überhaupt nicht mit zur Fabrik ge-bracht werden." (§ 41)

Weitere Maßnahmen zur Verhütung des Entstehens von Bränden sind bei der Erörterung der elektrischen Betriebseinrichtungen (S. 121) besprochen und werden später in den Abschnitten über die Lack- und Firnissiedereien, feuer- und explosionsgefährlichen Stoffe, Spreng-, Schieß- und Zündstoffe behandelt.

Zur Feueranmeldung werden verschiedene Einrichtungen verwendet. Bewährt hat sich das Siemens & Halskesche Fallklappensystem mit automatischer Glockenalarmierung und automatischer Einschaltung der elektrischen Beleuchtung der Feuerwachen. Diese werden durch Schleifenlinien mit den über das ganze Fabrikareal verteilten, an den Gebäuden angebrachten Hauptmeldern und in den feuergefährlichsten Gebäuden untergebrachten Nebenmeldern verbunden. Durch Druckkontakt am Feuermelder werden die Alarmwerke und die in den Wachräumen, Wohnungen der Führer und Mannschaften der Betriebsfeuerwehr angebrachten Alarmglocken betätigt. durch gleichzeitiges Fallen von Klappen auf den Feuerwachen wird die betreffende Schleifenlinie und der gedrückte Melder gekennzeichnet. Die Hauptmelder sind während der Nachtzeiten noch durch rote elektrische Birnen kenntlich gemacht.

Zur Unterstützung dieser Feuermeldeeinrichtungen werden natürlich auch die Telefone des Betriebs verwendet. Vielfach werden auch selbsttätige Feuermelder verwendet. Die Wirkungsweise der zahlreichen hierfür benutzten Apparate ist sehr verschieden; die meisten werden durch Wärmewirkung in Tätigkeit gesetzt, wodurch elektrische Signale an geeigneten Stellen (Feuerwache, Pförtnerstube, Wachräumen usw.) ausgelöst werden. Es ist zu empfehlen, das ordnungsmäßige Arbeiten der Feuermeldeanlagen zeitweise zu prüfen.

Wird die Beaufsichtigung der Betriebsstätte, insbesondere des Nachts, durch Wächter ausgeübt, so muß der ihm zugewiesene, nicht zu groß bemessene Rundgang durch Stechuhren kontrolliert werden.

Der Bekämpfung von Bränden dienen besondere Fabrikfeuerwehren, Feuerwachen und Löschmittel. Die Einrichtungen solcher Fabrikfeuerwehren sind gewöhnlich folgende:

Führer und Mannschaften werden aus den Beamten und Arbeitern des Betriebes entnommen; für Ausrüstung, Bekleidung und Instandhaltung sorgt der Unternehmer. Zur Feuerwehr gehören Dampfspritzen, Gerätschaftswagen, Handspritzen, fahrbare Schiebeleitern, die an den Betriebsstätten befindlichen Schlauchkästen mit Schläuchen und Strahlrohre, sowie Extinkteure und sonstige Löschapparate, dann eine elektrische Feuermeldung und Alarmeinrichtung, Sauerstoff-Rettungsapparat und elektrische Lampen. Es empfiehlt sich für größere Betriebe, Lokomotivspritzen ständig unter Dampf zu halten und eine ständig von einer genügenden Zahl Mannschaften besetzte Feuerwache einzurichten, deren Personal an den Tagen, an denen nicht gearbeitet wird, zu verstärken ist, um jederzeit die zur Bedienung der Löscheinrichtungen nötige Zahl von Personen bereit zu haben. Übungen der Feuerwehr sind nach Bedarf abzuhalten, bei ständigen Fabrikfeuerwehren möglichst oft, unter Umständen täglich mit einzelnen Abteilungen.

Die Feuerwehren sind mit ausreichenden Vorräten von gefüllten Reserve-Sauerstoffflaschen und den nötigen Reserveteilen der Sauerstoffatmungs-apparate (vgl. S. 29), mit Feuerlöschdecken, säure- und feuerfesten Anzügen, Feuerschutzschirmen, Fackeln, Rauchhelmen auszurüsten.

Vielfach werden die Fabrikbahnen zur Beförderung der fahrbaren Spritzen und Gerätschaftswagen benutzt und diese dazu eingerichtet. Vom feuer-technischen Standpunkt aus ist dies jedoch nicht ganz richtig, denn es können auf den Gleisen Störungen und Stockungen eintreten, die das Löschfahrzeug zu einem Umweg oder Halten zwingen, so daß für die Löschhilfe unter Um-ständen kostbare Minuten verloren gehen. Gleisfahrzeuge sollten daher nur zur Verwendung kommen, wo ein, wenn auch noch so enger Fahrweg nicht vorhanden ist. Neuerdings werden in größeren Betrieben die Fahrzeuge auch mit Automobilbetrieb ausgerüstet.

Für sehr große Betriebe empfiehlt es sich, die Fabrikfeuerwehr aus berufs-mäßig geschulter Mannschaft unter Leitung eines besonderen feuertechnisch vorgebildeten Führers zu bilden. Zur Erhöhung der Schnelligkeit der Lösch-hilfe ist es dann gut, je nach der Ausdehnung des Betriebes nicht nur eine, sondern zwei oder mehr ständig besetzte Feuerwehren zu unterhalten. Bei größeren Fabrikanlagen mit bedeutenden Mengen an leicht entzündlichen und brennbaren, bzw. explosionsgefährlichen Stoffen wird es für notwendig gehalten, darauf hinzuwirken, daß die Löschhilfe innerhalb spätestens 6 Mi-nuten an der Brandstelle ist. Die Mannschaften werden dann auch zum Wach- und Sicherheitsdienst im Betrieb und in den übrigen Arbeitsstunden zur Bedienung der Badeanstalten, Heizungseinrichtungen, zum Reinigen der Wege, zu Gärtnerarbeiten, Instandhaltung der Beleuchtung, zur Begleitung von Krankentransporten, zur ersten Hilfeleistung als Samariter (S. 28) und je nachdem zu anderen Arbeiten innerhalb ·der Betriebsstätte verwendet.

Als **Löschmittel** dient in allen normalen Fällen das Wasser, für dessen Vorhandensein in genügender Menge durch Bereithalten von Wassereimern, Handspritzen, Hydranten mit Schlauchanschlüssen gesorgt sein muß.

Für **Schwarz- und Nitropulverfabriken** ist besonders bestimmt:

„In den Pulverwerken muß stets Wasser zur Verfügung stehen, soweit es die Tem-peraturverhältnisse gestatten." (§ 36, § 38)

Für die Herstellung von **Feuerwerkskörpern** ist verlangt:

„In unmittelbarer Nähe der Arbeitsräume ist während des Betriebes stets Wasser in ausreichender Menge zur Verfügung zu halten." (§ 28)

Die Bereithaltung von Wasser und Löscheinrichtungen in **Lagern von Salpetersäure** wird später besprochen.

Eine **selbsttätige Feuerlöschung** kann durch Brausen, die in die an oder unter der Decke verlegte Wasserleitung eingefügt sind, bewirkt werden. Diese Brausen (Sprinkler) enthalten ein Ventil, das beim Durchschmelzen eines Verschlußstückes selbsttätig frei wird und das Wasser ausströmen läßt; das Durchschmelzen erfolgt durch die beim Ausbruch eines Brandes sich ent-wickelnde Hitze. Solche Brausenanlagen werden z. B. von *Walther & Co.* in Dellbrück bei Köln und von der *Grinell-Sprinkler-Gesellschaft* in Berlin ausgeführt. Solche Löscheinrichtungen verlangt die Berufsgenossenschaft für Pikrinsäurefabriken:

„In den Abteilungen b bis e sind Streudüsen anzubringen. Die Düsen sollen sich beim Brande entweder selbsttätig öffnen oder von der Deckung aus in Tätigkeit gesetzt werden können." (§ 19)

Auf andere Weise suchen *Wilh. & Otto Liefering* in Haan (Rhld.) die gleiche Wirkung zu erreichen. An die in ein unter der Decke der Arbeitsräume verlegtes Wasserrohrnetz eingesetzten Ventile oder Hähne sind Brausen oder Strahlrohre angeschlossen. Diese Ventile und Hähne werden durch Gewichte geschlossen gehalten, die an Schnüren aus Kunstseide (Nitrocellulose) aufgehängt sind, mit welchen andere Schnüre verbunden sind, die durch die Räume netzförmig führen. Die Kunstseide hat die Eigenschaft, beim Anzünden sofort, ohne daß Funken herabfallen, zu verpuffen, dabei aber die Entzündung rasch weiter zu leiten. Sobald also an irgendeiner Stelle eine der Schnüre Feuer fängt, verbrennen alle damit in Verbindung stehenden Schnüre, auch die, an denen die Gewichte hängen. Diese fallen herunter, durch mittels Hebeln an den Ventilen oder Hähnen angreifende Gewichte öffnen sich diese, und die Brausen und Strahlrohre treten in Tätigkeit. Gleichzeitig werden Alarmglocken zur Wirkung gebracht, auch unter Verwendung elektrischen Stromes Läutevorrichtungen an anderen Stellen. Durch Drahtzüge, die an jedem Ventil oder Hahn angebracht sind, können diese nach Löschung des Brandes geschlossen werden.

Werden in dem Betrieb Schmalspur-Lokomotiven zum Wagentransport verwendet, so ist es gut, diese auch zum Antrieb der Dampfspritzen zu verwenden, wie es z. B. in den Farbwerken *vorm. Meister, Lucius & Brüning* in Höchst a. M. geschieht. Die Lokomotiven sind mit Dampfanschlußrohr für die Spritzen versehen, so daß diese sofort dienstbereit gemacht werden können.

Bei guter Versorgung des Betriebes mit Feuerwehren sind interne Löscheinrichtungen (im Betriebe selbst angebrachte Vorkehrungen), abgesehen von den Hydranten, nahezu überflüssig, jedenfalls bedürfen sie einer stetigen Kontrolle, damit sie im Bedarfsfalle gebrauchsbereit sind.

Als solche Löschvorrichtungen werden Kübelspritzen, die mit etwa 30 l Wasser gefüllt sind, und verschiedene Arten von Extinkteuren, Annihilatoren u. dgl. benutzt.

Wenn es sich um das Ablöschen brennender Flüssigkeiten handelt, die spezifisch leichter als Wasser sind, wie z. B. Spiritus, Benzin, Öle, Fette usw., so kann Wasser nicht erfolgreich verwendet werden. Dann ist am besten das Ersticken des Brandes durch Absperrung der Luftzufuhr zu bewirken, was durch Aufwerfen von Sand, Feuerlöschdecken, bei Kesseln und anderen Gefäßen Auflegen von Deckeln mit Sandabschluß, durch Einführen von Wasserdampf oder Kohlensäure in die gefährdeten Räume geschehen kann.

Bei brennenden Flüssigkeiten ist manchmal das Löschen durch Löschflüssigkeiten insofern gefährlich, als durch die Gasentwicklung der brennende Inhalt aus den Kesseln u. dgl. herausgeworfen wird. Daher wird auch in den berufsgenossenschaftlichen Unfallverhütungsvorschriften den Arbeitern geboten, das Löschen von brennendem Firnis oder Lack in keinem Falle mit Flüssigkeiten irgendwelcher Art, auch nicht mit sog. Löschungsflüssigkeiten, zu versuchen. Es muß stets genügend Sand zum Ersticken der Flammen vorhanden sein.

Für Zünderfabriken bestimmen die berufsgenossenschaftlichen Vorschriften:

„In Brand geratener Teer darf nur durch Ersticken der Flamme (Aufwerfen von Sand oder Bedecken des Kessels), nicht aber durch Flüssigkeiten irgendwelcher Art, auch nicht durch sogenannte Löschapparate, gelöscht werden." (§ 50)

für Lack- und Firnisfabriken:

„In unmittelbarer Nähe der Kochräume der Lack- und Firnissiedereien muß stets Sand in genügender Menge zum Ersticken des Feuers vorhanden sein." (§ 8)

Auf der Erstickung von Feuer durch Abschluß der Luft beruht auch die Löschung mit sogenannten Brandbomben, Löschpulvern und Löschwasserzusätzen. Letztere sollen nach dem Verdampfen des Wassers die brennbaren Gegenstände inkrustieren, so daß sie nicht wieder aufflammen.

Die Löschmittel werden durch gewöhnliche Spritzen, Guß- oder Wurflöscher (Eimer und Kübel aus Blech, dichten Geweben, Leder; Spareimer mit Wasserauswurf in breitem, dünnem Strahl) und Spritzlöscher der Brandstelle zugeführt. Zu letzteren gehören die unter verschiedenen Namen (Gasspritzen, Annihilatoren, Extinkteure) in den Handel gebrachten Apparate, aus denen das Löschmittel durch Gasdruck auf größere Entfernung herausspritzt.

Dieser Gasdruck wird meist durch Kohlensäure erzeugt, die durch Einwirkung von Weinsteinsäure oder Schwefelsäure auf eine Alkalilösung, meist die des doppeltkohlensauren Natrons, im Bedarfsfalle innerhalb des Apparates erzeugt wird. Auch komprimierte Luft aus Stahlflaschen wird zum Fortschleudern des Wassers benutzt.

Die *Fabrik explosionssicherer Gefäße* in Salzkotten liefert einen Spritzapparat „Perkeo", bei dem zum Löschen ein dichter Schaum aus zwei für gewöhnlich voneinander getrennt gehaltenen, schaumbildenden Flüssigkeiten erzeugt wird, die beim Mischen etwa das Achtfache ihres Volumens an Schaummasse ergeben. Diese ist stark kohlensäurehaltig und spezifisch leichter als feuergefährliche Flüssigkeiten. Sie deckt die brennenden Massen in breiter Oberfläche zu, schneidet die Luftzufuhr ab und bewirkt außerdem eine Abkühlung, so daß der Brand erstickt und die Vergasung der noch heißen Stoffe verhindert wird. Die Schaummasse ermöglicht daher auch das Löschen von brennenden feuergefährlichen Flüssigkeiten.

Neuerdings wird diese chemische Feuerlöschung im großen empfohlen. Die umfangreichen Mineralöl- (Benzin, Benzol) Tankbrände der letzten Jahre haben die Anregung zu Versuchen gegeben, die der Erstickung und Ablöschung der in einem Behälter eingeschlossenen und in Brand geratenen Flüssigkeiten nach dem sog. stationären Schaumlöschverfahren bezwecken.

Als Feuerlöschmittel wird auch Kohlensäure angewendet, und zwar besonders als Mittel gegen Selbstentzündung z. B. von Kohlen. Die Kohlensäure wird dann in die Lagerräume oder besser noch in die Materialhaufen durch gelochte Röhren eingeleitet. Nach dem Verfahren von *Kunheim* werden in solche Haufen Kohlensäureflaschen eingelagert, die mit später noch zu erwähnenden Sicherheitshülsen versehen sind. Steigt dann infolge Selbsterhitzung die Temperatur im Materialhaufen, so wird die Flasche erhitzt, der Druck in ihrem Innern steigt, die Sicherheitshülse wird abgequetscht und die Kohlensäure tritt aus, um dann in Mischung mit der Luft ein sauerstoffarmes Gasgemisch zu erzeugen, das die Selbstentzündung verhindert.

Die Bereithaltung von Feuerlöschgeräten wird gewöhnlich von der Landes- oder Ortspolizeibehörde in bestimmtem Umfang gefordert, sie wird von der Berufsgenossenschaft für bestimmte Betriebe durch folgende Vorschriften verlangt:

für Schwarz- und Nitropulverfabriken gilt:

„Die Fabrik muß mit stets gebrauchsfähigen Feuerlöschgerätschaften versehen sein, welche nonatlich mindestens einmal einer Prüfung auf ihre Brauchbarkeit zu unterziehen sind." (§ 52, § 49)

für Nitroglycerinsprengstoffabriken:

„Die Fabrik muß mit stets gebrauchsfähigen Löschvorrichtungen in ausreichendem Maße versehen sein." (§ 38)

Die Bereithaltung von Löscheinrichtungen wird wie erwähnt auch in Pikrinsäurefabriken und ferner bei der Lagerung leichter Kohlenwasserstoffe gefordert.

Um bei Feuers- und Explosionsgefahr rasch die Betriebsräume verlassen zu können, müssen genügend viel Ausgänge vorhanden sein, auch diese und die Fenster die schnelle Flucht gestatten. Was hierüber die berufsgenossenschaftlichen Vorschriften verlangen, ist bereits S. 45 angegeben. Außerdem werden in den meisten Fällen polizeiliche Vorschriften zu beachten sein. Die in größeren Betrieben eingerichteten Fabrikfeuerwehren werden auch mit Rettungsmitteln (Leitern, Sprungtücher usw.) auszurüsten sein.

In gewissen Betriebsarten bietet nicht nur das Feuer eine Lebensgefahr, sondern diese wird ganz bedeutend erhöht durch das Auftreten giftiger Gase, die infolge des Brandes entstehen. Namentlich die nitrosen Dämpfe haben in Brandfällen schon mehrfach schwere Unfälle erzeugt. Die berufsgenossenschaftlichen Vorschriften berücksichtigen diese Gefahr in den besonderen Vorschriften für Nitropulverfabriken.

3. Lüftung, Absaugungs-, Entstaubungs- und Entnebelungsvorrichtungen.

Der Schutz der Arbeiter vor Gesundheitsschädigung durch Staub, Rauch, Gase und Dämpfe kann in sehr verschiedener Weise, mehr oder weniger erfolgreich, erzielt werden. Am sichersten wird die Aufgabe gelöst, wenn die gefährlichen Stoffe unmittelbar an der Stelle, wo sie entstehen, abgefangen oder unschädlich gemacht werden, ehe sie in die Luft des Arbeitsraumes treten können. Die hierzu zu verwendenden Mittel richten sich nach der Betriebsweise und der Art des zu beseitigenden Stoffes und bestehen entweder darin, daß die entstehenden Gase, Dämpfe, Rauch, Staub abgeleitet oder durch besondere Vorkehrungen unmittelbar absorbiert, niedergeschlagen werden. Häufig bilden diese Stoffe ein wertvolles Produkt, dessen Wiedergewinnung nicht nur die zum Auffangen und Ableiten erforderlichen Einrichtungen bezahlt macht, sondern noch einen gewissen Gewinn ergibt. So geht hier oft die Erzielung eines unmittelbaren wirtschaftlichen Vorteils mit derjenigen besserer gesundheitlicher Verhältnisse Hand in Hand.

Am vollständigsten läßt sich die Ableitung bewirken, wenn die Maschine oder die Vorrichtung, an welcher die gefährlichen Stoffe entstehen, während der Dauer dieses Entstehens und solange diese Stoffe noch vorhanden sind, völlig und dauernd von der Raumluft abgeschlossen werden kann. Zerkleinerungs-, Staub- und Mischmaschinen, Kugelmühlen, Desintegratoren, Mahlgänge, Pulverisiermühlen, Kocher, Einrichtungen zum Dämpfen, Beizen, ferner Destillier-, Rektifizier-, Extraktionsapparate, Brennöfen usw. lassen sich vielfach so einrichten, daß ein Austreten der zu beseitigenden Stoffe in die Raumluft völlig vermieden wird oder nur während ganz kurzer Zeit erfolgt. Auch bei Transport- und Verpackungseinrichtungen für pulverförmige Stoffe läßt sich dieses Verfahren häufig durchführen. Bei solchen dicht verschlossenen Maschinen und Apparaten bedarf es dann nur einer Verbindung mit einer Leitung, durch welche die entstehenden Gase, Dämpfe, Rauch und Staub abgeführt werden kann.

Bedingt die Arbeitsweise, daß ein dichter Abschluß unmöglich ist, daß also fortdauernd oder doch wenigstens zum Zuführen und Wegschaffen der dem Arbeitsprozeß auszusetzenden Stoffe und zu deren Behandlung, z. B. durch Rühren, Aufbrechen, Umschaufeln usw. die Maschine oder der Apparat geöffnet sein muß, so wird es vielfach möglich sein, daß wenigstens zeitweise ein völliger Abschluß erfolgt und im übrigen die nach Erfordern freibleibende Öffnung nur so groß gestaltet wird, daß sie für die Bedienung ausreicht. Es ist dann, wenn irgend möglich, eine Luftbewegung von außen her durch die Maschine oder den Apparat nach einer die gefährlichen Stoffe abzuführenden Leitung zu erzeugen, so daß das Herausdringen der Stoffe in die Raumluft möglichst vermindert wird.

Ist auch eine solche teilweise Verschließung der Maschinen und Apparate nicht möglich, so kann häufig durch zweckmäßige Lage der Absaugeöffnung nahezu verhindert werden, daß die zu beseitigenden Stoffe in den Arbeitsraum gelangen. Manchmal lassen sich die Mündungen der Rohre oder Kanäle, durch welche die Ableitung bewirkt werden soll, ganz nahe an die Entstehungsstelle der gesundheitsschädlichen Stoffe bringen.

Ist aus betriebstechnischen Gründen eine Beseitigung der Luftverunreinigungen am Ort ihrer Entstehung nicht ausführbar, oder handelt es sich überhaupt um eine Reinhaltung der Luft in starkbesetzten Räumen, so ist eine stetige Auswechslung der verunreinigten Raumluft durch frische reine Außenluft auf dem Wege der Lüftung zu bewirken. Ein Austausch der Raumluft und der Außenluft erfolgt stets in gewissem Maße auf natürlichem Wege infolge der Durchlässigkeit der Wände, der Undichtheiten von Türen,

Fenstern, Dachkonstruktionen. Diese namentlich bei gewissen Witterungsverhältnissen ungenügende Lufterneuerung kann verstärkt werden durch Öffnen der Fenster, Dachklappen, Lufteinlaßkästen, Luftgitter, durch Verwendung des Windanfalls mittels Schlot- und Dachaufsätzen, Einblas- und Saugköpfen. Doch ist diese natürliche Lufterneuerung stets von Witterungseinflüssen abhängig und überhaupt dann nicht zum Ziele führend, wenn die von außen zutretende Luft nicht rein ist.

Die neuen berufsgenossenschaftlichen Vorschriften enthalten als allgemeine Bestimmungen:

„Räume, in welchen sich Einrichtungen, wie Rostöfen, Generatorfeuerungen, Pfannen usw. befinden, bei denen das Entweichen gesundheitsschädlicher oder leicht entzündlicher Gase, Dämpfe oder staubförmiger Körper nicht hinreichend verhindert werden kann, sowie Arbeitsräume mit hoher Temperatur sind mit wirksamer Ventilation zu versehen." (§ 17)

„Apparate und Gefäße, in denen sich Gase, Dämpfe oder staubförmige Körper entwickeln, mit deren Austritt in die Arbeitsräume Gefahren oder erhebliche Beläsigungen verbunden sind, müssen dicht abgeschlossen oder mit einer Vorrichtung versehen werden, durch welche Gase, Dämpfe oder Staub abgeführt werden. Diese Vorrichtungen müssen auch beim Öffnen der Mannlöcher oder Deckel während des Prozesses wirksam sein." (§ 16)

Die besonderen Unfallverhütungsvorschriften enthalten auch einige Bestimmungen über die Lüftung und zwar für Nitropulverfabriken, Düngerfabriken, Thomasschlackenmühlen, Lack- und Firnissiedereien, Lagerung von Flaschen mit verdichteten Gasen und für Räume, in denen Acetylengas hergestellt, verdichtet und verflüssigt wird. Näheres wird in den besonderen Abschnitten hierfür mitgeteilt.

Zum Entfernen des Staubes, Rauches oder der Dämpfe, Gase ist eine kräftige Saugwirkung notwendig, die durch den Zug von Feuerungsanlagen oder durch Gebläse erzeugt werden kann. Der natürliche Auftrieb wird nur dann ausreichen, wenn die abzuführenden Gase, Dämpfe spezifisch leichter als die Luft sind und daher durch diese in Schloten, die ins Freie mümden, hochgedrückt werden. Die Abführung von Gasen, Dämpfen, Rauch erfolgt häufig nach vorhandenen Kaminen, selten werden Saugschlote mit besonderer Feuerung angeordnet.

Sind die zu entfernenden Gase und Dämpfe verbrennbar, so können sie, wenn nicht besondere Gefahren, z. B. Explosionen, dadurch hervorgerufen werden, in Feuerungsanlagen geleitet und dadurch nicht nur durch Verbrennen unschädlich gemacht, sondern auch ausgenutzt werden.

Die Verwendung von Gebläsen zum Absaugen erfolgt entweder derart, daß ein großes Gebläse für mehrere Maschinen und Apparate, vielleicht für den ganzen Betrieb, angeordnet wird, oder daß jede Maschine und jeder Apparat ein besonderes Gebläse erhält. Im ersteren Fall ist oft ein weitverzweigtes Kanal- oder Rohrnetz anzulegen, in welchem die Saugwirkung hervorgebracht und das an die einzelnen Einrichtungen angeschlossen wird. Die Sammelleitungen werden dabei je nach den örtlichen und Betriebsverhältnissen unter dem Fußboden oder über diesem durch den Arbeitsraum laufend oder an der Decke angebracht; durch Einschaltung von Klappen oder Ventilen ist dann dafür zu sorgen, daß die Saugwirkung auf jede einzelne Maschine usw. aufgehoben und reguliert werden kann.

Da immerhin die Anlage- und Betriebskosten solcher Vorkehrungen nicht unerheblich sind und häufig durch schlechte Ausführungen die Wirkung stark beeinträchtigt wird, so empfiehlt es sich, solche Absaugungsanlagen unter Beachtung der technischen Regeln herstellen, also genau berechnen und dimensionieren zu lassen. Durch gute Führung der Leitungen und richtige Wahl ihrer Abmessungen, durch möglichst schlanke Anschlüsse der Abzweigungen an die Sammelleitungen, durch genaue Ermittlung der Größe der Gebläse, als welche in den meisten Fällen Zentrifugal- oder Schraubenventilatoren verwendet werden, können die Kosten, namentlich die des Betriebes, gegenüber denen einer schlechten Ausführung ganz bedeutend vermindert werden. Bei Verwendung von Radgebläsen ist sehr darauf zu achten, daß sie richtig berechnet und nicht lediglich nach den Angaben in den Prospekten der Fabrikanten gewählt werden, da sonst leicht der Ventilator zu schwach ist, um die nötige Saugwirkung zu äußern. Ferner ist zu beachten, daß viele Ventilatorformen, namentlich die gewöhnlichen Schraubenventilatoren, einen sehr geringen Wirkungsgrad haben; es sind daher Formen zu wählen, die sich durch gute Wirkung erfahrungsgemäß kennzeichnen.

Beim Absaugen von Staub besteht die Gefahr, daß das Flügelrad durch solche Stoffe verschmutzt und verstopft wird; es ist daher dann nötig, die zum Abscheiden des Staubes anzuordnende Vorkehrung (Filter, Zyklone u. dgl.) vor dem Rad anzuordnen, so daß durch dieses nur die gereinigte Luft strömt.

Werden Gase, Rauch, Dämpfe vom Gebläse bewegt, die auf gewisse Materialien zerstörend einwirken, so muß bei Herstellung der Gebläse hierauf Rücksicht genommen werden.

Für das Absaugen saurer Gase werden Exhaustoren, die aus Steinzeug hergestellt sind, verwendet, die durch solche Gase nicht angegriffen werden, infolgedessen betriebssicher bleiben und außerdem die Wiedergewinnung der sich in ihnen verdichtenden Säure ermöglichen, die dabei nicht durch Metallbeimischung verunreinigt wird.

Solche Steinzeugexhaustoren werden von den *Deutschen Ton- und Steinzeugwerken*, Charlottenburg, bis zu einer Leistung von 180 cbm in der Minute gebaut und finden besonders Anwendung in Sprengstoffabriken zur Absaugung der beim Nitrieren entstehenden salpetrigsauren Dämpfe, ferner in der Schwefelsäureindustrie, in Beizereien, elektrochemischen Betrieben, Denitrieranlagen usw., besonders in Absorptions- und Kondensationsanlagen zur Sicherung des Zuges an Stelle von Kaminen oder zur Erhöhung der Leistung vorhandener Kamine, sowie zur Unterstützung der Reaktion selbst.

Die Exhaustoren und Ventilatoren bieten in ihren sehr rasch laufenden Teilen eine Gefahr für die an diese kommenden Personen.

Die Berufsgenossenschaft fordert daher in ihren allgemeinen Vorschriften:

„Die Arbeiter müssen gegen gefahrbringende Berührung von Exhaustoren und Ventilatoren durch geeignete Schutzmittel hinreichend geschützt werden." (I, 81)

Bei den Zentrifugalgebläsen sind die Schaufelräder von einem Gehäuse umgeben, also nahezu unzugänglich. Bei Schraubengebläse aber liegt das Schaufelrad meistens frei; es muß dann durch eine Umkapselung oder durch Aufstellung an einem schwer zugänglichen Ort die Gefahr beseitigt werden, oder es ist vor dem Rad ein Drahtnetz anzubringen, dessen Maschen ein Durchstecken der Hand nicht gestatten und das so weit vor dem Rad sich befindet, daß auch durchgesteckte Finger von den Radschaufeln nicht getroffen werden können.

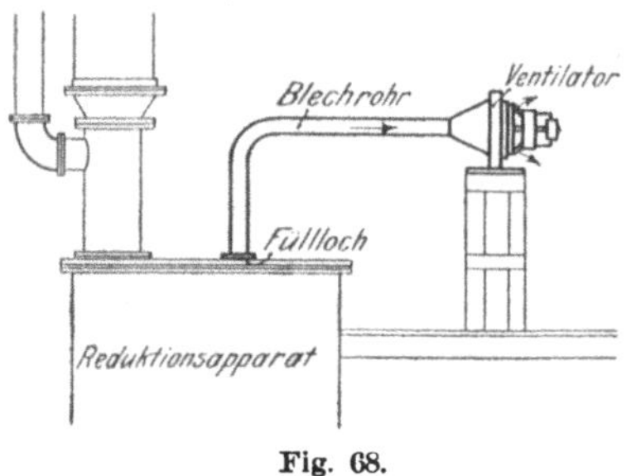

Fig. 68.

Zur Absaugung schädlicher Gase und Dämpfe, wie sie bei der Reinigung von Apparaten und Behältern, bei dem Aufrühren von Schlamm in gewissen chemischen Fabrikationsarten entstehen, eignen sich vielfach Exhaustoren, die unmittelbar mit kleinen Elektromotoren gekuppelt sind. Diese Maschinenverbindung ist leicht zu transportieren, kann also ohne Mühe nach dem betreffenden Apparat usw. gebracht und mit ihm durch eine zusammensteckbare Rohrleitung oder einen Metallschlauch verbunden werden. Zum Betriebe wird der Elektromotor von der nächsten Lichtleitung mit Strom versorgt. Fig. 68 veranschaulicht eine Ausführung in den *Höchster Farbwerken*.

Das Abscheiden des abgeleiteten Staubes erfolgt in Staubkammern oder langen Kanälen, in denen die Luft kleine Geschwindigkeit annimmt, so daß die schwereren Staubteilchen sich ablagern können. Oder es werden Filter verwendet, die für gröbere Stoffe aus Drahtgeflecht, feingeflochtenen Blechen, für feinere Stoffe aus Geweben von mehr oder weniger größerer Dichtheit hergestellt werden. Diese Filter sind zeitweise zu reinigen, damit ihre Wirkung nicht nachläßt.

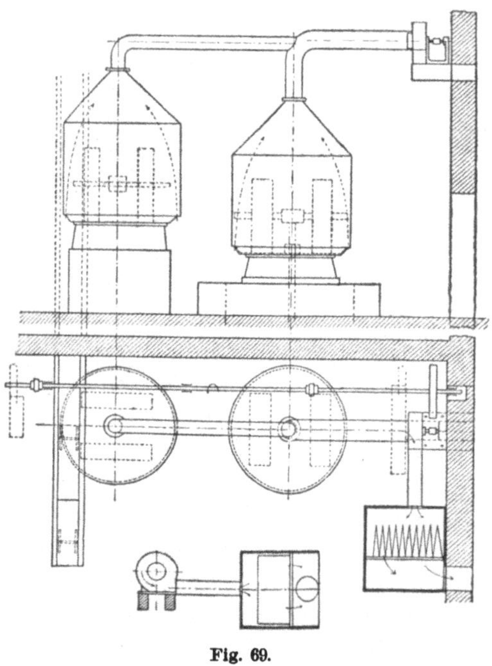

Fig. 69.

Stark verschmutzte Gewebefilter bieten für den Luftdurchgang wachsenden Widerstand, zu dessen Überwindung größere Betriebskraft des Ventilators notwendig wird, wenn dieser überhaupt dann nicht mehr oder weniger versagt. Selten wird der Staub durch gegengespritztes Wasser, Wasserschleier,

Wasserbäder niedergeschlagen; dagegen wird zum Absorbieren abgesaugter Dämpfe und Gase vielfach Wasser oder eine andere geeignete Flüssigkeit verwendet, oder sie werden in Feuerungen geleitet und dort verbrannt.

Die besondere Art der Entfernung gesundheitsschädlicher Gase, Dämpfe, Rauch, Staub aus dem Atmungsbereich des Arbeiters muß den örtlichen und Betriebsverhältnissen, der Art des zu beseitigenden Stoffes angepaßt werden und wird daher sehr verschieden ausgeführt.

Einige Beispiele sind in nachfolgendem erläutert und werden noch an anderen Stellen besprochen.

Fig. 69 stellt die Staubabsaugung bei Kollergängen dar. Sie sind mit abnehmbaren Blechmänteln mit verschließbarer Füllöffnung versehen, die am Tellerrand einen schmalen Ringspalt freilassen, durch den Luft eindringen kann. Von den Mänteln führen Rohrleitungen zum Exhaustor, der die Luft durch die Kollergänge saugt und sie durch ein Gewebefilter treibt, das die mitgeführten Staubteile absondert; die gereinigte Luft tritt ins Freie.

Um bei den zum Vermahlen und Mischen von Farbstoffen verwendeten Schleudermühlen (Desintegratoren) das Mahlgut möglichst ohne Staubentwicklung in die Versandgefäße oder in die Transportwagen gelangen zu lassen, empfiehlt es sich, die Maschine so aufzustellen, daß das Mahlgut durch einen Schlauch in das Gefäß fallen kann (Fig. 70). Dadurch, daß man den Einfüllrumpf der Mühle und den

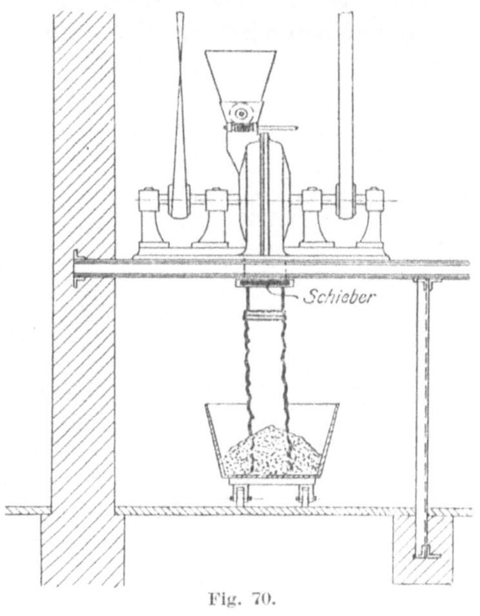

Fig. 70.

Schlauch, diesen bei Beginn des Mahlens durch Einschnüren, stets gefüllt hält, wird die in der Mühle eingeschlossene Luftmenge und damit die Möglichkeit der Staubentwicklung auf ein Mindestmaß beschränkt. Bei dieser Anordnung fällt der sonst gewöhnlich angebrachte Sammelkasten weg, der nie völlig staubdicht zu halten ist und durch seine zeitweise Reinigung eine Quelle ständiger Vergiftungsgefahr bildet.

Eine Einrichtung zum Staubabsaugen beim Umfüllen pulverisierter Farben zeigt Fig. 71 nach einer Ausführung in den *Höchster Farbwerken*. Wesentlich dabei ist, daß die Saugwirkung am unteren Rande der übergesetzten Haube erfolgt und dadurch der Staub nicht in den Arbeitsraum dringt.

Das staubfreie Füllen von Fässern mit Farben und ähnlichen pulverförmigen Stoffen wird gewöhnlich so ausgeführt, daß das Faß mit dem

Füllrumpf durch einen übergezogenen Sack verbunden wird. Das Faß wird auf einen Tragboden gesetzt, der an Ketten oder Seilen aufgehängt und durch Gegengewicht hochgezogen wird. Wird das Einfüllen mit Hilfe einer im Füllrumpf angebrachten Preßschnecke besorgt, so müssen die Gegengewichte so bemessen werden, daß sie dem Druck der Schnecke genügend entgegenwirken, damit ein dichtes Füllen entsteht. Der leichte Staub wird, damit er nicht nach außen dringt, durch einen Exhaustor von der Füllstelle abgesaugt und dann durch ein Gewebefilter wiedergewonnen.

Als Beispiel von Einrichtungen zum staubfreien Vermahlen, Sieben und Verpacken von Farben, Chemikalien und anderen Stoffen sei eine von der *Rheinischen Maschinenfabrik* in Neuß am Rhein mehrfach ausgeführte Anlage kurz erläutert. Das Mahlgut wird in den Trichter des Desintegrators aufgegeben. Dieser Trichter ist mit einer beweglichen Klappe versehen, die durch das einfallende Mahlgut beiseite gedrückt wird und sich sofort durch ihr eigenes Gewicht wieder schließt, so daß sich beim Aufgeben kein Staub entwickeln kann. Unter dem Desintegrator ist ein Trichter staubdicht angeschlossen, aus dem das Mahlgut in eine Schnecke fällt, die es dem Elevator zuführt. Der Elevator hebt das pulverförmige Mahlgut auf die im zweiten Stockwerk aufgestellte Siebmaschine, die mit einem inneren Vorzylinder zum Auffangen fremder Körper versehen ist. Durch die feine Bespannung des äußeren Siebzylinders fällt das feine Mahlgut, in eine im Kasten der Siebmaschine befindliche Schnecke, die es in einen Silo befördert. Unter dem Silo ist die Packmaschine aufgestellt, durch die das Produkt in Fässer gepackt wird. Die groben Überschläge der Siebmaschine werden unter ihr abgesackt oder können durch ein Rohr dem Desintegrator zur weiteren Vermahlung wieder zugeführt werden.

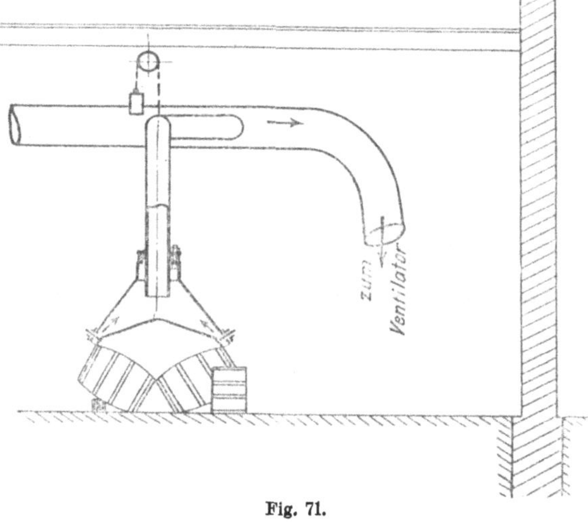

Fig. 71.

Die Wirkungsweise der Packmaschine ist folgende: Das Faß wird auf einem Transportwagen auf den Tisch der Maschine gerollt und durch Anschläge festgehalten, dann wird eine Bremse gelöst, worauf der Tisch mit dem Fasse durch ein Gegengewicht so hoch gehoben wird, daß das Packrohr der Packmaschine ungefähr den inneren Boden des Fasses berührt. Darauf stellt man die Bremse fest und rückt die Füllmaschine ein. In dem Packrohre befindet sich eine Spindel, die am unteren Ende mit einer schraubenförmigen

Packschaufel versehen ist, die durch Umdrehung um ihre Achse das Mahlgut in das Faß hineinpreßt, indem sie das durch Gegengewicht und Bremse gehaltene Faß allmählich herunterdrückt, bis es gefüllt ist. Dann rückt man die Maschine aus und löst die Bremse mittels eines Hebels, um den Tisch mit dem Fasse vollständig herunterzulassen. Nach Feststellung des Bremshebels kann das gefüllte Faß abgerollt und durch ein leeres ersetzt werden.

Zum Zwecke der Entstaubung der ganzen Anlage sind im zweiten Stockwerk ein Staubsammler mit Sternfilter und zwei Exhaustoren aufgestellt, mit dem durch einen Saugkanal, in den die von den einzelnen Maschinen ausgehenden Staubrohre einmünden, sämtliche Staubquellen verbunden sind. In dem Saugkanale befindet sich eine Reinigungsschnecke, die den Staub, der sich in dem Kanal absetzt, dem Betriebe zur Weiterverarbeitung wieder zuführt. Ebenso wird der Staub, der sich im Staubsammler absetzt, durch den Saugkanal dem Betriebe wieder zugeführt. Die durch den Filterstoff von Staub gereinigte Luft wird durch die Exhaustoren ins Freie geblasen.

Eine von *Simon, Bühler & Baumann* in Frankfurt a. M. ausgeführte Entstaubungsanlage für den Abfüll- und Wiegeraum einer Farbenfabrik veranschaulicht Fig. 72. Die einzelnen Tischstellen, auf denen das Verwiegen oder Füllen vor sich geht, sind mit großen Hauben überdacht, die ihre Fortsetzung in bis auf den Tisch führenden Glaswänden finden. Hierdurch werden die Arbeitsstellen vollkommen umkleidet, ohne daß der Lichtzutritt verhindert wird. In Schlauchfilter wird der mit der Luft abgesaugte feine Staub abgesondert, um wieder Verwendung zu finden.

Die *Aktien-Gesellschaft für Anilin-Fabrikation* in Berlin verwendet zum staubfreien Transport von staubförmigem Material nach dem damit zu füllenden Faß einen Sauger. Eine Luftabsaugevorrichtung, die an das Faß mittels eines Schlauches angeschlossen wird, erzeugt eine Luftverdünnung im Faß, wodurch Luft von außen durch ein dünnes Röhrchen in den Sauger eintritt und das staubförmige Material mit in das Faß hinüberreißt. Sobald das Faß gefüllt ist, verstopft sich der Eingangsschlitz der Saugleitung am Deckel des Fasses, so daß der Luftstrom abgeschlossen wird und die Überleitung des Materials von selbst aufhört. Die Bewegung desselben erfolgt sehr schnell, bei einem Vakuum von 50 bis 60 cm Quecksilber und einigermaßen dichten Gefäßen dauert das Füllen eines Petroleumfasses 3 bis 4 Minuten. Das Material lagert sich sehr dicht. Etwa in die Saugleitung mitgerissene Staubteilchen lassen sich in der Saugvorrichtung durch ein Filter leicht zurückhalten. Der Apparat hat sich beim Umfüllen von Farben, Thomasphosphat, Knochenmehl usw., auch zur Entfernung von Flugasche aus Feuerzügen bewährt.

Vorkehrungen zum staubfreien Beschicken und Entleeren von Trockentafeln bei stark staubendem Trockengut sind in der *Kgl. Pulverfabrik* in Hanau in folgender Weise ausgeführt[1]. Bei dem früheren Verfahren waren die Arbeiter einer stark gesundheitsschädlichen Staubbildung ausgesetzt. Jetzt wird ein Aufdeckapparat benutzt, der das Entleeren der Trocken-

---

[1] Zeitschrift der Zentralstelle für Arbeiterwohlfahrtseinrichtungen 1909. S. 128.

gefäße auf die Trockentafeln und die gleichmäßige Verteilung auf diese in flacher Schicht besorgt, und ein Abdeckapparat, der nach dem Trocknen das Entleeren der Trockentafeln in die Transportgefäße zur weiteren Ver-

arbeitung bewirkt. Bei dem ersteren wird das Faß mit den gesundheitsschädlichen Stoffen in einem Gestell festgeklemmt, mit ihm durch eine Winde gehoben und dann am oberen Ende des Aufzugsgerüstes mit dem Gestell gekippt, so daß das Material in einen Sammelbehälter fällt. Dieser besteht aus einem oberen Teil und einem unteren Trichter, in dem sich eine automatische Wiegevorrichtung befindet, die immer nur so viel abwiegt, wie auf eine Trockentafel gebracht werden soll. Diese wird mittels eines Schlittens unter dem Trichter hin und her bewegt, wobei sich unter Mitwirkung einer Abstreichbürste eine gleichmäßig dicke Schicht auf der Hürde bildet. Die ganze Vorrichtung ist mit einem Segeltuchüberzug versehen, und der Staub wird oben abgesaugt. Nach dem Trockenprozeß gelangen die Trockentafeln in den Rahmen einer Kippvor-

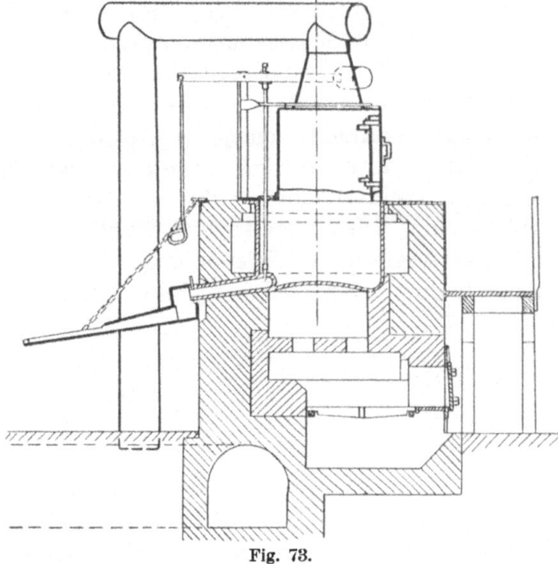

Fig. 73.

richtung, die durch eine Kurbel um 180° gedreht wird, so daß der Inhalt der Hürden durch einen dreiteiligen Trichter in drei darunterstehende Transportfässer gelangt. Dieser Apparat ist durch einen Segeltuchbezug staubdicht geschlossen und mit einer Absaugevorrichtung versehen.

Eine Abführung der beim Einschmelzen von Blei entstehenden gesundheitsschädlichen Bleidämpfe veranschaulicht Fig. 73 nach einer Ausführung in den *Höchster Farbwerken*.

Beim Verwiegen der Heliotropsäure entstehen beim Einlaufen in das Wiegegefäß giftige Dämpfe, zu deren Absaugung in den *Höchster Farbwerken* die in Fig. 74 angedeutete Einrichtung benutzt wird, die sich dadurch kennzeichnet, daß das Wiegegefäß f nicht mit der Säurezuführung e und der Dämpfeableitung b fest verbunden ist, wodurch sonst das Wiegen beeinträchtigt würde. Die Absaugung der entstehenden

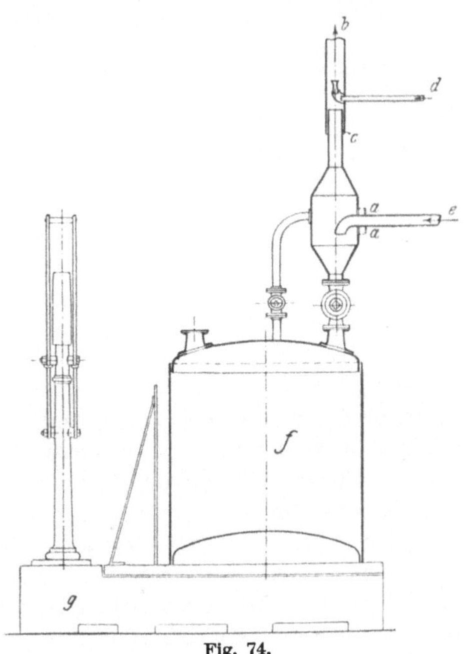

Fig. 74.

Dämpfe erfolgt durch ein in die Ableitung eingesetztes Luftstrahlgebläse d.

Um die Arbeiter vor den Dämpfen, welche rauchende Säuren beim Abfüllen entwickeln, zu schützen, haben die *Höchster Farbwerke* die in Fig. 75 veranschaulichte Einrichtung der Säureverteilungsstation getroffen. Es werden überall da, wo die Säure an die atmosphärische Luft tritt und Dämpfe sich bilden, diese sofort mittels Ventilator F durch einen Absorptionsturm abgesaugt. Von dem Montejus A wird die Säure in ein auf einer Wage stehendes Tongefäß B hineingedrückt. Die aus dem Tongefäß verdrängte Luft und die sich bildenden Dämpfe werden an der Stelle a in die Saugleitung gesaugt, welche zum Absorptionsturm C führt.

Der Auslauf des Gefäßes B mündet in ein drehbares Gefäß, womit die Säure in einen der Trichter b_1 bis b_6 geleitet werden kann. Diese Teile sitzen

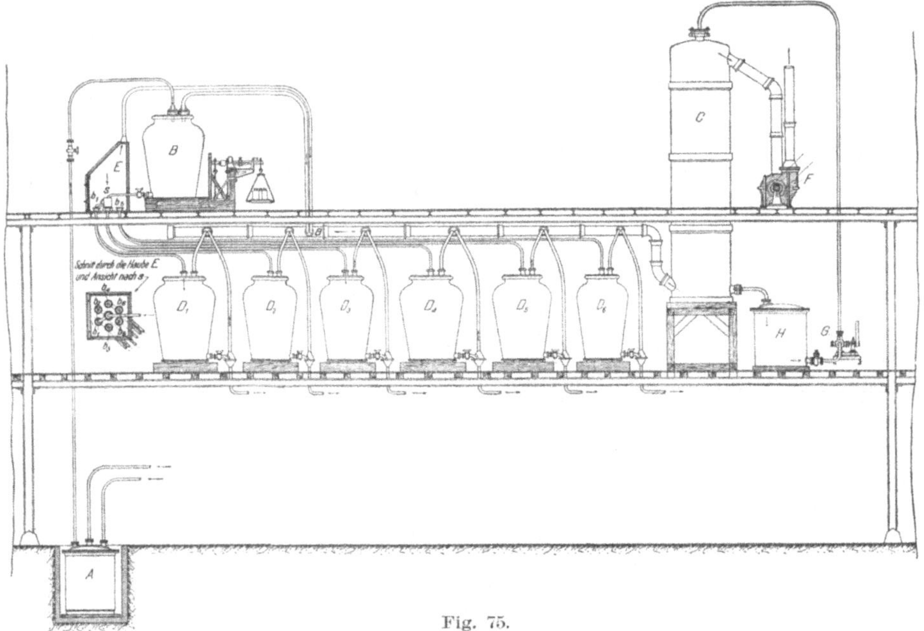

Fig. 75.

in einem Kasten E, aus welchem ebenfalls abgesaugt wird. Aus den Gefäßen D_1 bis D_6 läuft nun die Säure langsam den Gefäßen zu, in welchen sie weiter verarbeitet wird. Um die Auslaufhähne der Gefäße D ist wiederum ein kleines Gehäuse angeordnet, aus welchem die Säuredämpfe gleichfalls abgesaugt werden. Pumpe G und Gefäß H dienen zur Berieselung des Absorptionsturmes mit Natronlauge.

Eine in den *Höchster Farbwerken* benutzte unfallsichere Abfüllvorrichtung für Naphthylamin veranschaulichen Fig. 76 und 77. Das heiße Naphthylamin läuft aus dem Behälter a den Meßzellen b zu. Diese füllen sich gleichzeitig, nach vollendeter Füllung gibt ein Schwimmer ein Signal, worauf der Hahn in der Zuströmungsleitung geschlossen wird. Dann werden durch ein Schneckengetriebe die Ablaufhähne der Meßzellen gleichzeitig geöffnet, so daß sich die von einem Greifer durch die Schiebetür f in das allseitig geschlossene Blechgehäuse *d* eingebrachten Blechformen *c* füllen. Der Greifer setzt sie dann reihenweise auf ein in einer Kühlflüssigkeit liegendes Transportband, das die Formen weiterbewegt; ein Greifer hebt sie durch einen Deckel aus dem Gehäuse und setzt sie in ein Wasserbad *e* zur weiteren Abkühlung. Aus dem Gehäuse *d* werden die Dämpfe abgesaugt. Beim Bewegen im Gehäuse erstarrt bereits das Naphthylamin so weit, daß beim Ausheben Dämpfe nicht mehr auftreten.

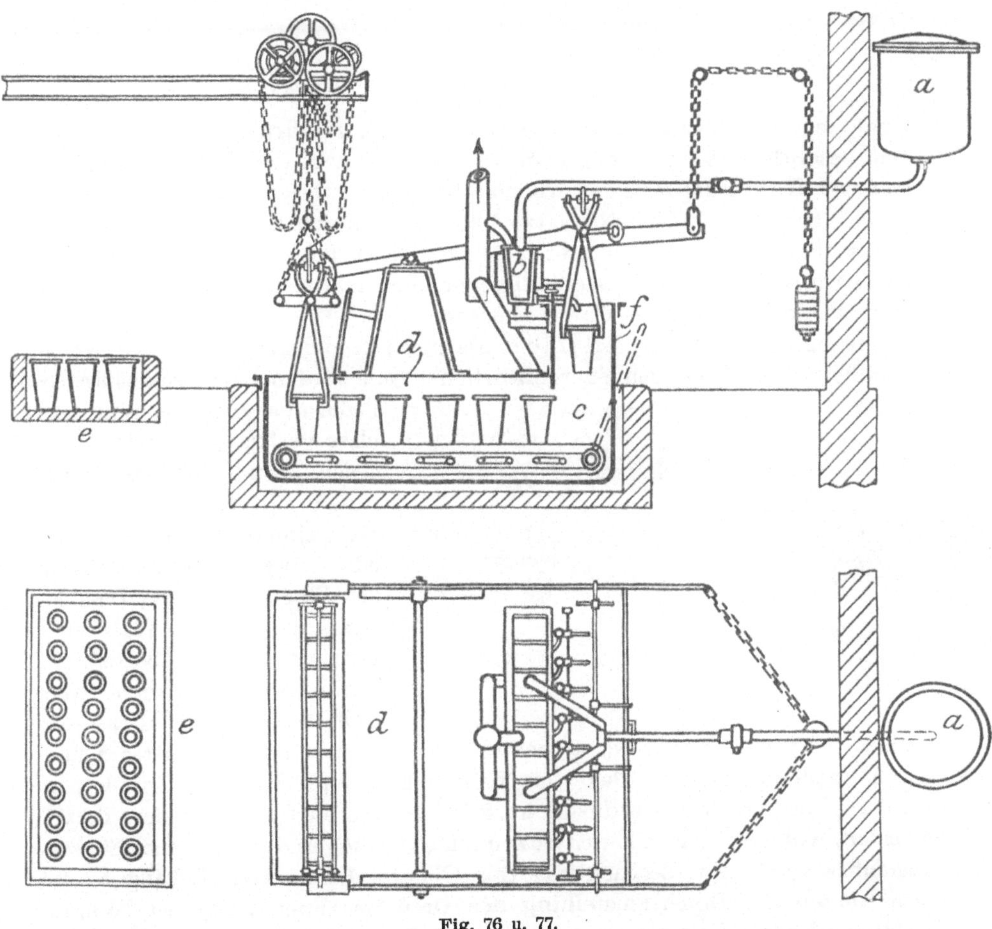

Fig. 76 u. 77.

In den *Badischen Anilin- und Sodafabriken* wird die in Fig. 78 veranschaulichte Einrichtung zum Entleeren des flüssigen Chlors aus dem Transportwagen und zur Entnahme des Chlors aus dem Lagergefäß benutzt. Das Abfüllen aus dem Transportwagen *a* in das Lagergefäß *b* erfolgt durch Einführen eines mit drei Ventilen versehenen Tauchrohrs in den Wagenbehälter. Die drei Ventile sitzen in einem Gehäuse, von zweien werden Leitungen nach dem Lagergefäß geführt, das dritte dient als Reserve. Die eine Leitung dient als Druckausgleich, die andere zur Überleitung des flüssigen Chlors. Um für die

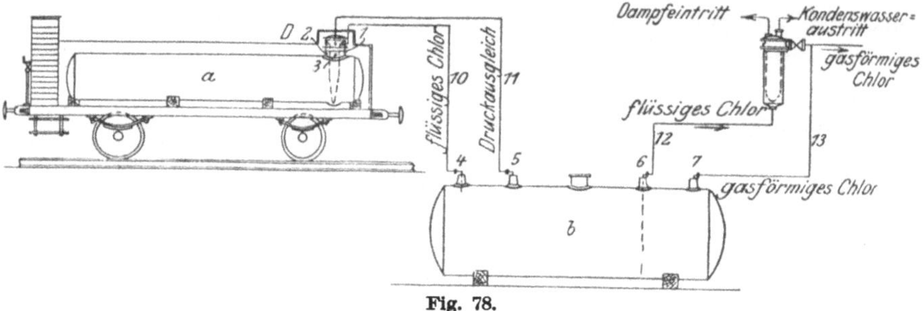

Fig. 78.

Entnahme von Chlor aus dem Lagergefäß dessen Erwärmung zu vermeiden, ist ein besonderer Vergaser angeordnet. In ihn gelangt das flüssige Chlor und wird durch Berührung mit einem durch Dampf geheizten eingehängten Zylinder vergast. Hinter dem Vergaser sitzt ein Ventil, durch das die Gasableitung geregelt wird. Zur Abfüllung vom Wagen nach dem Lagergefäß wird das letztgenannte Ventil geschlossen, dagegen das am Behälter angebrachte geöffnet, so daß gasförmiges Chlor abströmt.

Die bei der Harzdestillation als nicht kondensierbar entweichenden gesundheitsschädlichen und feuergefährlichen Gase werden am zweckmäßigsten

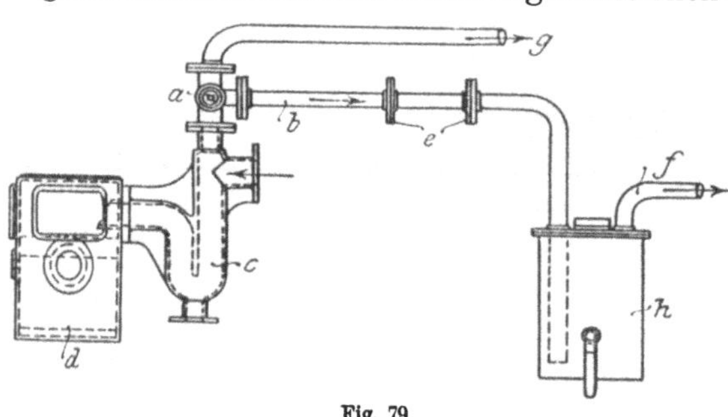

Fig. 79.

in der Feuerung der Destillierblase verbrannt, wodurch zugleich ein wirtschaftlicher Nutzen entsteht. Um hierbei Explosionen des Gasgemisches oder einem Zurückschlagen der Flamme in die Destillationsapparate vorzubeugen, kann der in Fig. 79 skizzierte Sicherheitsapparat von *Gebr. Burgdorf* in Altona verwendet werden. Der Apparat besteht aus einem Ölsammelkasten *d* und einem Explosionstopf *h*. Das vom Kühler kommende Destillat tritt hier in einen Siphon, in dem sich die nicht kondensierbaren Gase von dem Harzöl scheiden, welches alsdann in den Sammelkasten läuft und durch einen Stutzen abgeführt wird. Zur Beobachtung des Öllaufes dienen zwei Schaugläser an dem Kasten *d*. Durch Einstellung des Dreiwegehahnes *a* können die nicht kondensierbaren Gase entweder durch das Rohr *g* ins Freie oder durch den Explosionstopf hindurch in die Feuerung geführt werden. Zwischen Siphon und Explosionstopf ist in die Gasleitung ein 30 cm langes Rohrstück eingeschaltet, welches an beiden Flaschenenden mit engmaschigen Kupfernetzen *e* versehen ist, die öfter nachzusehen und mit Benzol zu reinigen sind.

Die Gase treten in den mit Wasserverschluß versehenen Explosionstopf durch das Rohr *b* unter Wasser ein und strömen dann durch *f* nach der Feuerung. Auf dem Deckel des Topfes ist eine Sicherheitsklappe angebracht, welche bei etwaigem Rückschlagen der entzündeten Gase aufliegt, wobei gleichzeitig das unten im Topf befindliche Wasser aus dem Wasserverschluß herausgeschleudert wird. Bei Beginn der Destillation müssen durch Einstellen des Dreiwegehahns die Luft und Wasserdämpfe aus dem Apparat ins Freie hinausgetrieben werden. Wenn dann die Harzgase kommen, ist der Hahn auf die Feuerung umzustellen. Die Gase dürfen niemals in den Feuerherd gelangen, ehe sich dort Feuer befindet, sonst würden er und die Feuerkanäle sich mit einem explosiven Luftgasgemisch mischen.

In den Laboratorien werden gewöhnlich zur Entfernung der sich entwickelnden Gase und Dämpfe die Arbeitsplätze als Digestorien gebaut, von denen Abzugsrohre über Dach führen. Die Vorderwände dieser Digestorien sind gewöhnlich mit Glasscheiben, im unteren Teil als ausbalancierte Schiebefenster gestaltet, versehen. Letztere sind, damit sie aus der Hochlage nicht herabfallen und Verletzungen hervorrufen können, mit Sperrstangen auszurüsten. Die Abzugsrohre schließen entweder an die Abdeckung des Digestoriums an oder gehen weiter herunter, letztere dienen zur Absaugung schwererer Gase und Dämpfe. In der Regel reicht der natürliche Zug der Abzugsrohre zur Absaugung aus; damit diese aber bei ungünstiger Witterung nicht versagt, wird meist ein Gasbrenner eingebaut, dessen Flammenhitze den Zug verstärkt. Nötigenfalls muß ein Exhaustor angeordnet werden, namentlich dann, wenn eine größere Zahl von Digestorien zu entlüften ist, für die dann ein Sammelabzugsrohr angebracht wird.

Simon, Bühler & Baumann in Frankfurt a. M. bauen sog. Vakuumapparate mit Separatoren zur Niederschlagung des Staubes in solchen Fällen, wenn das trockene Abfiltrieren nicht angebracht ist, also z. B. wenn die abzusaugende Staubluft zu heiß ist oder viel Wasser- oder Säuredämpfe enthält. Dieser Apparat besteht aus einem Blechgehäuse, in dem ein Flügelwerk die Staubluft ansaugt. Gleich beim Eintritt in diesen Raum wird der Staubluftstrom von einem sehr feinen Wasserregen senkrecht zu seiner Richtung getroffen. Das hierdurch entstehende Gemisch von Wasser, Staub und Luft wird vom Flügelwerk in den Separator geschleudert, wo es gegen schräggestellte Klappen trifft. Die mit Wasser beschwerten Staubteilchen schlagen sich nieder und fließen als Trübe aus einem am Boden des Separators angebrachten Ablaßstutzen aus, um gegebenenfalls einem Klärbassin zugeführt zu werden. Die gereinigte Luft entweicht aus dem Separator ins Freie. Als Niederschlagswasser kann das aus dem Klärbassin zurückgepumpte Wasser wieder verwendet werden. Der ganze Apparat wird aus Stahlblech hergestellt, das gegen Säure und Rost mit widerstandsfähigem Anstrich oder mit einem starken Zink- oder Bleiüberzug geschützt wird. Vielfach werden hierzu Streudüsen verwendet, wie sie z. B. von *Gebr. Körting* in Körtingsdorf bei Hannover gebaut werden. Sie geben eine sehr feine Wasserstäubung, durch die z. B. die Fluorwasserstoffgase der Superphosphatfabrikation, Gichtstaub, schwefelhaltige Gichtgase, Lack- und Firnisdämpfe niedergeschlagen werden können. Wenn die Staubdüsen durch saure Gase angegriffen werden, so wird der Düsenkörper aus Glas, die den kreisenden Wasserstrahl erzeugende Spirale und die Verschraubung aus Hartblei oder Hartgummi hergestellt.

Die **künstliche Zuführung frischer Luft** bedarf kaum einer Erläuterung. Sie wird in den meisten Fällen auf mechanischem Wege erfolgen müssen, da der natürliche Windanfall keinen ausreichenden Luftaustausch ergibt. Ist die Absaugung genügend stark, so wird auch die Luftzuführung entsprechend ausreichend sein. Wichtig ist natürlich, daß die zugeführte Luft auch tatsächlich rein ist, also von Stellen entnommen wird, an denen voraussichtlich reine Luft vorhanden ist. Ist dafür keine Gewähr vorhanden, so muß die zugeführte Luft gereinigt werden, wobei nur die Reinigung von Staub durch Filter in Frage kommen kann. In besonderen Fällen wird die Versorgung von Arbeitsstellen mit frischer Luft eigenartige Einrichtungen bedingen. Als ein Beispiel sei die von den *Höchster Farbwerken* ausgeführte Luftzuführung bei der magnetischen Beförderung von Eisenspänen erwähnt. Das Aufnehmen der Späne geschieht durch einen Magnet, das Abladen durch Stromausschaltung. Der den hierzu verwendeten Laufkran bedienende Arbeiter befindet sich in dem Kranhäuschen und wäre dem Einatmen des sich stark entwickelnden Staubes ausgesetzt, wenn ihm nicht von außen frische Luft durch die in Fig. 80 veranschaulichte Vorkehrung zugeführt würde.

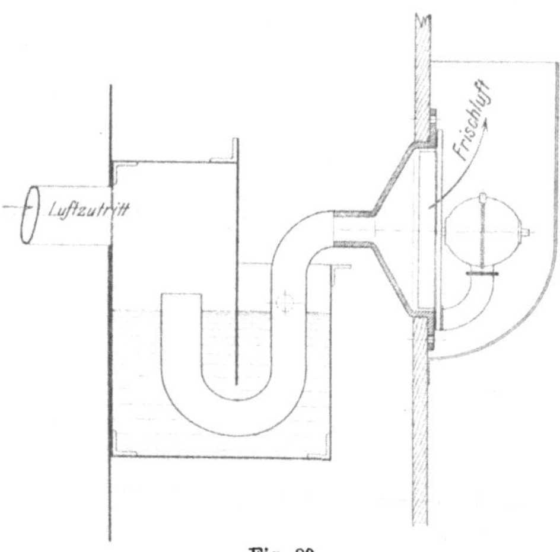

Fig. 80.

Diese bewegt sich mit dem Luftzuführungsrohr beim Hin- und Herfahren des Kranes in einem Wasserkanal, der mit der Außenluft in Verbindung steht.

Dunstabsaugungs- und Entnebelungsanlagen bezwecken, den aus Koch- und anderen Apparaten in die Luft des Arbeitsraumes entweichenden Wasserdampf, der immerhin Gesundheitsschädigungen herbeiführen kann, zu beseitigen. Es geschieht dies durch Erwärmung der Raumluft, da sie dann mehr Wasserdampf aufnehmen kann, und durch Lufterneuerung. Hierbei muß aber die zugeführte Frischluft trocken sein; es ist daher meist nötig, die Luft vorher zu erwärmen. Zur Ein- und Abführung der Luft sind dann Ventilatoren, Exhaustoren notwendig; die Absaugung kann auch durch einen Saugschlot erfolgen.

4. Kraftmaschinen.

Die Unfallgefährlichkeit der Kraftmaschinen ist, wie die Unfallstatistik lehrt, nicht groß. Diese erfreuliche Tatsache ist darauf zurückzuführen, daß die Bedienung und Wartung dieser Maschinen gewöhnlich nur geübten Personen übertragen wird, die Tätigkeiten, bei denen die Arbeiter in unmittelbare Nähe der Maschinen kommen, meist nur kurze Zeit dauern, und weil die

Maschinen selbst, mit Ausnahme alter, schlecht gehaltener Bauarten, vielfach eine gut durchkonstruierte, nach außen geschlossene Form haben und daher wenig Gefahrenquellen bieten. Unberufene sind von Kraftmaschinen fernzuhalten.

Um die Durchführung dieser Forderungen möglichst zu gewährleisten, bestimmen die berufsgenossenschaftlichen Unfallverhütungsvorschriften:

„Es ist dafür zu sorgen, daß Dampf-, Gas- u. dgl. Kraftmaschinen, bzw. Teile derselben, sofern sie nicht in besonderen Räumen aufgestellt oder unmittelbar mit Arbeitsmaschinen verbunden sind, durch ein festes Geländer oder auf andere geeignete Weise von den Arbeitsräumen abgeschlossen werden.“ (I 41)

„Wasserräder und Turbinen sind in besonderen Räumen aufzustellen, oder, wenn sie durch ihre Lage für Unberufene nicht unzugänglich sind, mit schützender Einfriedigung zu umgeben.“ (I 42)

„Der Maschinenwärter hat bei eintretender Dunkelheit für die vorschriftsmäßige Beleuchtung des Maschinenraumes Sorge zu tragen.“ (II 49)

„Der Maschinenwärter darf unbefugten Personen das Betreten des Maschinenraumes und den Aufenthalt in demselben nicht gestatten.“ (II 50)

Die neuen Vorschriften lauten:

„Kraftmaschinen sind durch Aufstellung in besonderen Räumen, durch zweckentsprechende Umwehrung oder durch ihre Anordnung dem allgemeinen Verkehrsbereich zu entziehen.“ (§ 22)

„Wo für Kraftmaschinen besondere Räume vorhanden sind, ist Unbefugten deren Betreten verboten.“ (§ 60)

In den Sprengstoffabriken ist für die Aufstellung der Kraftmaschine maßgebend, daß in den Räumen mit Explosionsgefahr jede starke Erhitzung und Funkenbildung vermieden werden muß.

Nach den besonderen Unfallverhütungsvorschriften für Schwarzpulverfabriken dürfen daher

„in den Pulverherstellungsräumen keine Kraftmaschinen aufgestellt werden, Elektromotoren auch nicht in Nebenräumen, in denen sich Pulverstaub ablagern könnte. Ausschalter und Reguliervorrichtungen der Elektromotoren sind außerhalb der Gebäude in dicht schließenden Kasten unterzubringen.“ (§ 17)

Für die Fabriken zur Herstellung von Nitropulver gelten folgende ähnliche Bestimmungen:

„Die Aufstellung von Kraftmaschinen in Pulverarbeitsräumen ist nicht zulässig.

Elektromotoren dürfen auch in Räumen, in welchen sich entzündliche Dämpfe (Äther, Aceton, Alkohol usw.) entwickeln, nicht aufgestellt werden, ebensowenig in Räumen, in welchen sich Pulverstaub ablagern kann.

Ausschalter und Regulierwiderstände für Elektromotoren sind außerhalb der Gebäude resp. Pulverherstellungsräume in verschließbaren Kasten unterzubringen.“ (§ 19)

Weiter gilt für die Nitroglycerinsprengstoffabriken:

„In den Räumen zur Verarbeitung der nitroglycerinhaltigen Sprengstoffe dürfen keine Kraftmaschinen aufgestellt werden; diese sind in einem staubdicht abzusperrenden Anbau unterzubringen, in welchem sich bei Verwendung von Elektromotoren auch die Ausschalter und Regulierwiderstände befinden müssen.“ (§ 14)

In den besonderen Vorschriften für Schwarzpulverfabriken findet sich folgende Bestimmung:

„Wasserräder, Turbinen und sonstige Triebwerke ohne Regulator, deren Umdrehungszahl Schwankungen ausgesetzt sind, müssen mit Vorrichtungen versehen sein, welche eine leichte Regulierung von Hand ermöglichen." (§ 18)

Um den Maschinenwärter vor den Gefahren, welche die laufenden Teile der Maschine bieten, möglichst zu schützen, verlangen die allgemeinen berufsgenossenschaftlichen Vorschriften:

„Die Schwungräder, Hauptriemen oder -seile sind im Verkehrsbereiche in geeigneter Weise einzufriedigen." (I 44)

„Alle im Verkehrsbereiche freiliegenden bewegten Teile einer Kraftmaschine (Kurbel, Kreuzkopf, Lenk- und Kolbenstangen, Schwungkugeln) sind zweckentsprechend zu umwehren." (I 45)

„Räder, hervorstehende Keile und Schrauben der sich drehenden Teile an Kraftmaschinen sind, soweit der Maschinenwärter dadurch gefährdet werden kann, in geeigneter Weise zu verdecken." (I 46)

„Das Anziehen der Keile und Schrauben an sich drehenden Teilen von Kraftmaschinen während des Ganges derselben ist verboten." (II 54)

In den neuen Vorschriften heißt es:

„Alle im Verkehrsbereich des Wärters freiliegenden bewegten Teile einer Kraftmaschine, wie Schwungräder, Riemenscheiben, Riemen und Seile, Zahnräder, Regulatorkugeln, Lenkstange, Kurbel, Kreuzkopf, und die hervorspringenden Nasenkeile oder Schrauben an der Haupt- und Steuerungswelle sind zweckentsprechend zu schützen.

Schwungräder, Seil- und Riemenscheiben sind entweder sicher zu umwehren oder können bei Maschinen unter 1,2 m Schwungraddurchmesser mit glatter Deckscheibe über den Radarmen versehen werden. Die Umwehrung kann, wenn ihr Abstand von den Armen des Schwungrades mehr als 0,5 m beträgt, aus einem Geländer mit Zwischenstange bestehen, welche mindestens 1 m hoch und vor der Schwungradgrube mit einer Fußleiste von mindestens 5 cm Höhe versehen sein muß. Bei geringerem Abstand ist die Umwehrung vollwandig oder als Gitter auszuführen. Letzteres muß das Hindurchgreifen verhindern und bis zur Oberkante des Schwungrades reichen, bzw. bei Scheiben oder Rädern über 1,8 m Durchmesser mindestens diese Höhe haben. Hochliegende Schwungräder und Scheiben sind, soweit sie im Verkehrsbereich noch unterhalb 1,8 m laufen, bis zu dieser Höhe zu schützen." (§ 23)

Beispiele von Sicherungen an einer festaufgestellten Dampfmaschine und einer Lokomobile veranschaulichen die Fig. 81 bis 84. Die Fig. 81 und 82 veranschaulichen Schutzvorrichtungen an der rückwärts aus dem Zylinder heraustretenden Kolbenstange a, an den Regulatorkugeln b, der Kreuzkopfbahn c, der Kurbel und Schubstange d, dem Schwungrad e und der Schwungradgrube durch Fußleiste f.

Gefährlich ist das Andrehen der Dampfmaschinen, wenn es unmittelbar durch Anfassen am Schwungrad, Aufdrücken des Fußes auf dessen Speichen, Herumdrücken des Rades mittels Hebels oder Brechstange erfolgt. Das Andrehen ist notwendig, wenn die Kurbel der Maschine beim Auslaufen sich auf den toten Punkt einstellt, da dann die Kurbel erst aus dieser Lage herausgedreht werden muß, um dann durch Einlassen des Dampfes in die Maschine sie in Gang zu bringen.

Ein Drehen des Schwungrades ist auch manchmal erforderlich beim Auflegen schwerer Treibriemen auf Scheiben, sowie um einzelnen Maschinen- oder Transmissionsteilen eine bestimmte, durch vorzunehmende Reparaturen oder durch andere Verrichtungen bedingte Stellung zu geben. Erfolgt dieses

Andrehen des Schwungrades in der angegebenen Weise und ist dabei, wie üblich, **das Dampfabsperrventil** etwas geöffnet oder schließt es vielleicht nicht völlig dicht, so kann die Maschine plötzlich in Gang kommen. Wenn dann die am Schwungrad tätigen Arbeiter nicht schnell loslassen und zurückspringen, so werden sie mitgerissen und können dadurch schwere Unfälle erleiden. Auch können Unfälle überhaupt dadurch entstehen, daß das Andrehen eine Überanstrengung erfordert, die zu inneren Verletzungen führen kann.

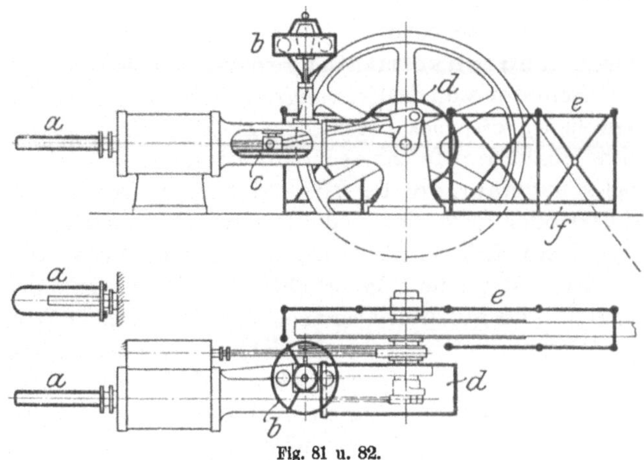

Fig. 81 u. 82.

Die berufsgenossenschaftlichen Vorschriften bestimmen daher:

„Der Maschinenwärter hat vor Andrehen des Schwungrades der Dampfmaschine das Dampfeinströmungsventil zu schließen und vorhandene Zylinderhähne zu öffnen." (I 57)

Die neuen Vorschriften fordern:

„Dampfmaschinen, die zur Inbetriebsetzung angedreht werden müssen, und alle Verbrennungsmotoren über 2 PS sind mit einer Andrehvorrichtung zu versehen. Diese Vorrichtung muß Sicherheit gegen Rückstoß gewähren.

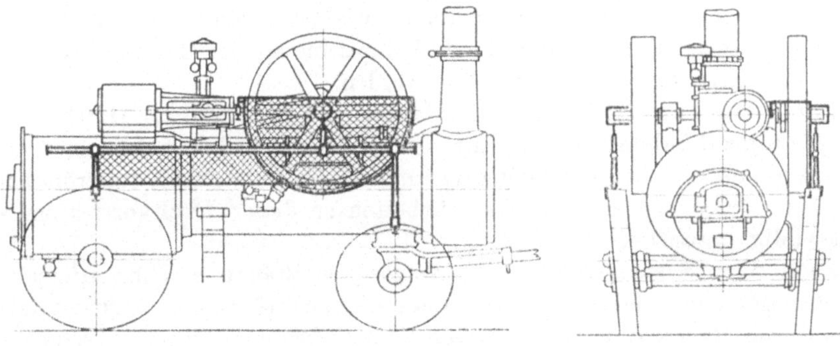

Fig. 83 u. 84.

Dampfmaschinen unterliegen dieser Vorschrift nicht, wenn das Andrehen vom Wärter allein gefahrlos geschehen kann.

Gegen das selbsttätige Ingangsetzen der Kraftmaschinen, insbesondere der Wasserräder sind geeignete Sicherheitsmaßnahmen zu treffen." (§ 24)

„Beim Andrehen der Dampfmaschine von Hand zur Überwindung des toten Punktes darf die Dampfkraft nicht zu Hilfe genommen werden; die Zylinderhähne sind dabei zu öffnen." (§ 61)

Letzteres hat zu geschehen, damit im Dampfzylinder kein Druck entstehen kann, der die plötzliche Bewegung des Kolbens und damit des Schwungrades hervorruft.

Es ist also geboten, größere Dampfmaschinen mit besonderen gefahrlosen Andrehvorrichtungen zu versehen.

Befindet sich das Schwungrad dicht an der Wand, so kann ein mit Löchern versehenes eisernes Bogenstück an der Mauer derart befestigt werden, daß sich, sobald die Maschine auf dem toten Punkt steht, eine Speiche des Schwungrades ungefähr vor der Mitte des Bogenstückes befindet. Der Maschinist drückt oder hebt alsdann die Radspeiche mittels einer Stange, deren Ende er nach Bedürfnis in die Löcher des Bogenstückes steckt.

Eine ähnliche Hilfsvorrichtung, wie sie sich wohl an jeder Maschine ohne weiteres und gut bedienbar anordnen läßt und in Ermangelung einer richtigen mechanischen Andrehung annehmbar erscheint, besteht darin, daß seitlich vom Schwungrad, vielleicht auch verbunden mit der Einfriedigung des Rades, ein aufrecht stehendes gezahntes Eisenblech von 5 bis 8 mm Dicke so angebracht wird, daß die Zahnlücken in der Richtung der Umdrehung des Rades sich öffnend in der Nähe des Radarmes liegen, der beim Auslauf der Maschine in eine für das Ansetzen eines Hebels günstige Stellung kommt. Durch einen in die entsprechende Zahnlücke und gleichzeitig unter dem Radarm eingelegten, entsprechend langen Hebel läßt sich dann ein leichtes Vorwärtsdrehen des Rades ermöglichen.

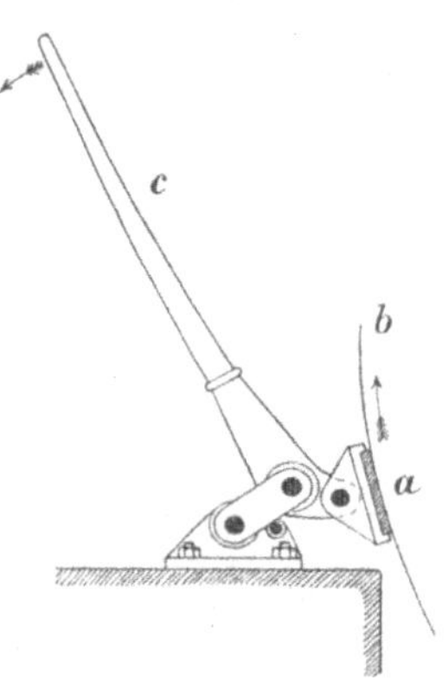

Fig. 85.

Die in Fig. 85 dargestellte Andrehvorrichtung erweist sich noch bei Schwungrädern von 3 m Durchmesser als wirksam, vorausgesetzt, daß dabei die an der Transmission hängenden Arbeitsmaschinen ausgerückt werden.

Durch Hin- und Herbewegen des Handhebels c nimmt der Holzbacken a das Schwungrad b durch Reibung mit; er löst sich stets selbst vom Schwungrad ab, ganz gleich nach welcher Richtung hin dasselbe etwa durch einströmenden Dampf in Bewegung kommt. Das Arbeiten an dieser Drehvorrichtung ist somit völlig gefahrlos.

Nach dem System *Gebrüder Sachsenberg* in Roßlau a. Elbe erfolgt das Andrehen des Schwungrades mittels einer geriffelten stählernen Friktionswalze, welche durch Hin- und Herbewegen eines Handhebels in Drehung versetzt wird. Die Übertragung der schwingenden Bewegung des Handhebels nach der rollenden Friktionswalze erfolgt mittels Schaltklinke und einer endlosen Gelenkkette.

M. Egeling in Leipzig-Gohlis verwendet eine glatte Reibrolle, die in Hebeln so gelagert ist, daß sie sich am Schwungradkranz klemmt. Die Drehung der Rolle erfolgt unmittelbar durch einen Handhebel mit Schaltwerk.

Während bei den vorerwähnten Andrehvorrichtungen die gewöhnlich glatten Schwungräder verwendet, die ersteren also auch bei vorhandenen

Maschinen ohne weiteres angebracht werden können, muß das Schwungrad
bei der in Fig. 86 und 87 veranschaulichten Schaltvorrichtung mit Verzahnung
hergestellt, oder diese muß nachträglich durch Aufschrauben von Zahn-
segmenten angeordnet werden.

Fig. 86 zeigt zwei Formen A und B der Klinkvorrichtung. Für die
Rückwärtsbewegung des Schwungrades sind die Schaltklinken C nach unten
zu richten. Durch Hin- und Herbewegen des Handhebels bewirken die Klinken
ein stetiges Fortbewegen des Schwungrades nach der erforderlichen Drehrichtung der Dampfmaschine. Durch einfaches Zurücklegen des Handhebels
werden die Klinken außer Tätigkeit gesetzt.

Um die Explosionsmotoren aus dem Stillstand in Bewegung zu bringen,
müssen im Zylinder die Explosionen eingeleitet werden, welche auf den Kolben
wirkend ihn vorwärts treiben. Die Erzeugung dieser Explosionen erfordert aber

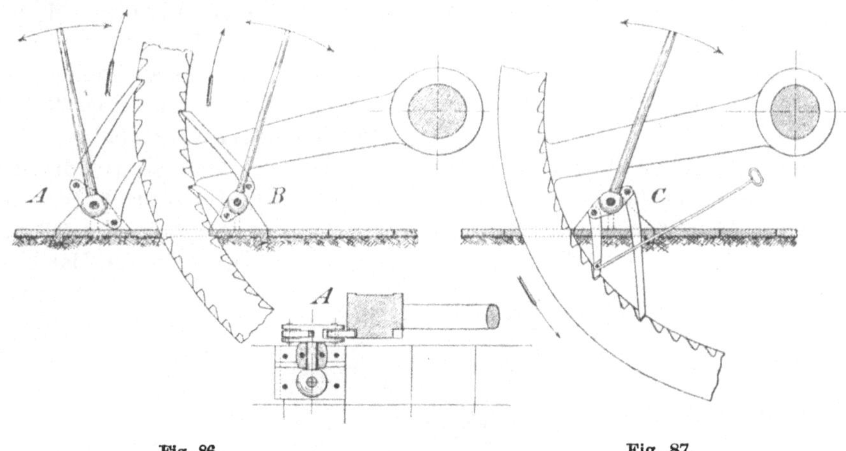

Fig. 86.   Fig. 87.

bei fast allen Konstruktionen dieser Maschinen dadurch, daß sie zuerst durch
eine von außen eingeleitete Kraftwirkung in Bewegung gebracht werden, um
im Zylinder das entzündungsfähige Gas- und Luftgemenge zu erzeugen. Diese
Kraftwirkung kann dadurch erreicht werden, daß die Arbeiter am Schwungrad
des Motors anfassen und es durch ihre Körperkraft in Drehung versetzen.
Bei kleinen Maschinen genügt die Kraft eines einzelnen Arbeiters, bei größeren
müssen zwei und mehr Personen am Schwungrad angreifen, sehr große Motoren
erfordern die Verwendung einer anderen als der Menschenkraft.

Bei diesem Andrehen der Motoren muß dem Schwungrad mehr als eine
ganze Umdrehung gegeben werden, damit die Explosionen entstehen. Hierbei
kann die zu äußernde Kraftanstrengung für den Arbeiter zu groß sein und
Körperschädigungen, z. B. das Austreten eines Leistenbruches, zur Folge haben.

Eine weitere Gefahr besteht darin, daß der Arbeiter von dem unter der
Wirkung der Explosionen in schnelle Bewegung geratenden Schwungrade
mitgerissen werden kann. Die Möglichkeit des Mitreißens wird vergrößert,

wenn der Stand des Arbeiters beim Andrehen nicht sicher, vielleicht durch Platzmangel zu knapp oder der Fußboden nicht in Ordnung ist.

Ferner kommt es vor, daß Verbrennungsmotoren, statt den richtigen Vorwärtsgang anzunehmen, plötzlich dem Schwungrade eine rückläufige Be-

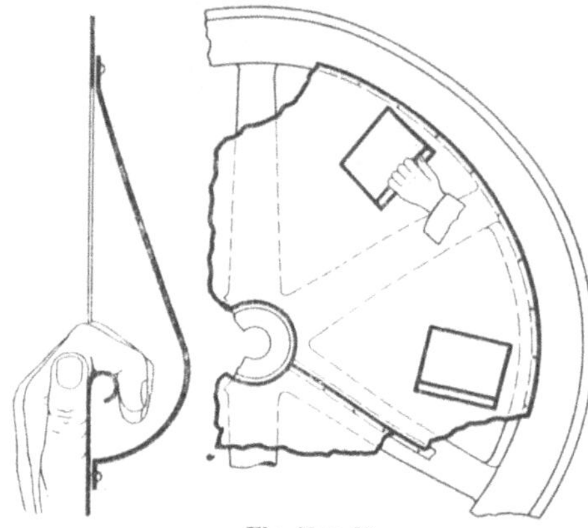

Fig. 88 u. 89.

wegung geben. Dies kann für den am Schwungrad anfassenden Arbeiter besonders gefährlich werden, wenn er nicht sofort losläßt. Ein solches Zurückspringen des Motors tritt durch Vorzündungen ein, und diese sind namentlich bei Petroleummotoren möglich.

Zur Verhütung dieser Gefahren kann nach Angabe von *Rotsieper* beim Andrehen kleinerer Motoren das Schwungrad mit einer Deckscheibe versehen werden, die mit Vertiefungen versehen ist (Fig. 88 u. 89). Durch Greifen in diese läßt sich dann das Rad drehen. Läuft die Maschine an, vor oder rückwärts, so wird die Hand aus der Vertiefung herausgeschoben. Auch werden Andrehkurbeln in verschiedenen Bauarten verwendet. Mit ihnen wird unmittelbar (Fig. 90) oder

Fig. 90.

bei größeren Maschinen unter Verwendung eines Vorgeleges die Schwungradwelle gedreht. Die Andrehvorrichtung ist aber so zu konstruieren, daß die Kurbel nicht mitgerissen, sondern selbsttätig ausgerückt wird, sobald die Maschine unter der Wirkung der eintretenden Explosionen anläuft.

Es sind nur solche Kurbeln zu verwenden, bei denen dieses Ausschalten auch erfolgt, wenn die Maschine verkehrt anläuft. Auch ist bei der **Wahl der Bauart** darauf zu achten, daß die Andrehkurbel bei der selbsttätigen Ausrückung nicht doch einen Ruck macht, der dem Arbeiter dadurch gefährlich werden kann, daß die Kurbel gegen ihn trifft. Es sind schon Todesfälle vorgekommen dadurch, daß die nur um einen

kleinen Winkel sich ruckweise bewegende Andrehkurbel den Kopf des Arbeiters **traf.**

Bei größeren Motoren reichen solche Kurbeln, auch mit Vorgelege, zum
Andrehen nicht aus. Dann wird das Anlassen durch Druckluft bewirkt, die
durch einen kleinen Luftkompressor erzeugt und in einem Kessel aufgespeichert
wird, um zum Ingangsetzen des Motors in seinen Zylinder eingelassen zu
werden.

Bei Wasserrädern entsteht eine unbeabsichtigte Bewegung dadurch, daß
durch undichte Schützen Wasser tropfenweise in die Radzellen eintritt und das
so allmählich angesammelte Wasser das Rad plötzlich zu einer ruckweisen
Drehung veranlaßt. Es muß also entweder das Hineinlaufen von Wasser in
das stillgesetzte Rad sicher verhütet oder dieses durch Bremsen festgestellt
werden, so daß es sich nicht unbeabsichtigt drehen kann.

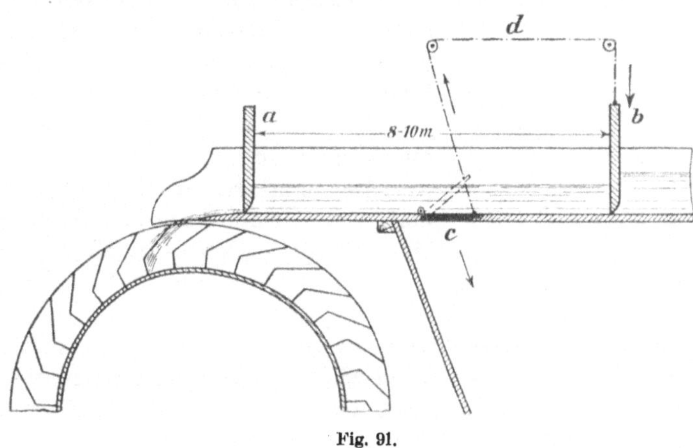

Fig. 91.

Eine Einrichtung der ersteren Art für oberschlächtige Wasserräder veranschaulicht Fig. 91.

In 8 bis 10 m Entfernung von dem gewöhnlichen zum Anstauen und
Regulieren dienenden Wasserschützen a wird ein zweiter b angelegt. Zwischen
beiden Schützen wird in dem Boden des Gerinnes eine Klappe c angebracht,
die mit der Kette d aufgezogen werden kann. Beim Stillsetzen des Rades
wird durch einen Kettenzug d diese Klappe geöffnet, so daß das durch den
Schützen b etwa noch sickernde Wasser neben dem Rade vorbei abgeleitet wird.

Bei einer anderen Vorrichtung für oberschlächtige Wasserräder erhält
das Gerinne eine Verlängerung, welche so lang gemacht wird, daß das Wasser
vorn über das Wasserrad hinwegfließt, seine Zellen also nicht füllen kann.
Soll das Wasserrad in Betrieb gesetzt werden, so wird mittels einer Kette
das Ansatzgerinne hochgezogen, so daß das Wasser durch die entstehende
Öffnung in die Schaufeln des Rades fließen kann. Dieses Ansatzgerinne kann
gleichzeitig zur Regulierung der Wasserzufuhr gebraucht werden, da durch
höhere oder niedrigere Einstellung die Einflußöffnung sich mehr oder weniger

schließen läßt. Es ist dann der gewöhnliche Schützen im Gerinne entbehrlich. Der Wasserablauf kann auch nach der Seite hin erfolgen.

Für mittel- oder rückschlächtige Wasserräder, die ohne Kropf arbeiten, ist die in Fig. 92 veranschaulichte Vorrichtung empfehlenswert. Es wird

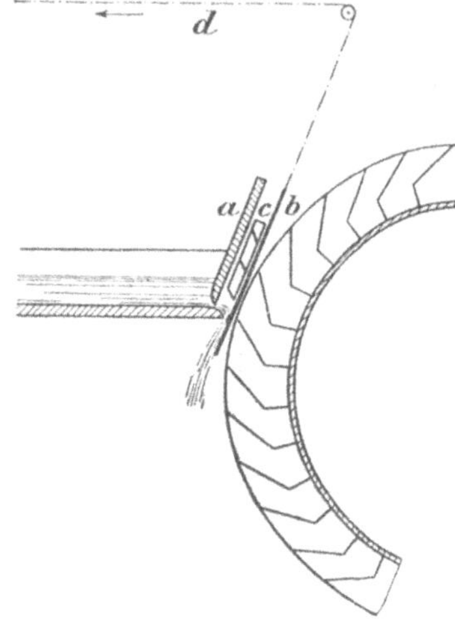

Fig. 92.

beim Stillsetzen des Rades ein Schieber b in den Raum zwischen Leitschaufeln c und Rad gesenkt. Dieser Schieber, der über die ganze Radbreite geht und ein wenig gebogen ist, hält dann das durch die undichten Schützen fließende Wasser von dem Rade ab und leitet es unmittelbar in den Untergraben.

Wenn solche Wasserableitungsanlagen nicht angebracht werden können oder sollen, so ist eine Bremse zum Stillhalten des Rades notwendig. Durch ein Gewicht, das während des Ganges des Rades aufgehängt wird, erfolgt das Anziehen eines Bremsklotzes an eine Holzscheibe, die auf der Wasserradwelle angebracht wird.

Bei stärkerer Wasserkraft, wenn die einfache Bremse nicht genügen sollte, ist eine doppelte Bremsvorrichtung anzuwenden. Beide Bremsbacken werden gleichzeitig durch Drehen einer Kurbel angezogen.

Unvermutetes In- oder Außergangsetzen der Kraftmaschine kann die Personen, die an den von ihr getriebenen Transmissionen und Arbeitsmaschinen beschäftigt sind, in große Gefahr bringen. Es fordern daher die berufsgenossenschaftlichen Vorschriften:

„Das Anlassen und Abstellen der Kraftmaschine muß durch ein in allen Betriebsräumen hörbares, bestimmtes Zeichen angekündigt werden.

Von einer solchen Einrichtung kann abgesehen werden, wenn die Kraftmaschine nur zum Betriebe einer mit ihr unmittelbar verbundenen Arbeitsmaschine dient, die der Wärter zugleich bedient und unter Augen hat." (I 43)

In den neuen Vorschriften heißt es:

„Zur Verkündung des Anlassens und Abstellens der Betriebsmaschine muß eine in den zugehörigen Räumen mit Transmissionsbetrieb hörbare Signalvorrichtung vorhanden sein.

Auch ist eine Signalvorrichtung von den Arbeitsräumen nach den Maschinenräumen erforderlich, soweit nicht besondere Ausrückvorrichtungen für die Transmission des einzelnen Raumes vorhanden sind." (§ 27)

Die Arbeiter sind dann verpflichtet, dieses Zeichen rechtzeitig zu geben.

Die alten Vorschriften sagen hierüber:

„Wird von einem Arbeitsraume aus das Zeichen zum Stillstand der Kraftmaschine gegeben, so ist sie sofort still zu stellen und erst dann wieder anzulassen, wenn das dafür vorgeschriebene Zeichen gegeben ist." (II 56)

Die neuen Vorschriften lauten im wesentlichen ebenso. (§ 61)

Das Ölen und Schmieren der Kraftmaschine wird zu einer gefährlichen Tätigkeit, wenn der Arbeiter dabei in die unmittelbare Nähe laufender Maschinenteile kommen muß, die ihn an Körperteilen oder Kleidungsstücken erfassen können. Es ist natürlich am besten, wenn das Ölen und Schmieren nur während des Stillstandes der Maschine vorgenommen wird. Aber diese Forderung läßt sich nur selten erfüllen, da gewöhnlich die Maschinen mehrere Stunden ununterbrochen laufen müssen und das Ölen und Schmieren inzwischen nicht unterlassen werden darf. Die berufsgenossenschaftlichen Vorschriften verlangen daher nur:

„Sofern das Ölen und Schmieren einzelner Teile der Kraftmaschinen während des Ganges erforderlich ist, sind geeignete Einrichtungen zu treffen, welche dies ohne Gefahr ermöglichen.

Kurbelzapfen, Kreuzkopf, Exzenter, Hauptlager, Gleitbalken und Stopfbüchsen sind mit selbsttätigen Schmiervorrichtungen zu versehen." (I 47)

In den neuen Vorschriften heißt es:

„Die Schmiervorrichtungen an Kraftmaschinen sind derart einzurichten, daß ihre Bedienung gefahrlos erfolgen kann." (§ 26)

„Das Ölen und Schmieren einzelner in Bewegung befindlicher Teile und das Befühlen derselben ist auf das allernotwendigste Maß zu beschränken." (§ 62)

Als solche selbsttätige Vorrichtungen dienen Selbstöler mit einstellbarem Zufluß und Zentralschmierapparate, die von einer ungefährdeten Stelle aus alle Schmierstellen der Maschine selbsttätig versorgen und wie die Selbstöler auch den Vorteil sparsamen Ölverbrauchs gegenüber der Schmierung mit Kannen und Ölspritzen haben.

Der Maschinenwärter muß sich natürlich zeitweise von dem ordnungsmäßigen Gang der selbsttätigen Schmiervorrichtungen überzeugen und diese rechtzeitig mit ausreichender Schmiermaterialmenge versorgen.

Wie das Schmieren ist auch das Reinigen und Putzen der Kraftmaschine während des Ganges gefährlich.

Die Berufsgenossenschaft fordert daher in den alten Vorschriften:

„Das Reinigen schnell gehender Kraftmaschinenteile ist nur während des Stillstandes zuzulassen." (I 48)

In den neuen:

„Das Reinigen und Putzen der bewegten Teile von Kraftmaschinen, sowie das Nachziehen von Schrauben und Keilen an ersteren oder in ihrer unmittelbaren Nähe darf nur während des Stillstandes der Maschine geschehen." (§ 62)

Bei den Wasserrädern und Turbinen bietet das Aufeisen im Winter besondere Gefahr durch Ausgleiten auf dem glatten Fußboden. Es ist dann Asche, Sand u. dgl. zu streuen oder durch Legen von Decken ein Ausrutschen zu verhüten.

Wie diese Reinigungsarbeiten, so dürfen Ausbesserungsarbeiten, Anziehen von Schrauben und Keilen nur beim Stillstand der Maschine vorgenommen werden. Dabei ist aber eine Sicherung notwendig, durch welche das vorzeitige oder unbeabsichtigte Anlaufen der Maschine verhindert wird, da sonst die an ihr tätigen Arbeiter von dem plötzlichen Ingangkommen überrascht werden und schweren Gefahren ausgesetzt werden können.

Es wird daher in den berufsgenossenschaftlichen Vorschriften verlangt:

„Bei allen Kraftmaschinen, einschließlich der Wasserräder und Turbinen, sind Einrichtungen zu treffen, welche ein sicheres Stillsetzen ermöglichen." (I 49)

Bei den Dampfmaschinen begnügt man sich gewöhnlich mit gut schließenden Absperrventilen und Ablaßhähnen. Bei den Wasserrädern ist größere Vorsicht geboten, da sie meist in Kleinbetrieben verwendet werden, in denen es an gut geschultem Maschinenpersonal vielfach fehlt, und weil die Anlagen oft recht primitiver Natur sind, so daß unbeabsichtigte gefahrbringende Vorkommnisse leicht auftreten.

Gewöhnlich wird das Stillhalten des Rades nur durch in die Zellen oder Schaufeln oder gegen die Radarme gespreizte Bretter oder Pfosten bewirkt. Dieses Mittel ist aber unsicher, denn diese Spreizen können, wenn sie nicht sehr sicher aufgestellt sind, umfallen.

Beachtung erfordert bei den Dampfmaschinen auch die Verhinderung von Wasserschlägen, die zu Maschinen- und Rohrbrüchen und damit zu Unfällen durch weggeschleuderte Stücke oder Verbrühen führen können. Es muß verhindert werden, daß z. B. bei angestrengtem Kesselbetrieb aus dem Kessel Wasser bis zur Maschine gerissen wird; hierzu dienen Dampftrockner und Wasserableiter (Kondenstöpfe). Weiter muß das Ansammeln von Wasser in den Rohrleitungen durch Vermeidung von Wassersäcken und richtige Anlage der Dampfzuleitung — stetig abfallend vom Kessel nach der Maschine — verhütet werden; das sich namentlich beim Anlassen kondensierende Wasser ist wieder durch die genannten Apparate zu entfernen. Das Entstehen von Kondenswasser in den Leitungen ist durch eine gute Isolierung, das im Zylinder durch langsames Anlassen bei völlig geöffnetem Auslaßhahn durch Anbringen eines Dampfmantels zu verhüten. Auch die Auspuffleitung ist gut zu entwässern und bei Kondensationsmaschinen ist das Eindringen von Wasser von der Abdampfseite aus durch Beluftungseinrichtungen (z. B. durch die Vorkehrung von *H. Bollinckx* in Brüssel) oder Vakuumbrecher, sowie durch richtige, genügend tiefe Aufstellung des Kondensators zu verhindern. Es gibt Vorrichtungen, die die Wirkung des in den Zylinder eingedrungenen Wassers auf diesen unschädlich zu machen suchen, jedoch sind solche Sicherheitsventile nicht sicher in der Wirkung.

Das unter Umständen zum Zerspringen des Schwungrades oder anderer Teile und für den Betrieb mancher Arbeitsmaschinen sehr gefährliche Durchgehen der Dampfmaschine kann beim Abfallen des Hauptantriebsriemens, bei Riemenbruch, Bruch oder Versagen des Regulators oder seines Stellzeuges entstehen. Es sind daher Vorrichtungen anzubringen, die in solchen Fällen die Dampfzuführung zum Zylinder selbsttätig abstellen, auch sind besser Regulatoren anzuwenden, die gegen Versagen sicherer sind, wie z. B. die Regulatoren mit Zahnrad- anstatt Riemenantrieb, Achsregler statt Kugelregulatoren.

Die neuen berufsgenossenschaftlichen Vorschriften bestimmen:

„Dampfmaschinen mit Schwungrädern, deren Regulator nicht zwangläufig angetrieben wird, sind gegen Durchgehen beim Reißen, Abfallen oder Gleiten des Regulatorriemens durch geeignete Vorkehrungen zu sichern.

Dampfmaschinen mit Ausnahme von langsam laufenden Dampfpumpen und Dampf-kompressoren, dürfen nicht längere Zeit ohne Beaufsichtigung in Betrieb gelassen werden." (§ 25)

Dampfturbinen bieten eine vom Standpunkt der Unfallverhütung fast vollkommene Bauart dar. Wasserschläge können kaum eintreten, jedoch ist zu beachten, daß unreines Wasser die Schaufeln anfressen, Kesselstein-bildung die Zwischenräume verengen kann. Es ist daher nur gereinigtes Wasser zur Kesselspeisung zu verwenden.

Wasserturbinen bieten wegen des geschlossenen Baues wenig Gefahr; es sind im wesentlichen nur die Triebwerksteile abzusperren oder zu um-kleiden.

Göpel werden in Betrieben der chemischen Industrie nur selten ver-wendet. Sie gehören zu den gefährlichen Maschinen, da ihre Zahngetriebe, Zugbäume und die von ihnen zu den getriebenen Arbeitsmaschinen laufenden Wellen mit Kuppelungen schwere Unfälle erzeugen können.

Es sind daher die Getriebeteile durch feste Schutzkasten oder durch eine über dem Hauptrad angebrachte, mit ihm sich drehende, genügend weit über die Zahnräder hinaus sich erstreckende Schutzscheibe zu bedecken. Auch die am Göpelwerk befindliche Kuppelung ist zu verkleiden. Die Zugbäume sind so hoch zu legen, daß sie über einen vielleicht durch Fall am Boden liegenden Menschen hinweggehen können, ohne ihn zu verletzen.

Elektromotoren werden bei den elektrischen Einrichtungen be-sprochen (S. 121).

Für alle Arten Kraftmaschinen gelten die berufsgenossenschaftlichen Vor-schriften für Maschinenwärter:

„Nach jedem längeren Stillstande der Kraftmaschine hat sich der Wärter vor ihrer Inbetriebsetzung von dem ordnungsmäßigen Zustande derselben und ihrer Schutzvor-richtungen zu überzeugen, sowie insbesondere für ausreichendes Ölen und Schmieren zu sorgen. Nicht sofort abstellbare Mängel sind dem Vorgesetzten zu melden." (II 51)

„Beim Schichtwechsel darf der abtretende Wärter sich erst dann entfernen, wenn der antretende Wärter die Maschine übernommen hat." (II 55)

5. Transmissionen (Triebwerke).

Zur Transmission gehören die Wellen-, Riemen-, Räder-, Seil-, Ketten- und Stahlbandtriebe, welche die Energie der Kraftmaschinen auf die zu trei-benden Arbeits- und Werkzeugmaschinen übertragen.

Die Gefährlichkeit der Transmissionen beruht wesentlich in ihren laufenden Teilen und ist mit der Anwendung größerer Geschwindigkeiten gestiegen.

Die Unfallverhütungsmaßnahmen haben dahin zu wirken, daß die Arbeiter möglichst wenig in die Nähe der laufenden Teile kommen, und daß diese eine Form erhalten, bei der das Mitreißen der Arbeiter an Körperteilen oder Kleidungsstücken möglichst vermieden ist.

Das Fernhalten der Arbeiter von den laufenden Teilen erfolgt durch Ver-schläge, Umwehrungen, Umkleidungen, und zwar begnügt man sich ge-wöhnlich damit, daß solche Sicherheitsvorkehrungen nur an den Transmissionsteilen getroffen werden, die in einer Höhe bis zu 1,8 m über dem Fußboden liegen. Höher befindliche Teile werden nur dann mit Schutzumwehrungen versehen, wenn Personen in ihrer unmittelbaren Nähe häufiger oder länger dauernde Arbeiten auszuführen haben.

Für Transmissionswellen bestimmen die von der Berufsgenossenschaft der chemischen Industrie erlassenen Unfallverhütungsvorschriften:

„Alle bis zu einer Höhe von 1,8 m über dem Fußboden liegenden Transmissionswellen sind in geeigneter Weise zu umwehren.

Wellen, welche an einzelnen Stellen überschritten werden müssen, sind an den Übergangsstellen zu überdecken." (I 50)

„Stehende Wellen sind bis zur Höhe von 1,5 m über dem Fußboden der Verkehrsstelle in geeigneter Weise zu umwehren." (I 51)

Diese Umwehrungen werden als feststehende Kappen oder Verschläge ausgeführt.

Ist es durch die örtlichen und Arbeitsverhältnisse notwendig, auch höher liegende Wellen zu umkleiden, so geschieht dies entweder auch durch feststehende Kappen oder durch lose aufgesetzte Holzhülsen, die sich jedoch nicht festsetzen dürfen, sondern stets lose bleiben müssen, damit sie sofort stehenbleiben, wenn das Kleidungsstück eines Arbeiters sich an ihnen verfängt.

Den Arbeitern wird geboten:

„Unverdeckte Wellenleitungen, Riemen, Seile usw., die sich in Bewegung befinden, dürfen nicht überschritten werden." (II 58)

Die Ableitung von Elektrizität bei Transmissionswellen ist S. 75 besprochen.

Damit das Hineingeraten in Zahnräder, Friktions-, Riemen-, Seil- und Kettentriebe verhütet wird, sind diese Teile vom Verkehrsbereich des Arbeiters abzuschließen. Hierbei begnügt man sich meist damit, diesen Abschluß innerhalb der Höhe durchzuführen, in der der Arbeiter gewöhnlich verkehrt.

Die berufsgenossenschaftlichen Vorschriften fordern:

„Alle Riemen sind, soweit sie niedriger als 1,8 m über dem Fußboden der Verkehrsstelle laufen, zu umwehren.

„Riemen, welche durch Fußböden gehen, sind mit einem 1,8 m hohen Schutzverschlag zu versehen, sofern nicht eine Umwehrung der betreffenden Transmissionsabteilung vorhanden ist. Im letzteren Falle sind die Durchgangsöffnungen mit mindestens 0,25 m hohen Fußleisten zu umgeben." (I 58)

„Riemenscheiben, Zahnräder, Friktionsscheiben, deren niedrigster Punkt tiefer wie 1,8 m über dem Fußboden der Verkehrsstelle liegt, sind bis zu dieser Höhe in geeigneter Weise zu umwehren." (I 62)

Von den Arbeitern wird verlangt:

„Umwehrte oder abgeschlossene Räume, innerhalb deren Transmissionen laufen, dürfen nur von besonders dazu befugten Personen betreten werden." (II 59)

Die neuen Vorschriften bestimmen:

„Alle Transmissionen und Transmissionsteile (Wellen, Riemenscheiben, Zahnräder, Riemen usw.) welche bis zu einer Höhe von 1,8 m über dem Fußboden der Verkehs- und Arbeitsstelle laufen, sind gegen unabsichtliche Berührung zu schützen. Von dieser Bestimmung kann Abstand genommen werden bei Riemen bis 5 cm Breite, deren Geschwindigkeit weniger als 0,5 m in der Sekunde beträgt und bei den Riemen auf Stufenscheiben zum Antriebe von Werkzeugmaschinen.

Eine summarische Umwehrung von Transmissionsteilen ist nur zulässig, wo der Raum innerhalb der Umwehrung während des Betriebes weder zum Schmieren, noch zum Auflegen von Riemen, oder aus sonstigen Gründen betreten zu werden braucht. Die innerhalb solcher umwehrten Transmissionsabteilungen zum Durchlaß von Riemen vorhandenen Fußbodenöffnungen sind mit Fußleisten von nicht unter 25 cm Höhe zu umgeben.

Schmierstellen müssen bedienbar sein, ohne daß der Schutz entfernt zu werden braucht. Wo irgend angängig, sind die Lager mit Selbstölern zu versehen. Umwehrungen, deren zeitweise Entfernung, z. B. beim Auf- und Ablegen von Riemen, sich nicht vermeiden läßt, sind so einzurichten, daß sie sich leicht abnehmen und wieder zusammenstellen lassen." (§ 28)

Die neuen Vorschriften verlangen jedoch auch:

„Zahnräder, sowie die Radarme und Einlaufstellen von Riemenscheiben und Seilscheiben, die höher als 1,8 m über dem Fußboden der Verkehrsstelle liegen, sind ebenfalls zu schützen, wenn in deren Nähe während des Ganges Schmierstellen zu bedienen oder andere Arbeiten regelmäßig auszuführen sind." (§ 29)

Die zur Befestigung von Riemenscheiben, Rädern, Kuppelungen usw. auf den Wellen benutzten Keile mit und ohne Nase, sowie die vorstehenden Schrauben an Stellringen, Kuppelungen usw. haben dadurch, daß die Arbeiter mit ihren Kleidern leicht an diesen vorstehenden Teilen hängen bleiben und aufgewickelt werden, schon sehr viel schwere Unfälle verursacht.

Auch abgeworfene Riemen können, wenn sie in allerdings unzulässiger Weise auf die Welle abgeworfen werden, von solchen Teilen mitgerissen werden und Unheil anrichten.

Die Unfallverhütungsvorschriften verlangen daher für Transmissionen:

„Bei sämtlichen bewegten Teilen von Transmissionen sind hervorstehende Keile, Schrauben u. dgl. zu vermeiden oder durch glatte Umhüllungen zu verdecken. Das Umwickeln der hervorstehenden Teile mit Lappen, Putzwolle oder dgl. ist zu verbieten." (I 61)

In den neuen Vorschriften heißt es:

„Vorspringende, nicht an sich geschützt liegende Teile an Wellenleitungen, wie Nasenkeile, Stellringschrauben, Schellen, Kupplungsschrauben, unrunde Kupplungen usw., sind, auch wenn die Transmission höher als 1,8 m liegt, durch glatte Umhüllungen zu verkleiden. Das Umwickeln mit Putzwolle, Pappe und anderen ähnlichen weichen Stoffen ist unzulässig." (§ 33)

Bei modernen, gut ausgeführten Wellentransmissionen werden die genannten gefährlichen Teile durch geeignete Bauart der Stellringe, Kuppelungsscheiben, Scheibenbefestigungen vermieden; die Scheibenmuttern und Köpfe liegen dann versenkt oder sind ganz vermieden. Leider werden aber immer noch Transmissionen ausgeführt, die solche unfallsicheren Konstruktionen nicht zeigen. Bei älteren Triebwerken besteht dieser Übelstand gewöhnlich. Die dann notwendige Umhüllung ist dann am besten so zu gestalten, daß sie feststeht, wie z. B. Fig. 93 und 94 für eine Kuppelung zeigen. Lassen sich solche Einrichtungen nicht treffen, so sind glatte rundlaufende Schutzringe anzubringen, die meist aus Holz zum bequemen Aufbringen auf die Welle zweiteilig hergestellt werden (Fig. 95 bis 98).

Ganz besonders gefährlich sind die Eingriffstellen der Zahnräder, weshalb ihre Verkleidung eine der wichtigsten Forderungen der Unfallverhütung ist. Die Zahnräder kommen weniger an den eigentlichen Transmissionen als an den Arbeits- und Werkzeugmaschinen der verschiedensten Art vor.

Bei nicht zu schnell laufenden Zahnrädern bietet der Zahneingriff die hauptsächlich zu beachtende Gefahr. In solchen Fällen genügt es, lediglich die Eingriffstellen der Zähne zu verdecken. Jedoch ist zu beachten, daß die meisten Zahnradgetriebe sowohl nach der einen wie auch, z. B. infolge Umschaltung oder Rückwärtsgang bei Hebvorrichtungen, nach der anderen Drehrichtung laufen, oder daß ein Umgekehrtlaufen doch nicht ausgeschlossen ist und bei falscher Bedienung eintreten kann. Daher ist es in den meisten Fällen notwendig, die beiden Seiten des Eingriffs, also auch die in gewöhnlichem Gang auseinanderlaufende Seite abzudecken. Ferner ist es geraten, die Abdeckung nicht nur so zu gestalten, daß z. B. Finger nicht im Umkreis der Zähne in sie geraten, sondern so, daß sie auch nicht von der Stirnfläche her zwischen die Zähne kommen können.

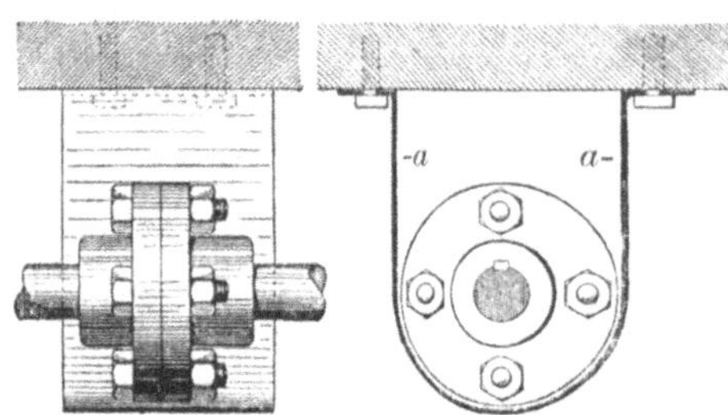

Fig. 93 u. 94.

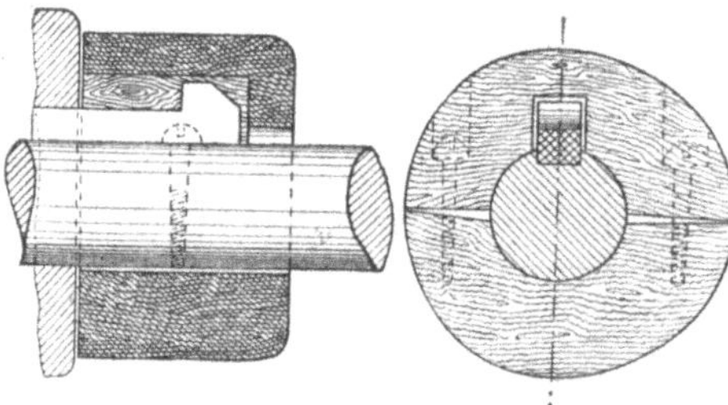

Fig. 95 u. 96.

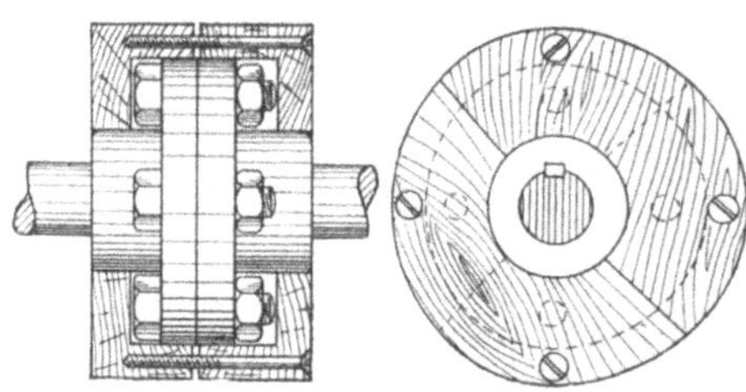

Fig. 97 u. 98.

Schließlich ist zu beachten, daß bei nur teilweiser Abdeckung des Zahnkranzes Finger und Kleidungsstücke auch an den Stellen erfaßt werden können, an denen die Abdeckung endigt.

Um vollkommen sicher zu gehen, ist daher die vollständige Umschließung des ganzen Zahnradgetriebes anzuraten, wenn dieses nicht schon durch das Maschinengehäuse unzugänglich gemacht ist. Die vollständige Umschließung hat bei manchen Maschinen auch den Vorteil, daß die Zahnräder nicht durch Staub u. dgl. verschmutzen und daher das gefährliche Reinigen vermieden wird. Andererseits erschwert das vollständige Abschließen das bei manchen Zahnradgetrieben notwendige Schmieren, wenn dazu das Schutzgehäuse abgenommen werden muß. Ein solches Vorgehen birgt dann die Gefahr, daß die Arbeiter aus Bequemlichkeit oder Vergeßlichkeit die Schutzvorrichtung nicht wieder anbringen. Es läßt sich aber durch Schmiervorrichtungen, die auf das Gehäuse gesetzt werden und in diesen durch Röhrchen u. dgl. das Schmiermaterial den Zähnen zuführen oder durch einfache Schmierlöcher, durch welche flüssige Schmiere eingegossen werden kann, das Abnehmen des Gehäuses unnötig machen. Müssen die Zahnräder zur Änderung der Umdrehungszahlen oder aus anderen Gründen ausgewechselt werden, dann ist die Umschließung so zu gestalten, daß sie leicht geöffnet oder zur Seite geschoben werden kann, in geschlossenem Zustande aber auch sicher geschlossen bleibt.

Die Beachtung dieser verschiedenen Gesichtspunkte bietet keine praktischen Schwierigkeiten. Die Schutzumwehrungen können als gußeiserne Gehäuse oder aus vollem oder gelochtem Blech, festem engmaschiger Drahtgitter, bei einfachen Betriebseinrichtungen auch aus Holz gestaltet werden. Fig. 99 und 100 zeigen zwei Beispiele.

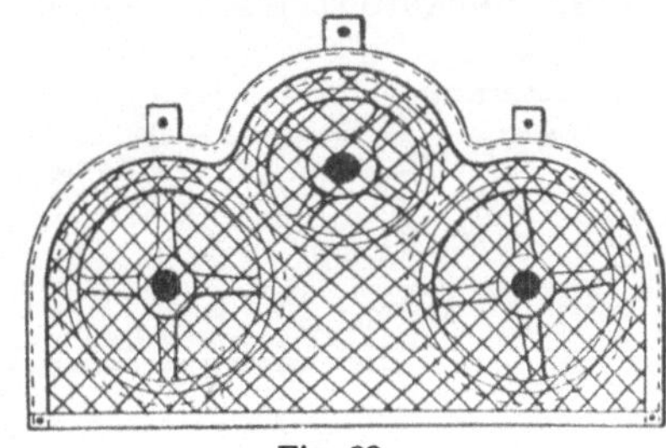

Fig. 99.

Bei den Friktionsgetrieben ist ebenso wie bei den Zahnrädern zu verfahren.

Bei **Riemen-, Seil- und Kettentrieben** bieten die Scheiben und die Riemen, Seile und Ketten Gefahr, ganz besonders durch die Speichen der Scheiben und an den Einlaufstellen der Treiborgane. Es sind daher wieder Umwehrungen anzubringen, wie in den bereits genannten Vorschriften verlangt wird. Weiter aber sind noch besondere Gefahren zu beachten. Bei den Riemen können unzweckmäßige Verbindungsteile, wie Riemenschlösser mit vorstehenden Schrauben, ferner schadhafte Verbindungen, wie abflatternde Bindeschnüre, gefährlich werden. Es ist daher eine glatte Vereinigung der Riemenenden, z. B. eine gut ausgeführte Vernähung oder Verkittung, anzubringen.

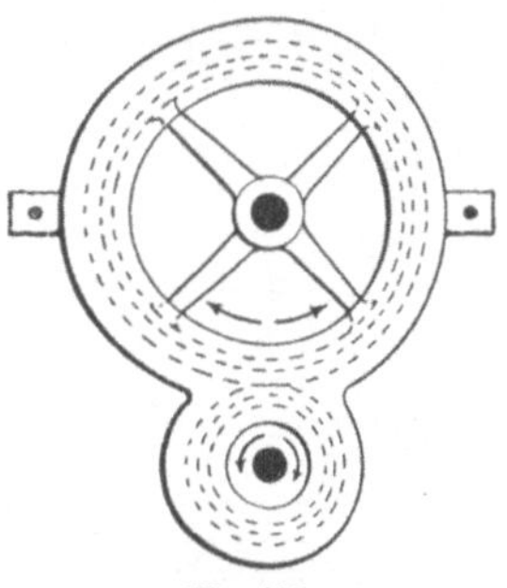

Fig. 100.

Bei wagerecht laufenden Riementrieben muß der Arbeiter vor Verletzungen durch den elastisch nach unten schlagenden Riemen oder dessen Schloß geschützt werden. Ferner muß verhindert werden, daß die von ihren Scheiben abspringenden oder gerissenen Treibriemen beim Herabschlagen Arbeiter treffen. Auch besteht eine gewisse Gefahr darin, daß solche herabschlagende Riemen in etwa darunter befindliche Maschinen fallen und dort Schaden anrichten.

Die berufsgenossenschaftlichen Vorschriften verlangen daher:

„Riemen, welche mit einer Geschwindigkeit von mehr als 10 m in der Sekunde laufen, und alle Riemen von mehr als 180 mm Breite müssen in sicherer Weise unterfangen werden, sofern sie sich über einer Arbeits- oder Verkehrsstelle befinden." (I 57)

Die neuen Vorschriften fordern dasselbe und außerdem noch:

„Die Fangvorrichtung muß so ausgeführt sein, daß sie von dem abgeschlagenen Riemen oder Seil nicht mitgerissen werden kann." (§ 31)

Die Forderung geht also dahin, daß einerseits alle Riemen von einer bestimmten Geschwindigkeit an, ohne Rücksicht auf ihre Breite, und andererseits alle Riemen über eine bestimmte Breite, ohne Rücksicht auf ihre Geschwindigkeit, unterfangen werden. Dasselbe gilt von Ketten- und Seiltrieben.

Fig. 101 und 102 zeigen ein mit zwei seitlichen Leisten versehenes Fangbrett a, das mit eisernen Haltern b an der Decke aufgehängt ist. Um zu verhüten, daß sich der Riemen beim Reißen um diese Fangrinne schlingt und sie mit herunterschleudert, empfiehlt es sich, vor dem abgelaufenen Riemen-

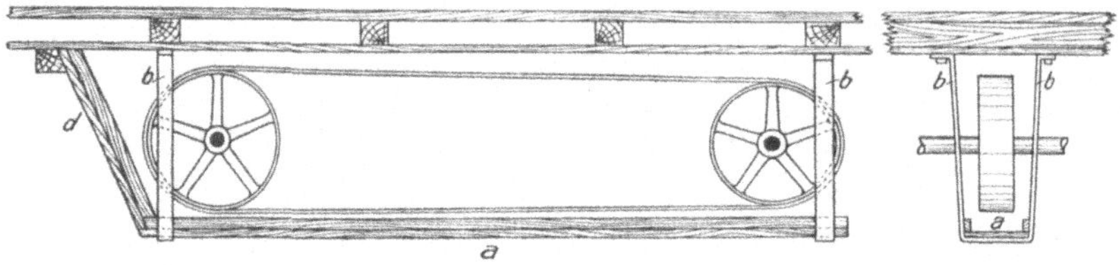

Fig. 101 u. 102.

ende bzw. vor der angetriebenen Riemenscheibe ein Kopfbrett d anzubringen, gegen welches der Riemen zunächst anschlägt, bevor er auf das Fangbrett a fällt.

Diese Fangbretter hindern freilich den Lichtzutritt zu den darunter befindlichen Maschinen, erschweren also die Arbeit an diesen, andererseits sind sie unschön und wirken als Staubfänger, wobei der schlaff gewordene Riemen

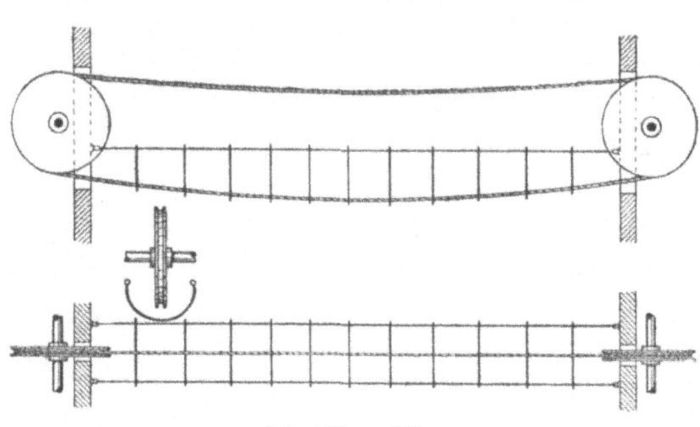

Fig. 103 u. 104.

bei jedem Schlage den gesammelten Staub aufwirbelt. Es werden deshalb vielfach Schutznetze aus verzinktem Drahtgeflecht von 50 mm Maschenweite angewendet, das zwischen verzinkte Drahtseile von 6 bis 7 mm Stärke gespannt wird.

Fig. 103 und 104 zeigen ein Fangnetz für den Seiltrieb. Auf beiden Seiten der Seilscheiben sind Seile gespannt (am besten alte verbrauchte Treibseile), welche in Abständen von $1^{1}/_{2}$ bis 2 m Querverbindungen durch Seilschlingen erhalten. Die ganze Fangvorrichtung ist zweckmäßig zu verzinken. Läuft der Drahtseiltrieb unter einer Decke, so wird man die Seilschlingen oder entsprechende Rundeisenbügel besser an ihr unmittelbar befestigen. In jedem Falle muß die Fangvorrichtung selbst ausreichend stark bemessen werden, da sonst die zerschlagenen und herabfallenden Stücke der Schutzvorrichtung die Gefahr nur vermehren.

Für schräg nach oben laufende Riemen werden Schutzverkleidungen angeordnet, die z. B. aus einem Winkeleisen mit Drahtgeflecht bestehen und

von der Decke und vom Fußboden aus befestigt werden (Fig. 105 u. 106).
Es ist manchmal zweckmäßig, diese Befestigung so zu gestalten, daß die Verkleidung zeitweise leicht entfernt werden kann.

Die durch den Fußboden der Arbeitsräume gehenden Riemen müssen
mit festem Schutzkasten *a* oder Gittern umgeben werden (Fig. 107 u. 108).
Bei schweren Riemen ist es ferner zweckmäßig, hinter dem abwärts laufenden
Riementeil im oberen Stockwerke ein Schutzbrett *a* und an der Decke des
unteren Raumes ein Schutzblech *c* anzubringen, welche Vorrichtungen beim
Reißen des Riemens die Wucht des fallenden Endes auffangen sollen.

Das Ausrücken eines Riemenantriebes geschieht vielfach durch
Verschieben des Riemens von einer Festscheibe auf eine Losscheibe,
nicht selten aber durch Abwerfen des Riemens an der Scheibe. Dieses
Abwerfen von Treibriemen erfolgt also, um eine Maschine außer Gang zu
setzen, aber auch um an dem Riemen selbst eine Ausbesserung vorzunehmen.
Wird dabei der Riemen auf die Welle selbst abgeworfen, so schleift er auf der

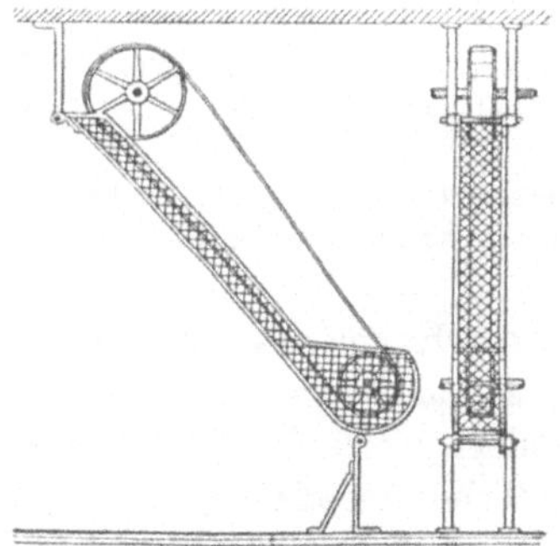
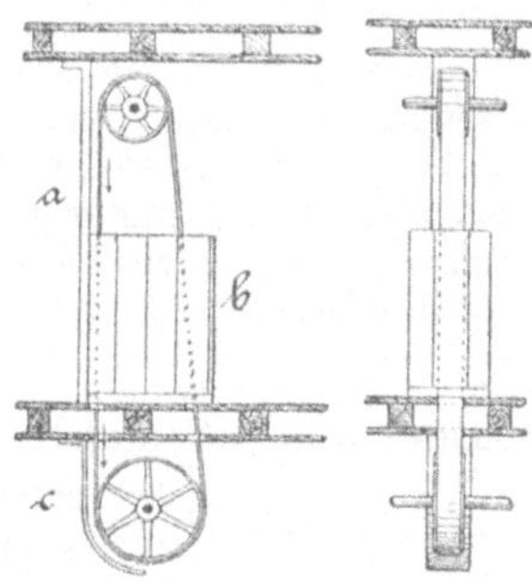

Fig. 105 und 106.   Fig. 107 und 108.

umlaufenden Welle und kann in dieser Lage dadurch gefährlich werden, daß
er durch die Welle aufgewickelt wird, wobei er den Arbeiter, der ihn in der Hand
hält oder sonst in seiner Nähe ist, mit fortreißt. Es verunglücken Arbeiter auch
dadurch, daß sie beim Riemenausbessern leichtsinnigerweise den Fuß auf das
herabhängende Ende des auf der Welle schleifenden Riemens setzen, um ihn
festzuhalten, und dann mitgerissen werden.

Das Wiederauflegen des Riemens auf die Scheibe ist außerordentlich
gefährlich, wenn es mit der Hand unmittelbar geschieht, also mit der Hand
der schlaff hängende Riemen gefaßt und auf die Scheibe gebracht wird. Denn
dabei kann leicht die Hand zwischen Riemen und Scheibe geraten und mitgerissen werden. Diese Gefahr wächst mit der Größe der Geschwindigkeit und
der Stärke der Riemen.

Es ist daher in den alten Vorschriften der Berufsgenossenschaft bestimmt:

„Es ist zu verbieten, daß Treibriemen von mehr als 30 mm Breite, sowie Seile und
Ketten, sofern sie mit einer größeren Beschwindigkeit als 10 m in der Sekunde laufen,
während des Ganges von Hand aufgelegt oder abgeworfen werden. Dieses Verbot gilt
auch für langsamer laufende Treibriemen von mehr als 60 mm Breite." (I 54)

und in den neuen Vorschriften:

„Das Auflegen und Abwerfen der Riemen, Seile und Ketten mit der Hand während des Ganges ist verboten. Ausnahmen sind zulässig bei Riemen auf Stufenscheiben der Werkzeugmaschinen und Riemen bis zu 5 cm Breite, deren Geschwindigkeit 0,5 m in der Sekunde nicht übersteigt." (§ 65)

Besser ist es, das Auflegen mit der Hand unter allen Umständen zu verbieten. Das Abwerfen mit der Hand bringt diese natürlich auch in Gefahr, weshalb es in der angegebenen Vorschrift gleichfalls unter gewissen Verhältnissen verboten ist.

Die Unfallverhütungsvorschriften verlangen:

„Für abgeworfene Riemen oder Seile müssen, falls dieselben nicht ganz entfernt werden, feste Träger so angeordnet sein, daß die Riemen usw. mit bewegten Teilen der Wellenleitung nicht in Berührung kommen können." (I 56)

Und von den Arbeitern wird gefordert, daß sie die Riemen auf solche Träger hängen, ausdrücklich ist dabei gesagt, daß diese Vorsichtsmaßregeln auch beim Nähen, Verbinden und Ausbessern der Riemen zu treffen sind.

Die neuen Vorschriften lauten:

„Für abgeworfene Riemen, Seile oder Ketten sind neben den Scheiben Haken oder Riementräger so anzubringen, daß ein Schleifen auf der Welle oder eine Berührung mit bewegten Teilen der Wellenleitung vermieden wird.

Für Riemen, die sich nur während des Ganges auflegen lassen, müssen, wenn dies nicht mittels einfacher Riemenaufleger geschehen kann, mechanische Vorrichtungen zum Auf- und Ablegen vorhanden sein." (§ 32)

Solche Riementräger können als eiserner Haken, der an der Decke des Arbeitsraumes mittels Schrauben befestigt ist und etwas breiter als der Riemen

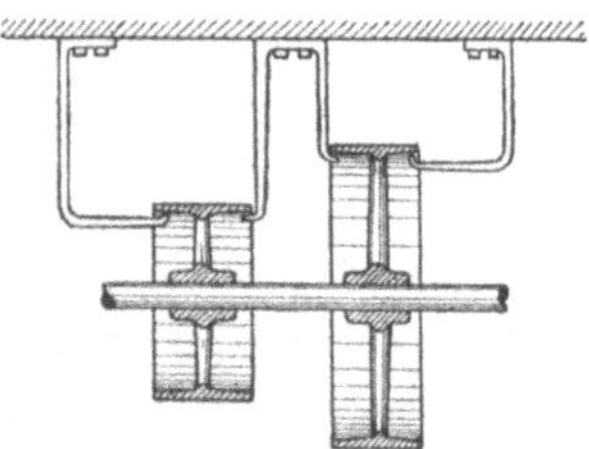
Fig. 109.

sein soll, gebildet werden. Der am Ende des Hakens befindliche Ansatz muß bis unter den Kranz der Riemenscheibe reichen.

Ist der Abstand zweier benachbarter Riemenscheiben geringer als die Riemenbreite, so ist eine Anordnung nach Fig. 109 zu treffen, wodurch auch verhindert wird, daß der Treibriemen in den Zwischenraum fällt und dann von der Welle aufgewickelt wird.

Für schwere Riemen empfiehlt sich der Riementräger nach Fig. 110 und 111. Neben der Riemenscheibe P wird ein etwa halbkreisförmiger Flacheisenbügel c befestigt, der 4 bis 6 Bolzen trägt, welche etwas unter den Rand der Riemenscheibe ragen und hakenförmig umgebogen sind. Der erste Bolzen befindet sich an der Stelle, wo der Riemen auf die Scheibe aufläuft, der letzte da, wo er abläuft.

Von diesen Hakenbolzen kann der Riemen leicht wieder aufgelegt werden; es genügt, ihn mit einer Hakenstange Q an der Anlaufstelle mit der Riemenscheibe in Berührung zu bringen (Fig. 111), wodurch er sofort mitgenommen wird und auf die Scheibe aufläuft.

Bei horizontalen Riemen wird der Flacheisenbügel etwas exzentrisch angebracht, so daß der Bolzen, welcher der Auflaufstelle am nächsten liegt, so nahe als möglich an den Riemenscheibenrand herangerückt wird, der Riemen aber doch beim Abwerfen schlaff wird. Durch eine leichte Gabel aus hartem Holz wird verhindert, daß der Riementräger verbogen wird, wenn er den abgeworfenen schweren Riemen trägt. Die Gabel berührt die Welle nicht, solange der Riemen auf der Scheibe läuft, sie stützt sich aber gegen die Welle, wenn der Riemen auf dem Träger liegt.

Übersteigt bei schräg treibenden Riemen der Auflaufwinkel nicht 45°, so kann der Flacheisenbügel konzentrisch befestigt werden. Beträgt der Auflaufwinkel aber über 45°, so ist dem Riementräger die exzentrische Stellung zu geben.

Diese verschiedenen Riementräger bedürfen eines gewissen Raumes neben der Riemenscheibe, der nicht immer dauernd zur Verfügung steht. Dann können nach einer Angabe des Ingenieurs *Knust* Riementräger verwendet werden, die aus einem haubenförmig gebogenen Blechstück bestehen und am Ende einer Stange befestigt sind, so daß sie mit diesen über die Welle gehängt und nach dem Auflegen des Riemens leicht wieder entfernt werden können, sich leicht aufhängen und wieder beseitigen lassen.

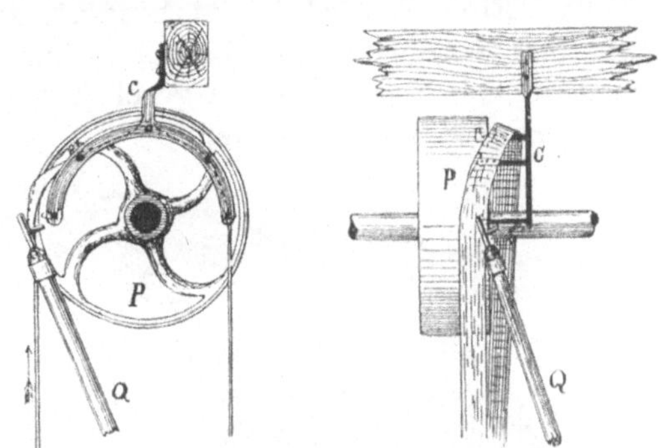

Fig. 110 und 111.

Zum Abwerfen oder Auflegen des Riemens müssen besondere Einrichtungen verwendet werden. Am einfachsten ist der Hakenaufleger (Fig. 110 u. 111), mit dem die genannten Arbeiten von einem geübten Arbeiter ohne größere Gefahr ausgeführt werden können. Da aber bei unvorsichtiger und ungeschickter Handhabung die Gefahr besteht, daß der Auflegestift des Gerätes zwischen Riemen und Scheibe gelangt und mitgenommen wird,

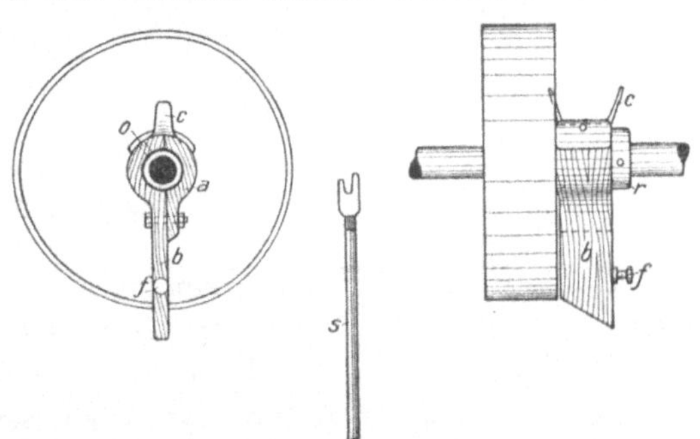

Fig. 112 u. 113.

wobei dann die Stange dem Arbeiter aus den Händen gerissen würde und ihn oder andere in der Nähe befindliche Personen treffen kann, so werden vielfach andere Vorkehrungen verwendet. Die Auflegestangen, die das Mitlaufen des Auflegestiftes um die Scheibe herum bis zur Ablaufstelle des Riemens gestatten, ohne daß dabei die Stange dem Arbeiter aus den Händen fliegt, sind in verschiedenen Bauarten angegeben worden; sie haben sich aber wegen ihrer schwierigen und daher doch nicht ungefährlichen Handhabung keinen größeren Eingang in die Praxis verschafft.

8*

Besser sind die Einrichtungen, bei denen der Auflegerteil sich um die Welle dreht und hierzu vom Arbeiter mittels einer Stange, die jedoch mit dem Aufleger nicht verbunden ist, oder mittels Zugketten oder Zugseilen ungefährlich bewegt wird.

Eine einfache Vorrichtung dieser Art ist in Fig. 112 u. 113 veranschaulicht; sie dient zugleich als Riementräger.

Sie wird zweiteilig aus hartem Holze hergestellt und sitzt lose auf der Welle. Eine Eisengabel *c* verhindert, daß der Riemen seitwärts abgleitet. Mit einer Stange *s* wird der Knopf *f* erfaßt und der Riemen in der Umdrehungsrichtung der Scheibe auf sie geschoben. Ein Stellring *r* verhindert das Verschieben des Riementrägers.

Fig. 114 u. 115.

Eine andere Vorkehrung zeigen Fig. 114 und 115 der Ausführung von *Carl Hofmann* in Chemnitz für oben einlaufende Riemen.

In den neuen Vorschriften wird bestimmt:

„Das Nähen, Verbinden und Ausbessern auf der Wellenleitung schleifender Riemen während des Ganges ist verboten. Nur bei sicherer Aufhängung der Riemen dürfen diese Arbeiten in dringenden Fällen auch während des Ganges gestattet werden. Das Abhalten der Riemen von Hand ist kein Ersatz für die Aufhängung." (§ 67)

Es ist noch das Fetten und Harzen der Riemen zu nennen, das dazu dient, letztere geschmeidig zu erhalten, damit sie gut durchziehen und nicht rutschen.

Nach den berufsgenossenschaftlichen Vorschriften ist

„das Fetten und Harzen der Riemen nur beim langsamen Gange der Transmissionen zu gestatten" (I, § 59); damit der Arbeiter bei diesen Tätigkeiten nicht durch laufende Teile mitgerissen wird. Um aus einiger Entfernung Riemen harzen zu können, lassen sich Kerzen anwenden, welche angezündet werden, so daß von ihnen Harztropfen auf den Riemen fallen.

In den neuen berufsgenossenschaftlichen Vorschriften heißt es:

„Das Fetten der Riemen darf nur während des Stillstandes oder ganz langsamen Ganges, das Harzen nur in genügender Entfernung von der Riemenauflaufstelle und ohne den Riemen zu berühren vorgenommen werden." (§ 68)

Die Abmauerung eines Riemendurchlasses bei feuerempfindlichen Räumen und die Vernichtung der im Riemen sich sammelnden Elektrizität sind S. 75 erwähnt.

Für Seiltriebe, mit Ausnahme derjenigen der Laufkrane, gelten nach den Vorschriften sinngemäß auch die für das Auflegen, Abwerfen, Unterfangen, Umwehren, Aufhängen abgeworfener Riemen erlassenen Bestimmungen.

Bei Besprechung der Sicherungseinrichtungen an Kraftmaschinen ist bemerkt worden, daß manchmal Einrichtungen getroffen werden, durch welche von verschiedenen Punkten der Betriebsstätten aus die Kraftmaschine zum Stillstand gebracht werden kann. Es ist dort auch betont worden, daß es im allgemeinen zweckmäßiger ist, eine solche Fernausrückung der Betriebsmaschinen nicht auszuführen, aber dafür bei ausgedehnten Transmissionsanlagen diese so zu teilen und mit Ausrückvorrichtungen zu versehen, daß die einzelnen Teile im Falle der Gefahr oder des Eintritts eines Unfalls rasch außer Gang gesetzt werden können.

Diesen Erwägungen tragen die berufsgenossenschaftlichen Unfallverhütungsvorschriften insofern Rechnung, als sie bestimmen:

„Die Transmission ist, soweit es die Betriebs- und baulichen Verhältnisse gestatten, so einzurichten, daß sie in jedem Arbeitsraum selbständig stillgestellt werden kann.

Wo eine solche Einrichtung nicht vorhanden ist, ist in den einzelnen Arbeitsräumen eine Signalvorrichtung anzubringen, mittels welcher nach der nächstliegenden Ausrückstelle hin ein Zeichen zum Stillstellen der Transmission oder nach der Kraftmaschine hin ein Zeichen zum Abstellen und Wiederanlassen gegeben werden kann.

Die Ausrückvorrichtungen sind so einzurichten, daß eine selbsttätige Inbetriebsetzung ausgeschlossen ist." (I 63)

In den neuen Vorschriften heißt es:

„Für alle Räume mit Transmissionsbetrieb sind Vorrichtungen oder Anordnungen zu treffen, die ein rasches Stillsetzen der Transmission ermöglichen.

Ausrückvorrichtungen müssen so eingerichtet sein, daß eine selbsttätige Inbetriebsetzung ausgeschlossen ist." (§ 30)

Zur Erfüllung dieser Forderungen werden lösbare Kuppelungen, Signale und Ausrückverriegelungen angewendet.

Die lösbaren Kuppelungen müssen an ihren Ausrückerteilen bequem erreichbar sein, schnell, sicher und stoßlos wirken und Einrichtungen besitzen, die eine unbeabsichtigte und unvermutete Wiedereinrückung unter allen Umständen ausschließen.

Als gute Kuppelungen gelten Reibungskuppelungen verschiedener Bauart, wie sie namentlich von den Fabriken, die Transmissionen als Spezialität bauen, geliefert werden. Die Ausrücker werden mit Bedienung durch Handhebel,

Schraubengetriebe oder Kettenrad ausgeführt; die Wahl dieser Vorkehrungen richtet sich nach örtlichen Verhältnissen.

Häufig wird die Ausrückvorrichtung so gestaltet, daß sie von den Arbeitsmaschinen aus betätigt werden, wie auch von der betreffenden Transmissionsabteilung aus angetrieben werden kann. Als ein Beispiel solcher Anordnung veranschaulichen die Fig. 116 bis 118 die Fernausrückung der *Gummifabrik Gelnhausen*. Zur Ausschaltung der Transmission ist in die Welle eine Klauenkuppelung a eingebaut, an deren verschiebbarer Hälfte ein Hebel b angreift, der an einer in Führungen liegenden Flacheisenschiene c beweglich befestigt ist. An beiden Enden dieser Schiene hängen Drahtseile, von denen das eine durch ein Gewicht, das andere durch ein Windwerk gespannt erhalten wird. Die Schiene wird in der Lage, die der Einrückstellung des Handhebels b entspricht, durch einen mit Gewicht beschwerten Fallhebel gehalten. Dieser

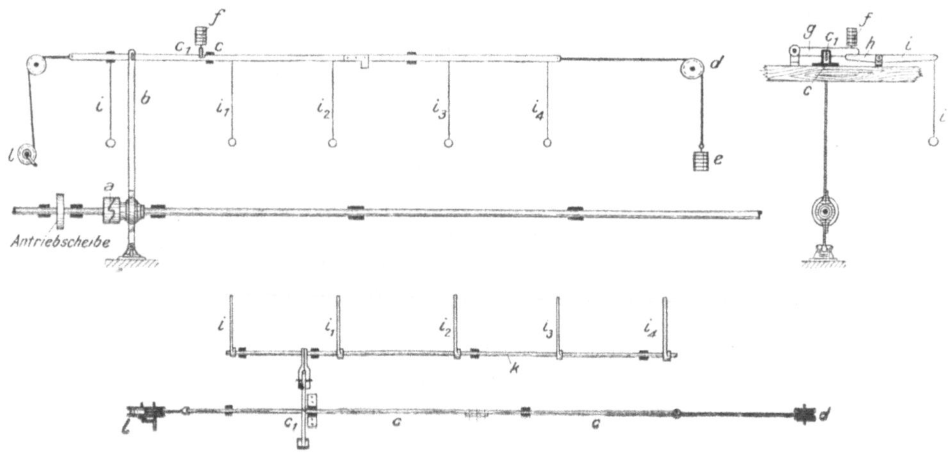

Fig. 116—118.

Hebel stützt sich auf einen Hebel h, der auf einer Rundstange sitzt, die parallel zur Schiene c drehbar gelagert ist. Auf dieser Stange sitzen über den einzelnen Arbeitsmaschinen Hebel i, von welchen Zugseile nach den Standorten der Arbeiter herabhängen. Es braucht also nur an einem dieser Zugringe gezogen zu werden, dann dreht sich die Stange k, der Hebel h drückt den Fallhebel f hoch, die Sperrung der Schiene c wird gelöst und das Gewicht e zieht sie nach rechts, wobei die Kuppelung ausgerückt, also die Transmission und damit auch die von ihr angetriebenen Arbeitsmaschinen zum Stillstand gebracht werden. Das Zurückbringen der Schiene in die Einrückstellung erfolgt mit Hilfe des Windwerks l.

Einfacher lassen sich solche von verschiedenen Stellen aus zu bedienende Fernausrückungen bei Verwendung des elektrischen Stromes gestalten. Ein Beispiel hierfür bietet die elektrische Fernausrückung der *Maschinenbau-Aktien-Gesellschaft Golzern-Grimma*. In die Haupttransmission ist eine Reibungskuppelung eingebaut. Die Ausrückvorrichtung hat ein elektrisches Schaltwerk, von dem eine gewöhnliche Schwachstromleitung nach den Aufstellungsorten der angetriebenen Arbeitsmaschinen führt, wo sich je ein Kontakt mit Druckknopf befindet. Ein in der Schwebe gehaltener Hammer wird beim Andrücken eines dieser Knöpfe durch den eingeschalteten Strom sofort ausgeklinkt, schlägt auf einen Sperrhebel und löst ein Fallgewicht aus, das mittels Zahnradgetriebes die Kuppelung ausrückt. Das Einrücken geschieht im Weiterlauf der Kraftmaschine in leichter Weise durch Zurückdrehen einer abnehmbaren Kurbel, wodurch auch das Fallgewicht wieder gehoben wird.

Die *Maschinenbau-Aktien-Gesellschaft Golzern-Grimma* führt diese elektrischen Momentausrückungen aus für zu übertragende Kräfte von 30 bis 200 Pferdekräften.

Die Maschinenfabrik *Theod. Wiede Akt.-Ges.* in Chemnitz baut eine elektrische Momentausrückung, die mit einer Reibungskuppelung (System *Wiessner*) verbunden ist. Die Ausrückung kann durch ein Schnurgewicht betätigt werden. Wird der elektrische Strom mittels Druckknopf von irgendeiner Stelle des Arbeitsraumes aus eingeschaltet, so fällt ein Gewicht auf die Nase eines Hakens, der den Ausrückhebel gehalten hat. Der Haken löst sich aus, und das Schnurgewicht zieht den Hebel seitlich, wobei er die Kuppelung ausrückt.

Die *Berlin-Anhaltische Maschinenbau-Aktien-Gesellschaft* in Dessau baut eine elektrische Ausrückvorrichtung, die mit einer in die Welle eingebauten Kuppelung durch Hebel verbunden ist. In dem Gehäuse des Ausrückapparates befindet sich ein kräftiger Elektromagnet, dessen Anker eine Feder festhält, die durch einen Handhebel gespannt wird. Wird nun von einem der an verschiedenen Stellen des Betriebes angebrachten Druckknöpfe aus der Stromkreis des Elektromagneten geschlossen, so löst dieser den Anker aus und die Feder treibt den Ausrückhebel kräftig zurück, so daß die Kuppelung augenblicklich ausgerückt wird.

Ist ein Gruppenmotor zum direkten Antrieb des Wellenstranges angeordnet, so wird am besten der Motor selbst durch Druckknopfsteuerung von beliebigen Punkten des Betriebes ausgelöst und gleichzeitig eine kräftige Klotzbremse zur Wirkung gebracht, wodurch das Triebwerk fast momentan zum Stillstand gelangt. Der Motor kann dann erst wieder angelassen werden, wenn die Bremse wieder richtig eingestellt ist.

Diese Einrichtung besonderer Motoren für jede Maschinengruppe ist daher sehr zu empfehlen; dann fallen die Kuppelungen überhaupt weg.

Besondere Ausrückverriegelungen sind bei gut konstruierten Reibungskuppelungen nicht notwendig. Dagegen kann es namentlich bei der Anwendung von Los- und Festscheiben vorkommen, daß der ausgerückte Riemen durch unvorsichtiges Anstoßen an die Riemengabel oder durch ein z. B. bei Erschütterungen plötzlich eintretendes Verschieben der Riemen wieder soweit zurückbewegt wird, daß er auf die Festscheibe aufläuft, so daß unvermutet die betreffende Transmissionsabteilung oder Maschine in Bewegung gerät. Solche Ausrücker müssen durch Gewicht- oder Federklinke in ihren Endstellungen gesichert werden.

Bei der Anordnung von Los- und Festscheiben muß überhaupt zur Verschiebung des Riemens eine Einrichtung vorhanden sein, welche nicht wegzunehmen ist.

Die berufsgenossenschaftlichen Vorschriften verlangen dies durch die Bestimmung:

„Zum Verschieben der Riemen zwischen Los- und Festscheibe sind Riemenausrücker fest anbringen zu lassen." (I 55)

Die neuen Vorschriften lauten deutlicher:

„Zum Verschieben der Riemen zwischen Los- und Festscheibe sind mechanische Vorrichtungen anzubringen." (§ 30)

Weiter ist durch gute Schmierung dafür zu sorgen, daß die Losscheibe sich nicht auf der Welle festbrennt, sondern lose bleibt. Hierzu wird vielfach die Lünemannsche Schmierbüchse verwendet. Noch besser, aber nur selten ausführbar ist, die Losscheibe auf einen besonderen feststehenden Zapfen zu setzen, damit sie gar nicht mit der Welle in Berührung kommt.

Das Reinigen und Schmieren der Transmissionen, das Nachziehen von Schrauben an Lagern, Kuppelungen kann leicht zu Unfällen führen, wenn der Arbeiter dabei in die unmittelbare Nähe der laufenden Teile kommt. Es ist daher im allgemeinen die Ausführung solcher Arbeiten nur bestimmten geschulten Personen zu übertragen, und weiter ist dafür zu sorgen, daß die Arbeiter möglichst von den laufenden Teilen ferngehalten und vor Ausrutschen, Stürzen bewahrt werden.

Am besten würde es sein, die genannten Arbeiten nur beim Stillstand zuzulassen; jedoch läßt die Eigenart des Betriebes vielfach eine solche Anordnung nicht durchführen. Dann kann aber häufig die Arbeit bei langsamem Gang der Transmission ausgeführt werden.

Der Standort des Arbeiters muß bei solchen Tätigkeiten sicher sein, also auf dem Fußboden oder auf einer gegen Abrutschen gesicherten Leiter (vgl. S. 67 ff.) oder auf einer festen, mit Geländer versehenen Laufbühne oder Laufbrücke.

Zur selbsttätigen Schmierung der Lager werden auf diese gesetzte Öler oder Sparlager verwendet.

Nach den neuen Vorschriften hat

„das Schmieren der Transmissionslager und das Füllen der Ölbehälter, soweit die Transmissionen nicht ohne Unterbrechung laufen müssen, vor Beginn der Inbetriebsetzung oder während der üblichen Tagespausen zu geschehen." (§ 64)

Das Putzen von Wellen und Lagern darf mit der Hand während des Ganges nie unter Benutzung von Putzwolle und Lappen geschehen, da diese sich leicht in laufende Teile verfangen, wobei die Hand mitgerissen werden kann.

Die berufsgenossenschaftlichen Vorschriften bestimmen:

„Sofern die Transmissionswellen während des Ganges gereinigt oder geputzt werden sollen, sind die dazu geeigneten Werkzeuge zur Verfügung zu halten." (I 52)

Zum Reinigen der Wellen während des Ganges werden zweckmäßig Bürsten mit langem Stiel oder Haken, deren Enden mit Schnüren umwickelt sind, benutzt, auch zangenartige Geräte, deren Maul mit Leder oder Tuch ausgekleidet ist. Diese Geräte können dann vom Fußboden oder anderen sicheren Standorten aus gehandhabt werden.

Eine selbsttätige Reinigung der Wellen kann durch schraubenförmige offene Ringe aus Federstahl erzielt werden, die mit Spielraum und schräg geneigt auf der Welle laufen und durch eine Drehung sich bis zum nächsten Lager fortschrauben, durch den Anstoß dann umkippen und in entgegengesetzter Richtung zurücklaufen. Dieses Spiel wiederholt sich fortwährend und erhält die Welle rein.

Das Verhalten der Arbeiter ergibt sich aus den vorstehenden Angaben. Weiter bestimmen die Vorschriften noch:

„Die Bedienung der Transmission (Schmieren, Reinigen, Putzen, das Ausbessern, Auflegen und Abwerfen der Transmissionsriemen und -Seile) darf nur von den hierzu bestimmten Personen bewirkt werden. Diese Verrichtungen dürfen nur beim Stillstande vorgenommen werden, sofern ein solcher durch die Natur des Betriebes nicht ausgeschlossen ist.

Alle Transmissionswellen dürfen während des Ganges nur von festem Standorte aus und nur mittels geeigneter Werkzeuge gereinigt oder geputzt werden." (II 60)

„Wenn eine die gewöhnliche Zeit des Stillstandes überdauernde Arbeit an der Transmission vorgenommen wird, so muß an zuständiger Stelle hiervon und auch von der Beendigung der Arbeit Mitteilung gemacht werden, sofern nicht die betreffende Transmission sicher ausgerückt werden kann." (II 64)

Ähnlich lauten die neuen Vorschriften § 63 und § 69.

6. Elektrische Betriebseinrichtungen.

Die Einführung elektrischer Einrichtungen hat die Unfallgefahr der Betriebe vermindert, aber immerhin neue Gefahren geschaffen, die zu bekämpfen sind. Diese bestehen nicht nur in der schädlichen Wirkung des elektrischen Stromes auf den menschlichen Körper, sondern mehr noch in der Gefahr der Erzeugung von Bränden und Explosionen durch elektrische Funken.

Da diese Gefahren namentlich bei nicht sachgemäßer Ausführung und bei nicht guter Instandhaltung der elektrischen Einrichtungen entstehen, so sind elektrische Anlagen nach gewissen Erfahrungsregeln herzustellen und zu unterhalten. Deshalb haben die Elektrizitätswerke größerer Städte schon frühzeitig Regeln für die Ausführung elektrischer Einrichtungen durch die Installation aufgestellt. Dieses Vorgehen hat zu weiteren Schritten geführt, und schließlich hat der Verband Deutscher Elektrotechniker Vorschriften ausgearbeitet, die von zahlreichen Behörden sowie vom Verbande Deutscher Privat-Feuerversicherungsgesellschaften als maßgebend anerkannt worden sind. Auch die Gewerbeinspektionen richten sich gewöhnlich bei ihren Anordnungen nach diesen Regeln, ebenso haben mehrere Berufsgenossenschaften in ihren Unfallverhinderungsvorschriften bestimmt, daß die bezeichneten Verbandsvorschriften zu beachten sind. Nach wiederholten Änderungen und Ergänzungen gelten zurzeit folgende Vorschriften:

1. **Vorschriften für die Errichtung elektrischer Starkstromanlagen** nebst Ausführungsangabe. Gültig für Anlagen und Erweiterungen derselben, deren Ausführung nach dem 1. Januar 1908 beginnt. Auf Schwachstromanlagen, z. B. Telegraphen-, Telephon- und verwandte Signaleinrichtungen finden die Vorschriften keine Anwendung, auch nicht auf elektrotechnische Betriebsapparate, sowie Anlagen in Probierräumen und Laboratorien. Soweit die Erzeugung des Stromes und die zur Beleuchtung und Kraftübertragung bestimmten Einrichtungen in Frage kommen, ist auch in elektrochemischen Fabriken den Vorschriften zu genügen. Bei dem Aufbau und Ausbau der Teile, welche unmittelbar dem Zwecke der Elektrochemie dienen, muß es dem Fachmanne überlassen bleiben, die Anforderungen des Betriebes mit den Grundsätzen der Sicherheit in Einklang zu bringen. Für die Festsetzung der Ausnahmen ist die Voraussetzung maßgebend gewesen, daß die Handhabung dieser Betriebsapparate ausschließlich von geschultem Personal geübt wird. Beispiele hierhergehöriger Apparate sind die Einrichtungen zur Galvanoplastik und Galvanostegie, zur elektrischen Darstellung und Reinigung von Metallen, zur Erzeugung von Chlor und Alkali, von Kalziumkarbid, Ozon, Stickstoffverbindungen usw. Nicht nur in elektrochemischen Betrieben, sondern auch in solchen chemischen Fabriken, die die Elektrizität nur als Hilfskraft benutzen, ist der zerstörende Einfluß zu beachten, den die verarbeiteten oder erzeugten Stoffe auf die Teile der elektrischen Anlage ausüben können. Zum Beispiel wird Gummi von Ölen und Fetten, Metall von Fettsäuren, Marmor von Chlor angegriffen. Die Hilfsmittel, mit denen die Sicherheitsvorschriften erfüllt werden, müssen daher der Natur dieser Stoffe und der Art ihres Auftretens angepaßt werden.

Die Zwecke, die in Probierräumen und Laboratorien verfolgt werden, sind oft ohne bewußtes Abweichen von den Vorschriften nicht erreichbar. Welche mit der Natur der Arbeiten verträglichen Hilfsmittel im Einzelfall zum Schutz gegen die Betriebsgefahren anzuwenden sind, bleibt der Sachkenntnis desjenigen überlassen, der die Arbeiten leitet oder ausführt[1].

Für diese den erwähnten Vorschriften nicht unterliegenden Einrichtungen gelten natürlich stets die sonst, namentlich durch die unter Umständen Anwendung findende Gewerbeordnung geforderten Sicherheitsmaßnahmen. Die Verbandsvorschriften unterscheiden Niederspannungs- und Hochspannungsanlagen. Erstere sind solche Starkstromanlagen, bei welchen die effektive Gebrauchsspannung zwischen irgendeiner Leitung und Erde 250 Volt nicht überschreiten kann, bei Akkumulatoren ist die Entladespannung maßgebend. Alle übrigen Starkstromanlagen gelten als Hochspannungsanlagen.

2. **Vorschriften für den Betrieb elektrischer Starkstromanlagen** nebst Ausführungsregeln (Betriebsvorschriften). Gültig ab 1. Januar 1910.

Wie schon erwähnt, bedürfen elektrische Klingeleinrichtungen, Telephon- und Telegraphenanlagen usw. im allgemeinen keiner Sicherheitsvorkehrungen,

---

[1] Vgl. D. C. L. Weber, Erläuterungen zu den Vorschriften für die Errichtung und den Betrieb elektrischer Starkstromanlagen. 10. Aufl., Berlin, Verlag von Julius Springer.

da sie nicht mit gefährlichen elektrischen Strömen arbeiten. Wenn in Ausnahme-
fällen einzelne Teile zu sichern sind, wie z. B. ausgedehnte Luftleitungen gegen
Blitzgefahr, so sind die entsprechenden Vorkehrungen für Starkstromleitungen
zu treffen.

3. Sicherheitsvorschriften für elektrische Straßenbahnen und
straßenbahnähnliche Kleinbahnen.

Außerdem hat der Verband Kupfernormalien, Normalien für Leitungen,
für Fernleitungen, Normalien für die Konstruktion und Prüfung von Installa-
tionsmaterial und eine Anleitung zur ersten Hilfeleistung bei Unfällen
in elektrischen Betrieben herausgegeben.

Trotz der stark verbreiteten Anwendung der Elektrizität ist die Zahl der
durch sie hervorgerufenen Unfälle gering. Diese günstige Tatsache erklärt
sich daraus, daß durch die Beachtung der erwähnten Sicherheitsvorschriften
die elektrischen Einrichtungen in hohem Maße unfallsicher gestaltet sind.
Immerhin aber dürfen die Gefahren der Elektrizität nicht unterschätzt werden,
da sie dem Arbeiter sich gewöhnlich erst gleichzeitig mit dem Unfall bemerkbar
machen.

Die Schutzmaßnahmen sind zu treffen bei der Errichtung und dem Betrieb
elektrischer Anlagen; sie bestehen in Schutz gegen Berührung spannungführender Teile, Schutz gegen Entstehen von Erd- und Kurzschlüssen und
Schutz gegen äußere Einflüsse (mechanische Beschädigungen, chemische Zer-
störungen). Es sind die Personen gegen Verletzungen zu schützen, Brandgefahr
und Betriebsstörungen zu verhüten.

Der Schutz vor Berührung spannungführender Teile kann
durch eine räumlich sichere Anordnung dieser Teile in genügender Höhe,
durch ihren Abschluß vom Verkehrsbereich mittels Schutzgitter, Schutzwände,
Schutzgeländer u. dgl., durch Umhüllung mit geerdeten metallischen oder
mit isolierenden Schutzgehäusen, durch sichere Verkleidung, durch Benutzung
isolierender Werkzeuge, Anordnung von isolierenden Bedienungsgängen erfolgen. Damit bei zufälligen Stromübergängen von spannungführenden Teilen
auf metallische, nicht spannungführende nicht durch Berührung der letzteren
Unfälle entstehen, sind diese Teile zu erden, das heißt in elektrisch gut
leitende Verbindung mit gut leitenden Stellen der Erde herzustellen. Als
solche gelten Wasserleitungsrohrnetze, Brunnen, offene Wasserläufe, Grundwasser oder dauernd feuchte Stellen an oder unter der Erdoberfläche. Wenn
der Standort der in der Nähe von geerdeten Metallmassen beschäftigten
Personen aus leitendem Material besteht, so ist er mit der Erdleitung zu
verbinden.

Zum Schutz gegen das Entstehen von Erd- und Kurzschlüssen
dient die Isolierung der spannungführenden Teile, die aber in ihrer besonderen
Ausführung der Höhe der Spannung und der Art der auf das Isoliermaterial
einwirkenden äußeren Einflüsse, wie sie namentlich in feuchten Räumen durch
Säuren, Dämpfe usw. auftreten, entsprechen muß. Ferner muß das Übertreten
höherer Spannung in Stromkreise für niedere Spannung und das Entstehen
höherer als der betriebsmäßigen Spannung vermieden werden. Es geschieht

dies durch Einfügung von Sicherungen, die erdend, kurzschließend oder abtrennend wirken.

Es lassen sich hier nicht alle zur Durchführung der vorstehend angegebenen Maßnahmen anzuwendenden Sicherheitseinrichtungen besprechen, sondern es können nur diejenigen kurz angegeben werden, die durch die in chemischen Betrieben vorhandenen besonderen Verhältnisse beeinflußt sind.

In feuchten Räumen ist die Berührung spannungführender Teile gefahrbringender als in trockenen. Es muß daher die Sicherung gegen die Berührung solcher Teile besonders sorgfältig durchgeführt werden, um so mehr als die Isolationsmittel durch die Einwirkung der Feuchtigkeit leicht Schaden leiden und an ihrer Isolierfähigkeit einbüßen. Reparaturen sind daher häufiger und müssen deshalb nicht geerdete Leitungen vor dem Eintritt in feuchte Räume abschaltbar gemacht werden. Isolierte Leitungen müssen wasserdichte Isolierhüllen erhalten. Für fest verlegte Mehrfachleitungen und für Hochspannungsleitungen über 1000 Volt sind auch für Einzelleitungen nur Kabel zu verwenden. Hochspannung ist in feuchten Räumen überhaupt tunlichst zu vermeiden. Elektrische Apparate sind möglichst außerhalb feuchter Räume unterzubringen. Wenn dies nicht durchführbar ist, so müssen die Apparate besonders gute Isolierung, guten Schutz gegen Berührung spannungführender Teile und gegen den schädlichen Einfluß der Feuchtigkeit durch wasserdichten Abschluß der stromführenden Teile erhalten. Die Verwendung von Hartgummi an Steckvorrichtungen ist unzulässig. Für die Bedienung der Ausschalterlampen und Elektromotoren in feuchten Räumen ist ein möglichst trockener und gut isolierter Stand herzustellen. Die Elektromotoren sind wasserdicht einzukapseln, wenn sie nicht in abgetrennten Räumen aufgestellt werden können.

Noch gefährlicher als feuchte sind durchtränkte Räume, als welche nach den Sicherheitsvorschriften solche anzusehen sind, in denen erfahrungsgemäß durch chemische Einwirkungen die dauernde Erhaltung angemessener Isolation erschwert und der Körperwiderstand der darin beschäftigten Personen herabgesetzt wird. Die für feuchte Räume vorgeschriebenen Sicherheitsmaßnahmen gelten auch für durchtränkte Räume. Außerdem sind Warnungstafeln anzubringen, die auf die Gefahr der Berührung elektrischer Einrichtungen hinweisen und zur größten Vorsicht bei der Handhabung ermahnen. Die Verwendung von Hochspannung ist verboten mit Ausnahme von Gleichstrom bis zu 1000 Volt, sofern die spannungführenden Teile solcher Anlagen der Berührung ganz entzogen sind. Zur Verminderung der Gefahren empfiehlt es sich, die Arbeiter mit gutem Schuhzeug auszustatten; besonders wirksamen Schutz bieten Gummischuhe oder Stiefel mit Gummisohlen. Das Arbeiten an elektrischen Einrichtungen ist nur unter Niederspannung zu gestatten.

Als feuergefährliche Räume gelten solche, in denen leicht entzündliche Gegenstände hergestellt, verarbeitet oder angehäuft werden, sowie solche, in denen sich betriebsmäßig entzündliche Gemische von Gasen, Dämpfen, Staub oder Fasern bilden können. In solchen Räumen ist die Umgebung der elektrischen Maschinen, Transformatoren, Widerstände usw. frei von entzündlichen Materialien zu halten. Elektrische Apparate, in denen betriebsmäßig Stromunterbrechungen eintreten können (Sicherungen, Schalter, Anlasser u. dgl.) sind mit feuersicher abschließenden Schutzhüllen zu umgeben. Bogenlampen sollten bei Anwesenheit brennbarer Gase nicht angeordnet werden. Alle Leitungen müssen wasserdichte Isolierhüllen besitzen. Hochspannung über 1000 Volt ist unzulässig.

In Betriebsräumen, in denen ätzende Dünste auftreten, ist darauf zu achten, daß Materialien, die durch solche Dünste angegriffen werden, keine Verwendung finden. Blei und Gummi werden durch Kalk und kalkhaltige Stoffe, Blei auch durch organische Fettsäuren, Essigsäuren usw. angegriffen. Kupfer ist für feste verlegte Leitungen oft zulässig, auch blanker oder verzinnter Eisendraht unter Umständen. Werden in solchen Räumen elektrische Lampen verwendet, so sind für diese Konstruktionen zu verwenden, die besonders mit Schutz gegen die Einwirkung saurer oder ätzender Dämpfe versehen sind. Es empfiehlt sich die Verwendung wasserdichter Überglocken, die auch die Fassung einschließen. Solche Lampen mit Säureschutz liefern z. B. *G. Schanzenbach & Co.* in Frankfurt a. M. Die Leitungen dieser Lampen müssen wasserdichte Isolierhüllen und eine gegen die chemischen Einwirkungen schützende Umhüllung erhalten (vgl. S. 72 ff.). Hochspannung über 1000 Volt ist für die Beleuchtung und den Betrieb von Elektromotoren unzulässig, darf also nur für elektrochemische Prozesse, wenn sie dabei nicht entbehrt werden kann, verwendet werden.

Räume, in denen explosible Stoffe hergestellt, verarbeitet oder aufgespeichert werden, gelten als explosionsgefährlich, und in ihnen dürfen elektrische Einrichtungen, in denen betriebsmäßig Stromunterbrechungen oder Funken auftreten, nur in explosionssicherer Bauart Verwendung finden. Die Leitungen müssen wasserdichte Isolierhüllen erhalten und sind in geschlossene, nicht in geschlitzte Rohre einzuziehen; Kabel, auch Mehrfachkabel sind anwendbar, dagegen sind andere Mehrfachleitungen verboten. Die Beleuchtung darf nur durch luftleere Glühlampen in dichten Überglocken erfolgen, die auch die Fassung dicht verschließen. Die Verwendung von Hochspannung ist verboten. Das Arbeiten an elektrischen Einrichtungen unter Spannung ist nicht zu gestatten.

In chemischen Fabriken werden die gewöhnlichen Isolationen durch die Einwirkung der mit Säuredämpfen, Chlorgas usw. geschwängerten Luft vielfach schnell zerstört. Die vom *Kabelwerk Duisburg* und von Dr. *Eugen Schaal*, Lack- und Farbwarenfabrik in Feuerbach in den Handel gebrachten Isoliermassen sollen neben hohem Isolationswiderstand eine starke Wetterfestigkeit und Widerstandsfähigkeit besitzen.

Weitere Angaben über Gefahren des elektrischen Stroms und ihre Verhütung, namentlich die Ableitung der sich in Betriebseinrichtungen ansammelnden Elektrizität, die elektrischen Lampen, die Blitzschutzvorrichtungen finden sich S. 75, S. 72, S. 46.

7. Hebe- und Fördereinrichtungen.

Die Unfallstatistik lehrt, daß verhältnismäßig sehr viele Unfälle beim Heben, Tragen, Wälzen, Schieben von Laststücken vorkommen. Es ist daher die Verwendung von Geräten und Maschinen, welche das Bewegen von Lasten erleichtern und damit gefahrloser machen, immer mehr durchzuführen.

Diese Vorrichtungen und Maschinen bergen aber auch viele Gefahren in sich, die durch Sicherheitseinrichtungen und geeignetes Verhalten der Arbeiter gemindert werden müssen.

a) Hebemaschinen.

Bei den meisten dieser Maschinen wird die Last an Seilen, Ketten, Gurten gehoben. Die Last wird dann an diesen Zugmitteln durch Haken, Zangen, Greifer, Tragmagnete, Bindeketten, Bindeseile befestigt. Diese Aufhängung ist sehr wichtig, da bei einem Lösen der Last sie abstürzen und dann leicht Unfälle herbeiführen kann. Auch durch Verschieben, Schrägstellen, Seitwärtsdrücken der Last in ihrer Aufhängung entstehen viele Unfälle. Die Aufhängeteile müssen also selbst stark genug sein und sicher an der Last angebracht werden.

Die berufsgenossenschaftlichen Vorschriften verlangen von den Arbeitnehmern:

„Die zum Befestigen der Last am Hebezeug zu benutzenden Ketten oder Seile sind in zweckentsprechender Stärke zu wählen und sorgfältig an der Last und am Hebezeug zu befestigen. Sofern die Gefahr einer Beschädigung der Ketten oder Seile durch die Last vorliegt, sind sie durch elastische Zwischenlagen: Strohseile, Holzstücke, Lappen u. dgl. zu schützen." (II 73)

Die eigentlichen Zugmittel, wie Seile, Ketten, Gurte, dürfen nicht nur nicht durch die Last unmittelbar überlastet, sondern müssen auch so stark gewählt werden, daß sie auch die beim Laufen über Rollen entstehende Biegungsbeanspruchung mit genügender Sicherheit aushalten. Auch bei den anderen, durch die Last beanspruchten Teilen der Hebemaschinen ist die Gefahr des Reißens oder Zerbrechens durch zu große Beanspruchung besonders zu beachten. Da die Hebemaschinen von ihren Herstellern für bestimmte Höchstbelastung gebaut werden, so darf diese unter keinen Umständen überschritten werden. Da ferner die gute Instandhaltung der Teile, namentlich der Zugmittel, für die Sicherheit des Hebmaschinenbetriebs von größter Bedeutung ist, so erweist sich eine periodische Prüfung als notwendig.

Die berufsgenossenschaftlichen allgemeinen Unfallverhütungsvorschriften enthalten folgende Bestimmungen:

„An sämtlichen Hebezeugen ist die Tragfähigkeit derselben in deutlich sichtbarer Weise anzugeben." (I 98)

„Alle Teile der Hebezeuge sind mindestens jährlich einmal auf ihre Tragfähigkeit und sichere Wirksamkeit zu prüfen." (I 101)

Die neuen Vorschriften verlangen auch diese Angabe (§ 36), Prüfung, und zwar mit der $1\frac{1}{4}$ fachen zulässigen Belastung (§ 74) und bestimmen weiter:

„Hebezeuge, wie z. B. die Krane in Maschinenstuben, die nur ausnahmsweise, etwa zu Montagezwecken, benutzt werden, sind von der regelmäßigen Prüfung entbunden, doch hat eine gründliche Untersuchung aller Teile vor jedesmaliger Benutzung stattzufinden.

Die Prüfungen dürfen von jedem zuverlässigen Fachkundigen (Meister, Schmied, Schlosser), auch solchen aus dem eigenen Betriebe, ausgeführt werden. Tag und Befund der Prüfung bzw. letzten Untersuchung sind in das dazu bestimmte Revisionsbuch einzutragen. Letzteres ist dem technischen Aufsichtsbeamten auf dessen Wunsch vorzulegen." (§ 74)

Diese Prüfung muß natürlich sachgemäß erfolgen. Hierzu hat der Verein Deutscher Revisionsingenieure eine Anleitung[1] herausgegeben, deren Beachtung dringend empfohlen werden kann.

Gefahrenquellen bieten ferner bei vielen Maschinen ihre Triebwerksteile. Die berufsgenossenschaftlichen Vorschriften bestimmen:

„Die Einlaufstellen der Zahnräder und Reibungsräder sind, sobald sie nicht an sich geschützt liegen, zu verkleiden." (I 99)

Wichtig ist weiter die Anbringung von Vorkehrungen, durch welche die gehobene Last sicher in ihrer Lage gehalten wird, und durch die sie langsam und ohne Stöße herabgelassen werden kann. Diesen Bedingungen entsprechen folgende Vorschriften:

„Hebezeuge mit Kurbel- oder Zugseilantrieb sind mit einer wirksamen Sperrvorrichtung zu versehen, sofern sie nicht selbstsperrend sind.

Geschieht das Herablassen der Last nur durch das Eigengewicht der letzteren, so muß eine zuverlässige Bremsvorrichtung vorhanden sein." (I 100)

Ähnlich lauten die neuen Vorschriften.

Um Verletzungen durch herabfallendes Gut zu verhüten, wird dem Arbeiter in den neuen Vorschriften geboten:

„Unter freischwebenden Lasten ist jeder Verkehr verboten. Die unterhalb einer Winde in Schiffen und auf Wagen mit dem Verladen beschäftigten Arbeiter haben sich während des Windens so zu stellen, daß sie durch herabfallendes Ladegut nicht getroffen werden können." (§ 73)

Die alten Vorschriften enthielten nur den ersten Satz dieser Forderungen.

Um zu verhindern, daß bei Hebemaschinen mit veränderlicher Fördergeschwindigkeit diese unbeabsichtigt sich ändert und dadurch, namentlich bei zu raschem Auf- und Abwärtsbewegen, die Last gegen Arbeiter trifft, müssen nach den Vorschriften:

„Vorrichtungen, durch welche die Fördergeschwindigkeit verändert wird, so eingerichtet sein, daß sie sich nicht von selbst verstellen." (I 100)

Für die verschiedenen Arten von Hebemaschinen ist folgendes zu beachten:

Flaschenzüge werden am besten mit Selbsthemmung verwendet, so daß die angehobene Last in jeder Lage sicher hängen bleibt und sich erst senken läßt, wenn an dem zur Bewegung angebrachten Seil oder der Kette rückwärts gezogen wird.

---

[1] Anleitung zur Untersuchung der Hebezeuge und Prüfung ihrer Zugorgane im Betrieb. Schrift Nr. 2 des Vereins deutscher Revisions-Ingenieure. Polytechnische Buchhandlung A. Seydel, Berlin.

Bei den **Kurbelwinden** muß verhindert werden, daß beim Loslassen der Kurbel sie herumschleudert und dann den sie bedienenden Arbeiter oder andere in der Nähe befindliche Personen trifft, auch vielleicht infolge der raschen Rückwärtsbewegung und im Wegfliegen Schaden anrichtet.

Die Vorschriften fordern vom Arbeiter:

„Die Arbeiter haben sich so zu stellen, daß sie von den beim Niedergang der Last etwa mitlaufenden Kurbeln nicht getroffen werden können" (II 74).

Gewöhnlich ist an solchen Winden nur eine Sperrvorrichtung, bestehend aus Sperrad und Klinke, angebracht. Diese muß dann wenigstens so angeordnet sein, daß sie vom Standpunkt des die Kurbel bedienenden Arbeiters bequem bedient werden kann.

Dieses gewöhnliche Sperrzeug bietet die Gefahr, daß, wenn der Arbeiter die Klinke nicht eingelegt hat, sie beim Loslassen der Kurbel nicht wirken kann, diese also herumschlägt und die Last abstürzt.

Vom Arbeiter wird daher in den Vorschriften gefordert:

„Beim Aufwinden der Last muß die Sperrklinke im Sperrade liegen. Geschieht das Herablassen der Last mittels Bremse, so ist dieselbe zur Vermeidung von Stößen gleichmäßig zu handhaben.

Die Bremse darf nicht früher gelöst werden, als bis die an den Kurbeln beschäftigten Arbeiter diese losgelassen haben und zur Seite getreten sind" (II 76).

Die neuen Vorschriften enthalten folgende Bestimmungen:

„Beim Aufwinden der Last muß die Sperrklinke im Sperrad liegen. Beim Herablassen der Last mittels der Bremse ist die Sicherung gegen das Herumschlagen der Last zu benutzen. Die Bremse ist so zu handhaben, daß die Last ohne Stöße gleichmäßig herabsinkt." (§ 72)

„Sind keine Sicherheitskurbeln vorhanden, so ist das Herumschleudern der Kurbeln in anderer Weise zu verhindern. Verschiebbare Kurbelwellen sind mit Vorrichtung zur Sicherung in ihrer Lage zu versehen, abnehmbare Kurbeln gegen Abfliegen zu sichern." (§ 36)

Besser sind **Sicherheitsklinken,** die es unmöglich machen, die Last zu heben, wenn die Sperrklinke nicht im Sperrad liegt. Zweckmäßig ist ferner die Anbringung eines Doppelgesperres.

Statt des geräuschvollen Zahnsperrzeuges werden besser stoßfrei wirkende **Klemmgesperre** verwendet. Die in den Unfallverhütungsvorschriften geforderte Bremsvorrichtung besteht gewöhnlich aus einer von Hand zu bedienenden Backen- oder Bandbremse. Bei dieser Vorrichtung läuft beim Senken der Last die Kurbel mit herum; ein zu starkes Lüften der Bremse erzeugt daher ein gefährliches Herumschleudern der Kurbel. Um dies zu verhindern, wird bei den gewöhnlichen Trommelwinden die Kurbelwelle vielfach ausrückbar gestaltet. Es muß dann aber der Arbeiter zum Senken der Last die verschiedenen Handhabungen: Anziehen der Bremse, Ausrücken und Feststellen der Kurbelwelle, Ausheben der Sperrklinke und Lüften der Bremse, richtig ausführen, wenn die Vorrichtung gefahrlos wirken soll. Da es aber stets sicherer ist, sich auf die Arbeiter möglichst wenig zu verlassen und dafür selbsttätig wirkende Vorkehrungen anzuwenden, so empfiehlt sich die Verwendung von Sperradbremsen, bei denen die Kurbel beim Loslassen ohne weiteres festgehalten wird und zum Senken der Last nur eine Bremse zu lüften ist. Noch besser ist die Benutzung von Sicherheitswinden, deren Bedienung allein durch die Kurbel erfolgt, mittels der das Heben und Senken der Last bewirkt werden kann, während sie sofort selbsttätig stillsteht, wenn sie losgelassen wird. Solche Sicherheitskurbeln werden von vielen Fabrikanten für Bock-, Konsol-, Wagenwinden gebaut, und es ist nur bei Wahl einer der zahlreichen in den Handel gebrachten Bauarten darauf zu achten, daß die Selbstsperrung tatsächlich unter allen Umständen vorhanden ist, also auch bei verschiedenem Lastgewicht und wenn die Winde schon etwas abgenutzt ist.

Krane werden in Großbetrieben in verschiedenen Bauarten feststehend oder fahrbar verwendet. Die Sicherungsvorrichtungen erstrecken sich in der Hauptsache auf Schutzvorkehrungen, Hubbegrenzung an den Hebevorrichtungen, Räumschuhe an den auf Schienen laufenden Kranen und Aufbiegen dieser Schienen an den Enden, um das Überfahren der Endstellungen zu verhindern.

Einfache Rollenzüge werden hauptsächlich in Ladehäusern zum Aufziehen von Säcken, Fässern, Ballen verwendet. Besondere Gefahren bieten dabei die in den Gebäudewänden oder Fußböden befindlichen Aufzugsluken, für welche die bereits besprochenen Sicherungen (S. 61) anzuordnen sind.

Aufzüge oder Fahrstühle werden in chemischen Betrieben meist zur Lastenförderung, auch wohl unter Führerbegleitung, selten zur Personenförderung benutzt. Sie gehören zu den nach der Reichsgewerbeordnung genehmigungspflichtigen Anlagen (S. 4) und unterliegen fast überall den Bestimmungen von Polizeiverordnungen (S. 7), die neben den berufsgenossenschaftlichen Unfallverhütungsvorschriften gelten. Sofern deren Forderungen nicht übereinstimmen, sind die strengeren zu befolgen.

Die Berufsgenossenschaft der chemischen Industrie hat eingehende Vorschriften für die Einrichtung und den Betrieb von Fahrstühlen erlassen. Diese Vorschriften gelten jedoch nur für Aufzüge mit festgeführten Förderschalen (Förderkorb, Fördergefäß) zur Beförderung von Lasten mit oder ohne Personenbeförderung. Ausgenommen sind die Aufzüge für ausschließliche Personenbeförderung, sowie die kleinen Aufzüge. Unter letzteren sind solche zu verstehen, deren Förderschale nicht betreten wird und deren Schachtquerschnitt 0,7 qm nicht übersteigt.

Viele Unfälle erfolgen durch Sturz in den Schacht, häufig beim Eintreten in den Fahrschacht infolge der irrigen Annahme, die Förderschale befände sich an der Lade- oder Einsteigestelle.

Schwere Verletzungen ereignen sich auch dadurch, daß Personen den Kopf oder den Arm in den Fahrschacht stecken, vielleicht um nachzusehen, an welcher Stelle sich augenblicklich die Förderschale befindet; der Körperteil wird dabei oft zwischen Förderschale und Einfriedigung eingeklemmt.

Zur Verhütung dieser Unfälle bestimmen die berufsgenossenschaftlichen Vorschriften:

„Es ist dafür Sorge zu tragen, daß bei den im Innern der Gebäude liegenden Fahrstühlen der Raum, welchen der Fahrkorb oder die Förderschale einer Fahrstuhlanlage bestreicht, von allen Seiten bis auf mindestens 1,8 m Höhe vom Fußboden an jeder Ladestelle so eingefriedigt wird, daß Unberufene nicht in den Fahrschacht geraten können.

Bei Fahrstühlen an den Außenfronten der Gebäude ist der tiefste Stand der Förderschale im Erdgeschoß, gegebenenfalls auch im Keller, auf mindestens 1,8 m Höhe zu umwehren." (I 84)

„Die Zugänge zu dem Fahrschacht sind in zweckentsprechender Weise absperren zu lassen.

Die Fahrschachtzugänge ausschließlich durch Ketten oder Seile abzusperren, ist zu verbieten." (I 85)

„Bei Fahrstühlen ohne Zwischenstationen muß die obere Schachtöffnung mit selbsttätigem Verschluß versehen sein." (I 93)

Der Förderraum kann als gemauerter Schacht ausgeführt oder durch engmaschige Gitter oder einen Lattenverschlag abgeschlossen werden, bei welchem der Lattenabstand so eng gemacht werden muß, daß ein Durchstecken des Kopfes oder Armes unmöglich ist. In dieser Umkleidung dürfen Klappenöffnungen, welche das Hineinsehen in den Schacht oder das Angreifen an dem Steuerungsmechanismus gestatten sollen, nicht vorhanden sein.

Die Absperrung der Fahrschachtzugänge läßt sich auf verschiedene Weise herstellen. Einen einfachen Abschluß bilden Hubgitter oder Hubtüren, die von dem ankommenden Förderkorb aufgezogen werden und sich dann selbsttätig wieder schließen, wenn der Förderkorb ohne anzuhalten durchfährt, oder wenn er überhaupt von der betreffenden Stelle wegfährt.

Sicherer sind Einrichtungen, die die Fahrschachttüren verriegeln, daß nur diejenige sich öffnen läßt, an welcher der Förderkorb angelangt ist. Gewöhnlich entriegelt dieser dann die Tür durch eine an ihm angebrachte Gleitschiene, welche den Türriegel zurückschiebt, sobald der Korb an dieser Ladestelle angekommen ist.

Noch mehr Sicherheit bieten die Einrichtungen, welche derart wirken, daß nur diejenige Tür sich öffnen läßt, hinter der der Förderkorb in Ruhe steht, also nicht auch, wenn der Korb sich nur durchbewegt. Ferner müssen diese Einrichtungen die Weiterbewegung des Förderkorbes verhindern, solange nicht sämtliche Fahrschachttüren fest verschlossen sind. Diese Sicherheitsvorkehrungen bestehen in einer Steuerungsverriegelung in Verbindung mit der Türverriegelung. Für solche Verriegelungseinrichtungen gibt es zahlreiche gute Konstruktionen.

Bei Fahrstühlen mit elektrischem Antrieb ist diese Einrichtung meist so gestaltet, daß durch das Öffnen einer beliebigen Tür der Steuerungsstromkreis unterbrochen wird. Hierzu sind an den Türen Kontakte angebracht, durch welche der Steuerungsstrom geführt wird. Dieser kann nur eingeschaltet werden, wenn sämtliche Kontakte in Eingriff, also sämtliche Türen geschlossen sind.

Bei hydraulischen und Transmissionsaufzügen, auch bei elektrischen Aufzügen mit Seilsteuerung wird die Steuerungsverriegelung dadurch erzielt, daß durch das Öffnen der Tür eine mechanische Vorrichtung in Tätigkeit gesetzt wird, welche das Steuerseil in Mittelstellung festhält und erst nach Türschluß wieder freigibt.

Die berufsgenossenschaftlichen Vorschriften verlangen:

„Bei allen Fahrstühlen, welche durch mehrere Stockwerke gehen, ist an jeder Ladestelle eine Sperrvorrichtung anzubringen, durch welche das Steuerseil oder die Steuerstange in der Ruhelage festgehalten wird." (I 92)

Noch sicherer ist, jeden Türverschluß mit der Steuerstange oder dem Steuerseil so zu verbinden, daß sich nur in Mittellage der Steuerung, also wenn der Förderkorb angehalten wird, die Türe öffnen läßt; die Tür gibt aber dann die Mittelstellung erst wieder frei, läßt also das Steuerseil oder die Steuerstange erst wieder los, wenn sie geschlossen worden ist. Dann kann die Steuerung wieder auf Auf- oder Abwärtsbewegung eingestellt werden.

Um das gefährliche Überfahren der Endstellungen zu verhindern, ist nach den Vorschriften:

„Jeder mit elementarer Kraft betriebene Fahrstuhl mit selbsttätiger Ausrückung für die höchste und tiefste Stellung zu versehen." (I 91)

Besonders verhängnisvoll ist natürlich das Reißen des Zugorgans (Seil, Gurt oder Kette), an dem die Förderschale hängt.

Die Zugorgane müssen daher stark genug sein.

In den Vorschriften wird bestimmt:

„Bei Lastenaufzügen ohne Personenbeförderung muß das Seil (Kette, Gurt usw.), an welchem die Förderschale hängt, die größte zulässige Belastung mit fünffacher Sicherheit, bei solchen mit Personenbeförderung mit zehnfacher Sicherheit tragen können." (I 88)

Damit aber beim Rüsten des Zugorgans der Fahrstuhl nicht abstürzt, ist er mit einer Fangvorrichtung oder Geschwindigkeitsbremse zu versehen.

Die allgemeinen berufsgenossenschaftlichen Verschriften verlangen:

„Fahrstühle, deren Förderschale an Seilen (Ketten usw.) hängt, sind mit einer sicher wirkenden Fangvorrichtung oder Geschwindigkeitsbremse zu versehen. Letztere darf eine Niedergangsgeschwindigkeit von höchstens 1,5 m in der Sekunde gestatten." (I 89)

Die Fangvorrichtung muß selbsttätig wirken, wenn das Zugorgan reißt oder sich wesentlich längt oder der Förderkorb beim Abwärtsfahren die zuverlässige Geschwindigkeit überschreitet. An guten Bauarten solcher Vorkehrungen fehlt es nicht.

Die Geschwindigkeitsbremse verhindert das Fallen des abgerissenen Förderkorbes nicht, bewirkt aber, daß diese Bewegung nur mit einer ungefährlichen Geschwindigkeit erfolgt.

Selten werden Fahrstühle benutzt, die nicht an Seilen oder Ketten gehoben, sondern durch einen Kolben aufwärts gedrückt werden, gewöhnlich unter Zuhilfenahme hydraulischen Drucks. Solche Hebemaschinen sind beinahe ungefährlich; immerhin verlangt die Berufsgenossenschaft:

„Die Förderschalen der unmittelbar wirkenden hydraulischen Fahrstühle sind mit dem Kolben derartig fest und sicher zu verbinden, daß die Förderschale vom Kolben nicht durch etwa angebrachte Gegengewichte abgehoben werden kann." (I 88)

„Bei unmittelbar wirkenden hydraulischen Fahrstühlen ist zwischen Steuerungsapparat und Treibzylinder eine Sicherheitsvorrichtung einzuschalten, durch welche ein zu schnelles Niedergehen der Förderschale im Falle eines Rohrbruches verhindert wird." (I 89)

Wie schon bemerkt, entstehen viele Unfälle durch den anfahrenden Förderkorb, wenn ein Arbeiter sich in den Fahrschacht hineinbückt, um zu sehen, wo der Korb sich befindet, oder um Mitarbeitern zuzurufen. Um diesem unzulässigen Verhalten entgegenzuwirken, verlangen die Vorschriften:

„Wenn ein Fahrstuhl von mehreren Stockwerken aus in Bewegung gesetzt werden kann, so muß eine Verständigung zwischen den verschiedenen Ladestellen gesichert oder eine Zeigervorrichtung angebracht sein, die den jeweiligen Stand der Förderschale erkennen läßt. Wird die Steuerung nur von einer Stelle aus gehandhabt, so muß eine sichere Verständigung zwischen dieser Stelle und den einzelnen Ladestellen ermöglicht werden können.

An jedem Fahrstuhl ist eine Signal- oder Zeigervorrichtung anzubringen, welche anzeigt, daß der Fahrstuhl sich bewegt.“ (I 94)

Vielfach werden die Fahrstühle mit Gegengewichten ausgerüstet, welche einen Teil des Gewichts der Förderschalen und der Last ausgleichen. Es ist dann dafür zu sorgen, daß diese Gewichte nicht an ihren Aufhängungen abreißen und in den Schacht stürzen. Hierzu bestimmt die Berufsgenossenschaft:

„Werden Gegengewichte angewendet, so sind dieselben an Seilen (Ketten usw.) aufzuhängen, welche sie mit fünffacher Sicherheit zu tragen vermögen.

Gegengewichte sind auf ihrer ganzen Bahn so sicher zu führen, daß sie weder aus ihr heraustreten noch bei etwaigem Niederfallen Menschen oder die Förderschale beschädigen können.“ (I 90)

In den berufsgenossenschaftlichen Vorschriften wird dann noch verlangt:

„Die Förderschale ist bei Lastenaufzügen an den nicht zum Be- oder Entladen bestimmten Seiten so einzufriedigen, daß das Herabfallen des Ladegutes verhindert wird. Bei Lastenaufzügen mit Personenbeförderung sind die nicht zum Be- oder Entladen benutzten Seiten mit einer 1,8 m hohen Schutzwand zu umgeben. Die Zugangsseiten sind mindestens durch eine Querstange anzuschließen. Die Förderschale ist mit einem Dach derart zu überdecken, daß die den Fahrstuhl benutzenden Personen durch herabfallende Gegenstände nicht verletzt werden können.“ (I 87)

Von den Arbeitern wird gefordert:

„Das Beladen der Fahrstühle hat so zu erfolgen, daß die Last möglichst gleichmäßig über die Förderschale verteilt ist, das Ladegut nirgends über dieselbe hervortritt und nicht herabfallen kann.“ (II 70)

Wird die Last in Wagen auf die Förderschale gebracht, so ist es notwendig, die aufgeschobenen Wagen gegen Herabfallen von den Schienen zu sichern.

Den Arbeitern wird die richtige Bedienung des Fahrstuhls durch folgende Vorschrift zur Pflicht gemacht:

„Die Bewegung des Fahrstuhls darf erst eingeleitet werden, nachdem der Zugang zu ihm geschlossen worden ist, bei Fahrstühlen, deren Steuerung nur von einer Stelle aus gehandhabt wird, erst dann, wenn eine Verständigung von der Be- oder Entladestelle aus über die vorgenommene Abschließung erfolgt ist.

Bei allen Aufzügen, welche durch mehrere Stockwerke gehen, ist die Sperrvorrichtung, welche das Steuerseil oder die Steuerstange in der Ruhelage der Förderschale festhält, zum Feststellen zu benutzen und vor Ingangsetzung auszulösen.“ (II 71)

Schließlich wird von den Unternehmern noch verlangt:

„An jedem Schachtzugange ist eine Tafel anzubringen, mittels welcher Vorsicht geboten und Unbefugten der Zutritt untersagt wird.

Außerdem ist an den Zugängen in augenfälliger Weise anzugeben: a) bei Lastenaufzügen: die größte zulässige Belastung in Kilogramm, sowie die Vorschrift, daß Personen mit dem Aufzuge nicht befördert werden dürfen; b) bei Lastenaufzügen mit Personenbeförderung: die größte zulässige Belastung, sowie die außer ihr noch zulässige höchste Personenzahl, einschließlich des Fahrstuhlführers." (I 86)

„Es ist anzuordnen, daß Fahrstühle, die ausschließlich zur Förderung von Lasten bestimmt sind, von Personen nur benutzt werden, soweit es die Untersuchung und Instandhaltung erfordert." (I 96)

„Die Bedienung von Fahrstühlen darf nur Personen, die mit der Handhabung der Steuerung genau vertraut sind, übertragen werden." (I 97)

„Jede Fahrstuhlanlage ist mindestens einmal jährlich auf ihre Tragfähigkeit und sichere Wirksamkeit zu prüfen.

Die Tragfähigkeit der Seile, Ketten und Gurte ist mit der doppelten größten zulässigen Belastung, die Wirksamkeit der Sicherheitsvorrichtungen mit der einfachen größten Belastung zu prüfen." (I 95)

Eine starke Beanspruchung des Zugorgans entsteht, wenn beim Ein- und Ausladen von Lasten durch ungeschicktes Bewegen derselben, z. B. durch Umkanten schwerer Kisten, Hineinstoßen von Fässern, starke Stöße entstehen. Diese können Brüche an der Windenvorrichtung oder Reißen des Zugorgans hervorrufen. Es ist daher zu empfehlen, für das Be- und Entladen schwerer Gegenstände den Förderkorb zu unterstützen, so daß sich die Stöße nicht auf das Seil übertragen. Zu diesem Zweck werden Aufsatzvorrichtungen verwendet, die vom Förderkorb oder an den Ladestellen gewöhnlich durch Handhebel eingelegt werden, so daß der Korb sich auf sie setzt. Es gibt auch Vorrichtungen, die selbsttätig in Wirkung treten, sich also von selbst unter den Korb schieben, wenn er an der Ladestelle ankommt.

b) Fördereinrichtungen für stückige, körnige, mehlfeine und flüssige Stoffe.

Diese Fördereinrichtungen werden zum Transport von Schütt- und Massengütern in sehr verschiedenen Arten benutzt als Schnecken, Gurtförderer, Transportbänder, Förderrinnen, Kratzer, Elevatoren, Becherwerke, Saug- und Druckluftförderer.

Liegen Transportschnecken, Förder- und Schwemmrinnen zu ebener Erde, innerhalb der Betriebsstätten, so sind sie gut abzudecken, so daß ein Sturz in sie verhütet wird. Sollen die Abdeckungen die Beobachtung der Fortbewegung der Stoffe gestatten, so werden sie gitterförmig in Eisen oder Holz ausgeführt.

Um Verletzungen durch die Schneckenflächen zu verhüten, sind diese dann abzudecken, wenn die Arbeiter in ihre unmittelbare Nähe kommen können. Bei Transportschnecken entstehen Unfälle auch dadurch, daß der Arbeiter in die Ausfallöffnung greift, um etwa eingetretene Stockungen zu beseitigen oder überhaupt um nachzusehen. Zur Verhütung solcher Unfälle sind über die Ausfallöffnungen Tüllen von etwas mehr als Armlänge zu setzen.

Einige Formen von Abdeckungen veranschaulichen die Fig. 119 bis 124. Das in Fig. 119 dargestellte, aus Rund- und Flacheisen hergestellte Gitter

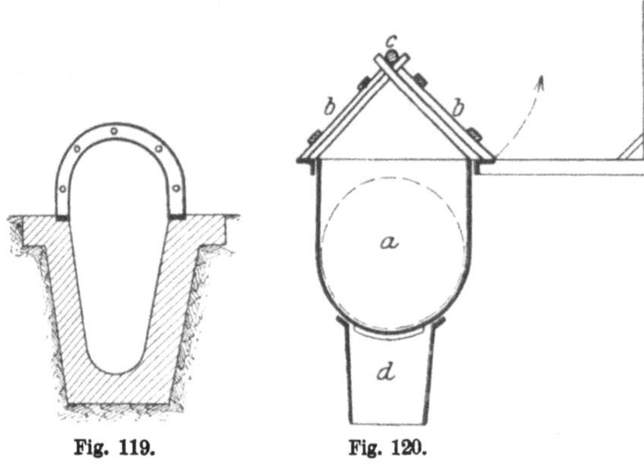

Fig. 119.   Fig. 120.

wird in die Falze der abgenommenen Deckplatten einer Schwemmrinne eingesetzt; es gestattet die Beobachtung der Bewegung in derselben und ermöglicht auch eine Nachhilfe bei Stockungen. Gleiches gilt für das Lattengitter eines Schneckentroges a (Fig. 120). Jeder Teil des Gitters b kann um das obere Rundholz c aufgeklappt werden. Andere Abdeckungen von Transportschnecken verdeutlichen Fig. 121 bis 123. Bei der Ausführungsform Fig. 121 ist ein Deckblech c auf Stützen b angebracht; zum Einschütten in den Trog a dienen

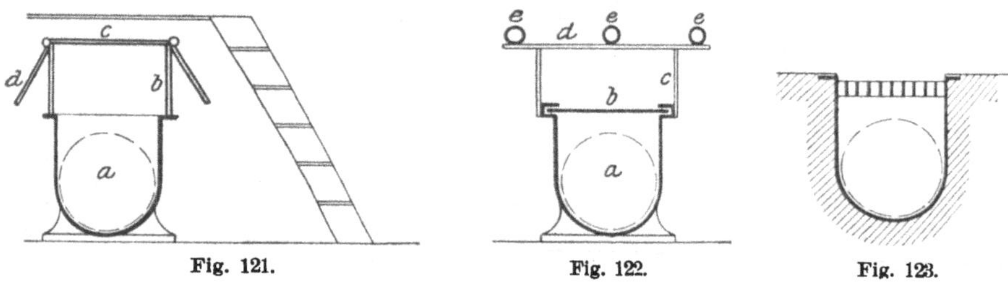

Fig. 121.   Fig. 122.   Fig. 123.

seitliche Klappen d. Eine Abdeckung durch Schieber b zeigt Fig. 122, außerdem sind noch Gasrohre e auf Stützeisen angebracht.

Vollständig abgedeckt sind die Schneckenrinnen bei der in Fig. 124 dargestellten, von *Amme, Giesecke & Konegen* in Braunschweig ausgeführten Vorrichtung zum Beladen gedeckter Eisenbahnwagen.

Bei hochgelegenen Gurtförderern und Transportbändern ist die Zugänglichkeit durch Laufstege mit Geländer zu sichern.

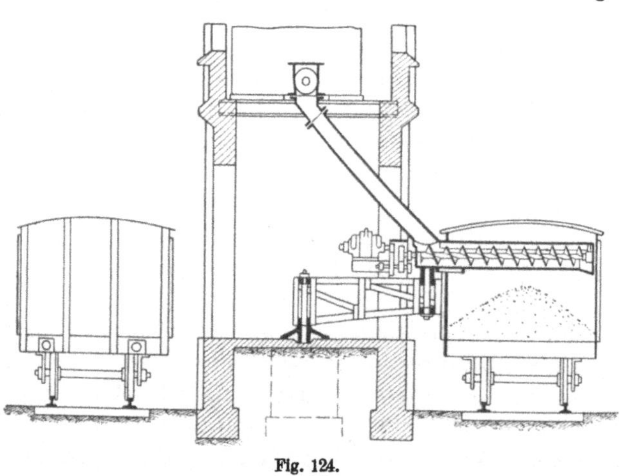

Fig. 124.

Bei den Elevatoren und Becherwerken sind die Triebwerke einzukleiden, die Transportteile (Schaufeln, Haken, Becher, Schalen) auch, wenn die Arbeiter von ihnen erfaßt oder durch herabfallende Stücke Verletzungen hervorgerufen werden können.

Bei Faßelevatoren wird am besten eine selbsttätige Zubringung und Abladung der Fässer eingerichtet, so daß die Arbeiter mit dem nicht ungefährlichen Einsetzen und Wegnehmen der Fässer nichts zu tun haben.

8. Transport und Lagerung.

Das Verladen von Fässern, Kisten, Ballen u. dgl. in Eisenbahnwagen, Rollwagen usw. erfolgt gewöhnlich mit Hilfe von Ladebalken oder Schrotleitern, die aus zwei Holmen bestehen, welche oben und unten durch Querstange verbunden oder wie eine Leiter mit Sprossen versehen sind und meist mit Haken am Wagen festgehängt werden, so daß sie eine schiefe Ebene bilden. Für den Transport mittels solcher Schrotleitern und Ladebäumen bestimmen die neuen Unfallverhütungsvorschriften:

„Das Gehen zwischen Schrotleitern und Ladebäumen beim Auf- und Abladen ist verboten.

Das Auf- und Abladen großer, schwerer Fässer mittels Schrotleitern oder Ladebäumen darf, wenn nicht andere ausreichende Sicherheitsvorrichtungen vorhanden sind, nur unter Benutzung von Seilen und Ketten geschehen.

In gleicher Weise ist beim Transport über Treppen zu verfahren.

Schrotleitern sind in geeigneter Weise gegen Abrutschen von ihrem Auflager, Ladebäume gegen seitliches Ausweichen zu sichern." (§ 54)

In den Vorschriften für Seifenfabriken wird verlangt:

„Schwere Fässer dürfen beim Nichtvorhandensein mechanischer Hebevorrichtungen von Rollwagen unter Benutzung einer Schrotleiter nur mit Hilfe eines Taues abgeladen werden" (§ 14).

Bei der von *A. Pieper* in Mörs a. Rh. gelieferten Schrotleiter sind die Sprossen mit beweglichen Stützen versehen, die sich der Last entgegenstemmen und ihr unbeabsichtigtes Herabrollen verhindern.

Ein leichteres Transportieren der Last ermöglicht die von den *Vereinigten Flanschenfabriken und Stanzwerken-Akt.-Ges.* in Hattingen, Ruhr, hergestellte Schrotleiter, die mit einem Hebeschlitten versehen ist, der mit der gegen ihn gestützten Last durch einen Rollenzug mittels Handkurbel bewegt wird. Die Leiter ist durch zwei Räder unterstützt, so daß sie leicht bewegt werden kann. Ähnlich ist der Patentladebalken von *Keller*.

Eine andere Ladeleiter wird von den technischen Aufsichtsbeamten der Berufsgenossenschaft empfohlen. Zum Aufladen von schweren Kisten und Fässern, die sich leicht zur Seite bewegen, dient ein kleiner Wagen, der mit vier Rollen auf den mit Winkeleisen belegten, aus starken Rundhölzern hergestellten und zur Erzielung einer geringen Steigung möglichst lang gewählten Ladebalken läuft, die miteinander durch mehrere Bolzen verbunden sind. In der Mitte ist die Leiter mit zwei Rädern so versehen, daß diese beinahe auf dem Boden aufstehen, wenn das obere Ende auf dem Wagen oder der Ladefläche liegt. Die Räder müssen außerdem so angebracht sein, daß die ganze Leiter nach unten etwas Übergewicht hat, damit sie leicht geschoben werden kann. Durch die Abschrägung der Winkeleisen wird das Auslaufen am unteren Ende leicht bewirkt.

Beim Lagern von Materialien, Säcken, Fässern usw. ist sehr vorsichtig zu verfahren, da erfahrungsgemäß sowohl beim Lagern und Aufstapeln wie dann beim Wegnehmen leicht schwere Unfälle vorkommen können. Für das Lagern von rolligem Material hat die Berufsgenossenschaft bisher nur in den für die Düngerfabriken einschließlich Thomasschlackenmühlen erlassenen besonderen Unfallverhütungsvorschriften Bestimmungen über das Lagern und Abbgraben der Superphosphatmassen aufgestellt, die auch für anderes rolliges Material zu beachten wären.

Sie lauten:

„Das Lagern der Materialien gegen Gebäude und Umfassungsmauern ist nur insoweit zulässig, als eine nachteilige Wirkung des Massenschubes durch die vorhandene Widerstandsfähigkeit der Mauern ausgeschlossen erscheint." (§ 21)

„Das Untergraben von halbfertigen oder fertigen Superphosphatmassen von mehr als 2 m Höhe ist zu verbieten.

Beim Abtragen ist ein das Nachstürzen der Masse ausschließender Böschungswinkel innezuhalten oder das Abgraben in Terrassen von nicht über 2 m vorzunehmen. Diese Vorschrift gilt nicht für gedarrte Superphosphate, sofern bei denselben ein Zusammenbacken und demgemäß ein Überhängen der Masse ausgeschlossen ist." (§ 22)

Die neuen Vorschriften enthalten zur Verhütung von Unfällen durch Zusammensturz von aufgeschichteten Materialien folgende Bestimmung:

„Der Abbau von Materialien, welche leicht zusammenbacken und an der Oberfläche erhärten, darf bei mehr als 2 m Höhe nur in einem das Nachstürzen verhindernden Böschungswinkel oder stufenweise geschehen. Die Stufen dürfen die Höhe von 2 m nicht übersteigen und müssen einen sicheren Stand für die Arbeiter gewähren.

Das Unterhöhlen der Massen ist verboten. Unterhalb der Arbeitsstellen im Bereich der abfallenden Stücke darf nicht gleichzeitig gearbeitet werden." (§ 52)

Für Sackstapel fordern die Vorschriften für Düngerfabriken mit Thomasschlackenmühlen:

„Sackstapel müssen an den Ecken in der äußeren Lage im Kreuz- bzw. Mauerverband aufgeführt werden und mindestens 50 cm von der nächsten Schiene einer Transportbahn entfernt bleiben.

Die Stapel dürfen nur auf festem und ebenem Boden aufgebaut werden. Sie müssen in hinreichenden Entfernungen von freilaufenden Übertragungswellen, Riemen und sonstigen Maschinenteilen bleiben, so daß die Arbeiter nicht mit den bewegten Teilen in Berührung kommen können. Das Abtragen der Säcke ist in Stufen auszuführen." (§ 23)

Die neuen allgemeinen Vorschriften lauten ähnlich; für das Abtragen in Stufen wird bestimmt:

„Das Abtragen der Säcke muß absatzweise und in Stufen von nicht über vier Sack Höhe erfolgen. In keinem Falle darf der Verband durch Herausziehen der Säcke gestört werden." (§ 53).

Zur Verhütung des Umsturzes der Sackstapel sind diese in richtigem Verband auszuführen. Dazu dienen eingefügte Stechlagen durch Säcke in der Längsrichtung, dann Zwischenlagen von Hölzern oder Einziehen der Stapel nach oben zu, so daß eine Böschung entsteht; auch seitliche Abstützung durch entfernbare Drahtgeflechtwände, die an senkrechten Stützen aus I-Trägern angebracht werden und erst in etwa 2 m vom Boden ab beginnen, so daß sie bei leerem Lager den Verkehr nicht behindern, können angewendet werden.

Eine von der Lagerei-Berufsgenossenschaft empfohlene Sackabladevorrichtung veranschaulicht Fig. 125. Die Säcke werden mittels einer Sackzange a und Rollenzug b an einem Laufwagen c befestigt, der auf Schienen d durch Zugseil e bewegt wird, das über Rollen f zu einer Winde g führt. Diese wird von einem Motor i getrieben. Die Steuerung erfolgt durch ein Seil h. Zur Rückbewegung ist ein Gewicht k angeordnet.

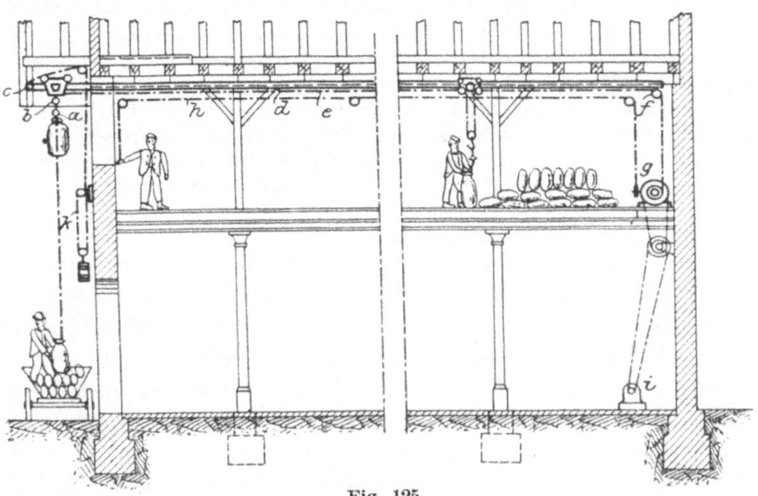

Fig. 125.

Das Lagern schwerer Fässer in Keller sollte mit Flaschenzügen und Laufkatzen erfolgen, da das Satteln und Absatteln solcher Fässer von Hand eine schwere und gefährliche Arbeit darstellt. Seitliches Ausweichen der Fässer ist durch Querstützen, Schließkeile, Sattelhölzer zu verhindern. Das Satteln der oberen Lagen läßt sich erleichtern, wenn Übertreibhölzer auf die untere Faßlage von Faß zu Faß gelegt werden, auf denen das einzelne Faß zu seiner Stelle gerollt wird. Ist dies geschehen, dann wird das Holz entfernt und so nach und nach die ganze obere Lage gebildet.

Fuhrwesen.

Die Unfallstatistik lehrt, daß verhältnismäßig viele Unfälle beim Fuhrwerksbetrieb vorkommen.

Die berufsgenossenschaftlichen Unfallverhütungsvorschriften fordern:

„Jeder Wagen, welcher mit Pferden oder Rindvieh bespannt und in bergigen Gegenden oder Ortschaften verwendet wird, ist mit einer wirksamen jederzeit gebrauchsfertigen Brems- oder Hemmvorrichtung zu versehen." (I 102)

„Wagen müssen, soweit es ihre Bauart oder Benutzung zuläßt, einen mit Rück- und Seitenlehne versehenen Sitz für den Kutscher haben. Sofern ein solcher Sitz nicht vorhanden ist oder die Ladung selbst einen sicheren Stand oder Sitz nicht gewährt, ist dem Kutscher die Führung vom Wagen aus nicht zu gestatten." (I 103)

„Fuhrwerke aller Art sind auf Fahrten während der Dunkelheit so zu beleuchten, daß die Annäherung des Gefährtes erkennbar ist." (I 104)

„Zum Lenken eines mit Pferden bespannten Fuhrwerkes sind nur des Fahrens kundige Personen zu verwenden." (I 105)

„Bissige Zugtiere sind mit einem sicheren Maulkorbe zu versehen." (I 106)

„Zugtiere, welche erfahrungsmäßig beißen, schlagen oder stoßen, sind in ihren Ständen als solche besonders zu kennzeichnen." (I 107)

Von den Arbeitnehmern wird außer dem sich aus vorstehendem ergebenden Verhalten noch verlangt:

„Die Führer von Fuhrwerk dürfen dasselbe nicht verlassen, ehe Sicherheitsmaßregeln getroffen sind, um das Durchgehen der Zugtiere zu verhindern." (II 77)

„Beim Abwärtsfahren ist die Hemmvorrichtung sachgemäß zu benutzen." (II 78)

„Wagentritte (Trittstufen) sind dauernd in solchem Zustande zu erhalten, daß bei gehöriger Aufmerksamkeit ein Ausgleiten auf denselben verhütet wird." (II 79)

„Der Führer eines Fuhrwerks hat dasselbe auf Fahrten während der Dunkelheit so zu beleuchten, daß die Annäherung des Gefährtes erkennbar ist." (II 80)

„Führer von Fuhrwerk dürfen während der Fahrt nicht schlafen." (II 81)

„Es ist verboten, während der Fahrt auf der Langseite des Wagens mit nach außen herabhängenden Beinen zu sitzen." (II 82)

„Auf- und Absteigen während der Bewegung des Fuhrwerks ist verboten." (II 84)

„Bissigen Zugtieren ist für die Dauer der Fahrt der Maulkorb anzulegen." (II 83)

Große Materialwagen werden zur Entleerung zweckmäßig mit einer Klappeneinrichtung am Boden oder an der Seite versehen, die vom Arbeiter durch einen Handgriff geöffnet wird. Für die Entladung von Waggons an bestimmten Ausladestellen werden Bühnen oder Kurvenkipper verwendet.

Der Wagentransport auf geneigter Ebene erfolgt durch Bremsberge oder Schrägaufzüge, je nachdem es sich um das Herabrollen und Abbremsen der beladenen Wagen oder um deren Heraufziehen handelt. Die Unfallgefahr besteht hauptsächlich darin, daß infolge Seil- oder Kuppelungsbruch oder durch Versäumen rechtzeitigen Ankuppelns des Wagens an der oberen Ladestelle der Wagen plötzlich abrollt oder dabei entgleist und vielleicht von der Bahn abstürzt und dann auf Arbeiter trifft oder solche durch wegfliegende Trümmerstücke des Materials oder des vielleicht zerstörten Wagens verletzt. Es ist daher eine dauernde genaue Kontrolle der Zugseile, Ketten und Anhängevorrichtungen notwendig; schadhafte Teile sind sofort auszuwechseln, locker gewordene Klemmschrauben nachzuziehen.

Gleisbahnen.

Normalspurbahnen sind hier nur insofern von Interesse, als es sich um die Anschlußgleise in Fabriken handelt.

Schmalspurbahnen werden zum Transport innerhalb der Betriebsanlage sehr häufig verwendet, die Bewegung der Wagen erfolgt durch kleine Lokomotiven, Pferde oder Menschenkraft.

Hängebahnen finden für den Transport im Innern der Betriebsgebäude oder zu deren gegenseitiger Verbindung vielfache Anwendung.

Seilbahnen werden zur Materialbewegung auf weiterer Strecke benutzt und von Spezialfabriken in vorzüglicher Bauart ausgeführt.

Die Sicherungseinrichtungen dieser verschiedenen Bahnarten sind sehr mannigfaltig; sie sollen hier jedoch nur so weit besprochen werden, als sie von der Berufsgenossenschaft der chemischen Industrie allgemein oder für bestimmte Betriebsarten vorgeschrieben sind.

Da der Fahrdienst zu den gefährlichen Arbeitstätigkeiten zu rechnen ist, so bestimmen die berufsgenossenschaftlichen Vorschriften:

„Personen, von denen dem Arbeitgeber bekannt ist, daß sie an Epilepsie, Krämpfen oder Ohnmachten leiden oder dem Trunke ergeben sind, dürfen im Fahrdienste nicht verwendet werden." (I 112)

Für Normalspurbahnen enthalten die Vorschriften folgende Bestimmungen:

die neuen:

„Für Normalspurbahnen sind die Bestimmungen der zuständigen Eisenbahnverwaltungen maßgebend." (§ 37)

die alten:

„Laderampen und Gebäude, sowie die beiden Seiten von Durchfahrtsöffnungen müssen von der Mitte der Gleise eine Entfernung von mindestens 2 m haben. Die zur Zeit des Erlasses dieser Vorschriften bereits vorhandenen Rampen, Gebäude und Durchfahrtsöffnungen werden von dieser Vorschrift nicht betroffen, doch ist bei einem geringeren Abstand Vorsorge zu treffen, daß beim Wagenschieben niemand an die gefährdete Stelle tritt." (I 125)

„Bei Befahren von Gefällen ohne Lokomotive ist Sorge zu tragen, daß die Wagen durch geeignete Mittel gebremst werden können." (I 127)

„Barrieren und Torabschlüsse sind in offenem Zustande gegen selbsttätiges Zuschlagen zu sichern." (I 129)

„Die Drehscheiben müssen bedeckt oder eingefriedigt sein." (I 124)

Für alle Bahnarten gilt:

„An jeder Drehscheibe und Schiebebühne muß eine Vorrichtung zum Feststellen angebracht sein." (I 122, 113)

„Zur Verhütung von Einklemmungen zwischen den Schienen der Drehscheiben und Schiebebühnen einerseits und den Schienen der Anschlußgleise andererseits müssen geeignete Vorrichtungen angebracht sein. Ebenso ist an den Hauptverkehrswegen für gefahrloses Überschreiten der Schienengleise durch Pflasterung oder Dielung Sorge zu tragen." (I 124, 114)

„Gleise, wie Schienenstöße, ferner Weichen, Kreuzungen, Drehscheiben, Schiebebühnen mit Anschlüssen daran sind stets gut in Stand zu halten." (I 128, 118)

„Hochliegende Absturzgleise sind so zu sichern, daß ein Hinabfallen von Personen verhindert wird." (I 120, 126)

für Normalspurbahnen:

„Alle Rangierarbeiten dürfen nur unter Leitung von damit vertrauten Personen ausgeführt werden." (I 121)

Die neuen Vorschriften bestimmen für Normalspur-, Schmalspur-, Seil- und Hängebahnen:

„Das Rangieren der Eisenbahnwagen darf nur unter Leitung von damit vertrauten Personen ausgeführt werden.

Beim Verschieben der Eisenbahnwagen dürfen die Arbeiter nur von der Seite angreifen, sofern auf demselben Gleise sich noch gleichzeitig andere Wagen befinden. Ebenso darf die Zugkette, wenn mit Zugtieren rangiert wird, nur an der Seite befestigt werden; es sind möglichst lange Zugorgane zu verwenden. Das Schieben oder Ziehen durch Arbeiter an den vorderen Puffern ist verboten.

Bei vorhandenem Gefälle sind die ohne Motor fortbewegten Wagen zu bremsen.

Das Durchkriechen unter Eisenbahnwagen, die in ihrer Lage nicht gesichert sind, ist verboten." (§ 75)

„Die Führer eines Transportzuges oder einzelner Wagen haben die Pflicht, beim Durchfahren von Kurven, welche nicht von allen Seiten übersehen werden können, langsam zu fahren, Warnungssignale zu geben und auch auf freier Strecke bzw. dem Fabrikgelände die zwischen den Gleisen oder in deren Nähe verkehrenden Personen durch Zuruf oder Signal rechtzeitig zu warnen.

Das Besteigen oder Verlassen eines Wagens, solange dessen Geschwindigkeit die eines Fußgängers übersteigt, ist verboten.

Für die Dauer eines längeren Stillstandes, z. B. beim Be- oder Entladen sind die Wagen gegen unbeabsichtigtes Fortbewegen zu sichern.

Die Gleise der Schiebebühnen und Drehscheiben sind, solange sie sich nicht in Gebrauch befinden, in der Richtung des Zufahrtstranges festzustellen". (§ 76)

Für Schmalspurbahnen gelten folgende Unfallverhütungsvorschriften:

„Für Einzelfahrzeuge auf Schmalspurbahnen müssen Bremsmittel vorhanden sein." (I 108)

„Werden mehrere Fahrzeuge auf einer Schmalspurbahn zu einem Zuge vereinigt, so ist, wenn keine Lokomotive am Zuge, mindestens ein mit Bremsvorrichtung versehener Wagen einzuschalten. Die Bremse muß während der Bewegung des Zuges bedient und so stark sein, daß sie für alle vorhandenen Gefälle genügt." (I 109)

„Falls die Fahrzeuge durch Zugtiere bewegt werden, sind diese bei Gefällen von mehr als 1 : 100 mit dem Wagen derart zu kuppeln, daß ein Aushängen der Zugstränge leicht und sicher bewerkstelligt werden kann. Bei Gefällen von mehr als 1 : 30 müssen die Zugtiere bei Talfahrten unbedingt abgekuppelt sein." (I 111)

„An Kurven, welche nicht von allen Seiten vollständig übersehen werden können, müssen Warnungstafeln in entsprechender Weise angebracht werden." (I 115)

Die neuen Vorschriften bestimmen allgemein:

„Die Gleise von Schmalspurbahnen auf Verkehrswegen und Arbeitsplätzen müssen so liegen, daß neben den beladenen Wagen wenigstens an einer Seite Raum zum Ausweichen vorhanden ist. Dieser Raum darf nicht unter 0,5 m betragen und ist von Verkehrshindernissen frei zu halten.

Drehscheiben und Schiebebühnen sind mit Vorrichtungen zum Feststellen zu versehen, bei denen vorspringende Teile, die zum Stolpern Anlaß geben können, vermieden werden müssen. Drehscheiben für Normalspurbahnen innerhalb des Fabrikgebiets sind ganz abzudecken oder zu umwehren.

Schiebebühnen und Drehscheiben müssen so eingerichtet sein, daß Fußklemmungen zwischen den Schienenstößen ausgeschlossen sind.

Wo Hauptverkehrswege die Gleise kreuzen, sind die Schienen zu versenken, oder der Übergang ist in anderer Weise gegen die Gefahr des Stolperns zu sichern.

An Kurven, welche nicht von allen Seiten vollständig übersehen werden können, sind Warnungstafeln anzubringen.

Schranken und Torwegtüren für Bahngleise sind gegen unbeabsichtigtes Zuschlagen zu sichern." (§ 37)

Bei den Schmalspurbahnen bildet in vielen Fällen die mangelhafte Beschaffenheit der Gleisanlage die Ursache von Unfällen. Durch das Aussetzen oder Umschlagen von Wagen auf schlecht angelegten Schienen oder beim unvorsichtigen Ankuppeln der Wagen entstehen viele Unfälle, ebenso beim Wiedereinheben der Wagen in die Schienen und beim Entleeren der Mulden von Kippwagen.

Für die Gleise darf kein zu schwaches Profil genommen werden; Mehrkosten durch Wahl eines Profils, das vielleicht etwas zu stark erscheint, machen sich durch größere Dauerhaftigkeit bald bezahlt. Auch die Spurweite der Gleise ist nicht gering zu nehmen, keinesfalls unter 50 cm; bei Wagen über $^1/_2$ bis 1 cbm Inhalt ist mindestens 60 cm, bei Wagen über 1 cbm mindestens 75 cm zu nehmen.

Für die Bauart der Wagen bestimmen die berufsgenossenschaftlichen Vorschriften:

„Kippwagen müssen so konstruiert sein, daß sie bei normaler Beladung nicht von selbst kippen." (I 116)

Die Entleerung von Eisenbahnwagen kann durch Verwendung von Selbstentleerern gefahrlos gemacht werden. Einen von *Orenstein & Koppel* in Berlin gebauten Bodenentleerer veranschaulichen Fig. 126 bis 128.

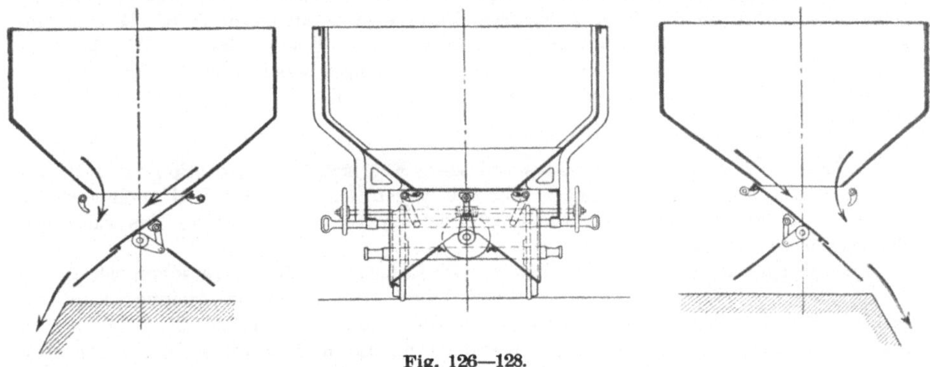

Fig. 126—128.

Außerdem enthalten die besonderen Vorschriften für Schwarzpulverfabriken die Bestimmung, daß

„die für den Pulvertransport von einem zum anderen Werk zu benutzenden Karren oder Wagen keine eisernen Laufflächen haben dürfen, sofern sie auf eisernen Schienen laufen." (§ 26)

In den neuen Vorschriften heißt es:

„Kippwagen müssen von solcher Beschaffenheit sein, daß sie bei normaler Beladung nicht von selbst kippen und beim Kippen Quetschungen zwischen Gestell und Kippmulde ausgeschlossen sind.

Bremswagen und Wagen, auf denen der Führer mitfährt, müssen dem Mitfahrenden einen sicheren Stand gewähren." (§ 38)

Es ist zweckmäßig, die Kippwagen nicht nur so stabil zu bauen, daß sie beim Auskippen fest auf dem Gleis stehen bleiben, ohne zu schwanken und ohne zu entgleisen oder gar umzufallen, sondern auch den Wagenkasten mit einer bequem zu handhabenden Feststellvorrichtung zu versehen, die ihn im beladenen Zustand fest und sicher mit dem Wagengestell verbindet und keine Schwankung beim Fahren selbst oder auf unebenen oder mangelhaft angelegten Gleisen oder bei plötzlichen Stößen zuläßt.

Das Umkippen tritt besonders häufig ein, wenn das transportable Material an den Wandungen des Wagenkastens anklebt und sich dann beim Auskippen schwer löst, so daß der Kasten mitgezogen wird. Eine einfache Sicherung gegen das Umschlagen wird durch Anbringung einer festen Schiene längs der Entladestelle geschaffen.

Wenn das Abladen an bestimmten Plätzen erfolgt, so kann ein Kreiselwipper angebracht werden, in welchen der Wagen einfährt und mit dem er durch Hand oder Maschinenkraft umgedreht wird.

Für Hänge-, Seil- und Kettenbahnen gelten folgende berufsgenossenschaftliche Vorschriften:

„Bei Hängebahnen, Seilbahnen, Kettenbahnen und solchen Anlagen, bei denen das Mitfahren von Bremsern ausgeschlossen ist, muß mindestens an der Zentralstelle eine wirksame Bremsvorrichtung vorhanden sein." (I 110)

„Verkehrswege auf dem Fabrikterrain unter Seil- und Hängebahnen müssen gegen herabfallende Stücke gesichert sein." (I 117)

„Bei Hänge- und Seilbahnen ist das zu starke Schwanken der Wagen sowie das schnelle Durchfahren der Kurven und Weichen möglichst zu verhindern. Es sind Einrichtungen zu treffen, durch die ein Ausgleisen an den Weichen nach Möglichkeit vermieden wird. Bei letzteren ist eine Sicherung anzubringen, welche eine Verletzung durch die freischwebende Spitze der Weiche ausschließt." (I 119)

Die neuen Vorschriften bestimmen:

„Verkehrswege und Arbeitsplätze auf dem Fabrikgelände unter Seil- und Hängebahnen müssen gegen herabfallende Stücke und gegen Gefahren durch Seilbruch geschützt werden. An den Kurven sind, soweit erforderlich, Sicherungen gegen das Entgleisen der Wagen vorzunehmen.

Bei Hängebahnen, deren Laufkatze mit Aufzugsvorrichtung versehen ist, ist die Aufzugsstelle, soweit sie an derselben Stelle bleibt und dauernd die gleiche ist, zu umwehren. Wenn derartige Bahnen über Verkehrs- und Arbeitsstellen hinwegfahren, so sind sie mit Sicherheitsvorkehrungen auszurüsten, die im Falle eines Bruchs der Seile oder Ketten die Transportwagen auffangen.

An jeder Aufzugsstelle sind Tafeln anzubringen mit der Aufschrift „Vorsicht, Aufzug. Zulässige Belastung ... kg. Personenbeförderung verboten."

Bei Hängebahnen, deren Wagen durch Personen fortbewegt werden, sind die in Kopfhöhe liegenden Weichenspitzen in geeigneter Weise zu schützen." (§ 39)

In Düngerfabriken geschieht der Transport der Materialien, namentlich der des aufgeschlossenen Superphosphats, jetzt vielfach mittels der Hängebahnen. Die Wagen werden in der Regel, um beim Lagern der Ware die volle Schuppenhöhe auszunutzen, durch einen Aufzug bis zur Dachhöhe gefahren, hier von Arbeitern in Empfang genommen und über die Laufbühnen hinweg an diejenigen Stellen des Schuppens geschafft, wo die Wagen ausgekippt werden sollen. Um die Arbeiter gegen das Herabfallen von den hohen Bühnen zu schützen, müssen Einfriedigungen an den Bühnen oder Fangroste neben denselben angebracht werden. Die Einfriedigungen sind wegen der geringen Breite, welche die Laufbühnen oft nur haben, beim Umkippen der tief hängenden Wagen sehr hinderlich oder gar unausführbar. Einfriedigungen, die an den Kippstellen entfernt werden müssen, erfüllen ihren Zweck nur mangelhaft oder gar nicht, denn gerade beim Entleeren und Wiederaufrichten der Kipptröge befindet sich der Arbeiter an ungeschützter Stelle.

Fig. 129 und 130 zeigen an der einen Seite Geländer, an der anderen Seite der Bühne einen Fangrost, der ebenfalls noch durch ein Geländer ge-

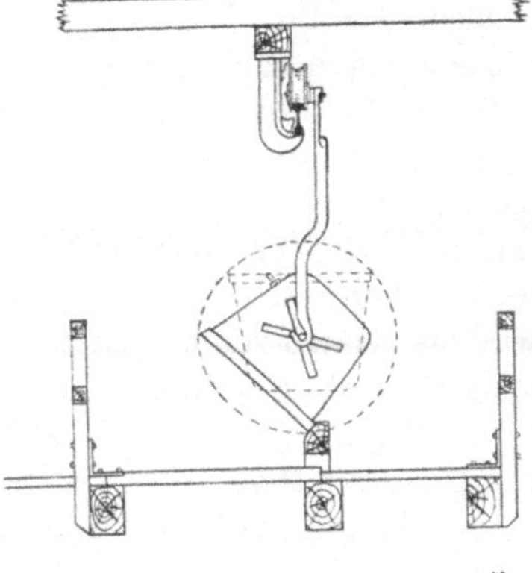

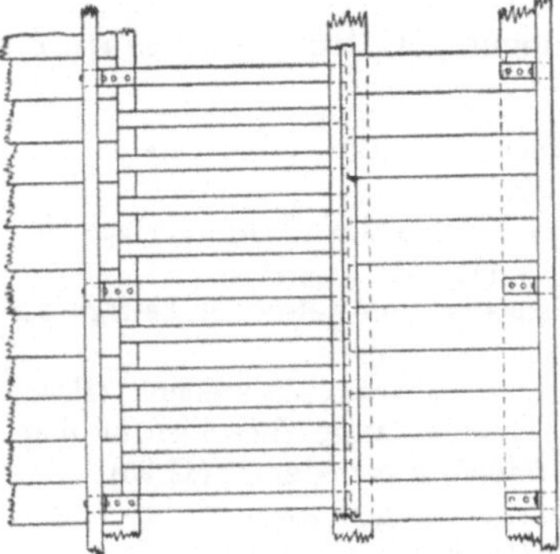

Fig. 129 u. 130.

schützt ist. Diese Anordnung wird von der Firma *A. W. Mackensen*, Maschinenfabrik und Eisengießerei in Schöningen ausgeführt.

Fig. 131 und 132 zeigen einen Rost aus diagonal durchschnittenen Vierkanthölzern von 120 mm im Quadrat, welche von Mitte zu Mitte in Entfernungen von 300 mm verlegt sind; dies hat den Vorzug, daß kein Material auf dem Rost liegen bleibt und die Arbeiter nicht daraufgehen können.

Fig. 133 und 134 verdeutlichen eine Anordnung, wie sie bei ganz schmalen Bühnen und besonders auch bei solchen getroffen werden kann, die für sonstige Zwecke begangen werden müssen. Hier befinden sich an beiden Seiten feste Geländer, und das Auskippen der Wagen geschieht über eine Schurre, die nach Bedarf von einer zur anderen Stelle verschoben werden muß.

Bei Hängebahnen empfiehlt sich zur Verhütung des Absturzens die Verwendung von zwei Rollenpaaren an den Hängewagen, wobei je zwei Rollen zu beiden Seiten der

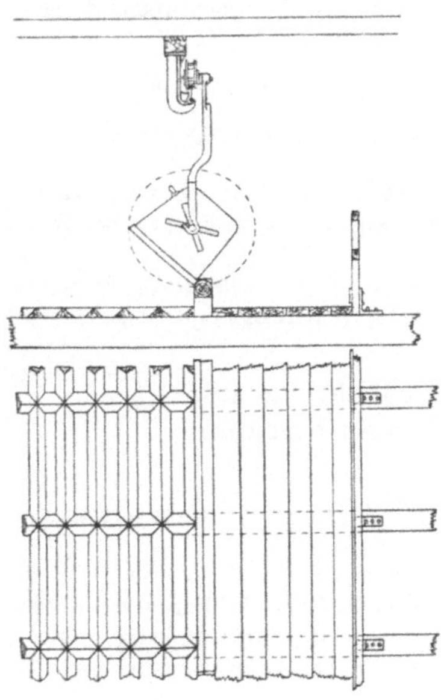

Fig. 131 u. 132.

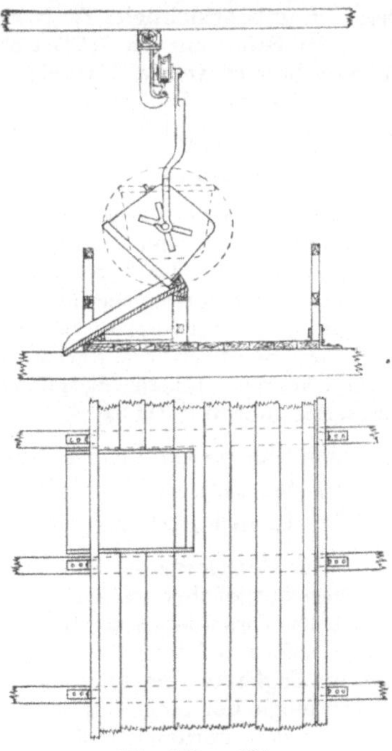

Fig. 133 u. 134.

I-förmigen Schiene und dicht an dem Steg laufen. Größer ist die Gefahr des Herabfallens an den Weichen, die daher besonders sicher gebaut sein müssen. Zur Verhütung des Ausspringens der Wagen ist eine Gegenschiene anzubringen. Statt der unsicheren Einlegung der Weichenzungen mit der Hand sind mechanische Klappweichen anzuwenden, die vom ankommenden Wagen eingelegt werden und nach Durchlaufen desselben den anderen Schienenstrang für den Verkehr wieder freigeben. Wenn die Wagen periodisch auch in beiden Richtungen verkehren, wird die Klappweiche mit einer über kleine Röllchen geführten Schnur verbunden, mit der der Arbeiter die Klappweiche niederlegen kann, ehe er den Wagen über die Weiche führt. Es ist ferner zweckmäßig, eine Vorrichtung zum selbsttätigen Schließen der aufgeklappten Weiche für den Fall anzubringen, daß der Wagen gegen deren Spitze fährt.

Für die Arbeitnehmer gelten folgende Bestimmungen für Normalspurbahnen:

„Das Stehenbleiben und Gehen innerhalb der Gleise, sowie das Überschreiten derselben vor einem herannahenden Zuge ist verboten." (II 91)

„Das Fortbewegen der Wagen durch Personen darf nur von der Seite oder von hinten geschehen. Das Drücken an Puffern ist verboten." (II 92)

„Das Besteigen oder Verlassen eines Wagens, solange er sich schneller bewegt, als ein Fußgänger gehen kann, ist verboten." (II 93)

„Das Durchkriechen unter den Wagen ist verboten, selbst wenn sie stehen." (II 94)

„Das Gleis der Drehscheiben und Schiebebühnen muß, solange dieselben nicht in Gebrauch sind, in der Richtung des Zufahrtstranges festgelegt werden." (II 95)

„Wagen sind für die Dauer eines längeren Stillstandes durch geeignete Vorrichtungen gegen ein unbeabsichtigtes Fortbewegen festzustellen." (II 96)

„Bei Befahren von Gefällen ohne Lokomotive müssen die Wagen durch geeignete Mittel gebremst werden." (II 97)

„Gleise, wie Schienenstöße, ferner Weichen, Kreuzungen, Drehscheiben, Schiebebühnen mit Anschlüssen daran sind stets gut in Stand zu halten." (II 98)

für Schmalspur-, Roll-, Hänge-, Seil- und Kettenbahnen:

„Die Führer des Zuges haben sich vor der Fahrt davon zu überzeugen, daß die Wagen festgekuppelt sind." (II 85)

„Die Führer des Zuges haben die Pflicht, die innerhalb der Gleise verkehrenden Personen durch Zuruf oder durch ein deutliches Signal auf die Annäherung des Zuges rechtzeitig aufmerksam zu machen." (II 86)

„Bei Befahren von Kurven, welche nicht von allen Seiten vollständig übersehen werden können, müssen die Führer des Zuges rechtzeitig Warnungssignale geben und langsamer fahren." (II 87)

und die vorstehenden Bestimmungen unter II 93, 95, 96.

In den neuen Vorschriften wird noch allgemein bestimmt:

für Rangierarbeiten:

„Das Rangieren der Eisenbahnwagen darf nur unter Leitung von damit vertrauten Personen ausgeführt werden.

Beim Verschieben der Eisenbahnwagen dürfen die Arbeiter nur von der Seite angreifen, sofern auf demselben Gleise gleichzeitig sich noch andere Wagen befinden. Ebenso darf die Zugkette, wenn mit Zugtieren rangiert wird, nur an der Seite befestigt werden; es sind möglichst lange Zugorgane zu verwenden. Das Schieben oder Ziehen durch Arbeiter an den vorderen Puffern ist verboten.

Bei vorhandenem Gefälle sind die ohne Motor fortbewegten Wagen zu bremsen. Das Durchkriechen unter Eisenbahnwagen, die in ihrer Lage nicht gesichert sind, ist verboten.“ (§ 75)

für Gleisbahnen:

„Die Führer eines Transportzuges oder einzelner Wagen haben die Pflicht, beim Durchfahren von Kurven, welche nicht von allen Seiten übersehen werden können, langsam zu fahren, Warnungssignale zu geben und auch auf freier Strecke bezw. dem Fabrikgelände die zwischen den Gleisen oder in deren Nähe verkehrenden Personen durch Zuruf oder Signal rechtzeitig zu warnen.

Das Besteigen oder Verlassen eines Wagens, solange dessen Geschwindigkeit die des Fußgängers übersteigt, ist verboten.

Für die Dauer eines längeren Stillstandes, z. B. beim Be- oder Entladen, sind die Wagen gegen unbeabsichtigtes Fortbewegen zu sichern.

Die Gleise der Schiebebühnen und Drehscheiben sind, solange sie sich nicht in Gebrauch befinden, in der Richtung des Zufahrtstranges festzustellen.“ (§ 76)

In den besonderen Vorschriften für Düngerfabriken einschließlich Thomasschlackenmühlen findet sich noch folgende Bestimmung:

„Bei Fabrikbahnen mit Handtransport sollen die Wagen in solchen Entfernungen voneinander und überhaupt derart fortbewegt werden, daß eine Verletzung der Arbeiter durch den nachfolgenden Wagen ausgeschlossen erscheint. Das Aufstellen oder Aufsitzen auf freirollende Wagen oder deren Gestelle ist untersagt, wenn nicht Brems- oder Signalvorrichtungen vorhanden sind.“ (§ 12)

„Bei Hänge- und Seilbahnen ist das zu starke Schwanken der Wagen sowie das schnelle Durchfahren der Kurven und Weichen zu verbieten. Es sind Einrichtungen zu treffen, durch die ein Ausgleisen an den Weichen nach Möglichkeit vermieden wird. Bei letzteren ist eine Sicherung anzubringen, welche eine Verletzung durch die freischwebenden Spitzen der Weiche ausschließt“ (c 13).

„Feststehende Arbeits- und Laufbühnen von mehr als 1 m Höhe müssen entweder eingefriedigt oder mit Fangrost oder einer ähnlichen Sicherheitseinrichtung versehen werden.“ (§ 9)

„Laderampen müssen von den äußersten Teilen der Eisenbahnwaggons eine Entfernung von mindestens 40 cm haben. Die zur Zeit des Erlasses dieser Vorschriften bereits vorhandenen Rampen werden von dieser Vorschrift nicht betroffen, doch ist, sofern derartige Rampen einen geringeren Abstand haben, Vorsorge zu treffen, daß beim Wagenschieben niemand an die nach der Rampe gelegene Seite tritt.“ (§ 10)

„Das Fortbewegen von Eisenbahnwagen durch Personen darf nur von der Seite oder von hinten geschehen. Sind mehrere Wagen auf demselben Geleise zu bewegen, so müssen sie entweder gekuppelt sein oder in einem Abstande von mindestens drei Wagenlängen voneinander gehalten werden.

Das Los- und Festkuppeln darf nur durch die dazu bestimmten Arbeiter erfolgen.“ (§ 11)

„Bei Fabrikbahnen mit Handtransport müssen die Wagen in solchen Entfernungen voneinander und überhaupt derart fortbewegt werden, daß eine Verletzung der Arbeiter durch den nachfolgenden Wagen ausgeschlossen erscheint.

Das Aufstellen oder Aufsetzen auf freirollende Wagen oder deren Gestell ist untersagt, wenn nicht Brems- oder Signalvorrichtungen vorhanden sind.“ (§ 12)

„Bei Hänge- und Seilbahnen ist das zu starke Schwanken der Wagen, sowie das schnelle Durchfahren der Kurven und Weichen zu verbieten. Es sind Einrichtungen zu treffen, durch die ein Ausgleisen an den Weichen nach Möglichkeit vermieden wird. Bei letzteren ist eine Sicherung anzubringen, welche eine Verletzung durch die freischwebende Spitze der Weiche ausschließt.“ (§ 13)

9. Andere Arbeitsmaschinen.

a) Allgemeines.

Es ist eine selbstverständliche Forderung der Unfallverhütungsfürsorge, daß der an einer Maschine tätige Arbeiter imstande sein muß, im Falle der Gefahr die Maschine so schnell wie möglich zum Stillstand zu bringen. Hierzu genügt es nicht, wenn der Arbeiter oder seine Mitarbeiter durch Rufen oder andere Signalisierung den Wärter der Betriebsmaschine veranlassen, diese stillzusetzen, oder wenn die Transmission ausgerückt wird, denn dann werden die hierdurch getriebenen Arbeitsmaschinen nicht schnell genug außer Bewegung kommen, sondern noch einige Zeit nachlaufen, so daß die Gefahr nicht so rasch beseitigt wird, um z. B. den in seine Maschine geratenen Arbeiter vor schweren Verletzungen zu retten. Auch durch das unmittelbare Abstellen der Arbeitsmaschine wird nicht immer der zur Abwendung der Gefahr notwendige Stillstand sofort erzeugt. Allerdings kommt es hierbei auf die besondere Arbeitsweise und Laufgeschwindigkeit der Arbeitsmaschine an. Sehr rasch laufende Maschinen, wie Zentrifugen, Ventilatoren, Kreissägen, Abrichtmaschinen werden nach ihrer Ausrückung noch längere Zeit weiterlaufen, wenn sie nicht abgebremst werden. Dagegen werden Walzen, Mischmaschinen und sonstige langsamer sich bewegende und mit größerem Widerstand arbeitende Maschinen kurz nach dem Ausrücken zum Stillstand kommen, sie bedürfen also keiner Bremsung.

Wichtig ist auch, daß der Arbeiter die Ausrückvorrichtung seiner Maschine auch bedienen kann, wenn er vielleicht schon in sie geraten ist; die Vorrichtung muß also leicht erreichbar sein. Sie muß in der ausgerückten Stellung auch gesichert sein, so daß sie nicht vielleicht durch eine unbeabsichtigte Bewegung, durch Erschütterung u. dgl. sich wieder selbst einrückt und die Maschine dann plötzlich in Gang gerät.

Von diesen Erwägungen ausgehend, bestimmen die von der Berufsgenossenschaft erlassenen Unfallversicherungsvorschriften allgemein:

„Jede von einer Wellenleitung aus angetriebene Arbeitsmaschine ist mit einer Ausrückvorrichtung zu versehen, falls die Arbeitsmaschinen nicht in Serien gebraucht und gleichzeitig ausgerückt werden.

Die Ausrückvorrichtung muß vom Standplatz des Arbeiters aus bequem gehandhabt werden können; sie muß sicher wirken und so gebaut sein, daß eine Selbsteinrückung ausgeschlossen ist.

Die Führung der Antriebsriemen auf die feste und lose Riemenscheibe, mit Ausnahme der Stufenscheiben, muß mittelst fest angebrachtem Ausrücker erfolgen." (I 64)

„Die vorgeschriebenen Ausrück- und Bremsvorrichtungen sind stets in gutem Zustande zu erhalten und wo die Ausrück- und Bremsvorrichtungen nicht ständig in Gebrauch sind, solche auf ihre Wirksamkeit zeitweise zu prüfen." (I 68)

Die neuen Vorschriften lauten:

„Jede von einer Wellenleitung aus angetriebene Arbeits- oder Werkzeugmaschine muß eine zuverlässige Ausrückvorrichtung haben, die vom Stand des Arbeiters aus bequem gehandhabt werden kann. Ausnahmen hiervon sind zulässig, wo mehrere Maschinen, die eine ineinandergreifende Arbeit verrichten, durch gemeinschaftlichen Antrieb zu einer Gruppe vereinigt sind, in der sie stets nur gleichzeitig arbeiten. Für solche Gruppe genügt eine gemeinschaftliche Ausrückvorrichtung.

Maschinen mit besonders hoher Gefahr, wie Walzwerke, bei denen das Material direkt mit den Händen an der gefährlichen Stelle zugeführt werden muß und sich die Gefahr durch Schutzvorrichtungen nicht vollständig beseitigen läßt, sind mit leicht erreichbarer Momentausrückung oder Bremsvorrichtung zu versehen." (§ 34)

Wie bei den Transmissionen sind auch bei den Arbeitsmaschinen die Triebwerksteile mit Schutzvorrichtungen zu versehen.

Die berufsgenossenschaftlichen Unfallversicherungsvorschriften bestimmen allgemein:

„Alle im Verkehrsbereiche liegenden Riemenscheiben, Zahnräder, Friktionsscheiben und Schneckengetriebe sind zweckentsprechend zu umwehren." (I 65)

„Keile und Stellringschrauben sind entweder versenkt anzuordnen oder es sind deren hervorstehende Teile glatt zu verkleiden." (I 66)

Die Sicherung erfolgt in gleicher Weise wie bei den gleichartigen Teilen der Transmissionen (S. 109).

Die neuen Vorschriften lauten eingehender:

„An allen Arbeits- und Werkzeugmaschinen, auch an solchen mit Hand- oder Fußbetrieb, sind die freiliegenden Zahnräder, Friktionsscheiben und Schneckenräder derart mit Schutzvorrichtungen zu versehen, daß weder die an den Maschinen beschäftigten Arbeiter noch Vorübergehende durch diese Teile verletzt werden können.

In gleicher Weise müssen alle anderen bewegten Teile, soweit ihr Verwendungszweck es zuläßt, geschützt werden.

Für Schwungräder, Riemenscheiben, Riemen usw. gelten sinngemäß die Bestimmungen für Kraftmaschinen und Transmissionen.

Einfüll- und Entleerungsöffnungen an Maschinen, bei deren Bedienung die Hände durch Schnecken, Walzen, Rührflügel oder dgl. gefährdet werden, sind durch Schutztrichter, Schutzroste, zwangläufige Verschlußdeckel usw. so zu sichern, daß die gefährlichen Stellen während des Ganges nicht berührt werden können." (§ 35)

Ferner sind wie bei den Transmissionen die an den Triebwerksteilen vorzunehmenden Arbeiten möglichst nur beim Stillstand auszuführen.

Die berufsgenossenschaftlichen Vorschriften verlangen:

„Ausbessern, Schmieren und Putzen der Maschine während des Ganges ist zu verbieten; sofern aber das Ölen und Schmieren einzelner Teile der Arbeitsmaschine während des Ganges erforderlich ist, sind geeignete Einrichtungen zu treffen, welche diese ohne Gefahr ermöglichen." (I 67)

Die neuen Vorschriften bestimmen:

„Das Ausbessern und Schmieren, die Beseitigung von Verstopfungen und anhaftenden Materialteilen darf während des Ganges der Maschinen nur geschehen, soweit damit keinerlei Gefahr verbunden ist. Maschinen, wie Walzen, Brechwerke, Wölfe usw., sind stets abzustellen, wenn Materialteile nicht erfaßt werden, die nur mit den Händen entfernt werden können.

Das Putzen und Reinigen der Maschinen während des Ganges ist verboten." (§ 71)

Die zweckmäßig zu verwendenden Schutzvorrichtungen sind bereits bezeichnet worden (S. 107ff.) oder werden bei Erörterung der einzelnen Maschinenarten angegeben.

In den neuen Vorschriften ist den Arbeitern geboten:

„Die Benutzung von Arbeits- und Werkzeugmaschinen ist nur den dazu befugten Arbeitern gestattet.

Sobald die Arbeit an Maschinen, die nicht selbsttätig weiter arbeiten, unterbrochen wird, hat der Arbeiter vor dem Verlassen seiner Arbeitsstelle die Maschine auszurücken.

Jeder an einer Maschine beschäftigte Arbeiter hat die daran befindlichen oder ihm zur Benutzung überwiesenen Schutzvorrichtungen gewissenhaft zu verwenden." (§ 70)

b) Eisenbearbeitungsmaschinen.

Von diesen interessieren hier nur die Drehbänke, Bohrmaschinen, Schleifsteine und Schmirgelmaschinen.

Bei den Drehbänken und Bohrmaschinen sind hauptsächlich die Zahnräder abzudecken; bei den ersteren sind auch vorstehende Schrauben der Mitnehmer und Spannfutter zu vermeiden, also entweder neue Formen dieser Teile mit vollkommen glatter runder Außenfläche anzuwenden oder die vorhandenen gefährlichen Formen nachträglich durch Blech- oder Holzhüllen glatt und rund zu gestalten.

Die berufsgenossenschaftlichen Vorschriften bestimmen:

„Bei Bohrmaschinen ist die Befestigung des Bohrers ohne hervorstehende Teile zu gestalten und sind die Antriebsräder der Bohrspindel zu verdecken." (I 69)

Fig. 135 veranschaulicht eine Zahnradverkleidung, die aus einem Blechgehäuse besteht, das die Zahnräder umschließt und mit einer Klappe versehen ist, um die Räder schmieren zu können.

Bei den Schleifsteinen und Schmirgelmaschinen entstehen Unfälle durch Zerspringen der Schleifscheibe und durch Hineingeraten zwischen sie und die Auflage. Der beim Trockenschleifen entstehende Staub ist sehr gesundheitsschädlich, weshalb seine Absaugung notwendig ist).

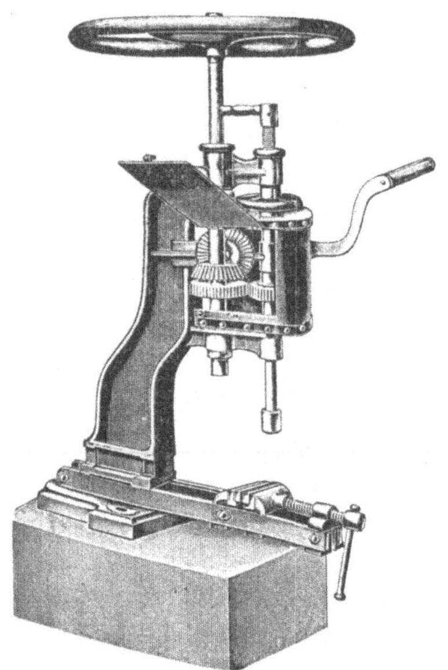

Fig. 135.

Das Hineingeraten zwischen Schleifscheibe und Auflage kommt bei den Handschleifmaschinen vor und ist zu verhüten durch Rundhalten des Schleifsteines und zweckmäßige Ausbildung der Vorlage, die stets dicht an den Stein herangestellt werden muß. Das Rundmachen der Schleifsteine durch Behauen mit dem Handmeißel gefährdet durch abfliegende Splitter die Augen, die daher durch Brillen zu schützen sind; auch ist der entstehende Staub gesundheitsschädlich. Gut sind besondere Abdreh- und Aufrauheapparate, letztere zum Rauhmachen von Schmirgelscheiben.

Das Zerspringen der Steine und Schmirgelscheiben wird durch schlechtes Material, schlechte Befestigung auf der Welle, heftigen Stoß infolge Einklemmen eines Stückes zwischen Stein und feste Vorlage und durch zu große Umlaufsgeschwindigkeit herbeigeführt. Die Befestigung auf der Welle muß so erfolgen, daß keine Spannungen in der Scheibe entstehen; das Festschlagen auf einer Vierkantwelle durch Keile ist daher unzulässig.

Die zulässige Umlaufsgeschwindigkeit richtet sich nach dem Material der Schleifscheibe. Um in jedem Fall Sicherheit gegen das Wegfliegen von Sprengstücken zu haben, werden die Schmirgelscheiben mit festen Schutzkappen versehen; auch für Schleifsteine werden solche vielfach angewendet.

Die berufsgenossenschaftlichen Vorschriften bestimmen:

„Die zulässig größte Geschwindigkeit für Schleifsteine und Schmirgelscheiben ist wesentlich von der Güte des Materials, der Konstruktion der Maschine und der Art der Verwendung abhängig, deshalb nur von Fall zu Fall unter sachverständiger Leitung festzustellen.

Es darf angenommen werden, daß bei Anwendung nur guten Materials folgende Umlaufsgeschwindigkeiten ohne Gefährdung der Arbeiter zugelassen werden können:

bei Sandsteinen höchstens 12,5 m in der Sekunde;

bei Schmirgelscheiben:

a) beim Naßschleifen höchstens 12,5 m in der Sekunde;

b) beim Trockenschleifen höchstens 25 m in der Sekunde." (I 77)

Weiter ist vorgeschrieben:

„Durch . Motoren bewegte, zum Nachschleifen von Werkzeugen bestimmte Schleifsteine dürfen nur mit Hilfe von Druckscheiben, nicht aber mittelst Holzkeilen auf der Welle befestigt werden.

Die Druckscheiben müssen mittelst Schraubenmuttern angezogen

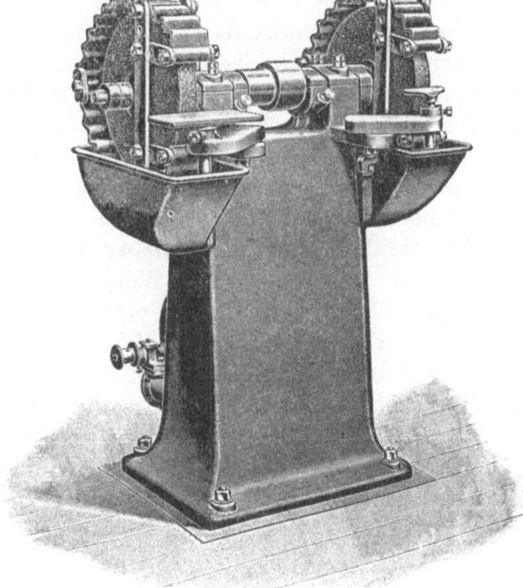

Fig. 186.

werden. Zwischen Druckscheiben und Stein sind elastische Zwischenlagen einzulegen.

Die Schleiffläche der Schleifsteine ist möglichst glatt und rundlaufend zu erhalten." (I 75)

und

„Bei den Schmirgelmaschinen müssen die Schmirgelscheiben von 200 mm Durchmesser aufwärts, soweit es die auf ihnen auszuführenden Arbeiten gestatten, mit entsprechend starken Schutzkappen versehen sein. Die Schmirgelscheibe muß leicht auf die Spindel zu schieben sein. Sie darf auf letzterer nur mit Druckscheiben befestigt werden, die etwa den halben Durchmesser der Schmirgelscheibe haben und mittelst Schraubenmuttern angezogen werden müssen.

Zwischen Befestigungs- und Schmirgelscheibe sind elastische Zwischenlagen einzulegen.

Jede neue Schmirgelscheibe muß, bevor sie in Gebrauch genommen wird, durch ein unter Beobachtung der nötigen Vorsichtsmaßregeln zu veranstaltendes Probelaufen, womöglich mit erhöhter Umlaufsgeschwindigkeit, auf ihre Festigkeit geprüft werden." (I 76)

Eine gute Sicherheit gegen das Wegfliegen von Sprengstücken bildet die kegelförmige Gestaltung der Seitenflächen, wie es bei Schmirgelscheiben vielfach ausgeführt wird. Die beim Zerspringen entstehenden Stücke können dann nicht aus den Seitenbacken herausfliegen.

Fig. 136 veranschaulicht eine Schmirgelmaschine mit Schutzhauben aus Wellblech nach einer Ausführung der *Vereinigten Schmirgel- und Maschinen-Fabriken* in Hannover-Hainholz.

c) Holzbearbeitungsmaschinen

haben für die chemische Industrie insofern Bedeutung, als sie zur Anfertigung von Kisten und anderen Verpackungen, von Gestellen, Verschlägen, in der Zündholzfabrikation zur Herstellung der Holzstifte und Schachteln dienen.

Die Gefährlichkeit dieser Maschinen liegt hauptsächlich in der großen Geschwindigkeit, mit der sich die sägenden oder schneidenden Werkzeuge bewegen müssen, und die bei Kreissägen bis zu 65 m in der Sekunde steigt. Da das zu bearbeitende Holz diesen schnellbewegten Werkzeugen meist mit der Hand zugeführt wird, kann diese leicht in das Bereich der gefährlichen Teile geraten. Es ist daher möglichst eine mechanische Zuführung des Holzes anzuordnen, was bei den Gattersägen ohnedies geschieht, sonst aber nur bei der Massenfabrikation durchführbar ist. Das Vorwärtsbewegen des Holzes erfolgt dann selbsttätig durch Walzen, zwischen die es gesteckt wird. Bei der großen Gefährlichkeit der Holzbearbeitungsmaschinen empfiehlt es sich, an ihnen nur Arbeiter zu beschäftigen, die die nötige Übung und Kenntnis für ihren Gebrauch haben. Man sollte an den Maschinen Schilder anbringen, auf denen mit Namen diejenigen Arbeiter bezeichnet sind, welche die Maschinen benutzen dürfen. Die Werkzeuge der Maschine müssen gut gerichtet und scharf sein, da stumpfe Werkzeuge bei der nicht gleichmäßigen Struktur des Holzes, das manchmal noch mit Ästen durchsetzt ist, zu Stößen und zum Einklemmen führen, wodurch die Gefahr erhöht wird.

Die Maschinen müssen recht gut gehalten sein, namentlich ist auf häufiges Reinigen, Beseitigen der Abfälle zu achten: auf dem Maschinentisch dürfen nicht unnötig Arbeitsstücke oder Werkzeuge liegen, die durch Anstoßen usw. in die Werkzeuge geraten können.

Die Schutzvorrichtungen sollen kräftig gebaut und möglichst selbsttätig sein. Wenn der Arbeiter die Schutzvorrichtung für jedes neue, dem vorher behandelten nicht gleiches Arbeitsstück von neuem einstellen muß, dann kommt er leicht dazu, sich diese Arbeit zu sparen und die Schutzvorkehrung außer Gebrauch zu setzen. Die beweglichen Schutzdeckungen der Werkzeuge sollen so eingerichtet sein, daß sie während des Nichtgebrauchs der Maschine das Werkzeug selbsttätig vollkommen zudecken, gleichgültig ob dieses abgestellt ist oder weiterläuft.

Die Ausrückvorrichtungen der Maschinen müssen sicher und schnell wirken. Beim Abstellen der Maschine laufen die Werkzeuge der Kreissägen, Bandsägen, Hobel- und Fräsmaschinen infolge ihrer großen Geschwindigkeit noch einige Zeit nach; der Arbeiter ist dann leicht verführt, dieses Auslaufen durch Andrücken eines Holzstückes an das Werkzeug oder an die Antriebsscheiben abzukürzen, wobei die Gefahr eintritt, daß der Arbeiter selbst in diese Teile gerät oder das zum Abbremsen benutzte Holzstück ihm aus der Hand gerissen und gegen ihn oder andere Arbeiter fliegt. Es sind daher einfache Bremsvorrichtungen anzubringen, die durch Bremshebel auf die Antriebsscheibe wirken.

Für die verschiedenen besonderen Arten der Holzbearbeitungsmaschine ist noch folgendes zu beachten:

Kreissägen. Die bei diesen Maschinen eintretenden Unfälle werden fast ausschließlich verursacht:

a) durch das Hineingeraten der Hände in das raschbewegte Sägeblatt beim Zuführen des Holzes;

b) durch das gewöhnlich aus Unvorsichtigkeit entstehende Hineinlangen in die Säge;

c) durch das zu sägende Holzstück, das von den vorn laufenden oder von den hinten aufsteigenden Zähnen des Sägeblatts erfaßt und zurückgeschleudert werden kann;

d) durch Hineingeraten in den unteren Teil der laufenden Säge beim Wegräumen des Sägemehls aus dem Raum unter der Maschine.

Das Hineingeraten der Hände beim Vorwärtsschieben des Holzes und das Hineinlangen in das laufende Sägeblatt läßt sich durch Schutzüberdeckungen der Sägescheibe verhüten, die je nach der Verwendung der Säge und je nach der Strenge der an die Schutzvorrichtungen gestellten Anforderung verschiedene Form erhalten. Eine vollkommene Schutzvorrichtung muß haltbar sein, also einfache und kräftige Bauart besitzen; sie muß das Auswechseln des Blattes gestatten, sich für Längs- und Querschneiden beliebig geformter und beliebig starker Hölzer eignen, beim Nichtgebrauch der Säge den Zugang zu allen Zähnen und beim Schneiden zu denjenigen Zähnen der über dem Tisch befindlichen Teile des Sägeblatts abschließen, die nicht in das Holz eingreifen, und auch das zurückgeschleuderte Holz aufhalten.

Eine Schutzabdeckung, die diesen Bedingungen in vollem Umfang entspricht, gibt es nicht; man wird daher von Fall zu Fall diejenige Konstruktion wählen müssen, die nach ihrer besonderen Verwendung die Unfallsicherheit am besten gewährleistet.

Die allgemeinen berufsgenossenschaftlichen Unfallverhütungsvorschriften verlangen:

„Die Kreissägen sind mit Schutzhaube (möglichst selbsttätig) und Spaltkeil und unter dem Tisch mit Schutzkasten oder Schutzscheiben um das Sägeblatt auszurüsten. Für Kreissägen, bei denen die Schutzhaube auch den hinteren Teil des Sägeblattes bedeckt, ist der Spaltkeil nicht erforderlich." (I 70)

Eine schwere Gefahr besteht darin, daß beim Vorwärtsschieben des Holzes dieses an der Schnittfläche von den hinten aufsteigenden Zähnen des Sägeblattes nach oben genommen und dann nach vorn gegen den Arbeiter geschleudert wird.

Diese Gefahr beseitigt der in den Unfallverhütungsvorschriften vorgeschriebene Spaltkeil, welcher außerdem noch Schutz gegen ein Hineingreifen in den hinteren Teil des Sägeblattes bietet.

Der Spaltkeil muß genügend breit und widerstandsfähig, am besten aus
Stahlblech, gefertigt und seine Stärke gleich der Schränkung der Säge (Schnitt-
breite), aber nicht größer als diese sein; seine Schneide und Höhe muß sich
dem Zahnkranz des Sägeblattes möglichst anschließen. Auch ist besonders

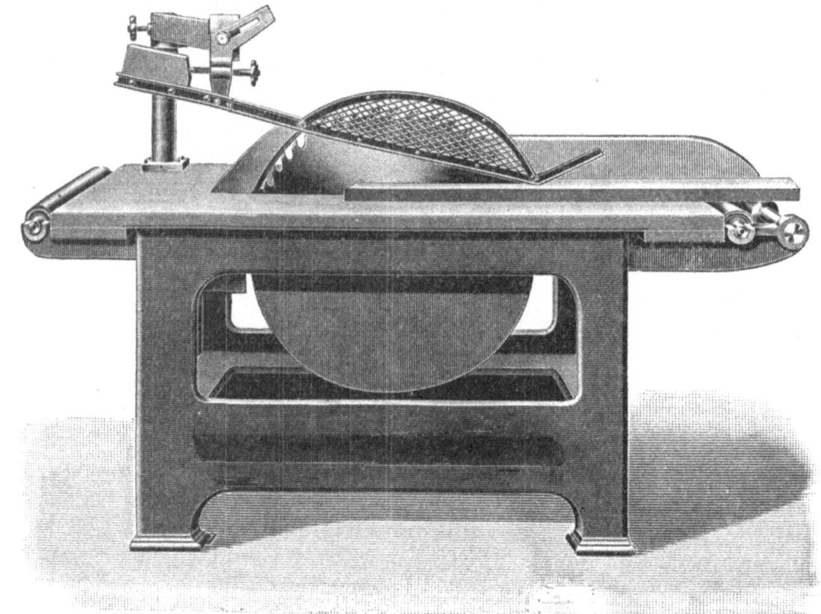

Fig. 137.

darauf zu achten, daß der Spaltkeil genau in die Ebene des Sägeblattes fest
zu stehen kommt.

Werden Sägeblätter verschiedenen Durchmessers verwendet, so muß der
Spaltkeil stets dicht an das Blatt heran-
gerückt werden; dann muß er also sowohl
in senkrechter, wie in wagerechter Richtung
verstellbar sein.

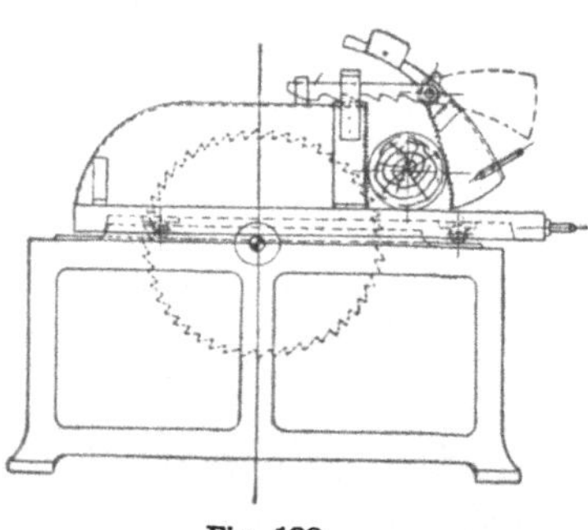

Fig. 138.

Eine Kreissäge mit Spaltkeil und Schutz-
abdeckungen veranschaulicht Fig. 137 nach
einer Ausführung der Maschinenfabrik von
A. Goede in Berlin, eine Säge zum Querschneiden mit Einspannvorrichtung und
Schutzhaube zeigt Fig. 138, wie sie von *Hofmann* in Aue hergestellt wird.

Um aus Klobenholz Faßstücke oder
Schindeln zu schneiden, werden Kreissägen mit Vorschubwagen verwendet,
auf die der Kloben eingespannt wird, so daß er nicht während des Schneidens
mit den Händen festgehalten zu werden braucht. Die Schutzkappe ist auf
dem Wagen befestigt und bedeckt im Nichtgebrauch das Kreissägenblatt voll-

ständig. Bei Sägen, die nur zum Querschneiden benutzt werden, kann statt des Spaltkeils die Schutzkappe auch den hinteren Teil des Sägeblattes fest abdecken, da das zu sägende Holz nicht bis an die Stelle geschoben zu werden braucht. Gewöhnlich werden dann die der Quere nach zu schneidenden Holzstücke mittels Zuführungsvorrichtung dem Sägeblatt zugebracht, so daß die Hände in gesicherter Entfernung von diesem bleiben.

Kreissägen, deren Wellenlager nicht in feststehenden, sondern in schwingbaren Hebeln angebracht sind, werden als Kappsägen oder Pendelsägen ausgeführt; als Schutzvorrichtung ist eine Umkleidung des Sägeblattes anzubringen.

Beim Wegräumen der angehäuften Sägespäne oder Aufheben von zufällig unter den Kreissägentisch gefallenen Gegenständen läuft der Arbeiter Gefahr, an den unter dem Tisch laufenden Teil des Sägeblattes zu kommen und von ihm verletzt zu werden. Es muß daher auch dieser Teil umkleidet werden, was jedoch nicht durch eine geschlossene Kappe geschehen kann, da das Sägemehl durchfallen muß. Es werden daher Blech- oder Holzstücke angebracht, die nicht mehr als 10 cm voneinander entfernt sein dürfen und mindestens 5 cm über den Zahnkranz hinausreichen müssen. Statt dieser seitlichen Verkleidung ist auch eine vollständige Umkleidung des ganzen unteren Teiles des Sägetisches zulässig. Das Mittelteil der Wand wird dann mit zwei Klappen oder Türen versehen, deren obere zum Lösen der Befestigungsschraube des Sägeblattes und Auswechseln desselben, deren untere zum Herausholen des Sägeblattes abnehmbar sein muß.

Die Bandsägen können nicht nur durch die Zähne des Sägeblatts, sondern auch durch die sehr schnell umlaufenden Sägescheiben und durch einen Bruch des Sägeblattes den Arbeiter gefährden; es ist daher am besten, sowohl die beiden Scheiben, als auch die senkrechten Sägeblatteile, und zwar den aufsteigenden Blattlauf ganz und den niedergehenden bis dicht über der Arbeitsstelle zu verkleiden.

Damit der Arbeiter nicht unter dem Maschinentische von dem Sägeblatt verletzt werden oder in die Radspeichen der unteren Sägescheibe geraten kann, ist vor der Scheibe eine Schutzwand anzubringen, die auch verhindert, daß ein vom Sägetisch zufällig herabfallendes Holzstück zwischen die Radspeichen fällt und die untere Sägescheibe zertrümmert. Da die Sägeblätter manchmal zerspringen und die abgerissenen Enden dann den Arbeiter an der Maschine oder in der Nähe befindliche Personen verletzen können, ist über der oberen Sägescheibe ein eiserner Schutzbügel oder an ihr eine Schutzkappe aus Drahtgeflecht, gelochtem Blech oder Gußeisen anzubringen.

Die berufsgenossenschaftlichen Vorschriften verlangen:

„An Bandsägen ist das Sägeblatt derart zu verkleiden, daß nur der zum Schneiden nötige Teil frei bleibt und der Arbeiter gegen Verletzungen durch das Abspringen des Sägeblattes geschützt ist. Die untere Sägescheibe ist nach der Arbeitsseite hin ganz zu verkleiden." (I 71)

Diese Schutzvorrichtungen müssen so eingerichtet sein, daß sich das Sägeblatt bequem auswechseln läßt. Fig. 139 zeigt ein Beispiel einer gut gesicherten Bandsäge. Die untere Bandscheibe ist durch einen Holzkasten *a* abgedeckt, die obere durch ein Gitter, das Sägeband am hinteren Teil durch Leisten *b*, am vorderen durch Leisten *e* und oben durch einen Bügel *c*. Die Bandleiste *e* am niedergehenden Bandlauf *d* läßt sich aber immer noch ein Stückchen des Sägeblattes am Sägetisch bis zum Ende der Leiste frei. Beim Sägen liegt je nach der Dicke des Holzes ein Teil dieses Blattstückes im Holz, der dann noch freibleibende Teil ist besonders gefährlich, da der Arbeiter beim Bewegen des Holzes meist in die unmittelbare Nähe der Sägezähne kommt. Um diese Gefahr auch zu beseitigen, kann eine in der Höhe verstellbare Schutzleiste nach der Angabe von *Rehse* angebracht werden.

Gattersägen kommen kaum in Fabriken der chemischen Industrie vor, weshalb hier darauf nicht einzugehen ist. Im Bedarfsfall würde die für den Bezirk des Betriebes zuständige Holz-Berufsgenossenschaft Auskunft über die anzubringenden Schutzvorrichtungen geben können.

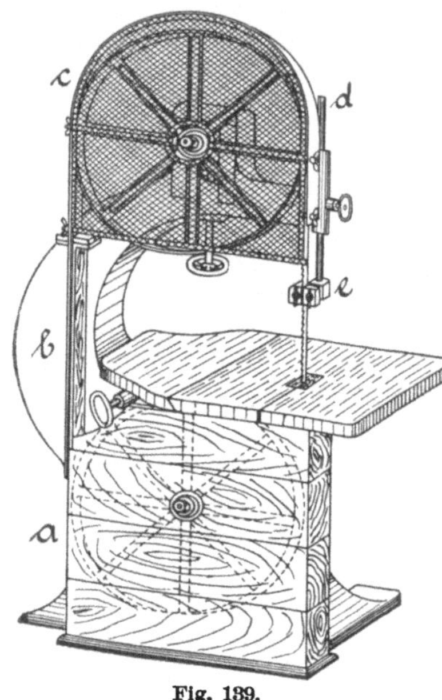

Fig. 139.

Außerordentlich gefährlich sind die Abrichthobelmaschinen mit vierkantiger Messerwelle, wenn der Arbeiter das zu hobelnde Holz mit den Händen über die Messerspalte wegschiebt, da er dabei mit den Fingern leicht durch Abrutschen oder bei dem nicht selten vorkommenden Zurückschleudern des Holzes in die Spalte und zwischen die rasch umlaufenden Messer geraten kann. Um diese Gefahr möglichst einzuschränken, muß die Messerspalte recht schmal gehalten und nach den berufs-

Fig. 140.

genossenschaftlichen Vorschriften mit einer Schutzvorrichtung verdeckt werden. (I 72) Letztere ist am besten so zu gestalten, daß sie während des Nichtgebrauchs der Maschine selbsttätig die Spalte vollständig zudeckt und während des Hobelns von dieser nur so viel freigibt, als der Breite des Holzstückes entspricht und somit durch dieses selbst abgedeckt wird. Fig. 140

veranschaulicht nach einer Ausführung von *C. Blumwe & Co.* in Bromberg-Prinzental eine Schutzhaube, welche sich selbsttätig hebt, wenn das Holz dagegengeschoben wird.

Bei Hobel-, Kehl-, Nut- und Spundmaschinen mit selbsttätigem Walzenvorschub sind die gezahnten Vorschubwalzen durch Kappen abzudecken.

Wenn Hölzer auf der Abrichtmaschine hochkantig zu bearbeiten sind, muß gewöhnlich das Holzstück neben dem Schutzblech über die Messerspalte geführt werden, die Schutzvorrichtung muß dann so gestaltet sein, daß sie seitlich ausweichen kann. Selbsttätig sich einstellende Schutzvorrichtungen sind in jedem Fall den vom Arbeiter einzustellenden vorzuziehen, da letztere, um sich Mühe zu sparen, gern das Einstellen so vornehmen, daß die Schutzvorkehrung für die meisten Arbeiten unwirksam wird.

Seit einigen Jahren ist die Gefahr der Abrichtmaschinen wesentlich durch die Anordnung **runder Messerwellen** vermindert worden, die auch sauberere Arbeit leisten als die Vierkantwellen. Die höheren Anschaffungskosten werden durch Verwendung dünnerer Messer, die sich gut bewährt haben, aufgewogen. Diese Sicherheitswellen werden jetzt von vielen Fabri-

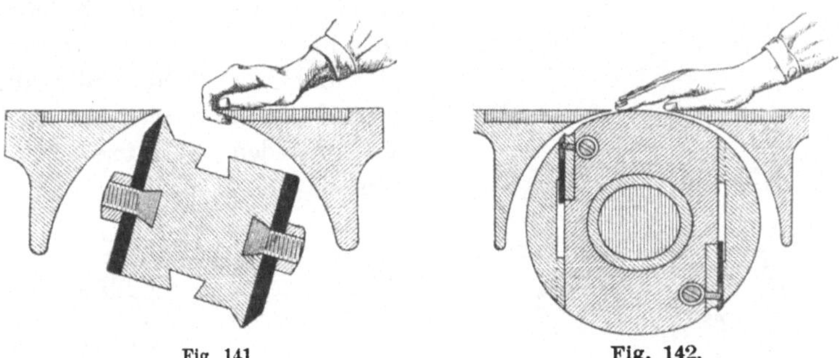

Fig. 141.Fig. 142.

kanten ausgeführt; sie müssen eine fast volle Zylinderfläche darbieten, aus der die Messerschneiden nur ganz wenig vorstehen; diese können dann nur leichte Verletzungen hervorrufen, während bei der Vierkantwelle gewöhnlich das Abschneiden oder Zertrümmern ganzer Fingerglieder eintritt. Die Fig. 141 und 142 veranschaulichen die Verschiedenheit der Gefährlichkeit beider Arten.

Sehr dünne oder sehr kurze Holzstücke müssen auf der Abrichtmaschine mit Hilfe von Einspannvorrichtungen und Zuführungsladen bearbeitet werden, welche der Hand gestatten, in gesicherter Entfernung von dem Messerspalt zu bleiben.

Beim Kehlen und Nuten auf Abrichtmaschinen müssen die Messer weit vorstehen, und die Tischspalte muß weit auseinandergezogen werden; dadurch erhöht sich die Gefahr des Wegschleuderns. Es muß daher bei solcher Arbeit ein Kehldruckapparat verwendet werden, der das zu bearbeitende Holzstück fest auf den Maschinentisch preßt.

Fräsmaschinen bieten auch die Gefahr, daß der Arbeiter bei der Zuführung des Holzes vom raschumlaufenden Werkzeug verletzt wird. Auch kommen Unfälle durch Herausschleudern der Messer vor. Eine sichere Befestigung der Fräsmesser ist daher Bedingung. Weiter muß vom Fräskopf durch eine Schutzkappe oder einen Schutzring so viel wie möglich abgedeckt werden. Da die Werkzeuge des Fräsers in sehr verschiedenen Formen angewendet werden, so sind auch die Schutzvorrichtungen sehr verschieden gestaltet.

Wird mit Profilmessern gearbeitet, so darf das Holz nicht mehr mit der Hand gegen sie gedrückt werden, sondern es sind Druckapparate anzuwenden.

d) Zerkleinerungsmaschinen, Mahlwerke, Walzen, Kalander, Knet- und Mischmaschinen, Schneidemaschinen, Pressen.

Allgemeine Maßnahmen.

Von den zum Zerkleinern von Stoffen der verschiedensten Art benutzten Maschinen werden in der chemischen Industrie besonders Brechwerke, Kollergänge, Walzen-, Schleuder- und Schlagkreuzmühlen, Kugel- und Rohrmühlen, Stampf- und Pochwerke benutzt. Die Zerkleinerungsvorrichtungen und Mahlanlagen sind in einer von *Carl Naske* bearbeiteten Einzeldarstellung der Chemischen Technologie behandelt, so daß hierauf verwiesen werden kann. Es sind hier daher nur diejenigen besonderen Vorkehrungen zu betrachten, die dem Schutze der Arbeiter dienen.

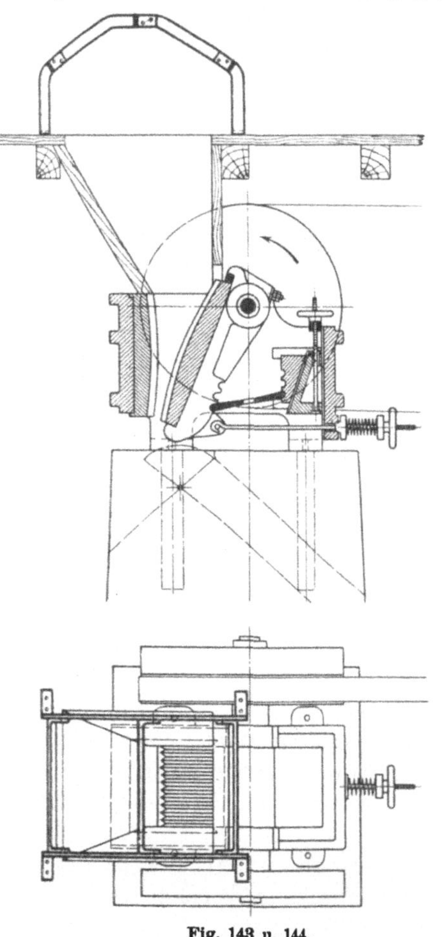

Fig. 143 u. 144.

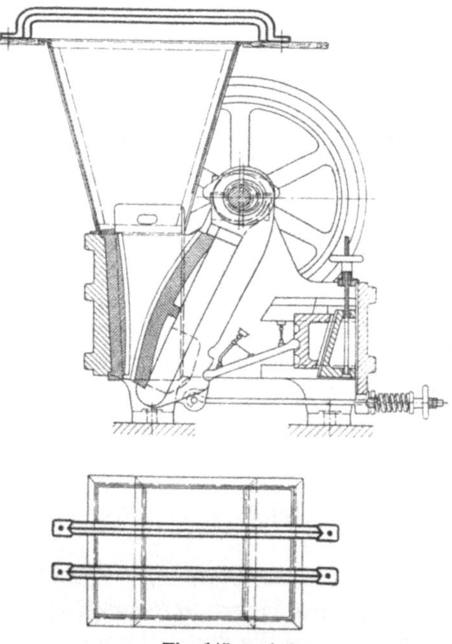

Fig. 145 u. 146.

Die berufsgenossenschaftlichen Unfallverhütungsvorschriften fordern allgemein:

„Die Einfüll- und Entleerungsöffnungen an Zerkleinerungsmaschinen, Brechwerken, Kugelmühlen, Desintegratoren, Knet- und Mischmaschinen und sonstigen Rührapparaten usw. sind möglichst so einzurichten, daß der Arbeiter mit den gefährlichen Stellen nicht in Berührung kommen kann.

Der Weg der Becher, Transportgurte und Transportschnecken ist in ausreichender Weise zu sichern.

Das Nachstoßen der Einfüllmasse darf nur mittelst geeigneter Werkzeuge erfolgen.

Störungen an den Maschinen durch Verstopfen dürfen nur bei Stillstand der Maschine beseitigt werden.“ (I 78)

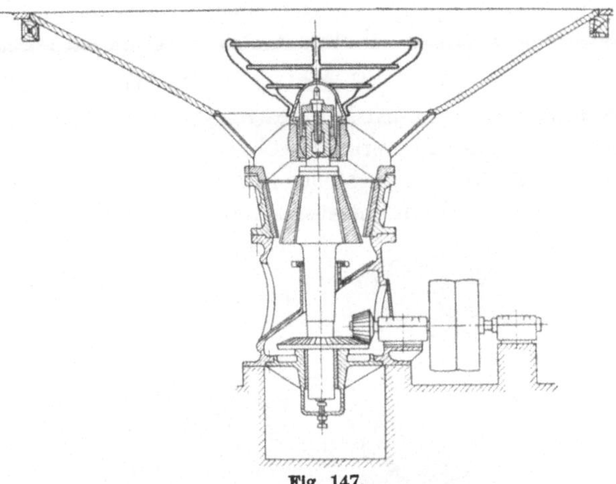

Fig. 147.

Wenn beim Einbringen der zu zerkleinernden Stoffe in die Maschine die Arbeiter Gefahr laufen, in die Einwurfsöffnung zu geraten, wie es namentlich der Fall ist, wenn diese im Fußboden sich befindet, um das Material leicht einschaufeln oder hineinschieben zu können, so müssen über der Öffnung Schutzroste oder Schutzbügel aus kräftigen Eisenteilen angebracht werden, deren freie Öffnungen nicht so groß sein dürfen, daß man mit dem Körper durchrutschen kann, und die so hoch über den gefährlichen Maschinenteilen (Brechbacken, Walzen usw.) liegen müssen, daß, wenn die Arbeiter beim Hineinrutschen in die Öffnung an den Schutzteilen gehalten wird, die Füße nicht von diesen gefährlichen Teilen erfaßt werden können. Fig. 143 bis 146 veranschaulichen Backenbrecher mit Schutzbügel. Fig. 147 bis 149 Kreiselbecher mit Schutzrosten.

Bei Kollergängen, die selbsttätig beschickt werden, können die Läufer am besten ganz in ein Blech- oder Drahtgeflechtgehäuse eingeschlossen werden. Erfolgt das Aufgeben jedoch mit der Schaufel, so ist um die Läufer-

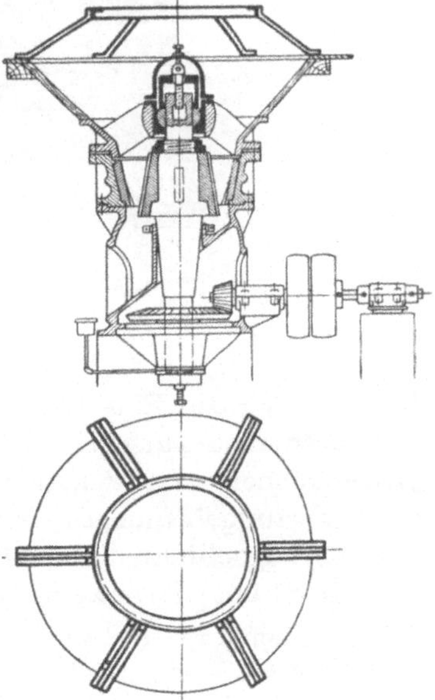

Fig. 148 u. 149.

bahn ein hoher Blechkranz anzubringen und zum Schutz gegen Hineinfallen eine Sicherung durch Schutzstangen aus Flach- oder Rundeisen anzuordnen, wie Fig. 150 veranschaulicht.

Die berufsgenossenschaftlichen Vorschriften fordern für Kollergänge:

„Sofern der Rand der Läuferteller an Läuferwerken nicht mindestens 90 cm über dem Fußboden liegt, ist das Läuferwerk mit einem Schutzring zu umgeben.

Müssen zum Schmieren der Kollergänge die Teller derselben betreten werden, so ist der Antrieb derselben in solcher Weise außer Tätigkeit zu setzen, daß eine Inbetriebsetzung ohne Wissen des betreffenden Arbeiters ausgeschlossen ist." (I 80)

Bei Kegel-, Rohr- und Schleudermühlen (Desintegratoren), Schlagkreuz- und Walzenmühlen erfolgt die Beschickung mit dem zu zerkleinernden Material gewöhnlich derart, daß die Arbeiter hierbei nicht mit den Zerkleinerungsteilen in Berührung kommen können. Ist im einzelnen Fall diese Gefahr nicht ausgeschlossen, so sind Geländer, Schutzstangen anzu-

Fig. 150.

bringen, auch die Eingabetrichter so anzuordnen, daß die Arbeiter nicht mit den Füßen in sie rutschen oder mit den Händen in sie bis zu den Gefahrstellen greifen können. Es ist auch zu beachten, daß der Arbeiter beim Greifen in die Entleerungsöffnungen, wie es z. B. zum Beseitigen von Verstopfungen manchmal geschieht, nicht bis zu laufenden Maschinenteilen gelangen kann.

Für Stampfwerke verlangt die Berufsgenossenschaft:

„An Stampfwerken ist der Weg der Hebedaumen abzusperren, sobald derselbe im Verkehrsbereich liegt." (I 79)

Für Düngerfabriken mit Knochenverarbeitung einschließlich der Thomasschlackenmühlen verlangen die berufsgenossenschaftlichen Vorschriften:

„Brech- und Quetschwerke müssen vom Stand des Arbeiters aus leicht außer Betrieb gesetzt werden können und gegen das selbsttätige Einrücken gesichert sein." (§ 3, § 1)

„An Brech- und Quetschwerken, Kugelmühlen und Becherwerken soll die Einschüttöffnung umfriedigt oder mit genügend engem Rost verdeckt oder in sonstiger Weise gesichert sein.

Der Weg der Becher, Transportgurte und Transportschnecken ist in ausreichender Weise zu sichern." (§ 4, § 2)

„Desintegratoren müssen in der Regel unabhängig vom übrigen Betrieb abgestellt werden können. Sofern eine Abstellvorrichtung nur mit erheblichen Schwierigkeiten herzustellen ist, muß ein Signal zur Abstellung der Dampfmaschine gegeben werden können oder eine Vorrichtung zum Abwerfen der Riemen angebracht sein.

Die Desintegratoren mit den darauf sitzenden Riemenscheiben und Antriebsriemen sind gegen gefährdende Berührung zu sichern." (§ 5, § 3)

„Der Antrieb der Kugelmühlen muß sorgfältig eingefriedigt sein." (§ 4)

Knet-, Meng- und Mischmaschinen bieten hauptsächlich die Gefahr, daß der Arbeiter von den bewegten Knetarmen erfaßt wird, wenn er in den Trog greift, um die Masse zu verteilen, ihr vielleicht Stoffe zuzuführen. Da beim Erfaßtwerden der Arme und Hände diese gewöhnlich sehr schwer verletzt werden, so ist das Hineingreifen in die bewegte Maschine unter allen Umständen zu verhindern. Das bloße Verbot nützt nicht viel, es muß durch mechanische Einrichtung unmöglich gemacht werden, daß der Trog zugänglich ist, solange die Flügel sich bewegen. Daher ist es geboten, einen Schutzdeckel anzubringen, der den Trog zwangläufig abschließt, solange die Flügel laufen, der sich also nie öffnen läßt, wenn vorher die Antriebsvorrichtung der Flügel ausgerückt wird, und der ferner erst geschlossen werden muß, ehe sich diese Antriebsvorrichtung wieder einrücken läßt. Wenn behufs Entleerung des Trogs die Knetarme mechanisch bewegt werden müssen, dann muß allerdings der Schutzdeckel sich öffnen lassen, aber es ist das nur so weit zu ermöglichen, daß die Masse sich entleeren kann, wobei der Trog gekippt ist. Das Hineinfassen in diesen von den Seiten her ist dabei durch Schutzbügel zu verhindern. Fig. 151 u. 152 veranschaulichen eine solche Anordnung nach einer Ausführung von *Werner & Pfleiderer* in Cannstatt. In Fig. 151 ist der Deckel geschlossen, in Fig. 152 der Deckel geöffnet dargestellt. Bei der seltener angewendeten Knetmaschine mit Auspreßapparat bietet dessen Schnecke Gefahr, weshalb sie abzudecken ist.

Wenn während des Ganges der Knetmaschine in den Trog Materialien nachgefüllt werden müssen, so ist der Schutzdeckel mit Gitteröffnungen zu versehen, die jedoch nicht so groß gemacht werden dürfen, daß man die Hand durchstecken kann.

Bei einigen Bauarten von Knetmaschinen wird der Trog nicht umgekippt, sondern ausgefahren, dann aber sind die Knetarme nicht mehr gefährlich, da sie hochgehoben und daher außer Gang gebracht werden.

In den berufsgenossenschaftlichen Vorschriften wird weiter bestimmt:

„Werden von den im Gange befindlichen Zerkleinerungsmaschinen, Brechwerken, Kugelmühlen, Desintegratoren, Knet- und Mischmaschinen Stücke des Zerkleinerungsgutes oder demselben beigemengte Fremdkörper nicht erfaßt, so sind diese Stücke oder Fremdkörper nur während des Stillstandes zu entfernen.

Ein Nachstoßen des Einfüllgutes ist nur mittelst geeigneten Werkzeuges gestattet." (II 67)

Zum Lockern festgeklemmter Stücke werden Haken, Eisenstangen, zum Herausholen Zangen verwendet, namentlich bei den Walzen.

Walzen werden zum Zerkleinern, Kneten und Mischen, Formgeben, Glätten, Pressen und Drücken verwendet. Bei Walzen und Kalandern besteht die Hauptgefahr darin, daß der Arbeiter beim Einführen des zu bearbeitenden Gegenstandes oder beim Nachstopfen, Zurechtlegen mit der Hand zwischen die Walzen gerät und in sie eingezogen wird. Bei unter dem Fußboden angeordnetem Walzwerke ist auch zu verhüten, daß der Arbeiter zwischen die Walzen rutscht oder fällt. Es wird daher zunächst darauf hinzuwirken sein, durch mechanische Zuführungseinrichtungen den Arbeiter vom Walzeneingriff fernzuhalten. Wenn dies sich nicht einrichten läßt, dann muß der Einlauf möglichst unzugänglich für die Hände und Füße gemacht werden.

Das Hineinrutschen und Hineinwerfen läßt sich manchmal durch die Anwendung von Einwurftrichtern verhüten, die so verengt sind, daß der menschliche Körper oder die Hand an dieser Stelle festgehalten wird. Diese müssen dann aber so weit entfernt von dem gefährlichen Walzeneingriff liegen, daß die Füße oder

Fig. 151 u. 152.

Fingerspitzen nicht in diesen geraten können. Hierzu ist im ersten Falle eine Verengung von höchstens 0,3 m Weite in einer Entfernung von höchstens 1 m über dem Walzeneinlauf, im zweiten Fall eine Verengung von höchstens 7 cm Weite in einer Entfernung von 15 cm anzuordnen.

Größere Fülltrichteröffnungen für unter dem Boden liegende Walzwerke müssen mit Schutzrost und hochkantliegenden Flacheisenstäben von nicht unter 7 cm Breite und 1,5 cm Dicke versehen werden, die so hoch zu legen sind, daß in ihnen bis zum Walzeneinlauf wieder mindestens 1 m Entfernung ist. Je nachdem dieser Einlauf mehr oder weniger unter dem Fußboden liegt, entstehen Schutzroste, die über diesem gar nicht vorstehen (Fig. 153 u. 154) oder erhöht sind (Fig. 155 u. 156). Im letzteren Fall muß das Hineinrutschen von der Seite her durch wagerechte Stäbe verhütet werden. Die Roststäbe dürfen dabei nur 20 cm voneinander entfernt sein. Lassen sie sich, ohne den Betrieb zu erschweren, in 70 mm Entfernung voneinander anbringen, dann ist

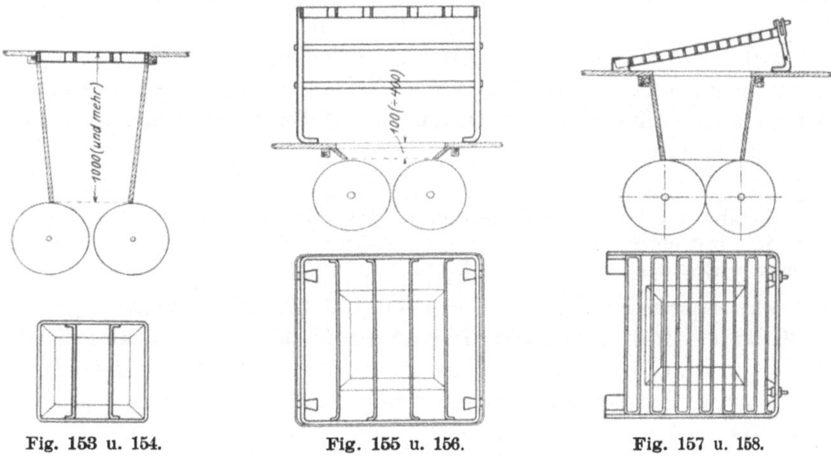

Fig. 153 u. 154.   Fig. 155 u. 156.   Fig. 157 u. 158.

ein Durchtreten nicht möglich, und der Schutzrost braucht dann nur wenig erhöht zu werden. Manchmal ist es zweckmäßig, den Schutzrost schräg zu legen, um zähes und feuchtes Material besser in die Walze zu bringen (Fig. 157 und 158).

Die Schutzeinrichtungen am Einlauf von Walzen, die zum Kanten, Mischen, Glätten, Pressen, Drücken, Formgeben verwendet werden, richten sich nach der Arbeitsweise und der Art des Materials. Sie bestehen in Schutzblechen, Leisten, Stangen, die so vor dem Einlauf liegen, daß sie die Finger nicht bis zu ihnen vordringen lassen, aber das Durchführen des Materials ungehindert gestatten. Oder es werden Schutzroste angebracht, die sich beim Anlaufen der Walzen so weit auf dem entsprechend lang gemachten Zuführungstisch hinabbewegen, daß der Arbeiter am Arm festgehalten wird und mit den Fingern nicht zu den Walzen gelangen kann.

Bei manchen Walzen, wie z. B. den Staubwalzen, läßt sich über dem Einlauf ein Trichter mit enger Spaltöffnung anbringen, an den sich ein Blech ansetzt, das haubenförmig über die beiden Walzen greift und so gegen deren Berührung schützt.

Zweckmäßig ist es, die Sicherungseinrichtungen mit der Antriebsvorrichtung zu verbinden und so weit beweglich zu machen, daß, wenn die Hand oder der Arm zu weit gegen den Walzeneinlauf vordringt, unter dem auf den Sicherungsteil ausgeübten Druck dieser etwas angehoben wird und dabei auf den Antrieb, also auf eine Kuppelung oder Riemenantrieb durch Los- und Festscheibe so einwirkt, daß der Antrieb ausgerückt wird und die Maschine zum Stillstand kommt. Da es sich bei diesen Walzen gewöhnlich um Maschinen handelt, die mit größerem Widerstand laufen, so bleiben sie beim Ausrücken sofort stehen, so daß die Gefahr beseitigt ist. Sollte dies nicht eintreten, so wäre noch eine gleichzeitig mit der Ausrückung in Tätigkeit tretende Bremse anzuordnen.

Bei der Ausrüstung der Walzmaschinen mit Sicherungseinrichtungen am Einlauf ist noch darauf zu achten, daß auch das Hineingreifen von der Seite her durch Schutzabsperrungen verhindert wird.

Manche Walzwerke lassen sich mit Sicherungen am Einlauf gar nicht oder nur in unvollkommener Weise versehen. Für diesen Fall bestimmen die allgemeinen Unfallverhütungsvorschriften der Berufsgenossenschaft der chemischen Industrie:

„Walzen und Kalander müssen, wo die Eigenart des Materials dieses bedingt und sich die Gefahr der Walzen durch geeignete Schutzvorrichtungen nicht vollständig beseitigen läßt, mit einer vom Standpunkte des Arbeiters bei der Arbeit leicht erreichbaren und sofort wirkenden Ausrück- oder Bremsvorrichtung versehen sein." (I 82)

Solche Ausrückvorrichtungen werden z. B. bei den Gummi- und Zelluloid-Walzwerken angebracht, bei denen das klebrige Material die Hände leicht mit in den Einlauf zieht und andererseits Einrichtungen, die die Zugänglichkeit zum Walzeneingriff für die Hände verhindern, nicht angebracht werden können. Da solche Walzen wegen des von ihnen zu überwindenden starken Widerstandes gewöhnlich mittelst Klauenkuppelung angetrieben werden, so ist eine schnelle Ausrückung während des Ganges mit besonderen Schwierigkeiten verbunden. Es werden daher Momentausrückungen angeordnet, die so eingerichtet sind, daß sie der Arbeiter von jeder Stellung am Walzwerk aus durch Schlag auf eine gespannte Leine, Ziehen an solcher, Treten auf eine Schiene rasch zur Wirkung bringen kann. Selbst wenn beide Hände von den Walzen ergriffen sein sollten, kann der Verunglückte doch noch die Maschine stillsetzen, indem er sich mit dem Oberkörper über die Leine wirft. Eine solche Ausrückung zeigt z. B. Fig. 159 in einer Ausführung von *Friedr. Krupp* in Magdeburg-Buckau nach Angabe von *Nitschke*. Die *Mannheimer Gummi-, Guttapercha- und Asbestfabrik* benutzt zum Ausrücken eine über die Walze angeordnete Stange aus Gasrohr, deren Berührung ein Gestänge herabfallen läßt, das dann die Kuppelung ausrückt.

Bei Waschwalzen einer Gummifabrik ist die für sie ohnehin notwendige Wasserleitung benutzt worden. Parallel zu dieser ist eine Nebenleitung verlegt, die über jede Walze durch einen Hahn mit der Hauptleitung verbunden ist. Wird von einer Walze aus durch Zug an der Ausrückleine ein Hahn geöffnet, so strömt das Wasser aus der Hauptleitung in die Nebenleitung und gelangt von dieser aus gegen eine Schwinge, die dann sich bewegt und ein Fallgewicht auslöst, das die Antriebskuppelung sofort ausrückt.

Auch für Riemenantrieb werden solche Momentausrückungen verwendet, die ein Fallgewicht auslösen, das auf die Riemengabel wirkt und den Riemen von der Fest- auf die Losscheibe zieht. Eine solche Einrichtung baut z. B. *H. Rost & Cie.* in Harburg a. E.

Durch solche Vorkehrungen wird zwar den ganz schweren Unfällen, wie Armverlusten oder Todesfällen, die durch das Weiterlaufen der Walzen verursacht werden, vorgebeugt; gegen das Hineingeraten der Finger oder Hände in den Walzeneinlauf bieten sie keinen Schutz. Denn die Ausrückvorrichtung wird gewöhnlich erst in Anwendung gebracht werden, wenn die Finger von den Walzen erfaßt sind, ein Unfall also bereits eingetreten ist. Es sind daher folgende andere Maß nahmen ergriffen worden:

Der Stand des Arbeiters vor den Walzen muß ein sicherer sein, unebener oder glatter Fußboden gibt zum Stolpern und Ausgleiten Veranlassung und erhöht dadurch die Unfall gefahr. Häufig sind die Fundamentplatten der Walzwerke am Arbeiterstande spiegelblank und empfiehlt sich dort die Befestigung eines Gummibelages. Der Arbeitsstand darf

Fig. 159.

sich nicht zu nahe vor den Walzen befinden; er muß, namentlich bei kleineren Walzwerken, so angeordnet sein, daß der Arbeiter, um den Walzenmund zu erreichen, gezwungen ist, sich vorzubeugen oder die Arme auszustrecken. Steht der Arbeiter bei kleineren Walzwerken zu dicht vor der Walze, so befinden sich seine Hände meist in unmittelbarer Nähe des Walzeneinlaufs, über welchem sich dann auch die Hauptarbeit abwickeln wird. Die geringste Unachtsamkeit, ein Ausgleiten, ein Fehlgriff oder ein sonstiger Umstand kann zur Folge haben, daß die Finger von den Walzen erfaßt und eingezogen werden. Recht große Walzwerke, bei denen die Walzen großen Durchmesser haben und hoch gelagert sind, bieten geringere Gefahren als kleine, niedrig gebaute Walzwerke, weil bei ersteren die Arbeit hauptsächlich an der oberen Vorderseite der ersten Walze ausgeführt wird und der Walzenmund ohne besondere Absicht nicht erreicht werden kann. Bei solchen großen Walzwerken wird, außer einer zuverlässigen Momentausrückung, in der Regel der unterhalb der Walzen befindliche Behälter für das Gummimaterial als genügender Schutz angesehen werden können, wenn der Rand dieses Kastens mindestens 80 cm über dem Fußboden und so weit vor den Walzen liegt, daß dem Arbeiter dadurch ein gesicherter Platz in genügender Entfernung vom Walzenmunde angewiesen ist, der Kastenrand also gewissermaßen eine Brustwehr bildet.

Die gleiche Sicherheit, wie sie große Walzwerke bieten, läßt sich auch für weniger große und kleine Walzwerke erzielen. Vor den Walzen werden dann Vertiefungen angebracht, die den Stand für den Arbeiter bilden; die Tiefe und Länge der Gruben hängt von den Abmessungen der Walzwerke ab. In einer größeren Gummifabrik haben sich folgende Abmessungen bewährt: Höhe vom Boden der Vertiefung bis Oberkante Walze 120 bis 125 cm; Entfernung vom Walzenmunde bis Vorderkante der Vertiefungen 60 cm; Breite der Vertiefungen etwa 40 cm; die Länge derselben richtet sich nach der Länge der Walzen.

Solche Vertiefungen lassen sich indes nicht überall anbringen, teils wegen der Fundamentplatten, teils auch, wenn gerade an dieser Stelle die Transmission im Fußboden gelagert ist. Auch können diese Vertiefungen, je nach der Anordnung der Walzwerke und der Verkehrswege, Vorübergehenden Anlaß zum Fallen geben. Wenn also die Vertiefungen seitlich nicht durch die vorspringenden Walzenböcke gedeckt sind, so müssen Schutzwände neben ihnen angebracht werden.

Mit Erfolg hat man auch da, wo die Oberkante der Walzen nicht wenigstens 130 cm über dem Fußboden liegt, statt der Vertiefung Brüstungsstangen zu beiden Seiten des Walzwerks an dessen Lagerböcken befestigt und dem Arbeiter hierdurch seinen Platz in bestimmter Entfernung vom Walzenmunde angewiesen. Die Stangen bestehen aus $1^{1}/_{2}$zölligen Gasrohren, die sich auch nachträglich an vorhandenen Walzwerken leicht anbringen lassen; ihre Entfernung von den Walzen wird zweckmäßig durch Versuche den verschiedenen Betriebsverhältnissen angepaßt. Eine Höhe vom Fußboden von etwa 100 cm, sowie eine Entfernung vom Walzenmunde von 70 cm oder mehr, hat sich in einer Gummifabrik gut bewährt.

Solche Brüstungsstangen bieten dem Arbeiter bei seiner Beschäftigung, ohne dabei hinderlich zu sein, einen willkommenen Stützpunkt; der Oberkörper bekommt einen festeren Halt, wodurch das Stehen weniger ermüdend wirkt. Außerdem werden die Stangen gleichzeitig zum Ablegen der zu bearbeitenden oder in Arbeit befindlichen Materialien benutzt, was wiederum zur Erleichterung der Arbeit beiträgt.

Wenn die Arbeitsweise die Anbringung solcher Brüstungsstangen nicht gestattet, dann kann statt deren eine Klappe vorgelegt werden, die je nach Bedarf höher oder tiefer gestellt wird, aber stets so, daß sie noch Schutz bietet. Diese von *Heinrich Traun & Söhne* in Harburg a. E. bei ihren Gummiwalzen ausgeführte Einrichtung hat die Firma noch durch eine über den Walzenmund gelegte feste Schutzstange ergänzt, an der der Arbeiter beim Ausgleiten noch einen Halt finden kann.

Wenn bei Walzwerken oder anderen Maschinen das Mahlgut von den Speise- und Arbeitswalzen nicht gefaßt wird, so darf das Nachdrücken nicht mit der Hand erfolgen, sondern es muß ein geeignetes Gerät (Holzstößel) benutzt werden. Die Maschinenfabrik *Wilhelm Rivoir* in Offenbach a. M. liefert eine Speisevorrichtung für Walzen, bei der das Nachstopfen durch einen mechanisch auf- und niedergehenden Stößel ausgeführt wird. Der Fülltrichter wird dann abgeschlossen, das Einfüllen erfolgt durch ein Rohr, das ein Hineinstecken der Hand bis zu den Walzen nicht gestattet. Um nötigenfalls nachsehen zu können, läßt sich der Einfülltrichter aufklappen.

Die Hauptgefahr der Pressen, Stanzen und Fallhämmer besteht darin, daß der Arbeiter beim Halten oder Zurechtlegen des Werkstückes oder beim Wegnehmen des bearbeiteten Gegenstandes oder sonst bei einer Verrichtung unter dem stoßenden Werkzeug von diesem getroffen wird.

Die von der Berufsgenossenschaft erlassenen Vorschriften fordern:

„Stanzmaschinen sind tunlichst mit einer Schutzvorrichtung zu versehen, welche eine Verletzung der Hände durch die Stanze ausschließt.

Exzenter- und Kurbelpressen sind tunlichst mit einer Schutzvorrichtung zu versehen, welche ein Erfaßtwerden der Hand durch den Stempel ausschließt.

Bei Spindelpressen mit Balancier, sofern letzterer sich bei der Arbeit in Kopfhöhe des Arbeiters bewegt, ist der Weg der Kugeln resp. Handstangen zu sichern." (I 74)

Die besondere Gestaltung der Schutzvorrichtung richtet sich nach Art und Verwendungsweise der Maschinen. Es gibt zurzeit eine so große Zahl bewährter Schutzvorkehrungen, daß für jeden Fall eine brauchbare, die Arbeit nicht hindernde Vorrichtung gewählt werden kann.

Da genannte Maschinen für die Bearbeitung der verschiedensten Stoffe verwendet werden, so haben sich mehrere Berufsgenossenschaften mit der Einführung zweckmäßiger Schutzvorrichtungen befaßt. Es kann daher nur empfohlen werden, im Einzelfall den Lieferanten der Maschine zu verpflichten, eine gute Sicherung anzubringen, wie sie z. B. für Eisen- und Metallbearbeitung von den Eisen- und Stahl- und den Metall-Berufsgenossenschaften, für Papier von der Papierverarbeitungs-Berufsgenossenschaft, für Leder von der Bekleidungsindustrie-Berufsgenossenschaft verlangt wird.

Bei Filterpressen, die für sich wenig ungefährlich sind, treten Unfälle ein durch Abspringen der Schraubenschlüssel beim Anziehen oder Lösen der Befestigungsschrauben und durch Umfallen der schweren Preßplatten. Es empfiehlt sich daher, statt des Zuschraubens von Hand die Bewegung der Schraubenmuttern durch Rädervorgelege mit Handkurbel oder durch Andrehklinke zu bewirken.

Wie die Pressen und Stanzen, so finden auch die Schneidemaschinen Verwendung für die verschiedenartigsten Materialien.

Die Unfallverhütungsvorschriften bestimmen allgemein:

„Schneidemaschinen jeder Art müssen tunlichst mit einer Schutzvorrichtung versehen sein, welche Verletzungen durch die Messer während des Ganges ausschließt." (I 73)

An Bauarten solcher Schutzvorrichtungen fehlt es nicht; es wird also wieder nur gut sein, wenn der Lieferant der Maschine verpflichtet wird, eine zweckmäßige Sicherung mitzuliefern, wie sie von den verschiedenen Berufsgenossenschaften, z. B. der Papierverarbeitungs- und Bekleidungsindustrie-Berufsgenossenschaft für Papier und Leder verlangt werden.

Besondere Maßnahmen.

Die Zerkleinerungs-, Knet- und Mischmaschinen, Form- und Sortiermaschinen einiger besonderer Industriezweige müssen nach den für diese von der Berufsgenossenschaft der chemischen Industrie erlassenen Unfallverhütungsvorschriften noch einigen Bestimmungen entsprechen, die den eigentümlichen Gefahren dieser Betriebe gerecht werden.

Hierüber wird in späteren Abschnitten näheres angegeben, besonders für Pulververarbeitungsmaschinen und Seifenpressen.

e) Zentrifugen.

Diese Maschinen besitzen ihre Hauptgefahr in der großen Geschwindigkeit, mit der die Schleudertrommeln sich drehen müssen. Infolge der dadurch entstehenden großen Zentrifugalkraft können Beanspruchungen der Trommel entstehen, die deren Zerspringen verursachen, wobei die Sprengstücke gefährlich werden. Ferner können schwere Unglücksfälle durch Hineingreifen in die sich drehende Trommel entstehen.

Das Zerspringen wird begünstigt durch die im Laufe der Jahre, namentlich durch Rost oder Säuren, eintretende Abnutzung der Trommel, dann durch schlechte Lötnaht der Trommelzarge, durch ungleichmäßige Beschickung, stoßweises Anziehen der Bremse und zu starke Belastung. Besonders gefährlich wird die Wirkung, wenn der Zentrifugenmantel aus Gußeisen besteht, während bei Anwendung von zähen und hinreichend starken Materialien, wie Kupfer, Schmiedeeisen oder Stahl, meist nur ein Materialschaden ohne Verletzung der Bedienung eintritt. Gußeiserne Mäntel, wie sie früher viel verwendet wurden, sind am besten durch schmiedeeiserne zu ersetzen, da sie im Fall eines Zerspringens der Trommel die Sprengstücke nicht zurückhalten, sogar diese vermehren können. Wenn Gußeisen für chemische Zwecke wegen seiner größeren Widerstandsfähigkeit gegen gewisse Substanzen doch genommen wird, so müssen die Mäntel mit mindestens zwei kräftigen schmiedeeisernen Bandagen umgeben werden, durch welche im Fall eines Bruchs die Sprengstücke zurückgehalten werden. Zentrifugen, deren Mantel und Bodenplatte in einem Stück aus Gußeisen hergestellt sind, sollen mit schmiedeeisernen Einsätzen zwischen Trommel und Mantel versehen sein.

Die Zentrifuge wird für bestimmte, höchste zulässige Umdrehungszahl gebaut, die dann nicht überschritten werden darf.

Allgemein bestimmen die berufsgenossenschaftlichen Vorschriften:

„Bei Zentrifugen soll die größte zulässige Belastung und Tourenzahl auf einem Schild sichtbar angegeben sein.

Zentrifugen mit eigenem Motor sind mit Geschwindigkeitsmesser zu versehen, auf welchem die größte zulässige Geschwindigkeit markiert ist. Jede Zentrifuge ist mit Bremse zu versehen, ausgenommen solche, bei denen Gefahr für Entzündung explosibler Gase oder des Schleudergutes vorliegt.

Der Außenmantel der Zentrifuge muß aus zähem Material — Schmiedeeisen, Kupfer oder Stahl — hergestellt sein; Gußeisen und Hartblei sind ausgeschlossen. Ausgenommen sind bereits in Betrieb befindliche, anders konstruierte Zentrifugen, doch empfiehlt es sich, deren Mäntel durch schmiedeeiserne Bandagen, wo irgend möglich, zu verstärken. Während des Betriebes ist das Hineingreifen in die Zentrifuge mit oder ohne Werkzeug zu verbieten. Das Verteilen der Füllung darf nur bei langsamem Gang der Trommel stattfinden." (I 83)

Das höchstzulässige Gewicht der Füllung soll auf dem an der Zentrifuge angebrachten Fabrikschild vermerkt sein und darf nicht überschritten werden. Wird die Zentrifuge zum Ausschleudern gut durchlässiger Stoffe, wie Salze, benutzt, so entweicht fast alle Flüssigkeit schon während des Anlaufens, also bei geringerer Geschwindigkeit. Dann ist es zulässig, das Füllungsgewicht nicht auf die naß eingebrachte, sondern auf die ausgeschleuderte Ware zu beziehen. Bei der auf dem Schild vermerkten Höchstbelastung soll die Schleudertrommel mindestens vierfache Sicherheit bieten. Wird die Trommel durch das Schleudergut angegriffen, so ist der Wandstärke ein entsprechender Zuschlag zu geben und die Trommel zeitweise auf Verschleiß zu untersuchen.

Um das Zerspringen des Kessels (Trommel) möglichst zu verhüten, werden diese Teile vielfach ohne Naht und Nieten aus einem Stück Kupfer- oder Stahlblech hergestellt. Für besondere Zwecke müssen jedoch andere Materialien, für Säuren auch Porzellan, Ton, Hartgummi genommen werden; manchmal ist Verbleiung oder Verzinnung ausreichend oder ein Futter aus Hartblei oder Ton.

Die um die Trommel zu ihrer Verstärkung gelegten Panzerringe müssen gut anliegen, fest verbunden und genügend stark sein. Wichtig ist für manche Verwendung der Zentrifugen in chemischen Betrieben, daß die Trommel auf ihre Haltbarkeit beobachtet wird. Ob das Trommelblech durch Abnutzung oder Korrosion geschwächt worden ist, wird am leichtesten durch Wägung nach bestimmten Zeitabschnitten festgestellt. Wichtig ist natürlich auch die genaue zentrische Lage der Welle. Da ruhiger, stoßloser Gang der Trommel für ihre Haltbarkeit und damit für die Sicherheit des Betriebes von großer Bedeutung ist, werden auch seit einigen Jahren Zentrifugen gebaut, deren Gehäuse aufgehängt ist.

Ein Überschreiten der höchsten zulässigen Geschwindigkeit tritt vornehmlich dann ein, wenn die Antriebsmaschine durchgeht. Bei Antrieb von einer Transmission aus durch Riemenvorgelege wird der Regulator der Betriebsmaschine eine ausreichende Sicherheit gegen deren Durchgehen bieten.

Bei elektrischem Antrieb wird auch ein Durchgehen nicht eintreten, sofern der Elektromotor bei gleichbleibender Spannung eine gewisse Umdrehungszahl nicht überschreiten kann. Wechselstrom- und Drehstrommotoren entsprechen dieser Bedingung ohne weiteres, bei Gleichstrom auch die Nebenschlußmotoren. Hauptstrom-(Serien-)motoren für Gleichstrom können dagegen durchgehen und werden daher für Zentrifugenantrieb am besten ganz vermieden.

Bei Antrieb durch besondere Dampfmaschinen ist zu beachten, daß wegen der in kurzer Zeit zu leistenden Anlaufarbeit die Dampfmaschine viel stärker gewählt werden muß, als zum normalen Gang der Zentrifuge notwendig wäre. Die Zentrifuge geht daher durch, wenn nicht rechtzeitig der Dampf gedrosselt wird. Geschieht dies nur durch den Arbeiter mittelst Absperrventils, so ist eine Gewähr für Verhütung des Durchgehens nur vorhanden, wenn der Arbeiter den Geschwindigkeitsanzeiger stets beobachtet oder auf das Warnungssignal achtet und dann rechtzeitig das Ventil bedient. Die Sicherheit des Betriebes bleibt aber dabei immer von der Aufmerksamkeit des Arbeiters abhängig, die vielfach dadurch abgelenkt wird, daß mehrere Zentrifugen gleichzeitig zu bedienen sind oder daß während des Laufens der Zentrifuge Ware herbeigeholt oder weggebracht werden muß. Eine von der Aufmerksamkeit des Arbeiters unabhängige Sicherung wird durch Anbringung eines zuverlässigen Regulators geboten, der daher an keiner Zentrifugendampfmaschine fehlen sollte.

Die Gefahr, von der raschlaufenden Schleudertrommel erfaßt zu werden, tritt besonders dadurch auf, daß die Arbeiter geneigt sind, während des Ganges der Trommel die beim Anlaufen sich zeigenden Ladefehler, wie z. B. ungleichmäßige Verteilung der Ware in der Trommel, Herausragen einzelner Teile der Ware über den Trommelrand, zu beseitigen und dazu in die Trommel zu greifen. Auch wird versucht, nachträglich Ware in die Trommel zu werfen.

Um dieses gefährliche Beginnen zu verhindern, muß die Zentrifuge mit einem Schutzdeckel versehen werden, der mit der Antriebsvorrichtung so verbunden wird, daß er sich nur öffnen läßt, wenn die Trommel sich mit ungefährlich geringer Geschwindigkeit dreht oder ganz stillsteht. Außerdem muß die Verkuppelung ein Anlassen der Zentrifuge so lange hindern, als nicht der Deckel geschlossen ist. Der Deckel kann auch durchbrochen sein, z. B. aus starkem Drahtgeflecht bestehen, wenn die Schleuderung beobachtet werden soll oder Stoffe während des Laufes zugeführt werden müssen.

Nicht alle von den Fabrikanten der Zentrifugen an diesen angebrachten Deckelsicherungen geben genügende Sicherheit, denn es muß sich der Deckel erst öffnen lassen, wenn die Trommel ganz stillsteht oder doch wenigstens im Auslauf nur noch ganz langsam sich dreht. Gibt die Sicherung den Deckel schon frei, wenn der Antrieb ausgerückt worden ist, so sind Unfälle nicht vermieden, da die Trommel sich längere Zeit sehr rasch noch dreht. Um die Auslaufszeit abzukürzen, werden manchmal Bremsen angebracht.

Die Fabriken, welche Zentrifugen als Spezialität bauen, haben in den letzten Jahren eigene Konstruktionen von Deckelverschlüssen zur Ausführung gebracht. Als Beispiel seien die von *Gebr. Heine* in Viersen (Rheinl.) an ihren Zentrifugen angebrachten Verschlüsse erwähnt. Einer von ihnen wirkt so, daß durch den beim Bewegen der Trommel entstehenden kreisenden Luftstrom ein Pendel seitlich gedrückt wird und dieses dann mittels Öse und Sperrnase den Deckel so lange festhält, als die Trommel noch nicht stillsteht. Der Deckel ist dann durch ein Gestänge mit der Riemenausrückung des Antriebs so verbunden, daß die Zentrifuge erst in Betrieb gesetzt werden kann, wenn der Deckel geschlossen ist. Wird die Zentrifuge unmittelbar durch eine Dampfmaschine angetrieben, so wirkt das Gestänge auf dessen Drosselklappe oder

Absperrhahn ein; ebenso wird bei elektrischem Antrieb das Gestänge mit dem Anlasser verbunden. Falls eine Flüssigkeit abgeschleudert wird, die auf das Pendel nachteilig einwirken könnte, verwendet die Firma eine andere Verriegelung (Fig. 160 und 161). Das Pendel k sitzt dann außerhalb des Zentrifugenmantels in einer vom Antriebsriemen h mitbewegten Riemenscheibe k; solange die Trommel sich bewegt, dreht sich diese Scheibe, und das

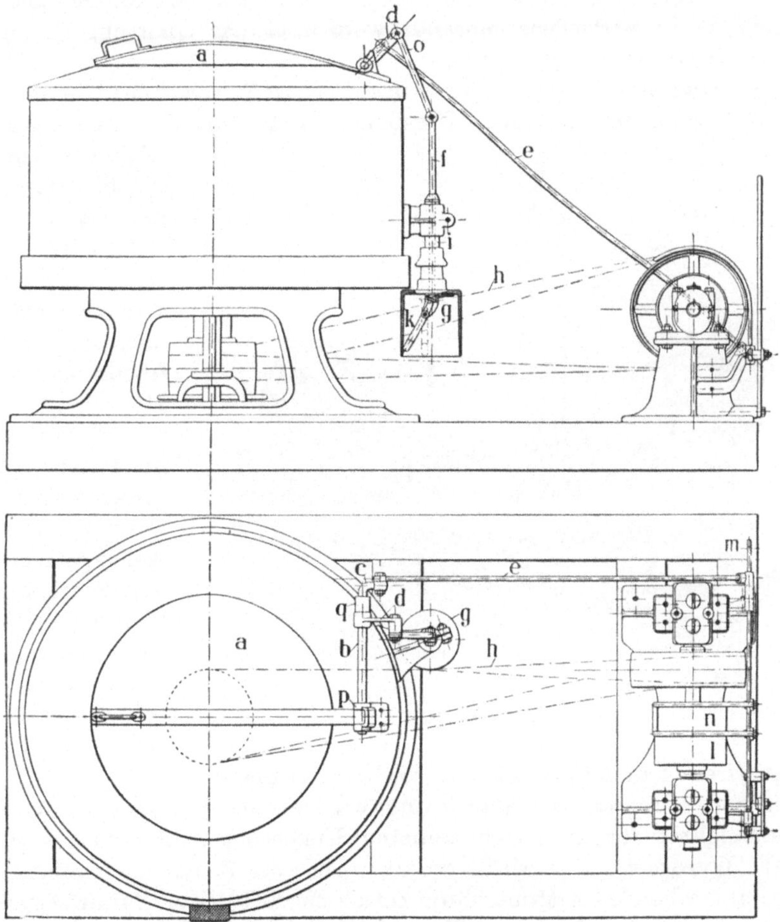

Fig. 160 u. 161.

dadurch ausschwingende Pendel hält ein Gestänge f, d fest, das den Deckel a nicht öffnen läßt. Wenn die Zentrifuge ausgerückt ist und vollständig stillsteht, so steht die Ausrückstange des Riemenantriebs $l\,n$ so, daß die vorher durch sie verriegelte Stange e frei wird, der Deckel a sich also öffnen läßt. Zur Inbetriebsetzung der Zentrifuge muß der Deckel aber vorher geschlossen werden, damit die Stange e eine Lage einnimmt, bei der sich der Riemen von der Losscheibe e auf die Festscheibe n schieben kann.

Auch die in Fig. 162 dargestellte, von *C. G. Heubold jr.* in Chemnitz ausgeführte Zentrifuge ist mit einer Deckelverriegelung versehen, außerdem mit einer durch Handrad zu bedienenden Fußbremse, die aber nicht eher zur Wirkung gebracht werden kann, als bis das Antriebsvorgelege ausgerückt ist.

Zur Anzeige der Umdrehungszahl der Zentrifuge werden Apparate verwendet, die mit Skala und Zeiger versehen sind und vom Vorgelege aus durch Zahnräder bewegt werden. Diese Vorrichtungen können mit einer Alarmglocke in Verbindung gebracht werden, die das Überschreiten der zulässigen Umdrehungszahl meldet.

Ein geeigneter Geschwindigkeitsmesser ist das Gyrometer (Bezugsquelle: *Richard Gradenwitz*, Berlin S., Dresdener Straße 38), das aus einem mit Glycerin gefüllten, geschlossenen Glase besteht.

Fig. 162.

Die Wirkung solcher Umdrehungsanzeiger beruht darauf, daß die Oberfläche einer in einen Hohlkörper gefüllten Flüssigkeit sich nach der Mitte zu senkt, sobald dieser Körper um seine Achse gedreht wird; der Scheitel dieser Senkung wird um so tiefer liegen, je mehr die Umdrehungsgeschwindigkeit des rotierenden Körpers erhöht wird. Durch entsprechende Wahl dieser Gläser in Höhe, Durchmesser, Inhalt und entsprechende Anordnung werden Apparate von vollkommener Zuverlässigkeit für die verschiedensten Umdrehungszahlen hergestellt.

Die Gyrometerachse wird von der Welle der Zentrifugentrommel oder der sie antreibenden Kraftmaschine durch ein Reib- oder Zahnrädergetriebe oder durch den zur Bewegungsübertragung verwendeten Antriebsriemen in Drehung versetzt.

C. G. Haubold bringt auf der Flüssigkeit einen Schwimmer an, der den Höhenstand der Flüssigkeit durch einen Zeiger auf einer Skala angibt. Diese Vorrichtung kann auch mit einem Läutewerk verbunden werden.

Die Gyrometer haben den Übelstand, daß die Beobachtung des Flüssigkeitsstandes durch Verunreinigung des Schauglases gehindert werden kann.

Eine einfache Warnvorrichtung für den Zentrifugenbetrieb besteht aus einer pendelnd aufgehängten Kugel, deren Aufhängeachse nach Art der

Regulatoren mittelst Riemen von der Zentrifugenspindel aus in Drehung versetzt wird. Sobald die Umdrehungszahl der Zentrifuge steigt, nimmt die Pendelkugel infolge der Zentrifugalkraft eine mehr horizontale Lage an und schlägt endlich, sobald die höchste zulässige Tourenzahl erreicht ist, gegen eine fest aufgehängte Glocke, hierdurch ein Warnungssignal gebend.

Die für die gewöhnlichen Fälle für Zentrifugen vorgeschriebene Bremse kann durch zu starke Reibung von Eisen auf Eisen und durch die dann vielleicht entstehende Funkenbildung gefährlich werden, weshalb ihre Anbringung in den Unfallverhütungsvorschriften für solche Zentrifugen verboten ist, bei denen Gefahr für Entzündung explosibler Gase oder des Schleudergutes vorliegt.

Wenn es sich um das Behandeln von Materialien in den Zentrifugen handelt, die gesundheitsschädliche Dämpfe entwickeln, so ist es geraten, Zentrifugen mit vollständig geschlossenem Gehäuse, einer Absaugvorrichtung und einer Trommelentleerung nach unten zu verwenden. Letztere wird durch Öffnungen im Trommelboden bewirkt, die während des Ausschleuderns entweder durch Radialscheibe oder durch einen ventilartigen Helm geschlossen werden, der dann zum Öffnen angehoben wird.

10. Dampfkessel.

Die Hauptgefahr des Dampfkesselbetriebes besteht in der Möglichkeit, daß der Kessel infolge Wassermangel oder zu hoher Dampfspannung explodiert. Zu Unfällen führen weiter Rohrbrüche der Dampfleitungen, Zerspringen der Wasserstandsgläser, Herausfliegen oder Undichtwerden der Packungen, Absturz von Kesselmauerwerk oder der zu dessen Besteigen angebrachten Leitern und Treppen, Verbrühen beim Abblasen des Kessels, Verbrennen beim Bedienen der Feuerung[1].

Die Zahl der Explosionen und der anderen Unfallvorgänge ist gegenüber der großen Zahl der in Betrieb befindlichen Dampfkessel sehr gering. Dieser günstige Zustand ist begründet durch die Gesetzgebung, die vor der Ingebrauchnahme eine Prüfung, dann eine periodische Untersuchung und weiter die Ausrüstung der Kessel mit bestimmten Sicherheitsvorkehrungen fordert. Doch gelten diese Anforderungen nicht für Niederdruckkessel, sogen. Kochkessel, in denen durch eine besonders zugelassene Vorrichtung verhindert ist, daß ein Überdruck von mehr als 0,5 at entstehen kann.

Der Kesselraum soll hell und geräumig sein, so daß der Kessel und namentlich die Feuerungsanlage und die Sicherheitsvorrichtungen bequem zugänglich und stets gut sichtbar sind. Die berufsgenossenschaftlichen Vorschriften fordern:

„Es ist Sorge zu tragen, daß aus der unmittelbaren Umgebung des Kessels alles ferngehalten wird, wodurch der Zugang zu demselben, insbesondere zu den Sicherheitsapparaten, erschwert werden kann." (I 37)

„Für ausreichende Beleuchtung der Kesselanlage, insbesondere der Wasserstandsanzeiger und Manometer, ist Sorge zu tragen." (I 38)

---

[1] Die Unfallverhütung im Dampfkesselbetriebe. Schrift Nr. 4 des Vereins deutscher Revisionsingenieure. Verlag von A. Seydel in Berlin.

Gänge nahe oder hinter den Kesseln sind möglichst mit 2 Ausgängen zu versehen, damit dem Wärter nicht durch die beim Zerspringen eines Wasserglases, Undichtwerden einer Packung usw. ausströmenden Dampf der Rückzug abgeschnitten wird.

Zum Besteigen des Kesselmauerwerks oder der nicht eingemauerten Kessel sind Treppen mit Geländer oder gegen Abrutschen gesicherte Leitern, welche mit einem ihrer Holme 75 bis 90 cm über das Mauerwerk vorstehen, anzuordnen. Zur Verhütung des Abstürzens von Kesselmauerwerk ist dieses mit Geländer zu versehen, das aber die Bedienung der dort befindlichen Apparate und eine schnelle Flucht bei drohender Gefahr nicht hindern darf; aus letzterem Grunde empfiehlt es sich, die senkrechten Stützen des Geländers zum leichten Wegnehmen einzurichten. Es ist aber überhaupt zweckmäßig, das Besteigen des Kessels dadurch unnötig zu machen, daß die Bedienung des Sicherheitsventiles und der Absperrventile von unten, also vom Heizerstande aus durch Fernstellvorrichtungen eingerichtet wird.

Die meisten Explosionen werden durch Wassermangel erzeugt, weshalb der richtigen Anzeige des Wasserstandes im Kessel die größte Aufmerksamkeit zuzuwenden ist. Gesetzlich vorgeschrieben sind Wasserstandsgläser und Probierhähne, für welche Konstruktionen zu verwenden sind, die sich leicht reinigen lassen. Damit beim Zerspringen des Wasserstandsglases der Heizer nicht durch Glassplitter und ausströmendes Wasser und Dampf verletzt wird, ist eine Schutzhülle am Glas anzubringen, die jedoch das Beobachten des Wasserstandes nicht erschweren darf.

Die berufsgenossenschaftlichen Vorschriften verlangen:

„Es ist Sorge zu tragen, daß, sofern die Wasserstandsgläser mit Schutzhülsen versehen sind, diese die Beobachtungen des Wasserstandes nicht wesentlich beeinträchtigen." (I 33)

Es eignen sich daher am besten Glashülsen, für die vielfach das gegen Zerspringen widerstandsfähige Drahtglas verwendet wird. Die leichtere Erkennung des Wasserstandes wird durch Anbringung von Reflektoren, die bei mehreren Bauarten von Schutzhülsen mit diesen verbunden sind, erzielt. Zur Erhöhung der Sicherheit werden außer den Wasserstandsgläsern noch Wasserstandszeiger mit Schwimmer oder Meßapparat angebracht, die bei zu tiefem Sinken des Wasserstandes ein optisches oder akustisches Signal geben. Ein solcher Apparat wird z. B. in Verbindung mit einem Probierhahn von der Firma *R. Schwartzkopff* in Berlin N. geliefert; er wird mit dem Anschlußstutzen etwas über der festgesetzten niedrigsten Wasserhöhe am Kessel angebracht. Sinkt das Wasser unter diesen Stand, so fällt das in dem Apparat stehende Wasser zurück, Dampf tritt ein und bringt den eingesetzten Metallverschluß, dessen Schmelzpunkt je nach dem Konzessionsdruck zu 100 bis 125° gewählt wird, zum Schmelzen. Der dadurch ausströmende Dampf gibt ein starkes Geräusch, das den Heizer, der vielleicht seine Pflicht, den Kessel rechtzeitig zu speisen, versäumt hat, mahnt, sofort die Speisung auszuführen. Solche Speiserufer werden von anderen Fabrikanten auch mit elektrischem Läutewerk verbunden, das dann nach verschiedenen Betriebsstellen geführt werden kann, um dort den Eintritt der Gefahr rechtzeitig zu melden. Vielfach werden selbsttätige Speisevorrichtungen verwendet, welche die Wasserzufuhr unabhängig von der Aufmerksamkeit des Heizers regeln. Jedoch ist der Wirkung nicht unbedingt zu trauen, da immerhin ein Versagen vorkommen kann; der Heizer wird jedenfalls sich nicht allein auf sie verlassen können, sondern den Wasserstand beobachten müssen, um nötigenfalls mittelst der zweiten gesetzlich vorgeschriebenen Speisevorrichtung den Kessel mit Wasser zu versehen.

Für die Kesselspeisung ist möglichst reines Wasser zu verwenden, um Kesselsteinbildung und Anfressen der Kesselteile zu verhindern. Nötigenfalls ist daher das Wasser vorher zu reinigen. Die hierzu praktisch bewährten Verfahren sind in einer vom Verein deutscher Revisionsingenieure herausgegebenen Schrift mitgeteilt[1].

Die Manometer werden von Spezialfabriken in zuverlässiger Ausführung geliefert. Zur Anzeige der Überschreitung des höchstzulässigen Dampfdrucks werden auch manchmal besondere Warnapparate angebracht, die ein optisches oder akustisches Signal, dieses auch an verschiedenen Betriebsstellen geben. Zur Kontrolle des Heizers empfiehlt es sich, ein Registriermanometer anzubringen, das den Dampfdruck des Kessels selbsttätig und fortlaufend aufzeichnet.

Die berufsgenossenschaftlichen Vorschriften verlangen:

„Das Manometer des Kessels und der Wasserstandsanzeiger müssen vom Heizerstande aus kontrollierbar sein." (I 34)

Gewöhnlich werden nur die gesetzlich vorgeschriebenen Sicherheitsventile mit Gewichts- oder Federbelastung zur Verhinderung eines Überschreitens der konzessionierten Dampfspannung benutzt. Es empfiehlt sich dann, Bauarten von Sicherheitsventilen zu verwenden, die dem entweichenden Dampf einen möglichst großen Austrittsquerschnitt geben, damit er schnell ausströmen kann. Das vorgeschriebene Lüften des Sicherheitsventils kann, wie schon erwähnt (S. 172), auch vom Heizerstand aus durch eine Zugvorrichtung bewirkt werden. Um das bei angestrengtem Betrieb häufig auftretende Abblasen des Sicherheitsventils zu verhindern, oder um eine Mehrleistung der vom Kessel aus mit Dampf versorgten Maschine zu erzielen, kommt es vor, daß das Ventil überlastet, ja sogar ungangbar gemacht wird. Wegen der großen Gefährlichkeit dieses Vorgehens bestimmen die Unfallverhütungsvorschriften:

„Jede absichtliche Überschreitung des erlaubten höchsten Dampfdrucks, insbesondere jede eigenmächtige Überlastung des Sicherheitsventils ist zu verbieten." (I 32)

Leider gibt es noch keine Vorkehrung, die diese Einwirkung auf das Ventil unmöglich macht und doch die zur Kontrolle notwendige Zugänglichkeit zu ihm nicht erschwert. Es ist daher notwendig, durch ein zeitweises Nachsehen sich zu überzeugen, daß dem erwähnten Verbot vom Heizer nicht zuwidergehandelt wird.

---

[1] *E. Heidepriem:* Die Reinigung des Speisewassers. Schrift Nr. 1 des Vereins deutscher Revisionsingenieure. Verlag von A. Seydel in Berlin.

Da der aus den Sicherheitsventilen im Kessel entweichende Dampf lästig, durch Nebelbildung auch dessen Bedienung und namentlich das Beobachten der Sicherheitsvorrichtungen erschweren kann, so wird vielfach der ausblasende Dampf durch ein Rohr über das Dach des Kesselhauses geleitet. Ist dies in Rücksicht auf benachbarte Gebäude nicht angängig, so kann der überflüssige Kesseldampf durch ein besonderes, mit leicht erreichbarem Absperrventil versehenes Rohr in einen Kondenswasserbehälter geleitet und dort niedergeschlagen werden.

Die Unfallverhütungsvorschriften bestimmen weiter:

„Die Abblasevorrichtungen sind so einzurichten, daß ein Verbrühen von Personen beim Abblasen ausgeschlossen ist." (I 35)

Die sowohl für die Betriebssicherheit wie für die Wirtschaftlichkeit des Kesselbetriebs notwendige gute Instandhaltung des Kessels erfordert dessen häufige Reinigung. Dabei muß besonders verhütet werden, daß die im Kesselinnern tätigen Arbeiter durch unvermutetes Eintreten von Dampf oder Wasser aus benachbarten Kesseln oder den Speiseleitungen in Gefahr kommen.

Die berufsgenossenschaftlichen Vorschriften bestimmen hierzu:

„Die sorgfältige Reinigung des Kessels ist in angemessenen Zwischenräumen zu veranlassen. Der zu befahrende Kessel ist von den gemeinschaftlichen Ablaß-, Dampf- und Speiseleitungen in geeigneter Weise abzuschließen. Ebenso sind gemeinschaftliche Feuerungseinrichtungen sicher abzusperren." (I 39)

Weiter wird zur Verhütung von Verbrennungen an heißen Flächen bestimmt:

„Die im Verkehrsbereiche liegenden Dampf- und Heißwasserleitungen sind zur Verhütung von Verbrennungen zweckentsprechend zu verkleiden." (I 40)

Die neuen Vorschriften verlangen Gleiches. Das Verkleiden erfolgt gewöhnlich durch Umhüllen der Leitungen mit Isoliermaterialien, die in sehr verschiedener Zusammensetzung und Verwendungsform von Spezialfirmen hergestellt und angebracht werden. Bei der Auswahl ist darauf zu achten, daß die Isolierfähigkeit möglichst groß und das in Schalen, Zöpfen aufgebrachte oder aufgestrichene Material haltbar ist. Bei sehr heißen Leitungen werden manche Isoliermittel mit der Zeit morsch, brüchig und bröckeln ab.

Von großer Wichtigkeit ist die Bedienung der Kessel durch zuverlässige Personen. Da es auch im Interesse der guten wirtschaftlichen Ausnutzung des Kesselbetriebes geboten ist, als Kesselwärter und Kesselheizer nur Personen zu beschäftigen, die eine gewisse Sachkenntnis besitzen, so ist es vielfach üblich, diese Arbeiter in Heizerkursen, wie sie von den Behörden oder den Dampfkesselüberwachungsvereinen zeitweise eingerichtet werden, ausbilden zu lassen. Diese Vereine geben eine Dienstvorschrift für Kesselwärter heraus, die in den Kesselräumen anzuschlagen ist und Angaben über die auch im Gefahrfalle zu ergreifenden Maßnahmen enthält.

Die berufsgenossenschaftlichen Unfallverhütungsvorschriften fordern:

„Bei jeder Kesselanlage ist eine „Dienstvorschrift für Kesselwärter" an einer in die Augen fallenden Stelle in Plakatform anzubringen und in lesbarem Zustande zu erhalten." Wo eine solche von den zuständigen Behörden nicht erlassen ist, sind die von der Berufsgenossenschaft erlassenen bezüglichen „Vorschriften für Arbeitnehmer" als Dienstvorschrift zum Aushang zu bringen.

Bei beweglichen Kesseln ist die Dienstvorschrift dem Revisionsbuche anzuheften." (I 31)

Weiter wird vorgeschrieben:

„Das Betreten des Kesselraumes und der Aufenthalt in demselben ist Unbefugten durch Anschlag zu verbieten." (I 36)

Dem Kesselwärter wird von der Berufsgenossenschaft vorgeschrieben:

„Die Kesselanlage ist stets rein und in Ordnung, alles nicht Dahingehörige fernzuhalten." (II 24)

„Der Kesselwärter darf Unbefugten das Betreten des Kesselraums und den Aufenthalt in demselben nicht gestatten." (II 25)

„Der Kesselwärter darf während des Betriebes seinen Posten, so lange nicht für Ersatz gesorgt ist, nicht verlassen und ist für die Wartung des Kessels verantwortlich." (II 27)

„Der Kesselwärter muß während des Betriebs den Ausgang stets frei und unverschlossen halten." (II 27)

„Der Kesselwärter hat bei eintretender Dunkelheit für die Beleuchtung der Kesselanlage, insbesondere der Wasserstandszeiger und Manometer Sorge zu tragen." (II 28)

„Der Kesselwärter hat sich vor dem Füllen des Kessels von dem ordnungsmäßigen Zustande desselben, sowie der sämtlichen dazu gehörigen Apparate zu überzeugen." (II 29)

„Das Anheizen darf erst erfolgen, nachdem der Kessel genügend mit Wasser versehen ist." (II 30)

„Während des Anheizens soll das Dampfventil geschlossen, das Sicherheitsventil dagegen so lange geöffnet bleiben, bis Dampf entweicht." (II 31)

„Das Nachziehen der Dichtungen hat während des Anheizens zu erfolgen." (II 32)

„Dampfabsperrventile sind langsam zu öffnen und zu schließen." (II 33)

„Der Kesselwärter darf den Wasserstand nicht unter die Marke des niedrigsten Standes sinken lassen; geschieht dies dennoch, so ist die Einwirkung des Feuers aufzuheben und dem Vorgesetzten Mitteilung zu machen." (II 34)

„Die Wasserstandszeiger sind unter Benutzung sämtlicher Hähne oder Ventile täglich wiederholt zu probieren. Sind zwei Wasserstandsgläser vorhanden, so sind beide dauernd zu benutzen." (II 35)

„Sämtliche Speisevorrichtungen sind täglich zu benutzen und stets in brauchbarem Zustande zu erhalten." (II 36)

„Das Manometer ist zeitweise daraufhin zu prüfen, ob der Zeiger bei Absperrung des Drucks auf Null zurückgeht." (II 37)

„Der Dampfdruck soll die festgesetzte höchste Spannung nicht überschreiten." (II 38)

„Die Sicherheitsventile sind täglich durch vorsichtiges Anheben zu lüften. Jede Vergrößerung der Belastung der Sicherheitsventile ist verboten." (II 39)

„Kurz vor oder während der Stillstandspausen ist der Kessel über den normalen Wasserstand zu speisen und der Zug zu vermindern." (II 40)

„Beim Schichtwechsel darf der abtretende Wärter sich erst dann entfernen, wenn der antretende Wärter den Kesselbetrieb übernommen hat." (II 41)

„Steigt der Dampfdruck über die zulässige Spannung, so ist der Kessel zu speisen und der Zug zu vermindern. Genügt dies nicht, so ist die Einwirkung des Feuers aufzuheben." (II 42)

„Gegen Ende der Arbeitszeit hat der Wärter den Dampf tunlichst aufzubrauchen, das Feuer allmählich zu mässigen und eingehen zu lassen bzw. vom Kessel abzusperren. Außerdem muß der Rauchschieber geschlossen und der Kessel bis über den normalen Stand gespeist werden." (II 43)

„Bei außergewöhnlichen Erscheinungen: Undichtigkeiten, Beulen, Erglühen von Kesselteilen usw. ist die Einwirkung des Feuers sofort aufzuheben und dem Vorgesetzten unverzüglich Meldung zu machen." (II 44)

„Das vollständige Entleeren des Kessels darf erst vorgenommen werden, nachdem das Feuer entfernt und das Mauerwerk möglichst abgekühlt ist. Muß die Entleerung unter Dampfdruck erfolgen, so darf solches mit höchstens einer Atmosphäre Druck geschehen." (II 45)

„Das Einlassen von kaltem Wasser in den entleerten heißen Kessel ist verboten." (II 46)

„Der zu befahrende Kessel muß von andern im Betriebe befindlichen Kesseln in sämtlichen Rohrverbindungen und Feuerungseinrichtungen sicher abgesperrt werden." (II 47)

„Beim Befahren des Kessels und der Feuerzüge ist die Benutzung von Petroleum und ähnlichen, bei höherer Temperatur leicht entzündlichen Beleuchtungsstoffen verboten." (II 48)

11. Dampffässer und andere Druckgefäße.

Die Dampffässer finden in der chemischen Industrie eine ausgedehnte Verwendung. Da sie früher vielfach sehr mangelhaft gebaut wurden, manchmal sogar aus Holz mit eisernen Reifen (davon rührt auch die für moderne Apparate solcher Art wenig treffende Bezeichnung „Dampffaß" her), so ergaben sich viele Unfälle. Die hierdurch erwiesene Gefährlichkeit veranlaßte den Erlaß von Polizeiverordnungen und Unfallverhütungsvorschriften, durch die für die Dampffässer eine ähnliche Prüfung bei der Anlage und Überwachung während des Betriebes eingerichtet wurde, wie bei den Dampfkesseln.

Die Berufsgenossenschaft der chemischen Industrie hat folgende besondere Unfallverhütungsvorschriften erlassen, deren Geltungsbereich festgelegt ist in den Angaben:

„Dampffässer im Sinne der nachstehenden Bestimmungen sind Gefäße, deren Beschickung der mittelbaren oder unmittelbaren Einwirkung von anderweit erzeugtem, gespanntem Wasserdampf oder von Feuer ausgesetzt wird, sofern im Innern der Gefäße oder ihren den Beschickungsraum umgebenden Hohlwandungen ein höherer als der atmosphärische Druck herrscht oder erzeugt wird.

Unter atmosphärischem Druck wird der Druck von einem Kilogramm auf das Quadratzentimeter verstanden." (§ 1)

„Ausgenommen von diesen Bestimmungen sind:
1. Dampfdruckgefäße, in denen gespannter Dampf erzeugt wird zum Zweck von Kraft- oder Wärmeabgabe außerhalb des Dampferzeugers (Dampfkessel).
2. Gefäße für gas- oder dampfförmige Füllung.
3. Wasservorwärmer, sowie Heizkessel und Heizkörper der Heizungen.
4. Dampffässer unter 150 l Inhalt und solche, bei denen das Produkt aus dem Inhalte in Litern und der im Dampffasse herrschenden Spannung in Atmosphären-Überdruck weniger als 300 beträgt; bei offenen doppelwandigen Dampffässern, bei denen nur der Mantel geheizt wird, ist der Inhalt des Dampfraumes maßgebend.
5. Diejenigen Dampffässer, bei denen der Überdruck $\frac{1}{2}$ Atm. nicht übersteigt und eine Sicherheitsvorrichtung vorhanden ist, welche das Eintreten eines höheren Druckes unmöglich macht." (§ 2)

Für den Bau und Ausrüstung der Dampffässer gelten folgende Bestimmungen:

„Die Wandungen und sonstigen Bestandteile der Dampffässer müssen dem beabsichtigten Betriebsdruck entsprechend bemessen werden. Als Baustoff für die Wandungen und Einzelteile dürfen Holz und Gußeisen nur da verwendet werden, wo der Betrieb es erfordert und durch ihre Verwendung Gefahren nicht hervorgerufen werden. Umlegbare Verschlußschrauben, in Schlitze eingelegte Schrauben und Klammerverschlüsse müssen gegen Abrutschen gesichert sein. Eingelegte einseitige Hakenschrauben sind nur in einer von dem technischen Aufsichtsbeamten anerkannten Konstruktion zulässig.

Gefäße mit einem lichten Durchmesser über 800 mm sind, soweit Form und Größe es gestatten, besteigbar und im übrigen so einzurichten, daß sie im Innern in allen Teilen besichtigt werden können. Ovale Mannlochverschlüsse sollen in der Regel 300×400 mm, runde 400 mm weit sein." (§ 4)

„Die Dampffässer sind mit Vorrichtungen zu versehen, die gestatten, jedes einzelne für sich von der Dampfleitung abzusperren.

Feuerungen von Dampffässern sind so einzurichten, daß ihre Einwirkung auf die letzteren ohne weiteres gehemmt werden kann." (§ 5)

„Dampffässer müssen mit einem zuverlässigen Sicherheitsventil und Manometer versehen sein. An letzterem ist die festgesetzte höchste Betriebsspannung durch eine Marke zu bezeichnen.

Sofern ein Manometer wegen der Eigenart des Betriebes nicht funktioniert, kann es mit Zustimmung des für die regelmäßige Überwachung zuständigen Sachverständigen durch ein Thermometer, an dem die höchste zulässige Temperatur durch eine in die Augen fallende Marke zu bezeichnen ist, ersetzt werden. Zellstoffkocher sind mit einem Manometer und Thermometer zu versehen.

Sicherheitsventil und Manometer sind an einer solchen Stelle anzubringen, daß sie durch den Inhalt des Dampffasses nicht ungangbar gemacht werden können. Ihre Einschaltung in die Dampfleitung, jedoch in unmittelbarer Nähe des Dampffasses, ist gestattet, wenn die Art des Betriebes die Anbringung auf dem Dampffaß selbst nicht zuläßt.

Werden mehrere Dampffässer unter gleichem Druck an dieselbe Dampfleitung angeschlossen, so genügt die Anbringung eines Sicherheitsventiles und eines Manometers in der gemeinschaftlichen Leitung vor den Dampffässern, wenn die freie Durchgangsöffnung des Sicherheitsventils dem Querschnitte der gemeinsamen Leitung entspricht.

Dampffässer, deren Druckspannung derjenigen des Druckerzeugers gleich ist, bedürfen keines besonderen Sicherheitsventils oder Manometers, wenn der Druckerzeuger mit den entsprechenden Sicherheitsvorrichtungen versehen ist. Dampffässer, die für einen Betriebsdruck gebaut sind, der zwei und mehr Atmosphären geringer ist als derjenige des Druckerzeugers, müssen in der Dampfzuleitung ein Druckverminderungsventil erhalten. Letzteres ist durch den Sachverständigen so einzustellen, daß der Druck im Dampffaß dauernd nicht über den genehmigten Druck steigen kann.

An jedem zu öffnenden Dampffaß muß sich eine Vorrichtung (Lufthahn) befinden, die mit Sicherheit erkennen läßt, ob noch Druck im Dampffaß vorhanden ist. Ein Manometer genügt hierzu nicht." (§ 6)

„Die Dampffässer müssen mit einer Einrichtung (Kontrollflansch) versehen sein, die die Anbringung des amtlichen Kontrollmanometers ermöglicht." (§ 7)

„An den Dampffässern muß der Fassungsraum in Litern, die Firma und der Wohnort des Verfertigers, die laufende Fabriknummer und das Jahr der Herstellung sowie der gemäß § 10 festgesetzte höchste Betriebsdruck in Atmosphären-Überdruck auf leicht erkennbare und dauerhafte Weise angegeben sein.

Die Angaben sind auf einem Schilde (Fabrikschild) anzubringen, das mit Nieten so am Dampfkessel zu befestigen ist, daß es auch nach der Ummantelung oder Einmauerung des letzteren sichtbar bleibt." (§ 8)

„Bei Dampffässern, deren Beschickung der Einwirkung besonders eingeleiteter oder im Apparat selbst entwickelter Gase von mehr als 15 Atm. Überdruck unterliegt (Autoklaven), wird, sofern eine dauernde Dichtung von Sicherheitsventilen unter den gegebenen Bedingungen undurchführbar ist, von der Anbringung solcher unter folgenden Bedingungen abgesehen:

Jeder Autoklav ist mit Thermometer und einem Manometer versehen. Wird das erstere durch die Beschickung oder die im Apparat vorhandenen Gase oder Dämpfe angegriffen, so sind zwei Manometer anzubringen. Ferner muß jeder Autoklav mit einer von Hand regulierbaren Ablaßvorrichtung für Gase versehen sein.

Die im Betrieb befindlichen Autoklaven müssen nach je 50 Chargen, mindestens aber nach Ablauf von je drei Monaten innerlich besichtigt werden. Betriebsunterbrechungen werden auf diese Frist angerechnet, sofern sie eine Dauer von mindestens vier Wochen erreichen; dieselben müssen den zuständigen Aufsichtsbeamten angezeigt werden.

Von der Anbringung eines Kontrollflansches kann abgesehen werden." (§ 9)

Für die Inbetriebsetzung gilt:

„Jedes Dampffaß ist vor seiner ersten Inbetriebsetzung durch einen Sachverständigen (§ 3) einer Prüfung der Bauart und einer Wasserdruckprobe, sowie einer Abnahmeprüfung zu unterziehen. Die Wasserdruckprobe, welche mit der Prüfung der Bauart zu verbinden ist, erfolgt nach der letzten Zusammensetzung, jedoch vor der Einmauerung oder Ummantelung des Dampffasses. Sie kann vor der Anmeldung des Dampffasses am Herstellungsorte ausgeführt werden. Dampffässer, die bereits am Herstellungsort auf Grund dieser Bestimmungen geprüft und demnächst im ganzen nach ihrem Aufstellungsorte geschafft worden sind, unterliegen einer nochmaligen Prüfung der Bauart und Wasserdruckprobe am Aufstellungsorte nur dann, wenn seit Vornahme der Prüfung mehr als ein Jahr verflossen ist, oder wenn das Dampffaß eine Beschädigung erlitten hat, die eine Wiederholung der Prüfung geboten erscheinen läßt. Die Wasserdruckprobe ist mit dem anderthalbfachen Betrage des höchsten im Betriebe zulässigen Dampfdruckes des Dampffasses, und, sofern der höchste Betriebsdruck geringer als 2 Atm. ist, mindestens mit einer denselben um eine Atmosphäre übersteigenden Pressung auszuführen.

Bei den Abnahmeprüfungen von Autoklaven ohne Sicherheitsventile (§ 9) ist der zweifache Betriebsdruck anzuwenden, für den dieselben benutzt werden sollen.

Nach Ausführung der Druckprobe hat der Sachverständige, vorausgesetzt, daß sie zur Beanstandung keinen Anlaß bot, den höchsten zulässigen Dampf- oder Gasdruck des Dampffasses zu bestimmen, ferner die Niete des Fabrikschildes (§ 8) mit einem Stempel zu versehen. Dieser ist in dem Prüfungszeugnis über die Druckprobe abzudrucken." (§ 10)

„Die Abnahmeprüfung erfolgt am Benutzungsorte. Mit der Abnahme ist eine Einstellung etwa vorhandener, zum Dampffasse gehöriger Sicherheitsventile zu verbinden, falls sie nicht bereits am Herstellungsorte durch einen Sachverständigen (§ 3) bewirkt und bescheinigt worden ist. Im letzteren Falle ist die Identität des Sicherheitsventils nachzuweisen." (§ 11)

„Die Betriebsunternehmer sind verpflichtet, alle Bescheinigungen des Sachverständigen, der die Abnahme bewirkt hat, mit der Beschreibung und Zeichnung des Dampffasses zu verbinden und einem Revisionsbuche (§ 16) anzuheften und aufzubewahren." (§ 12)

Für den Betrieb und die technische Untersuchung der Dampffässer ist bestimmt:

„Dampffaßbesitzer oder ihre mit der Leitung des Betriebes beauftragten Stellvertreter (§ 151 der Gew.-Ord.) sind verpflichtet, dafür Sorge zu tragen, daß die Dampffässer, ihre Verschraubungen und Sicherheitsvorrichtungen während des Betriebes bestimmungsgemäß benutzt und Dampffässer, die sich nicht in gefahrlosem Zustande befinden, nicht in Betrieb genommen oder außer Betrieb gesetzt werden." (§ 13)

„Jedes zum Betrieb aufgestellte Dampffaß, es mag unausgesetzt oder nur in bestimmten Zeitabschnitten oder unter gewissen Voraussetzungen betrieben werden, ist regelmäßigen technischen Untersuchungen zu unterziehen.

Dieser Vorschrift unterliegen Dampffässer nur dann nicht, wenn der Betrieb gänzlich eingestellt und dem zuständigen Sachverständigen eine schriftliche Anzeige erstattet wird." (§ 14)

„Die regelmäßige Untersuchung der Dampffässer ist eine innere und eine Prüfung durch Wasserdruck.

Die regelmäßige innere Untersuchung ist alle 4 Jahre, die Wasserdruckprobe alle 8 Jahre vorzunehmen, dann aber mit der inneren Untersuchung, wenn möglich, zu verbinden.

Die innere Untersuchung kann nach dem Ermessen des Prüfers durch eine Wasserdruckprobe ergänzt werden. Sie ist stets durch eine solche zu ergänzen oder zu ersetzen bei Dampffässern, die ihrer Bauart halber im Innern nicht besichtigt werden können.

Zur Ausführung der Prüfungen ist der Betrieb einzustellen und das gehörig gereinigte Dampffaß zu der mit dem Sachverständigen zu vereinbarenden Zeit bereit zu stellen.

Einmauerungen und Ummantelungen sind bei den Prüfungen so weit zu entfernen, wie es der Sachverständige (§ 3) erforderlich hält.

Für die Höhe des bei Druckproben anzuwendenden Probedrucks sind die Vorschriften in § 10 maßgebend; jedoch müssen Dampffässer, die ohne Sicherheitsventile betrieben werden, sofern nicht ein höherer Druck vorgeschrieben ist (§ 10 Abs. 2), stets mit dem anderthalbfachen Betrage des höchstens Betriebsdruckes des zugehörigen Dampferzeugers geprüft werden und zwar auch dann, wenn der Betriebsdruck des Dampffasses im allgemeinen durch Drosselung des Dampfes niedriger gehalten wird.

Zugleich mit den Untersuchungen sind die durch den Gebrauch eingetretenen Abnutzungen festzustellen. Mit Wasserdruckproben ist eine Prüfung der Sicherheitsventile sowie der Manometer zu verbinden, wenn ihre Anbringung es zuläßt.

Die vorstehenden Bestimmungen des § 15 finden auf Zellstoffkocher mit innerem Schutzmantel keine Anwendung. Diese Kocher sind jedoch mindestens in Zwischenräumen von 4 Wochen durch einen von der Fabrikleitung bestimmten geeigneten Sachkundigen darauf zu untersuchen, ob Undichtigkeiten des inneren Schutzmantels eingetreten sind. Das Ergebnis einer jeden solchen Untersuchung ist von dem Sachkundigen in das im § 16 vorgeschriebene Revisionsbuch einzutragen." (§ 15)

„Der Sachverständige hat den Befund der Untersuchung, die Höhe des Probedruckes und etwaige Änderungen in der Belastung der Sicherheitsventile in ein Revisionsbuch einzutragen, dessen Formular von der Berufsgenossenschaft vorgeschrieben wird.

Das Revisionsbuch ist vom Dampffaßbesitzer oder seinem mit der Leitung des Betriebes beauftragten Stellvertreter (§ 151 der Gew.-Ord.) zu beschaffen und am Betriebsort derart aufzubewahren, daß es von dem Sachverständigen jederzeit eingesehen werden kann." (§ 16)

„Dampffässer, die eine Hauptausbesserung erfahren haben, Zellstoffkocher und Autoklaven mit Innenverkleidung auch bei gänzlicher oder teilweiser Erneuerung des letzteren, sind vor ihrer Wiederinbetriebnahme in der Fabrik oder am Betriebsorte einer Wasserdruckprobe nach den Vorschriften des § 10 zu unterwerfen. Eine Bescheinigung über diese Prüfung, den Umfang der Reparatur und die Fabrik, die sie ausgeführt hat, ist mit dem Revisionsbuch zu verbinden. ·

Durch diese außerordentlichen Druckproben wird der Lauf der regelmäßigen Untersuchungen nicht unterbrochen; sie können jedoch an die Stelle einer in demselben Jahre fälligen regelmäßigen Wasserdruckprüfung treten. Wird mit einer solchen außerordentlichen Druckprobe auf Antrag des Dampffaßbesitzers oder seines mit der Leitung des Betriebes beauftragten Stellvertreters (§ 151 der Gew.-Ord.) eine innere Untersuchung verbunden, so können die Fristen der regelmäßigen Untersuchungen von diesem Zeitpunkte an neu berechnet werden." (§ 17)

„Sachverständige im Sinne der vorstehenden Vorschriften sind:

1. die technischen Aufsichtsbeamten der Berufsgenossenschaft,
2. diejenigen Gewerbeaufsichtsbeamten, denen die Prüfung von Dampfkesseln obliegt,
3. die Bergrevierbeamten in den ihrer Aufsicht unterstellten Betrieben,
4. die zur Vornahme von amtlichen Druckproben in einem deutschen Bundesstaat ermächtigten Ingenieure von Dampfkessel-Überwachungsvereinen,

5. solche Personen, die von der Landeszentralbehörde auf Antrag der Berufsgenossenschaft als Sachverständige im Sinne dieser Vorschriften anerkannt worden sind.

Die Auswahl der Sachverständigen bleibt dem Dampffaßbesitzer oder seinem mit
der Leitung des Betriebes beauftragten Stellvertreter (vgl. § 151 der Gew.-Ord.) überlassen." (§ 3)

Die Vorschriften für Arbeitnehmer lauten:

„Die mit der Wartung der Dampffässer beauftragten Arbeiter sind verpflichtet, dafür Sorge zu tragen, daß die Dampffässer, ihre Verschraubungen und Sicherheitsvorrichtungen bestimmungsgemäß benutzt werden, und daß Dampffässer, die sich nicht in
gefahrlosem Zustand befinden, nicht in Betrieb genommen oder außer Betrieb gesetzt
werden." (§ 18)

Insbesondere sind folgende Vorschriften genau zu beachten:

Vorbereitungen zur Inbetriebnahme des Dampffasses.

„Der mit der Wartung betraute Arbeiter hat vor jeder Füllung des Dampffasses zu
untersuchen, ob alle Vorrichtungen gangbar und ihre Verbindungen mit dem Dampffaß
nicht verstopft sind." (§ 19)

„Der Wärter hat zu beachten und Sorge zu tragen, daß sich alle Dichtungsflächen
in brauchbarem Zustande befinden.

Die Dichtung der Verschlußöffnungen muß unter Verwendung geeigneten Materials
sorgfältig ausgeführt werden." (§ 20)

„Beim Verschrauben der Verschlußöffnungen sind stets sämtliche Schrauben zu benutzen. Das Anziehen der Schrauben hat in vorsichtiger und gleichmäßiger Weise zu
erfolgen.

Die Benutzung außergewöhnlicher Mittel zum Anziehen (z. B. Aufstecken von
Rohren auf die Schlüssel, Verwendung langer Stangen bei Flügelmuttern und Bügel-
verschlüssen oder Antreiben derselben durch Hammerschläge u. dgl.) ist verboten. Alle
Schrauben sind gleichmäßig stark und nicht stärker anzuziehen, als zur Herstellung der
Dichtung erforderlich ist." (§ 21)

„Bei Verschlüssen mit umlegbaren Schrauben (Gelenkschrauben), Klammerver-
schlüssen und in Schlitze eingelegte Schrauben ist festzustellen, daß durch die Sicherungen
das Abrutschen der Muttern verhindert wird und die Muttern oder Unterlagsscheiben voll
aufliegen" (§ 22)

„Bei Bügelverschlüssen und Gelenkschrauben ist streng zu beachten, daß nur genau passende Bolzen ordnungsgemäß benutzt werden." (§ 23)

„Fehlerhaft gewordene Verschlußteile (z. B. abgenutzte, rissige oder verbogene
Schrauben, ausgebrochene oder schlottrige Muttern, verbogene Klammern u. dgl.) dürfen
nicht verwendet werden." (§ 24)

Betrieb des Dampffasses.

„Die Dampf-Absperrventile und -hähne dürfen nur langsam geöffnet werden. Besondere Vorsicht ist beim Einlassen des Dampfes anzuwenden, wenn der Dampf unterhalb einer dichtliegenden Füllmasse eintritt." (§ 25)

„Sobald und solange Druck in dem Dampffaß vorhanden ist, darf ein Nachziehen
der Verschlußschrauben nur von dazu berufenen sachverständigen Leuten ausgeführt
werden." (§ 26)

„Alle Sicherheitsvorrichtungen (Sicherheitsventile, Manometer, Thermometer usw.)
sind während des Betriebes zu beobachten. Jede Änderung der Belastung des Sicherheitsventils ist verboten." (§ 27)

„Der Dampf- bzw. Arbeitsdruck soll die festgesetzte höchste Spannung nicht überschreiten. Tritt dieser Fall dennoch ein oder zeigen sich im Betriebe Schäden und Risse
am Dampffaß oder den Verschlüssen, so ist die Dampfzuleitung sofort zu schließen, bzw.
die Einwirkung des Feuers sofort aufzuheben (siehe auch § 32)." (§ 28)

„Beim Schichtwechsel darf sich der abtretende Dampffaßwärter erst entfernen, wenn der antretende Wärter alles in ordnungsmäßigem Zustande übernommen hat." (§ 29)

Außerbetriebsetzung des Dampffasses.

„Der Dampffaßwärter hat sich, bevor er die Verschlußschrauben löst, durch Öffnen der Abblasevorrichtung (des Lufthahns) zu überzeugen, daß kein Druck im Dampffaß mehr vorhanden ist. Die Beobachtung, daß das Manometer keinen Druck mehr anzeigt, genügt hierfür nicht." (§ 30)

„Vor jeder längeren Außerbetriebsetzung des Dampffasses ist seine gründliche Reinigung vorzunehmen." (§ 31)

„Von allen Schäden (Rissen, Abnutzungen, starken Undichtigkeiten), die sich am Dampffaß und seinem Zubehör zeigen, ist dem Vorgesetzten sofort Anzeige zu machen." (§ 32)

Für die Knochenverarbeitung der Düngerfabriken verlangen die berufsgenossenschaftlichen Unfallverhütungsvorschriften:

„Die Knochendämpfer müssen, wenn sie für niedrigeren Druck gebaut sind als die Dampferzeuger, mit Sicherheitsvorrichtungen (Sicherheitsventil, Lufthahn, Manometer, mit Kontrollflansch, Einschaltung eines Dampfreduktionsventils zwischen Kessel und Dämpfern) versehen sein. Es ist zulässig, das Sicherheitsventil, möge dasselbe für einen oder gleichzeitig für mehrere Dämpfer dienen, auch an der Dampfzuleitung anzubringen." (§ 11)

„Der Knochendämpfer ist vor seiner Inbetriebnahme und alsdann mindestens alle 6 Jahre einer Druckprobe zu unterwerfen, bei welcher die Pressung das $1^1/_2$fache des höchsten Dampfdrucks betragen soll, denselben mindestens aber um 1 Atm. übersteigen muß." (§ 12)

„An den Einfüllöffnungen der Knochendämpfer sind Sicherheitsvorrichtungen anzubringen, die das Hineinstürzen der Arbeiter verhüten." (§ 13)

Wie diese eingehenden Vorschriften zeigen, wird hauptsächlich darauf Wert gelegt, daß der Bau der Dampffässer die erforderliche Sicherheit bietet, daß diese durch die Ausrüstung mit Sicherheitsvorrichtungen gewährleistet wird, und daß bei der Bedienung der Apparate, namentlich beim Festschrauben der Verschlüsse, sehr sorgsam verfahren wird und die Verschlußteile gut instand gehalten werden. Diese Verschlüsse müssen auch so konstruiert werden, daß die Schrauben festsitzen, für die Beanspruchung sicher berechnet sind und nicht auf Biegung, sondern nur auf Zug beansprucht werden.

Manche Kochkessel müssen zum Kippen eingerichtet werden; dann ist eine Arretiervorrichtung notwendig, welche das Druckgefäß gegen unbeabsichtigtes Kippen sichert. Solche Vorkehrungen werden in verschiedener Konstruktion mit Arretierstiften gebaut.

Eine besondere Art von Druckgefäßen wird als Autoklav bezeichnet. Für diese gestatten die Unfallverhütungsvorschriften unter den angegebenen Voraussetzungen die Weglassung des Sicherheitsventils, weil vielfach die dauernde Dichtung nicht ausführbar ist. Jedoch werden neuerdings Konstruktionen angewendet, die sich auch für hohen Druck eignen. Ein solches Ventil veranschaulicht Fig. 163 nach einer Ausführung von *Rich. Gradenwitz* in Berlin. Der mit Gewicht beschwerte Hebel liegt auf einer Haube, durch die ein rohrartiges Gehäuse verschlossen gehalten wird. Zwischen Haubenventil und Gehäuse wird eine Metalldichtung eingelegt.

Da Zweifel darüber entstanden sind, welche Arten von Druckgefäßen als die Autoklave anzusehen sind, hat die Berufsgenossenschaft der chemischen Industrie folgende Erklärung gegeben:

„Die Berufsgenossenschaft versteht unter Autoklaven geschlossene Apparate, in denen der Inhalt durch Einwirkung einer Wärmequelle oder durch die chemische Reaktion des Inhalts selbst oder durch beides zugleich in erhöhte Temperatur oder erhöhte, unter Umständen sehr hohe Spannung versetzt wird, ohne daß die entwickelten Dämpfe oder Gase abgeführt werden. Da die Autoklaven in der Regel keine Sicherheitsventile besitzen, auch solche in den Unfallverhütungsvorschriften nicht gefordert sind, so müssen die Gefäßwandungen stark genug sein, die höchste möglicherweise entstehende Spannung mit Sicherheit auszuhalten. Für die Wahl des Materials der in den Betrieben der chemischen Industrie verwendeten Autoklaven ist hiernach nicht, wie bei Dampfkesseln, nur die Rücksicht gegen inneren Druck, sondern ebensosehr seine Widerstandsfähigkeit gegen die chemische

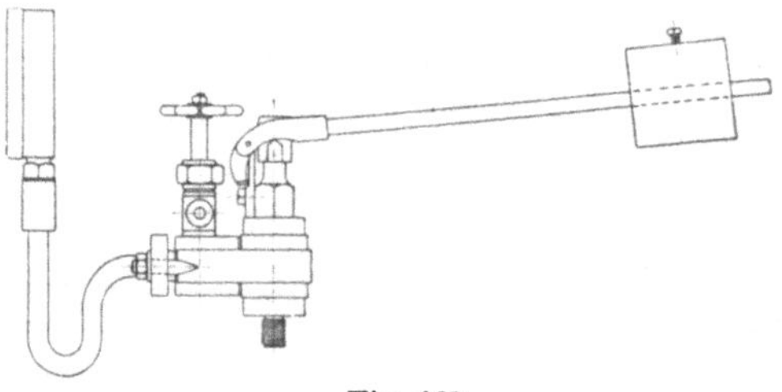

Fig. 163.

Einwirkung des Gefäßinhalts maßgebend. Mit Rücksicht hierauf wird deshalb bei Apparaten für chemische Zwecke Gußeisen unter Umständen auch dann Verwendung finden, wenn es höheren Dampfspannungen zu widerstehen hat."

Andere Druckgefäße oder Druckapparate werden in der chemischen Industrie in verschiedener Bauart und Verwendungsweise gebraucht. Häufige Benutzung finden die Druckbirnen oder Montejus, die dazu dienen, Flüssigkeiten, namentlich Säuren, durch Druckluft oder unter Umständen auch mittels gespannter Gase oder gespanntem Dampf zu heben. Diese Apparate wirken so, daß aus einem Behälter die zu hebende Flüssigkeit zunächst in den tiefer stehenden Apparat läuft und dann aus diesem durch eingelassene Druckluft (bzw. Dampf, Gas) in einen höher stehenden Behälter gedrückt wird. Da das Druckmittel unmittelbar auf den Flüssigkeitsspiegel wirkt, so kann dafür nur ein gas- oder dampfförmiger Stoff benutzt werden, der die Flüssigkeit nicht in unzulässiger Weise verdünnt oder sonst beeinflußt.

Die Einstellung der Ventile oder Hähne des Apparates kann von Hand oder selbsttätig erfolgen; meistens werden Apparate der letzteren Art verwendet, die dann auch Pulsometer genannt werden. Die Apparate müssen natürlich, soweit die Teile mit der zu hebenden Flüssigkeit in Berührung kommen, aus einem derselben gegenüber widerstandsfähigen Material bestehen. Für Säuren kommt also Ton, Steinzeug, Glas, Porzellan, Blei in Betracht. Diese Druckapparate für Säuren werden an anderer Stelle noch besonders besprochen (S. 207).

Wenn Substanzen unter hohem Druck stark erhitzt werden sollen und dabei nur Gußeisen als Material für die Aufnahme der Substanz verwendet werden kann, so wird eine Verstärkung der Gefäße und Apparate erzielt und damit die Gefahr des Zerspringens beseitigt durch die Benutzung von schmiedeeisernen Apparaten und Gefäßen, die mit Gußeisen ausgegossen sind. Die Ausfütterung wird aus Gußeisen, etwa 20 mm dick, nötigenfalls auch stärker, hergestellt. Solche Druckgefäße, Autoklaven usw. werden z. B. von der Gießerei und Maschinenfabrik Oggersheim, *Paul Schütze & Co.* in Oggersheim i. d. Pfalz angefertigt.

Die Berufsgenossenschaft der chemischen Industrie hat folgende besondere **Unfallverhütungsvorschriften für den Betrieb von Apparaten und Gefäßen unter Druck**, welche den Bestimmungen für Dampffässer nicht unterliegen, erlassen:

„Die nachstehenden Bestimmungen erstrecken sich auf alle Apparate und Gefäße, bei deren betriebsmäßiger Benutzung ein höherer als der atmosphärische Druck verwendet wird oder entstehen kann.

Ausgenommen sind:

a) Dampfkessel (vgl. S. 171);

b) Dampffässer jeder Größe im Sinne der dafür erlassenen besonderen Vorschriften (vgl. S. 176);

c) Maschinenteile u. dgl., insofern dieselben nicht unter den Begriff Apparate und Gefäße fallen (Kompressoren, Druckleitungsrohre, hydraulische Preßzylinder usw.);

d) Wasservorwärmer und Heizkörper;

e) Diejenigen Transportgefäße komprimierter Gase, bei denen das Produkt aus dem Fassungsraum in Litern und dem von der deutschen Eisenbahnvereinigung für Transportgefäße festgesetzten Prüfungsdruck in Atmosphären die Zahl 300 nicht überschreitet, sowie sonstige Apparate und Gefäße, bei denen dieses Produkt die Zahl 300 nicht übersteigt;

f) Apparate und Gefäße, bei denen der Überdruck $1/2$ Atm. nicht übersteigt und eine Sicherheitsvorrichtung vorhanden ist, welche das Eintreten eines höheren Druckes ausschließt;

g) Mineralwasserapparate, für welche besondere Vorschriften bestehen (vgl. S 196).“
   (§ 1)

„Alle gemäß § 1 unter die Bestimmungen dieser Vorschriften fallenden Apparate und Gefäße sind vor ihrer ersten Inbetriebsetzung durch einen Sachverständigen einer Prüfung der Bauart und einer Wasserdruckprobe zu unterziehen. Die Wasserdruckprobe, welche mit der Prüfung der Bauart zu verbinden ist, erfolgt nach der letzten Zusammensetzung, jedoch vor der Einmauerung oder Ummantelung des Apparates oder Gefäßes. Sie kann am Herstellungsorte ausgeführt werden. Apparate und Gefäße, die bereits am Herstellungsorte auf Grund dieser Bestimmungen geprüft und demnächst im ganzen nach ihrem Aufstellungsorte geschafft worden sind, unterliegen einer nochmaligen Prüfung der Bauart und Wasserdruckprobe am Aufstellungsorte nur dann, wenn seit Vornahme der Prüfung mehr als ein Jahr verflossen ist, oder wenn der Apparat bzw. das Gefäß eine Beschädigung erlitten hat, die eine Wiederholung der Prüfung geboten erscheinen läßt.

Für die Höhe des Prüfungsdruckes gelten nachstehende Bestimmungen:

a) Die Druckprobe ist für Gefäße und Apparate mit Gas- oder Luftdruck bis zu 100 Atm. mit dem $1^1/_2$ fachen zulässigen Arbeitsdruck auszuführen; der Prüfungsdruck muß jedoch bei einem Betriebsdruck unter 2 Atm. diesen um mindestens 1 Atm. übersteigen;

b) bei einem Gas- oder Luftbetriebsdruck von über 100 Atm. hat der Prüfungsdruck denselben nur um 50 Atm. zu übersteigen;

c) Apparate und Gefäße, welche während des Betriebes vollständig mit tropfbaren, nicht expandierenden Flüssigkeiten gefüllt sind (Wasser, Öl usw.), sind nur mit einem den höchsten Betriebsdruck um eine Atmosphäre übersteigenden Druck zu prüfen.

Nach bestandener erstmaliger Prüfung ist der Apparat, bzw. das Gefäß von dem Sachverständigen mit einem Stempel zu versehen.

Die Ergebnisse der Prüfungen und Druckproben sind in ein zweckentsprechend eingerichtetes Revisionsbuch einzutragen, welches dem technischen Aufsichtsbeamten auf Verlangen jederzeit vorzulegen ist." (§ 2)

„Zur Ausführung der Prüfungen sind befugt:

1. die technischen und Aufsichtsbeamten der Berufsgenossenschaft,

2. diejenigen Gewerbeaufsichtsbeamten, denen die Prüfung von Dampfkesseln obliegt,

3. die Bergrevierbeamten in den ihrer Aufsicht unterstellten Betrieben,

4. die zur Vornahme von amtlichen Druckproben in einem deutschen Bundesstaat ermächtigten Ingenieure von Dampfkessel-Überwachungsvereinen,

5. solche Personen, die von dem Vorstande der Berufsgenossenschaft als Sachverständige im Sinne dieser Vorschriften anerkannt worden sind.

Die Auswahl der Sachverständigen aus dem Kreise der vorbezeichneten Personen bleibt dem Betriebsunternehmer unterlassen." (§ 3)

„Die dieser Vorschrift unterworfenen Apparate und Gefäße müssen einzeln für sich von der Druckleitung abgesperrt werden können." (§ 4)

„An jedem Apparat und Gefäß unter Druck oder deren Druckleitung muß ein zuverlässiges Sicherheitsventil und ein zuverlässiges Manometer nebst Kontrollflansch angebracht sein.

Ausgeschlossen von dieser Bestimmung sind die Transportgefäße für verflüssigte Gase.

Sicherheitsventil und Manometer sind an einer solchen Stelle anzubringen, daß sie durch den Inhalt der Apparate oder Gefäße nicht ungangbar gemacht werden können. Ihre Einschaltung in die Zuleitung ist gestattet.

Am Manometer ist der festgesetzte höchste zulässige Betriebsdruck durch eine Marke zu bezeichnen.

Werden mehrere Gefäße und Apparate unter gleichem Druck von derselben Druckleitung gespeist, so genügt die Anbringung eines für diesen Druck eingestellten Sicherheitsventils an der gemeinsamen Leitung.

Die Sicherheitsventile müssen mindestens eine dem Querschnitt des betreffenden Zuleitungsrohres gleichkommende Öffnung haben.

Apparate und Gefäße, welche für den höchsten Druck des Druckerzeugers geprüft sind, bedürfen keines besonderen Sicherheitsventils oder Manometers. Der Druckerzeuger muß dann mit den entsprechenden Sicherheitsvorrichtungen zur Begrenzung des Druckes versehen sein.

Apparate und Gefäße mit Beschickungs- oder Entleerungsverschlüssen müssen mit einer Vorrichtung (Lufthahn) versehen sein, der mit Sicherheit erkennen läßt, ob noch Überdruck vorhanden ist. Ein Manometer genügt hierzu nicht." (§ 5)

„An jedem Apparate und Gefäße unter Druck muß mit dauerhafter, nicht entfernbarer Schrift die Nummer und der höchste zulässige Überdruck angegeben sein.

Die Betriebsunternehmer haben die unter diese Unfallverhütungsvorschriften fallenden Apparate und Gefäße in ein Verzeichnis aufzunehmen, welches auf Erfordern dem technischen Aufsichtsbeamten jederzeit vorzulegen ist." (§ 6)

„Die Besitzer von Apparaten und Gefäßen unter Druck sind verpflichtet, dieselben alljährlich einer äußeren Prüfung zwecks Kontrolle der Sicherheitsvorrichtungen und, sofern die Bauart dies gestattet, in angemessenen Zeiträumen von längstens 4 Jahren einer inneren Besichtigung zu unterwerfen. Überdies sind die bezeichneten Apparate und Gefäße in Zeiträumen von längstens 8 Jahren einer Druckprobe gemäß § 2 Abs. 2 durch einen der genannten Sachverständigen unterziehen zu lassen. Bei denjenigen Apparaten, deren Bauart eine innere Besichtigung nicht zuläßt, muß die Druckprobe in Zeiträumen von längstens 4 Jahren erfolgen. Einmauerungen und Verkleidungen sind bei der Wasserdruckprobe, soweit es der Sachverständige für erforderlich erachtet, zu entfernen und die Gefäße gereinigt bereit zu halten.

Für Apparate, welche erfahrungsmäßig einer starken Abnutzung unterliegen, sei es durch korrodierende Einwirkungen, direkte Feuerung, große Temperaturschwankungen oder besonders hohe Spannungen, wie Gefäße für verflüssigte Gase usw., können von dem Genossenschaftsvorstande kürzere Zeiträume für die Prüfung festgesetzt werden." (§ 7)

Den Arbeitern ist vorgeschrieben:

„Bei Schraubenverschlüssen sind stets sämtliche Schrauben zu benutzen. Fehlerhafte Schrauben und Muttern sind sofort zu ersetzen. Das Anziehen der Schrauben hat in vorsichtiger und gleichmäßiger Weise zu erfolgen. Die Benutzung außergewöhnlicher Mittel zum Nachziehen, z. B. Aufstecken von Rohren auf die Schlüssel, Verwendung langer Eisenstangen bei Flügelmuttern oder Antreiben derselben durch Hammerschläge ist verboten." (§ 10)

„Das Lösen der Verschlußschrauben darf erst erfolgen, nachdem die Druckleitung abgesperrt und der Druck aus dem Gefäß völlig beseitigt ist. (Lufthahn.)" (§ 11)

„Der Arbeitsdruck im Gefäß darf die höchste zulässige Spannung nicht überschreiten. Die Sicherheitsventile sind bei jeder neuen Beschickung durch vorsichtiges Anheben zu lüften. Jede Vergrößerung der vorgeschriebenen Ventilbelastung ist verboten." (§ 12)

„Größere Undichtigkeiten, Beschädigungen und Abstoßungen an den Apparaten und Gefäßen sind sofort dem Vorgesetzten zu melden." (§ 13)

An den zum Transport ätzender Flüssigkeiten (Säuren und Laugen) dienenden Druckfässern (Montejus) entstehen häufig Unfälle dadurch, daß die frisch zulaufende Flüssigkeit durch die noch im Montejus befindliche Druckluft in das Reservoir, aus welchem die Flüssigkeit abgelassen wird, zurückgedrängt wird und die Personen, welche das Abflußventil bedienen, durch Säure- oder Laugenspritzer mitunter schwer verletzt werden. Diese Unfälle lassen sich durch ein in die Flüssigkeitszuleitung zwischen Überfüllzylinder und Montejus eingebautes Rückschlagventil verhüten (Fig. 164). Da ein absolutes Dichthalten des Ventils nicht erforderlich ist, besteht es aus einem einfachen, abgedrehten Teller, hergestellt aus einem der Flüssigkeit gegenüber

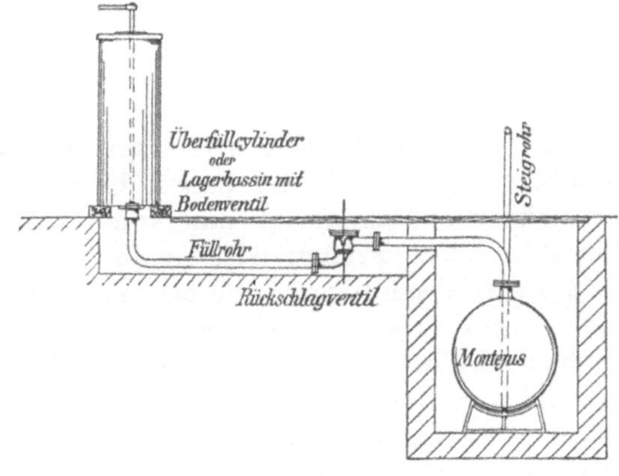

Fig. 164.

möglichst widerstandsfähigem Material; bei Schwefelsäure wird man also Hartblei wählen.

Die etwa im Montejus noch vorhandene Druckluft hält den Ventilkegel geschlossen; er hebt sich erst dann zum Beginn der Füllung, wenn die Druckluft aus dem Montejus abgelassen wird. Ein unverhoffter Rückfluß von Druckluft und das Ausspritzen ätzender Flüssigkeit ist damit verhindert.

Die *Chemische Fabrik Rhenania* in Stolberg bei Aachen hat die Druckventile in den Schwefelsäurefabriken in betriebs- und unfallsicherer Weise konstruiert, wie Fig. 165 und 166 zeigen.

Das bleiüberzogene Ventil i ist in einem zylindrischen Bleigefäß angebracht, welches durch das Rohr f mit dem Flüssigkeitsbehälter g (Lauge oder Säure) in Verbindung steht. Mittels Handrad d und der bleiüberzogenen Stange l kann der Ventilkonus gelüftet oder gesenkt werden. Das untere Ablaufrohr s führt zum Montejus. Der Zylinder l ist mit einer losen Schutzkappe a zugedeckt, und so hoch, daß sich die Kappe noch über dem höchsten Flüssigkeitsstand des Behälters g befindet. Sollte aber dennoch durch irgendwelchen Zufall zwischen dem Ventilzylinder und seiner Schutzkappe oben etwas Flüssigkeit herausspritzen, so wird diese in einer Bleiummantelung b aufgefangen und durch das Rohr e abgeleitet. Oben an dem Quersteg k ist nach dem Standplatz des Arbeiters hin noch ein Schutzblech c befestigt.

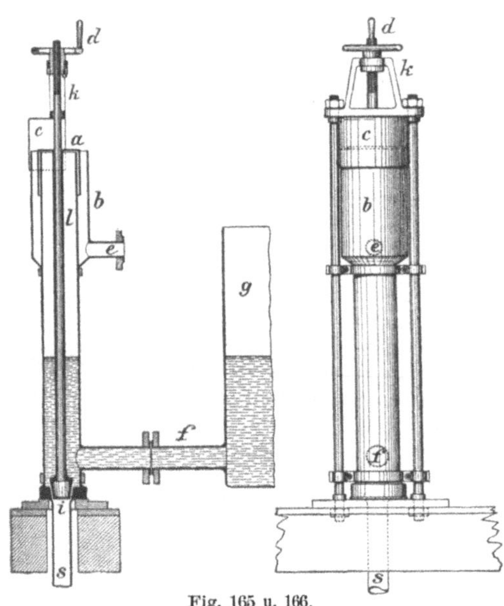

Fig. 165 u. 166.

Bei den automatisch wirkenden Druckfässern (Montejus) befindet sich das Ventil gewöhnlich an diesem Hebeapparate.

Für die Dampffässer und sonstigen Druckgefäße, die nach den Vorschriften einer Prüfung unterzogen werden müssen, ist darauf zu achten, daß diese Besichtigung auch bequem erfolgen kann. Die Aufstellung muß danach so erfolgen, so daß sowohl die äußere wie auch die innere Besichtigung nicht gehindert ist. Die Druckgefäße für gefährliche Flüssigkeiten müssen für die innere Prüfung vollständig entleert und gefördert werden, da sonst Säurereste, Gasentwicklung aus Schlamm u. dgl. den einsteigenden Prüfer in große Gefahr bringen können und Stoffe, die an den Wänden noch anhaften, wie z. B. Teer, das Ergebnis der Untersuchung fraglich machen.

Zu beachten ist noch, daß an den Dampffässern und Druckgefäßen, wie vorgeschrieben, der zulässige höchste Betriebsdruck angegeben wird, nicht der höhere Druck, auf den das Gefäß geprüft worden ist. Denn diese letzte Angabe kann das Bedienungspersonal zu dem Irrtum verleiten, das Gefäß könne mit dem Prüfungsdruck betrieben werden. Platzen solcher Kessel war schon mehrfach die Folge solcher Mißverständnisse.

Bei Druckgefäßen ist der Ersatz der Sicherheitsventile durch dünne Stahlplättchen oder Bleiplatten vielfach vorgenommen worden, die bei einer Drucküberschreitung platzen sollen, so daß das Gefäß entlastet wird. Diese Mittel haben sich aber wenig bewährt, da sie sich nicht sicher genug bei bestimmtem Überdruck lösten.

12. Leitungen, Gefäße, Behälter, Gruben, Armaturen.

Dampfleitungen. Da im Laufe der Zeit die Verwendung höherer Dampfspannungen, namentlich zum Betrieb von Maschinen, wesentlich gestiegen ist, so ist in Rücksicht auf die Gefahr des Zerspringens die Ausführung der Leitungen in widerstandsfähigem Material und genügender Dimensionierung immer wichtiger geworden. Der Verein deutscher Ingenieure hat Normalien für Dampfrohre aufgestellt, nach denen die Herstellung sich vielfach richtet.

Die Verwendung höherer Dampfspannungen hat die Gefahr des Zerspringens der Leitungen sehr gesteigert. Da der aus der Sprungstelle rasch entweichende Dampf schwere Unfälle durch Verbrühen und Ersticken erzeugen kann, so wird immer mehr Gebrauch von Rohrbruchventilen gemacht, die selbsttätig im Falle eines Bruches der Leitung das Nachströmen des Dampfes aus dem Kessel nach der Bruchstelle abschließen. Es sind in den letzten Jahren zahlreiche Bauarten solcher Ventile in den Handel gekommen. Für kleine Rohrweiten sind sie vielfach zuverlässig, für große dagegen ist die Sicherheit ihrer Wirkung durch die unvermeidliche Komplikation der Konstruktion beeinträchtigt. Jedenfalls müssen sie zeitweise auf ihre Gangbarkeit nachgeprüft werden. Auch ist dafür zu sorgen, daß der Heizer auf sie nicht ungünstig einwirken kann. Wichtig ist ferner die Verhütung von Wasserschlägen (vgl. S. 107) in den Leitungen, sowie deren sachgemäße Verlegung und Einschaltung von Vorrichtungen, welche die infolge der Temperaturänderung entstehende Ausdehnung und Zusammenziehung ungehindert zulassen und damit Brüche verhüten. Federbogen, Ausgleichsstoffbüchsen werden hierzu angewendet. Zur Verhütung von Verbrennungen an heißen Leitungen verlangen die alten und neuen Unfallverhütungsvorschriften deren Isolierung mit schlechten Wärmeleitern (§ 40, § 43, S. 174).

Da eine gute Isolierung durch Verhinderung der Kondensation des Dampfes auch großen wirtschaftlichen Wert besitzt, so ist die Anwendung von Isoliermitteln, die sich als schlechte Wärmeleiter bewährt haben und auch dauerhaft sind, sehr zu empfehlen. Solche Isoliermaterialien werden von mehreren Fabriken geliefert. Größeren Betrieben ist wegen ihres bedeutenden Bedarfs an solchen Materialien zu empfehlen, selbst Vergleichsversuche anzustellen, um eine gute Wahl zu treffen.

Über Leitungen für Säuren und andere ätzende Flüssigkeiten ist S. 207, über Leitungen für Nitroglycerin, nitroglycerinhaltige Säuren und nitroglycerinhaltiges Wasser wird später näheres angegeben.

Ebenso sind die verschiedenartigen Behälter und Gefäße, soweit bei ihnen besondere Gefahren auftreten, in anderen Abschnitten behandelt, und zwar die Druckgefäße S. 176, die in Sprengstoffabriken zum Transport usw. verwendeten Gefäße in dem diese Fabrikation behandelnden Abschnitt.

Es ist daher hier mehr auf allgemeine Gefahren einzugehen, namentlich auf die Gefahr des Hineinstürzens in solche Einrichtungen.

Die allgemeinen Unfallverhütungsvorschriften bestimmen:

„Behälter, welche ätzende, heiße oder giftige Stoffe enthalten, sind, soweit dies mit der Arbeitsweise vereinbar ist, sicher abzudecken oder einzufriedigen oder mit ihrem Rande so hoch über den Standort des Arbeiters zu legen, daß bei gewöhnlicher Vorsicht ein Hineinstürzen von Personen verhindert wird." (I 19)

Ferner enthalten die „Besonderen Vorschriften für Seifenfabriken" die Bestimmung:

„Die Höhe der Kesselwandungen, Laugenreservoire usw. soll vom Fußboden, beziehentlich von dem die Kesselwand umgebenden Podium aus, mindestens 90 cm betragen, um das Hineinstürzen der Arbeiter bei etwaigem Ausgleiten zu verhindern." (§ 2)

In den „Besonderen Vorschriften für Düngerfabriken" heißt es:

„Bei der Gewinnung von Fett und Leim müssen die offenen Kochgefäße eine Randhöhe von mindestens 90 cm haben.

Das Arbeiten an offenen Kochgefäßen von einem erhöhten Stand aus ist nur gestattet, wenn dieser Stand fest und mit Umfriedigung, Fangrost oder ähnlicher Schutzeinrichtung gesichert ist." (§ 8)

In den neuen Vorschriften wird bestimmt:

„Siedekessel und Behälter mit heißen, ätzenden oder giftigen Stoffen müssen eine Brüstungshöhe von mindestens 90 cm haben oder mit Geländer von gleicher Höhe oder einer sicheren Bedeckung versehen werden." (§ 8)

„Extraktionsgefäße und sonstige Behälter und Apparate mit hochliegender Einfüllöffnung sind mit festem Aufstieg und zu ihrer Beschickung mit Podest zu versehen." (§ 12)

„Über Arbeitsplätzen und Verkehrsstellen befindliche Gefäße, deren heißer oder ätzender Inhalt zum Überfließen neigt, sind mit Überlaufrinne zu versehen, oder der Fußboden bzw. das die Gefäße umgebende Podium muß so beschaffen sein, daß die überlaufende Flüssigkeit den unter den Gefäßen verkehrenden Personen nicht gefährlich werden kann." (§ 15)

Eine genügende Sicherung durch dichte Abdeckung der Gefäße oder mittels Rostbelag ist aus Betriebsrücksichten nicht immer durchführbar, dann aber ist ganz besonders auf die Anbringung von Schutzgeländern hinzuwirken. Gegen diese wird vielfach der Einwand erhoben, daß sie das Arbeiten in der Flüssigkeit, namentlich das Umrühren, Ausschöpfen, das Herausschaffen des Bodensatzes erschweren, besonders bei tiefen Gefäßen. Dieses Bedenken fällt weg bei dem in Fig. 167 dargestellten Geländer a, in dessen freie senkrechte Zwischenräume i das Rührscheit oder der Schöpflöffel eingelegt werden kann, so daß der Stiel auf dem Rande des Behälters m ruht und der Arbeiter eine möglichst günstige Hebelwirkung zu erzielen vermag. Die freien Zwischen-

räume erhalten 15 bis 20 cm Weite, so daß der Arbeiter nicht hindurch-
stürzen kann.

Die Anbringung fester Geländer ist aber auch nicht immer angängig,
z. B. nicht bei Krystallisierpfannen, da hier feste Geländer beim Herausschaffen der Krystalle und Abheben der
Mutterlauge hinderlich sein würden. Die
Chemische Fabrik Kalk bei Köln bedient
sich in solchem Fall beweglicher Geländer *b*, deren
Stützen am un-
teren Ende ga-
belförmig ge-
staltet sind und
mit diesem ge-
gabelten Teile
den Rand der
Pfanne *a* umfas-
sen (Fig. 168).
Die Geländer
können also auf die Seitenteile der Pfannen während der Kristallisation
aufgesetzt und später zur Entleerung des Pfanneninhalts abgenommen werden. Die Figur zeigt noch die praktische Einrichtung einer eisernen Ablaß-
rinne, die durch gußeiserne, mit Öffnungen versehene Platten abgedeckt wird.

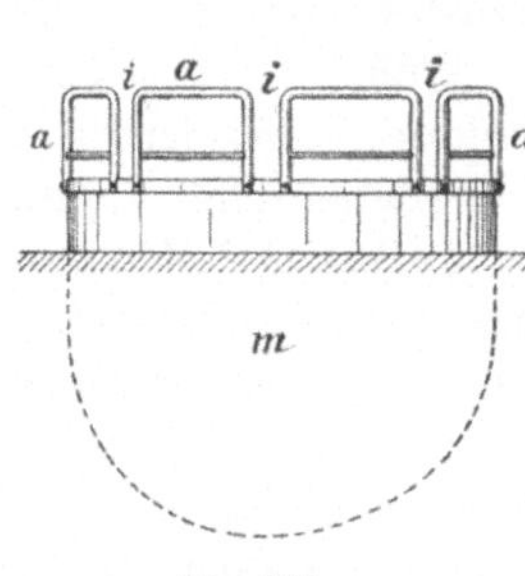

Fig. 167.

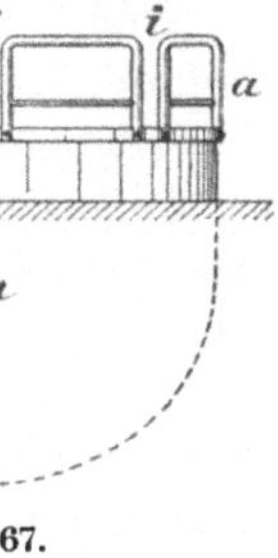

Fig. 168.

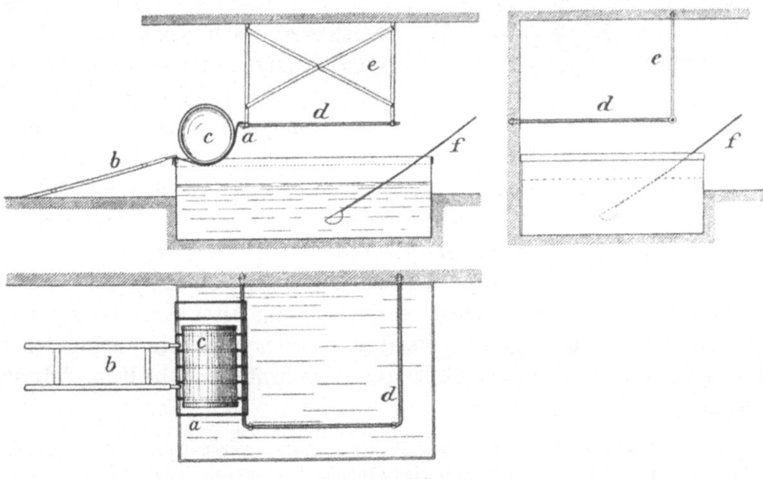

Fig. 169—171.

Will man die Sicherheitsbarriere nicht am Kesselrande selbst anbringen,
so kann man sie, wie Fig. 169 bis 171 zeigen, entweder mittels einer Eisen-
konstruktion *e* an der Decke des Arbeitsraumes aufhängen oder auch hinten
in der Gebäudemauer befestigen. Das Arbeiten mit dem Schöpflöffel *f* oder
dem Rührscheit ist dann in keiner Weise behindert. Ein in das Bassin zu ent-

leerendes Gefäß *c* kann zweckmäßig, nachdem es die Schrotleiter *b* hinauf-
gerollt ist, auf einem eingehängten Rost *a* gelagert werden.

Um die Trichter bei hohen Salzleckbühnen in sicherer Weise bedienen zu
können, hat die *Chemische Fabrik Kalk* bei Köln bewegliche Schutzleitern *d*
(Fig. 172) konstruiert, an deren Spitze sich eine kanzelartige, durch Geländer
geschützte Vorrichtung *c* befindet, welche dem Arbeiter einen festen Standpunkt für die Bedienung des Trichters *b* gewährt.

Für runde niedrige Pfannen, Kessel usw., in denen gerührt werden muß,
kann folgende Schutzvorrichtung angeordnet werden, die ein Hineinfallen des
Arbeiters unmöglich macht und das Rühren von jeder Seite aus bequem
gestattet. Auf dem Rande des betreffenden Kessels ist rundum ein Flacheisen
oder ein Winkeleisen, dessen eine Seite vertikal steht, angebracht; auf der dadurch gebildeten eisernen Rundführung läuft auf 4 Rollen bei kleineren, 6 Rollen

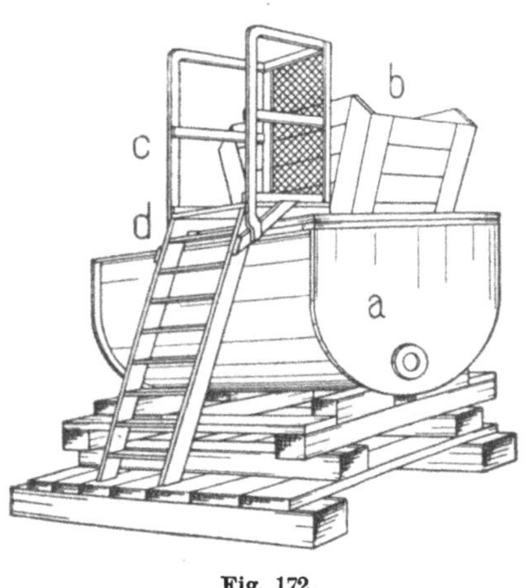

Fig. 172.

bei größeren Kesseln ein sternförmiges
Gerippe aus Rundeisenstäben, die im
halben Radius noch durch ein kreisförmig
gebogenes Rundeisen verbunden sind.
Dadurch werden die freien Öffnungen so
klein, daß der Arbeiter nicht zwischen
den Stäben hindurch in den Kessel fallen
kann. Da dieses Gerippe leicht beweglich, so kann der Arbeiter es beim Rühren mit dem dazu benutzten Eisen leicht
mit herumnehmen. Beim Füllen oder
Entleeren des Kessels wird die Schutz·
vorrichtung mittels einer Kette über
eine an der Decke angebrachte Rolle in
die Höhe gezogen und fest aufgehängt.
Namentlich für Seifensiedekessel ist
diese Einrichtung zu empfehlen, jedoch auch für alle runden Kessel, an denen
gerührt werden muß. Das Gerippe kann auch aus Holz hergestellt werden.

Bei rechteckigen Pfannen erhält man auch einen Schutz gegen Hineinfallen, wenn ein solches Gerippe aus rechtwinklig sich kreuzenden Eisen und
Holzstäben auf die Pfanne gelegt wird. Unfälle an Leimwasserpfannen, die
während des Kochens aufgefüllt werden, würden dadurch vermieden werden.

Die allgemeinen Unfallverhütungsvorschriften enthalten folgende Bestimmungen:

„Gruben, Kanäle, versenkte Gefäße und andere gefahrbringende Vertiefungen in
den Arbeitsräumen und auf den Arbeitsplätzen sind, soweit dies mit der Arbeitsweise
vereinbar ist, sicher abzudecken oder mit festem Geländer oder vorstehendem Rande zu
versehen." (I 13)

Die Durchführung dieser Vorschrift stößt mitunter auf Schwierigkeiten,
so z. B. bei den Kalkgruben in den Lederleimfabriken. Eine einfache und
praktische Abdeckvorrichtung besteht aus einigen kreuzweise übereinander
gelegten Stangenhölzern, die untereinander zu einem gitterartigen Deckel

verbunden sind. Diese Schutzvorrichtung hat den Vorzug, so leicht zu sein, daß sie ein Mann bequem zur Seite schieben oder abheben kann; andererseits ist sie stark genug, um einen etwa Darauffallenden zu tragen. Dabei halten die Durchbrechungen wegen ihrer Größe und der Stangenrundung davon ab, das Gitter leichtsinnigerweise zu betreten. Damit es nicht ganz entfernt werden kann, bindet man das Gitter zweckmäßig mit einem Ende des längsten Stangenholzes am Boden fest, ohne damit das Aufklappen oder das seitliche Verschieben des Gitterdeckels zu verhindern.

Wichtig sind noch folgende berufsgenossenschaftliche Bestimmungen, die sich in den neuen Vorschriften finden:

„Das Einsteigen in Bottiche, Apparate und Behälter, die sich entweder selbst drehen oder mit Rührwerken für Kraftbetrieb versehen sind, darf nur geschehen, nachdem ausreichende Sicherheitsvorkehrungen zur Verhinderung einer selbsttätigen oder durch Mitarbeiter herbeigeführten Inbetriebsetzung getroffen sind. (Abwerfen der Riemen, Verschließen, Festbinden oder Abstützen der Ausrücker u. dgl.).

Kessel und andere Behälter, in welche Dampf, heiße oder ätzende Flüssigkeiten eintreten können, dürfen erst befahren werden, nachdem durch Blindflanschen oder durch die Unterbrechung der betreffenden Zuleitungen diese Gefahr beseitigt und der Behälter abgekühlt ist." (§ 51)

Die Bestimmung des letzten Absatzes verlangt also eine vollkommene Unterbrechung des Zulaufs; das Zudrehen von Ventilen und Hähnen, die zwischen die miteinander verbundenen Kessel oder in eine diesen gemeinsame Sammelleitung, Zu- oder Ablauf, gesetzt sind, genügt nicht, da ein Öffnen solcher Absperrvorrichtungen durch Unvorsichtigkeit, Irrtum usw. nicht ausgeschlossen ist und dann durch Übertreten von Dampf, Gasen usw. von einem Behälter zu demjenigen, in dem sich Arbeiter befinden, für diese verhängnisvoll werden kann.

Armaturen der Kessel, Leitungen und sonstigen Gefäße sind auch schon in anderen Abschnitten behandelt (S. 171 ff.). Hier ist daher nur noch auf eine allgemeine Gefahr hinzuweisen.

Um Unfälle beim Bedienen hochliegender Ventile u. dgl. zu verhüten, wird in den neuen Vorschriften bestimmt:

„Hochliegende Ventile, Hähne, Stellvorrichtungen usw., die häufig zu bedienen sind, müssen durch Treppen, Bühnen oder gesicherte Leitern in gefahrloser Weise zu erreichen oder von unten durch geeignete Vorrichtungen zu betätigen sein." (§ 11)

Solche Vorrichtungen lassen sich leicht durch Stangen, die mittels Handrad am gewöhnlichen Arbeitsstand gedreht werden, und dann durch Zahnradgetriebe die Bewegung auf die Ventilspindel übertragen, herstellen, oder durch Kettenübertragung, die durch Handrad bewegt wird.

Manchmal ist es notwendig, zwei Leitungen gleichzeitig so zu bedienen, daß die eine geöffnet und die andere geschlossen oder beide zusammen geöffnet und geschlossen werden. Dann können die Spindeln der beiden Absperrventile durch Zahnrad- oder Kettenübertragung gekuppelt werden.

Zur Konzentration von Schwefelsäure, Abfallsäure, Laugen, Salzlösungen, Flüssigkeiten mit übelriechenden und gesundheitsschädlichen Gasen können die von den *Deutschen Ton- & Steinzeugwerken* in Charlottenburg nach Angabe von Dr. *Zanner* hergestellten Pfannen benutzt werden, die aus Spezialgußeisen bestehen und mit säurefesten Steinzeugplatten ausgefüttert sind, die ihrerseits durch abwechselnd durchlöcherte Querwände versteift werden. Diese sehr haltbaren, feuerbeständigen und gegen chemische Einflüsse widerstandsfähigen Pfannen werden in Feuerkanäle oder in mit diesen verbundene Nebenkanäle zur Ausnutzung der Wärme von Abgasen, Röstgasen, Heizgasen usw. eingesetzt. Hierbei entsteht der hygienische Vorteil, daß die aus der Flüssigkeit sich entwickelnden Gase gleich unmittelbar durch den Schornstein abgeführt werden.

13. Einrichtungen besonderer Fabrikationszweige.

a) Seifenfabriken.

Die besonderen Gefahren, welche bei der Herstellung von Seife auftreten, haben die Berufsgenossenschaft der chemischen Industrie veranlaßt, besondere Unfallverhütungsvorschriften zu erlassen, welche bestimmen:

Für die Arbeitgeber:

„Es ist darauf Bedacht zu nehmen, daß der Fußboden der Siedereien möglichst rein und trocken gehalten wird, um Unfälle durch Ausgleiten auf dem durch Fette oder Seifen schlüpfrig gewordenen Fußboden zu verhüten." (§ 1)

„Die Höhe der Kesselwandungen, Laugenreservoire usw. soll vom Fußboden, beziehentlich von dem die Kesselwand umgebenden Podium aus mindestens 90 cm betragen, um das Hineinstürzen der Arbeiter bei etwaigem Ausgleiten zu verhindern." (§ 2)

„In Fabriken, in welchen die Siedekessel so hoch stehen, daß in denselben nur auf den sie umgebenden Podien gearbeitet werden kann, sollen letztere entweder gemauert oder, falls sie aus Holz errichtet sind, fest am Boden verankert sein, um das Kippen derselben unmöglich zu machen. Diese Podien sollen möglichst breit sein und rein und trocken gehalten werden, um dem Ausgleiten der Arbeiter vorzubeugen. Falls sich die Podien mehr als 1 m hoch über dem Fußboden der Siederei erheben, sollen sie mit einem Geländer versehen werden, um bei plötzlichem Zurücktreten des an dem Kessel Beschäftigten ein Herabstürzen rücklings zu verhindern." (§ 3)

„Es soll nicht gestattet sein, daß Arbeiter auf Brettern, die über den Kessel gelegt werden, arbeiten, sondern, wo eine Bearbeitung der Seifen im Kessel von oben her erforderlich ist (z. B. durch Krücken), soll diese von einem neben dem Kessel aufzustellenden Podium aus erfolgen. Dieses Podium muß so konstruiert sein, daß ein Kippen desselben ausgeschlossen ist, auch soll dasselbe nach dem Kessel zu mit einem Geländer versehen sein." (§ 4)

„Wo es nötig ist, die in hohen Formen befindliche, noch flüssige Seife zu krücken, sollen zu diesem Zwecke als Standort des Arbeiters über den Formen breite und starke Bretter verwendet werden, die an ihrer unteren Seite mit starken Knaggen versehen sind, um ein Ausweichen nach den Seiten zu verhindern. Diese Bretter sollen auch, wenn tunlich, mit einem kleinen Geländer versehen sein." (§ 5)

„Alle im Fußboden befindlichen Keller- oder Feuerungseingänge sollen mit starken, durch Charniere befestigten Deckeln verschlossen und, wo es nötig, auch umfriedigt sein. Das Gleiche gilt für alle im Fußboden befindlichen Reservoire und sogenannte Sümpfe." (§ 6)

„Für das Einstellen von Pottasche, calcinierter und kaustischer Soda, ist, um das Ausspritzen zu vermeiden, in der Regel über dem Einstellkessel ein Flaschenzug oder eine Rolle anzubringen und daran ein eiserner Korb zu befestigen. Letzterer wird mit dem Kalk, der kaustischen Soda usw. ausgefüllt und dann vorsichtig in das im Kessel befindliche Wasser versenkt." (§ 7)

„Bei dem Bleichen des Palmöls vermittels Säure sollen die betreffenden Arbeiter mit Respiratoren oder Schwämmen versehen werden. Beim Bleichen des Palmöls vermittels Hitze dagegen sollen die Kessel ganz fest mit Deckeln verschlossen und die sich im Kessel entwickelnden Gase durch den Schornstein abgeleitet werden." (§ 8)

„Bei dem Entladen der Rollwagen dürfen schwere Fässer nur mit Hilfe eines Taues abgeladen werden. Schrotleitern sind so einzurichten, daß sie festgestellt werden können. Das Gehen zwischen der Schrotleiter beim Auf- und Abladen von Lasten ist verboten." (§ 9)

„Giftige, feuergefährliche oder der Gesundheit schädliche Materialien, wie Mirbanöl, chromsaures Kali, Bittermandelöl, Schwefelsäure, Salzsäure, Ätzlauge in Ballons usw. müssen, soweit es sich um größere Quantitäten handelt, so aufbewahrt werden, daß dieselben Unberufenen nicht zugänglich sind.

Ballons, in welchen Säuren und Ätzlaugen aufbewahrt werden, müssen durch Körbe geschützt sein, um Bruch und dadurch leicht entstehende Verbrennungen zu verhüten.

Die vorangeführten Materialien in kleineren Quantitäten, zum baldigen Gebrauch bestimmt, sollen niemals in solchen Gefäßen aufbewahrt werden, welche zur Aufbewahrung von Genußmitteln dienen und daher Verwechselungen mit letzteren begünstigen. Ferner müssen die zur Verwendung kommenden Gefäße mit Stöpseln verschlossen und mit Etiketten versehen sein, welche den Inhalt bezeichnen und Worte wie z. B. „Gift", „feuergefährlich" usw. als Warnung enthalten.

Das Arbeiterpersonal ist über die Gefährlichkeit oder Schädlichkeit solcher Stoffe zu unterrichten." (§ 10)

Die Seifenpressen haben sich als sehr unfallgefährlich erwiesen, wenn der Arbeiter mit der Hand das zu pressende Stück einzulegen und das gepreßte wegzunehmen hat. Die Gefahr wird noch gesteigert, wenn die Presse von zwei Personen bedient wird, von denen die eine das Einlegen und Wegnehmen der Seifenstücke, die andere das Pressen besorgt. Es kann dann leicht geschehen, daß der eine Arbeiter die Pressung ausführt, während der andere noch schnell in die Form greift. Diese Arbeitsweise sollte daher vermieden werden.

Zur Erzielung zweckmäßiger Schutzvorrichtungen an Seifenpressen hat die Berufsgenossenschaft der chemischen Industrie im Jahre 1898 ein Preisausschreiben erlassen, dessen Bedingungen hauptsächlich eine Vorrichtung forderten, die in sicherer Weise verhindert, daß die Finger der Arbeiter bei der Bedienung der Maschine von dem niedergehenden Preßstempel erfaßt werden; ferner wurde verlangt, daß die Schutzvorrichtung die Leistungsfähigkeit der Presse nach keiner Richtung hin beeinträchtigen darf und namentlich jede Beschädigung des gepreßten Seifenstückes beim Herausnehmen aus der Form sicher vermieden sein muß.

Dieser Wettbewerb hatte guten Erfolg, indem dadurch einige Sicherheitseinrichtungen, die der damalige Kgl. Fabrikinspektionsassistent *Hertel* angegeben hatte, gewonnen wurden, die bahnbrechend für die Ausgestaltung der Seifenpressen mit Schutzvorkehrungen wurden. Letztere verwirklichen das Prinzip, die Hände des Arbeiters durch gewisse Handgriffe zu zwingen, während des Stempelniederganges außerhalb desselben tätig zu sein.

Hertel hat für Friktions-, Spindel- und Pendelschlagpressen sowie für Fallwerke Vorkehrungen angegeben, die von *Joh. Hauff*, Maschinenfabrik in Berlin O. hergestellt werden. An der Friktionspresse ist die Steuerwelle durch einen Nocken gesperrt, der durch die linke Hand zur Seite bewegt werden muß, während gleichzeitig die rechte Hand das Eindrücken durch einen Hebel besorgt. Hat die Maschine nur Fußeinrückung, so wird eine zweite Sperrung angebracht, die durch die rechte Hand gelöst werden muß, während gleichzeitig die linke Hand die andere Sperrung freimacht und der Fuß die Steuerung betätigt. Für die Spindelpresse ist die Sperrung am Schwungrad angebracht, das durch die rechte Hand nur gedreht werden kann, wenn gleichzeitig mit der linken Hand die Sperrung beseitigt wird. Bei Fallwerken wird eine doppelte Aufhängung des Hammerbären hergestellt, die durch gleichzeitiges Angreifen an zwei Handgriffen beseitigt wird.

Bei der Pendelschlagpresse wird durch einen Fußtritt der Stempel unmittelbar niedergedrückt; der hierzu vom Fußtritt nach aufwärts geführte Arm ist aber durch zwei Klauen gesperrt, die beide gleichzeitig durch zwei Handgriffe gesperrt werden müssen, damit der Arm so weit ausschwingen kann, daß die Pressung erfolgt. Solange auch nur eine der Klauen nicht beseitigt ist, kann der Fußtritt wohl den Arm etwas bewegen, aber nicht so weit, daß der Schlag des Pendels erfolgt.

Bei Friktionspressen mit Kraftantrieb und Fußeinrückung hat sich die Hertelsche Sicherheitseinrichtung nicht immer bewährt. Es ist dann eine Einrichtung angebracht worden, bei der durch gleichzeitiges Angreifen an zwei Handgriffen zwei voneinander unabhängige Stützen unter dem Fußtritt seitlich gedreht werden müssen, bevor der Fußtritt heruntergedrückt und damit die Presse eingerückt werden kann. Sobald die Handgriffe losgelassen werden, schnappen die Stützen sofort zurück und legen sich wieder unter den Fußtritt, so daß dieser nicht abwärts bewegt werden kann.

Die Maschinenfabrik *Paul Kühsel* in Dresden bringt an ihren Seifenpressen Sperrklinken an, die in Zähne des Schlittens des Stempels einschnappen und ihn festhalten, solange sie nicht durch Handgriffe ausgedreht werden. Bei Exzenter-Schlagpressen genügt eine Klinke für die linke Hand, da die rechte Hand am Schwungrad zu drehen hat, um die Pressung auszuführen.

Bei der Anwendung zweier Handgriffe muß natürlich deren Verbindung mit dem Bewegungsmechanismus so gestaltet sein, daß auch die gleichzeitige Betätigung der beiden Handgriffe notwendig ist, um den Stempelniedergang herbeizuführen. Es gibt Bauarten, welche dieser Bedingung nicht genügen; solche Pressen müssen nachträglich geändert werden. Auch ist ein etwa bei Benutzung der Doppelgriffe wegen der damit ausgeübten größeren Kraft entstehender Rückschlag des Stempels zu beseitigen, da sonst eine Verzögerung der Preßarbeit entsteht.

Auch dürfen nicht zwei Arbeiter gleichzeitig an der Presse beschäftigt werden, da dann beide sich gegenseitig in Gefahr bringen können, wenn sie die Sicherheitsvorkehrung leichtsinnig handhaben.

Die Handpressen werden jetzt immer mehr durch die leistungsfähigen, mechanisch betriebenen Massenpressen verdrängt, die in der Hauptsache unfallsicher sind. Zu ihnen gehört die hydraulische Seifenpresse „Patent

Klumpp", welche von *Wegelin & Hübner* in Halle a. S. gebaut wird. Die kochendheiße fertige Seifenmasse wird aus einem Zubringer der Presse zugeführt, der aus einem gegen Abkühlung durch Isolierumkleidung möglichst geschützten und zur Verflüssigung der vielleicht etwas zu fest gewordenen Seifenmasse mit Dampfmantel oder Wärmevorrichtung versehenen Eisenbehälter besteht. Von ihm aus wird die heiße Masse durch einen Abflußstutzen mit Schieberventil in den Hohlraum zwischen zwei bewegliche, seitlich gut abdichtende und mit den erforderlichen Prägestempeln versehene Eisenplatten geleitet. Diese sind hohl und wird durch sie kaltes Wasser zum Erstarren der Seifenmasse geleitet. Das Aufeinanderpressen der Formplatten erfolgt durch hydraulischen Druck, der in einer von Hand oder von einer Transmission betriebenen Presse auf 250 Atm. erzeugt wird.

Das Zubringen kann wegfallen, wenn die Füllung der Presse durch Überschöpfen oder mittels einer Pumpe unmittelbar vom Siedekessel aus erfolgt.

Die Hauptgefahr der Seifenpressen kann am besten beseitigt werden durch automatische Zu- und Abführung der Seifenstücke. Einen solchen „Seifenpressenautomat" bauen *Weber & Seeländer* in Helmstedt i. Br. Er wird von zwei Personen bedient, von denen die eine an der Rückseite der Maschine die rohen Seifenstücke in den Füllschacht bringt, während die andere, vor der Presse stehend, die Preßarbeit beobachtet und die gepreßten Stücke von einem Transportband abnimmt. Ein gelochtes Blech oder besser eine Glasplatte verhindert das Hineingreifen zwischen die Stanzen, ohne deren Kontrolle zu behindern. Die Zuführung der Stücke aus dem Füllschacht nach der Form und von dieser auf das Transportband erfolgt automatisch, wobei das nachfolgende Stück auf das gepreßte kippend wirkt, so daß dieses sich sauber von der Prägeform ablöst.

Bei den von der Maschinenfabrik *Aug. Krull* in Helmstedt i. Br. gebauten Seifenpreßautomaten werden die angepreßten Stücke in einen Füllschacht gelegt, aus dem sie durch einen Vorbringer unter den Stempel geschoben werden. Auch bei der von *C. E. Rost & Cie.* in Dresden gebauten Seifenpresse erfolgt die Zuführung der rohen und das Auswerfen der gepreßten Seifenstücke völlig automatisch. Der Bewegungsmechanismus ist dabei innerhalb des Maschinengestells angeordnet, so daß dessen Verschmutzung durch Seifenabfälle vermieden ist.

Die Gefahr der Seifenpresse kann natürlich auch beseitigt werden durch Anwendung von Seifengießmaschinen, die unmittelbar aus der heißen, flüssigen Seife, wie sie aus dem Kessel kommt, in wenigen Minuten Seifenriegel in jeder Form erzeugt. Solche Maschinen werden z. B. von *Georg Schicht* in Aussig a. E. hergestellt.

Die Wölfe zum Zerreißen von Talgstücken sind durch Verengung der Füllöffnung, Erhöhung des Fülltrichters, durch Schutzrost oder in sonstiger Weise so einzurichten, daß die Finger nicht bis zu der gefährlichen Stelle gelangen können (S. 160). Zum Nachstopfen der zu verarbeitenden Materialien ist ein geeigneter Stößel neben der Maschine an einer Schnur oder Kette aufzuhängen, auf dessen Benutzung zu halten ist. Bei den Pelotösen läßt sich eine genügende Verengung der Füllöffnung nicht durchführen, da die aus den Piliermaschinen kommenden Seifenstreifen sich über enge Einwurfslöcher legen würden, so daß selbst beim Nachstopfen eine stetige Speisung der Maschine unmöglich wäre. Es läßt sich aber eine Sicherung durch Erhöhung des Einwurfsrumpfes schaffen, so daß das Nachstopfen nur mittelst Holzstößer möglich ist.

b) Mineralwasserfabriken.

Die Unfallgefährlichkeit der Herstellung und des Abfüllens von künstlichem Mineralwasser besteht hauptsächlich darin, daß infolge des hohen Drucks der ins Wasser eingeführten Kohlensäure ein Zerspringen der Herstellungsapparate, Behälter und Flaschen eintreten kann. Auch beim Drahten, Umladen, Packen, Fortstellen, Etikettieren können Mineralwasserflaschen durch den inneren Druck zerspringen und Verletzungen hervorrufen.

Die Maßnahmen zur Verhütung von Unfällen durch Zerspringen der die flüssige Kohlensäure enthaltenden Flaschen werden bei Erörterung der Gefahren der verdichteten Gase besprochen.

Die Gefährlichkeit bei der Herstellung wächst natürlich mit der Größe des Druckes, der in den Apparaten entsteht. Es ist daher geraten, nicht über den zum Mischen des Wassers mit der Kohlensäure notwendigen Druck hinauszugehen. Erfahrungsgemäß ist es nicht nötig, nach dem Einkurbeln des Wassers im Mischgefäß mit flüssiger Kohlensäure bei 4 bis 5 Atm. Druck noch 2 bis 3 Atm. Druck zuzulassen, so daß ein Gesamtdruck von 6 bis 7 Atm. entsteht; es genügt ein Druck im Mischgefäß von etwa 4 Atm.

Die Berufsgenossenschaft hat folgende besondere Vorschriften erlassen:

„Die Apparate müssen genügend widerstandsfähig konstruiert sein, insbesondere die Entwicklungsgefäße so beschaffen sein, daß das Innere der Gefäße besichtigt werden kann." (§ 2)

„Der bei der Arbeit anzuwendende höchste zulässige Druck ist bei Selbstentwicklern in unabnehmbarer und deutlich sichtbarer Schrift am Entwicklungsgefäß und Mischgefäß, bei Entwicklern mit Gasometern am Mischgefäß anzubringen." (§ 3)

„Bei Apparaten, welche mit Gasometer arbeiten (Hand- und Motorenbetrieb), müssen die Mischgefäße, bei Verwendung von Selbstentwicklern muß das Entwicklungsgefäß mit Manometer und Sicherheitsventil versehen sein. Es ist darauf zu sehen, daß letzteres nicht überlastet oder verkeilt, vielmehr stets in gangbarem Zustande erhalten wird.

An dem Manometer soll der bei der Arbeit anzuwendende höchste zulässige Druck durch eine Marke bezeichnet werden." (§ 4)

„Bei Verwendung einer Pumpe muß das Schwungrad mit einem engmaschigen Drahtgeflecht ausgefüllt sein." (§ 5)

„Die Apparate und Ausschankgefäße müssen vor ihrer Inbetriebsetzung mit dem $1^1/_2$ fachen Maximaldruck sachverständig geprüft werden.

Die Betriebsunternehmer sind verpflichtet, die Apparate und Ausschankgefäße, sofern die Bauart dies gestattet, in angemessenen Zeiträumen von längstens 3 Jahren einer inneren Besichtigung durch einen Sachverständigen zu unterwerfen. Überdies ist die im Absatz 1 vorgeschriebene Druckprobe in Zeiträumen von längstens 6 Jahren zu wiederholen. Bei denjenigen Apparaten und Gefäßen, deren Bauart eine innere Besichtigung nicht zuläßt, muß die Wiederholung der Druckprobe in Zeiträumen von längstens 3 Jahren erfolgen. Die Druckatteste sind dem Beauftragten auf Erfordern vorzulegen.

Fehlerhafte Apparate, welche eine unmittelbare Gefahr in sich schließen, sind vom Betriebsunternehmer sofort außer Betrieb zu setzen. Jedenfalls muß dies unverzüglich geschehen, wenn der Beauftragte unter Angabe der Gründe es für notwendig erklärt.

Alle Lötnähte an Apparaten und Ausschankgefäßen sind mit Verzahnung anzufertigen oder mit Nieten zu sichern" (§ 6)

„Es ist darauf zu sehen, daß die Zuführung von Säure in das Entwicklungsgefäß nur allmählich geschieht und unter keinen Umständen auf einmal in das Entwicklungsgefäß gegeben wird. Das Säuregefäß muß mit einer Einrichtung versehen sein, durch welche die Menge der zufließenden Säure genau geregelt werden kann." (§ 7)

„Beim Flaschenfüllen und Drahten sind den Arbeitern Schutzkörbe oder Schutzschirme, ferner Schutzbrillen sowie am Handgelenk enganliegende Leder- oder Gummimanschetten und Schürzen aus Leder, Gummi oder starkem Zeug zur Verfügung zu stellen." (§ 8)

„Gefüllte Kohlensäureflaschen und gefüllte Ausschankzylinder sind vor Einwirkung der Sonne oder sonstiger Wärmequellen sorgfältig zu schützen." (§ 9)

„Bei Verwendung von flüssiger Kohlensäure müssen zwischen Flasche und Mischgefäß entweder ein Druckreduzierventil oder ein Expansionsgefäß von mindestens 100 l Rauminhalt eingeschaltet werden. Das Expansionsgefäß ist in jedem Falle mit Manometer und Sicherheitsventil zu versehen. Ist kein Expansionsgefäß vorhanden, so muß das Mischgefäß mit einem Sicherheitsventil versehen sein." (§ 10)

Die Anordnung der in den Vorschriften geforderten Druckreduzier- und Sicherheitsventile an den Kohlensäureflaschen veranschaulicht Fig. 173 in den Ausführungen von *Eisel* in Geisheim; Fig. 174 zeigt die Ausführung eines Reduzierventiles *P* mit Manometer *K* nach einer Ausführung von *Ferd. Fischer*, vorm. *Fischer & Kiefer* in Karlsruhe.

Sicherheitsventile mit Gewichtsbelastung sind denen mit Federbelastung vorzuziehen, da diese unzuverlässig sind und ihre Wirkung von den Arbeitern meist nicht kontrolliert werden kann.

Die beim Abfüllen zu verwendenden Schutzschirme (Fig. 175 und 176) sollen aus enggelochtem Kupfer- oder Zinkblech hergestellt werden, da verzinktes Drahtgewebe nicht lange hält. Die Schutzschirme müssen ferner so konstruiert sein, daß sie nicht beim Zerspringen der Flasche aufspringen und Glasteilchen seitlich durchlassen, die dann benachbarte Arbeiter treffen können. Es ist auch gut, die Schutzkörbe so anzuordnen, daß sie nicht nur beim Füllen, sondern auch beim Verschließen

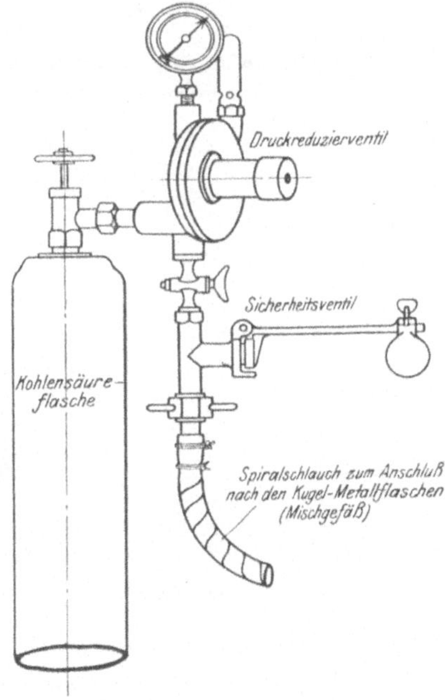

Fig. 173.

der Flaschen (Verkorken, Aufbringen von Patentverschlüssen) diese umgeben.

Die Gefahr des Zerspringens beim Füllen kann wesentlich gemindert werden, wenn das Abziehen nicht unter höherem Druck als nötig vorgenommen wird; es genügt im allgemeinen ein Druck von etwa 4 Atm. im Mischgefäß.

Einen selbsttätigen Abfüllapparat für Mineralwasser liefert z. B. die Firma *Noll* in Minden. Es sind 6 Füllvorrichtungen um eine lotrechte Achse angeord-

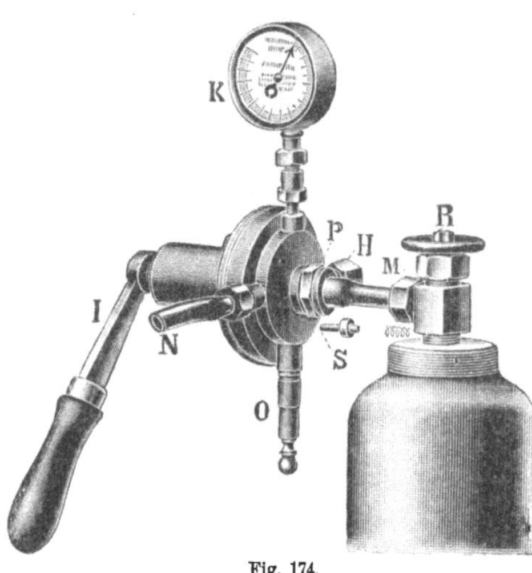
Fig. 174.

net. Die Flaschen werden nach und nach auf eine sich ruckweise drehende Platte gesetzt. Die eingestellte Flasche wird durch eine selbsttätig bewegte Klemme in das Mundstück gedrückt und dann um die Achse bewegt, wobei sie in die Füllstellung gelangt, in der das Füllen durch selbsttätiges Öffnen und Schließen der Wasser- und Luftventile erfolgt. Hierbei ist die Flasche von einem Blechgehäuse umschlossen, so daß beim Zerspringen Stücke nicht wegfliegen können. Dieser zweiteilige Schutzkorb ist mit dem Zuflußhahn so verbunden, daß er sich bei dessen

Öffnen selbsttätig um die Flasche legt, das Anbringen der Schutzvorrichtung also nicht vom Arbeiter abhängig ist.

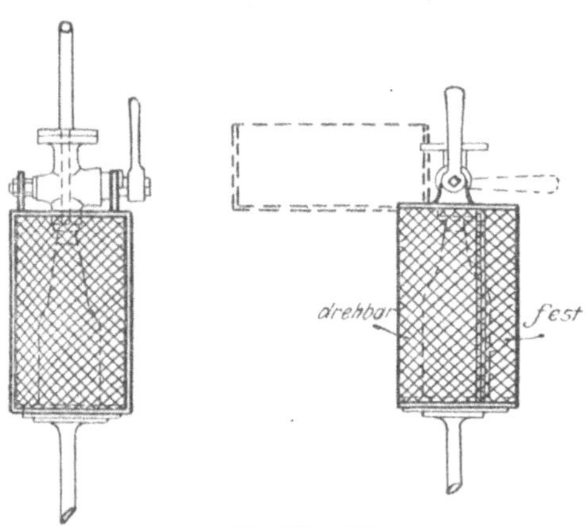

Fig. 175 u. 176.

Die Anwendung von Schutzbrillen, Schutzmasken, Manschetten kann vielfach nur durch strenge Aufsicht der Arbeiter durchgeführt werden, da diese im allgemeinen solche Schutzmittel als unnötig und unzweckmäßig ansehen und namentlich von Schutzbrillen behaupten, sie seien für die Augen schädlich.

Die üblichen Formen solcher persönlichen Ausrüstungsgegenstände werden noch beschrieben. Ähnlich wie beim Füllen der Mineralwasserflaschen liegen die Gefahrenverhältnisse beim Abfüllen

anderer Flüssigkeiten, wenn dabei Kohlensäure als Druckmittel verwendet wird. Es sind dann auch Schutzschirme und Schutzmittel anzuwenden.

c) Düngerfabriken, einschließlich Thomasschlackenmühlen.

Für die Unfallverhütung sind von der Fabrikation künstlicher Düngemittel hauptsächlich die des Superphosphats (Thomasphosphats, Thomasschlacke) und des Knochenmehls von besonderer Wichtigkeit.

Bei der Herstellung des Knochenmehls sind es die zum Auskochen, Dämpfen und Entfetten der Knochen dienenden Einrichtungen, dann die zum Zerkleinern benutzten Brechwerke und Mühlen, sowie die Lagerung, wobei Sicherheitsmaßnahmen durchzuführen sind. Es handelt sich dabei um die Beseitigung der in den verschiedenen Betriebseinrichtungen entstehenden gesundheitsschädlichen und übelriechenden Dünste und Staubmengen, dann um die mechanischen Gefahren, welche durch die Maschinenwerke entstehen, weiter um die Gefahren der Kocher und dann um diejenigen, die bei den Entfettungsanlagen durch die Verwendung des feuergefährlichen Benzins entstehen. Superphosphat wird durch Behandlung des Knochenmehls, meist aber durch Behandlung natürlicher Phosphate mit Schwefelsäure gewonnen. Dieses Aufschließen bezweckt, die in den Phosphaten enthaltene Phosphorsäure in wasserlösliche Form zu bringen, wie sie zur Düngung notwendig ist. In den hierzu dienenden Aufschlußapparaten entstehen saure Gase (Fluß- oder Kieselfluorwasserstoffsäure), die dann auch in den Gärkellern, Darren und Elevatoren auftreten und unschädlich zu machen sind.

Die Thomasschlacke wird bei der Gewinnung von Flußeisen aus Roheisen nach dem Thomas-Gilchristprozeß gewonnen. Sie enthält die Phosphorsäure schon in einer für die Landwirtschaft direkt brauchbaren Form. Die Gesundheitsschädlichkeit des beim Mahlen der Schlacke und beim Lagern des Schlackenmehls entstehenden Staubs erfordert besondere Schutzmaßnahmen.

Die Berufsgenossenschaft der chemischen Industrie hat besondere Unfallverhütungsvorschriften für Düngerfabriken mit und ohne Knochenverarbeitung erlassen. Die hier interessierenden Bestimmungen für die ersteren Betriebe lauten:

„Die rohen Knochen sind tunlichst in trockenen und gut ventilierten Räumen zu lagern." (§ 1)

„Für das Umladen, Sortieren und Zerkleinern der Knochen sind Arbeiter mit offenen Wunden an den Händen nicht zu verwenden. Das Sortieren ist nur in luftigen und gut erleuchteten Räumen auszuführen." (§ 2)

„Die Behälter zum Aufschließen müssen mit Vorrichtungen versehen sein, welche das Austreten schädlicher und belästigender Gase und Dämpfe in die Arbeitsräume tunlichst verhindern. Rohstoffe, welche fluor-, chlor- oder salpetersäurehaltige Gase in gefahrdrohender Menge entwickeln, dürfen nicht in offenen Gruben aufgeschlossen werden.

Die Verwendung von nicht denitrierter Abfallsäure beim Aufschließen in offenen Gruben ist untersagt." (§ 16)

„Die Zuleitung oder das Eingießen der Schwefelsäure muß so bewirkt werden, daß ein Vergießen oder Verspritzen der Säure möglichst verhütet wird.

Beim Ausgießen der Säureballons müssen Ballonkipper benutzt werden.

Für Arbeiten, bei denen die Augen der beschäftigten Arbeiter durch Spritzen von Säure bedroht sind, müssen ihnen Schutzbrillen zur Verfügung gestellt werden, deren Benutzung vorzuschreiben ist." (§ 17)

Für die Thomasschlackenmühlen gilt:

„Bei Mehrkammersystemen sind die Klappen der Auslaßöffnungen von den Mischgefäßen nach den Kammern in geeigneter Weise zu sichern, um ein Öffnen falscher Klappen zu verhindern." (§ 16)

„Beim Entleeren der Aufschließkammern ist eine gutwirkende Ventilation in Anwendung zu bringen." (§ 17)

„Das Entleeren der Aufschließkammern hat mit angemessener Vorsicht zu erfolgen. Das Untergraben der aufgeschlossenen Massen, wenn solche höher als 2 m gelagert sind, vom Innern der Kammer aus ist verboten." (§ 18)

„Die Zuleitung oder das Eingießen der Schwefelsäure muß so bewirkt werden, daß ein Vergießen oder Verspritzen der Säure möglichst verhütet wird.

Beim Ausgießen der Säureballons müssen Ballonkipper benutzt werden." (§ 19)

Für die Knochenverarbeitung der Düngerfabriken wird vorgeschrieben:

„Falls schweflige Säure im Betriebe angewendet wird, sind Vorrichtungen (Lüftungsanlagen) auszuführen, welche die Gefährdung der Arbeiter durch die austretenden Gase und sauren Dämpfe beseitigen." (§ 14)

„Der beim Zerkleinern und Mahlen der Knochen in gesundheitsschädlicher Menge entstehende Staub ist durch Absaugen an der Entstehungsstelle möglichst zu beseitigen. Sofern dies nicht in ausreichender Weise gelingt, müssen den Arbeitern Respiratoren, Schwämme, Mundtücher oder andere zweckentsprechende Schutzmittel zur Verfügung gestellt werden, deren Benutzung vorzuschreiben ist." (§ 15)

Für Düngerfabriken einschließlich der Thomasschlackenmühlen verlangen die berufsgenossenschaftlichen Vorschriften:

„Es ist Vorsorge zu treffen, daß bei der Fabrikation die Entwicklung von gesundheitsschädlichem Staub in gefahrdrohender Menge nach Möglichkeit vermieden wird. Auf Arbeitsstellen, an denen gleichwohl die Ansammlung derartigen Staubes in gefährlichen Mengen möglich ist, sind den Arbeitern Respiratoren, Schwämme, Mundtücher oder andere zweckentsprechende Schutzmittel zur Verfügung zu stellen, deren Benutzung vorzuschreiben ist.

Das Lagern von Thomasmehl darf nur in Säcken oder Fässern, oder, wenn lose, nur in geschlossenen Räumen mit mechanischer Staubabsaugung erfolgen." (§ 8)

„Die Behälter zum Aufschließen müssen mit Vorrichtungen versehen sein, welche das Austreten schädlicher und belästigender Gase oder Dämpfe in die Arbeitsräume tunlichst verhindern."

„Die abziehenden Gase müssen so viel als möglich in geeigneter Weise unschädlich gemacht werden." (§ 14)

Das Entleeren der Aufschließkammern der Superphosphatherstellung bietet verschiedene Gefahren. Das Abstechen der in hohen Haufen aufgeschichteten Superphosphatmasse kann gewöhnlich nicht von oben herab erfolgen, namentlich weil die Kammern vielfach so hoch angefüllt werden, daß darüber bis zur Decke kein Raum zum Abstechen bleibt. Wenn dann die Arbeiter unterhöhlen, um dadurch die oberen Schichten zum Absturz zu bringen, so können schwere Unfälle durch die herunterfallenden zusammengebackenen Brocken entstehen.

Ferner haben die Arbeiter unter den sich aus der Masse entwickelnden sauren Dämpfen zu leiden, auch Verbrennungen durch das heiße Superphosphat und Augenverletzungen sind nicht selten. Gute Ventilatoren vermindern wohl die Gefahren, können sie aber nicht vollständig beseitigen. Das Tragen von Respiratoren, Tüchern, Schwämmen ist auch gut, aber es erschwert das Atmen und macht die ohnehin anstrengende Arbeit in den engen, heißen Räumen nur noch beschwerlicher. Das Umwickeln der Beine mit alten Säcken zum Schutze gegen Verbrennungen wird vielfach benutzt, ist aber auch nur ein unzureichendes Hilfsmittel. Das Tragen von Schutzbrillen ist in dem mit Dämpfen angefüllten Raum unmöglich.

Die Handarbeit wird durch das von Dr. *J. Lütgens* angegebene Verfahren erleichtert und ungefährlicher gemacht. Hierbei ist im Boden der Kammer ein Schlitz vorgesehen, der durch kräftige quadratische Bohlen- oder Eisenplatten von 0,5 m Seitenlänge abgedeckt wird. Unter diesem Schlitz läuft ein Transportband. Die Deckplatten werden nacheinander aufgenommen, die Masse wird in kleinen Mengen durch die entstehende Bodenöffnung auf das Band geschüttet und durch dieses einem Elevator zugeführt. Eine kräftige Lüftung beseitigt die dabei aus dem Phosphat austretenden Gase.

Die schweren Gefahren des Ausräumens der Aufschlußkammern durch Handarbeit ließen die Frage nach einer mechanischen Entleerung entstehen. Nachdem hierzu auf einer Versammlung der Betriebsleiter und Chemiker des Vereins deutscher Düngerfabrikanten im Dezember 1905 Anregung gegeben war, wurden in kurzer Zeit drei Verfahren in die Praxis mit Erfolg eingeführt.

Bei der in Fig. 177 dargestellten Vorrichtung, welche nach dem Verfahren der *Anglo-continentalen Guano-Werke* in Hamburg von der *Metallurgischen Gesellschaft* in Frankfurt a. M. gebaut wird, ist die gewöhnliche viereckige Kammerform beibehalten; die Vorderwand wird durch eine Tür geschlossen, die zur Entleerung in die Höhe gewunden wird. Die Maschine zum Ausräumen besteht aus einem auf Schienen laufenden Gerüst mit einem Ausleger, der eine

Fig. 177.

baggerähnliche Vorkehrung trägt, die Bewegungen werden durch ein in das Gerüst eingebautes, gewöhnlich durch Elektromotor bewegtes Triebwerk erzeugt. Die an einer endlosen Kette befestigten Kratzer tragen schichtweise das Material ab, indem der Ausleger hin und her wandert und sich ebenso selbsttätig um eine Schichtdecke senkt, nachdem eine Schicht abgeräumt ist. Wenn eine Kammer entleert ist, so wird mittels einer Winde der Ausleger wieder hochgezogen, das Gerüst vor die zweite Kammer gefahren, der Ausleger dort eingeführt und diese entleert. Auf diese Weise können mehrere Kammern täglich ausgeräumt werden. Das herausgebrachte

Superphosphat muß durch eine geeignete Transportvorrichtung weggebracht werden.

Bei dem von *Hövermann* in Hamburg angegebenen und von der *Maschinenfabrik M. Ehrhardt* in Wolfenbüttel ausgeführten Verfahren dient zur Reaktion des Phosphatmehls eine gemauerte, überwölbte Kammer von kreisrundem Querschnitt, die beim Entleeren bis auf die Auslauföffnung vollständig geschlossen bleibt. Fig. 178 und 179 stellen die vollständige Aufschließanlage dar. Das Phosphatmehl gelangt aus dem Rumpf nach automatischer Abwiegung in die Wagen, die den die Mischmaschine bedienenden Arbeitern auf einer Rundbahn selbsttätig zulaufen. In diese Maschine wird das Mehl

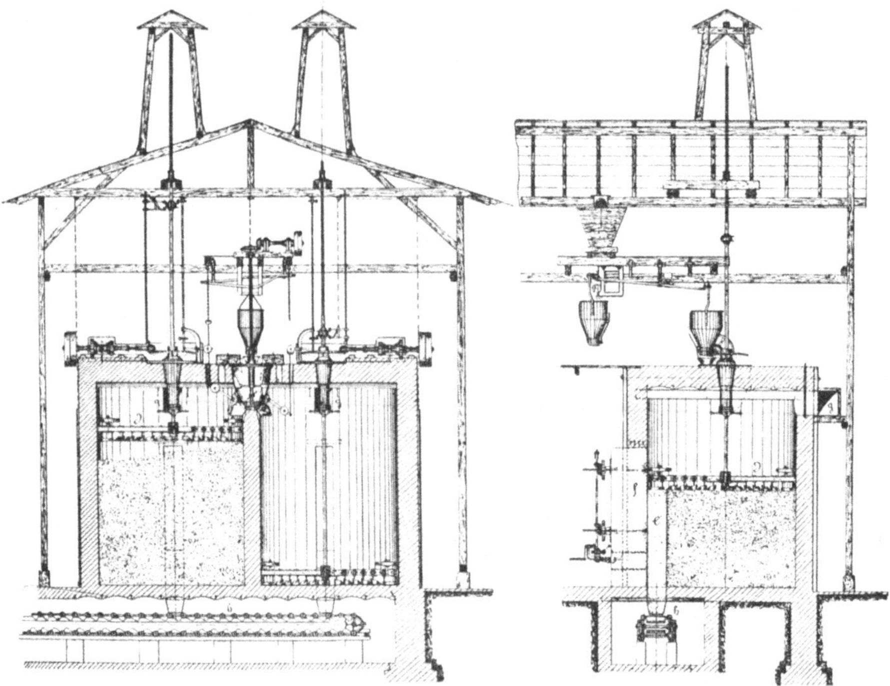

Fig. 178 u. 179.

zugleich mit der erforderlichen Säuremenge abgelassen, die fertige Mischung fließt dann in die gemauerte Kammer *A*, um in ihr zu erstarren. Die Entleerung erfolgt durch einen Ausräumer *d*, der langsam immer tiefer geführt wird und das Superphosphat in ganz dünnen Schichten abschält. In der Masse ist an ihrem Rand bei der Füllung ein Kanal *c* dadurch gebildet worden, daß ein verschiebbares Verschlußstück *f*, das bis über die höchste Füllmarke reicht, in die Kammer hineingeschoben worden ist. Vor der Entleerung wird das Verschlußstück wieder herausbewegt. Die durch die pflugartigen Schneidegeräte abgeschälte Schicht zerbröckelt und bewegt sich spiralförmig bis zu dem Kanal *e*, durch den das Material auf einen Bandtransporteur fällt. Nachdem dann der zur Neutralisierung erforderliche Zusatz gegeben ist, führt das

Transportband die Masse nach einem Elevator, der sie auf eine Mischmaschine
hebt, aus der sie in Eisenbahnwagen fällt, durch die sie nach dem Lagerschuppen
geschafft wird. Bei der langsamen Bewegung der zerbröckelnden abgeschälten
Schichten haben die Teilchen genügend Zeit zum Abdampfen und werden infolge der in dem Superphosphatblock noch vorhandenen Reaktionswärme
von 100 bis 120° C, ähnlich wie in einer Darre, getrocknet. Diese Wirkung
wird unterstützt durch einen Luftstrom, der durch einen an den Kanal g
angeschlossenen Exhaustor durch den Kanal e und die Kammern hindurch-
geführt wird und die entstehenden Dämpfe mit wegnimmt.

Die Bewegung des Ausräumewerks erfolgt derart, daß der Aufgang schneller
als der Niedergang beim Ausräumen erfolgt; die Ausrückung nach beendetem
Hub erfolgt selbsttätig. An der Außenseite der Kammer zeigt ein Zeiger-
gewicht den Stand des Ausräumewerkes jederzeit an.

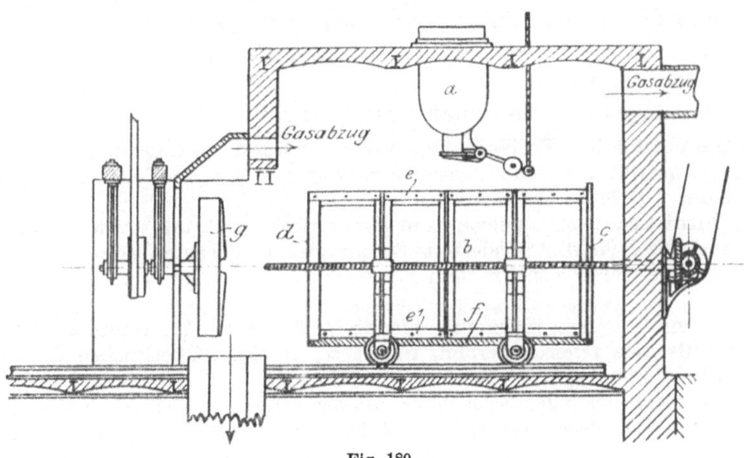

Fig. 180.

Das dritte Verfahren wird von der *Chemischen Fabrik A.-G. vorm. Moritz
Milch & Cie.* in Danzig ausgeführt. Es erfordert besondere trommelförmige
Reaktionskammern b (Fig. 180), in die der Superphosphatbrei aus dem Misch-
trichter a eingelassen wird. Ist nach zwei bis drei Stunden der Brei erstarrt,
so wird der Holzdeckel d und der einen Schlitz am Boden schließende Deckel f
abgenommen. Die Trommel wird dann langsam gegen eine sich drehende
Messervorrichtung g vorwärts bewegt, welche so konstruiert ist, daß sie nicht
auf das Superphosphat drückend wirkt, da sonst ein Verschmieren eintritt.
Das herausgeschnittene Material fällt durch den Schlitz am Boden auf eine
beliebige Transportvorrichtung. Da die Trommel um ihre ganze Länge bewegt
werden muß, so muß vor der Kammer ein Gehäuse angebracht werden, in das
sich die Trommel einschiebt und das die entweichenden Dämpfe aufnimmt,
die durch den von einem Exhaustor durchgesaugten Luftstrom mit abgeführt
werden. Die Trommel muß ferner oben einen breiten Schlitz haben, damit die
Vorbewegung an der Lagerung der Schneidewelle vorbei erfolgen kann.

Andere Sicherheitsmaßnahmen für die Düngerfabriken, die damit vielfach verbundene Knochenverarbeitung der Thomasschlackenmühlen sind bereits besprochen worden (S. 136, 142, 158, 181, 188).

d) Lack- und Firnissiedereien.

Die Gefahren, welche in der Lack- und Firnissiederei zu Unfällen führen, ergeben sich aus der Feuergefährlichkeit der Fabrikation und aus der Schädlichkeit der hierbei entstehenden Gase und Dämpfe, die brennbar sind, Explosionen veranlassen können und außerdem durch ihre Giftigkeit schwere Gesundheitsschädigungen erzeugen können, dann auch aus der Giftigkeit mancher Zusätze. Die Sicherheitsmaßnahmen betreffen die Verhütung von Bränden und Explosionen, das rasche Ersticken ausbrechenden Feuers, die Abführung und Unschädlichmachung der Dämpfe, die Verhinderung des Eintritts von Gasen und Dämpfen aus den Kochkesseln in den Arbeitsraum; auch die Nachbarschaft muß vor Belästigung durch entweichende Gase und Dämpfe geschützt werden.

Die Berufsgenossenschaft hat vorgeschrieben:

„Falls nicht fahrbare Firnissiedekessel oder fahrbare Feuerungsöfen vorhanden sind, muß Vorsorge getroffen sein, daß überkochendes Öl nicht mit der Feuerung in Berührung kommen kann." (§ 5)

„Bei Firnissiedekesseln, welche vom Feuer direkt erwärmt werden, muß der niedrigste Stand der Flüssigkeit mindestens 80 mm über der höchsten vom Feuer berührten Stelle liegen. Die Füllhöhe muß in dem Kessel durch eine Marke kenntlich gemacht werden." (§ 6)

„Die Firnissiedekessel sollen nur bis zu $^2/_3$ ihres Fassungsraumes gefüllt und mit einer Überlaufsrinne versehen werden, damit bei etwaigem Überkochen das Öl aufgefangen werden kann." (§ 7)

„In unmittelbarer Nähe der Kochräume der Lack- und Firnissiedereien muß stets Sand in genügender Menge zum Ersticken des Feuers vorhanden sein." (§ 8)

„Kessel von mehr als 5 k Sudinhalt dürfen nicht unmittelbar mit den Händen von den Feuerungsöffnungen abgehoben werden."

„In diesem Falle müssen vielmehr mechanische Vorrichtungen zum Abheben und Transportieren, wie Rollwagen, Hebewinden, Tragstangen u. dgl. Verwendung finden." (§ 19)

„Die zum Kochen von Lack und Firnis, zum Schmelzen und Auflösen von Harz u. dgl. dienenden Kessel müssen mit einer Einrichtung versehen sein, welche die sich entwickelnden Dämpfe entweder nach außen abführt oder ermöglicht, diese Dämpfe durch Verdichtung (Kondensation) oder durch Verbrennen wirksam unschädlich zu machen.

Bei dem Verbrennen der Gase und Dämpfe muß eine Einrichtung getroffen sein, welche ein Zurückschlagen der Flamme und dadurch eine Explosion verhütet." (§ 10)

„Die Öffnungen, welche sich in den Deckeln oder Aufsätzen der Kochkessel, behufs Nachschauens und Umrührens, befinden, müssen mit unabnehmbaren Verschlüssen (Schiebern, Klappen, Türchen, Stöpseln usw.) versehen sein, welche nur jeweilig bei Bedarf geöffnet werden dürfen." (§ 11)

„Wenn nicht andere Abzugsvorrichtungen vorhanden sind, muß über den Kesseln ein Dunstfang angebracht sein, damit auch die während des zeitweiligen Öffnens der Gefäße austretenden Dämpfe durch den Schornstein bzw. durch besondere Röhren abgeleitet werden können." (§ 12)

„Das Zusetzen von leicht entzündlichen Substanzen zu geschmolzenen Harzen u. dgl. darf bei abnehmbaren Kesseln nicht im Schmelzraum oder in der Nähe von Feuerungen vorgenommen werden, wenn nicht eine Einrichtung vorhanden ist, durch welche die sich entwickelnden Dämpfe, ohne in den Arbeitsraum zu treten, abgeleitet werden. Andernfalls müssen diese Arbeiten entweder in einem besonderen Raum oder im Freien geschehen, unter Ableitung der sich entwickelnden Dämpfe. Nicht abnehmbare Kessel müssen von außen geheizt werden. Vor dem Zersetzen der leicht entzündlichen Substanzen ist der Feuerzug abzusperren und muß das geschmolzene Harz genügend abgekühlt sein.

In den Kochräumen dürfen Rohmaterialien nicht gelagert sein." (§ 13)

Den Arbeitern wird geboten:

„Die Fußböden der Arbeitsräume, die Treppenstufen u. dgl. müssen möglichst rein und frei von Ölen, harzigen Krusten usw. gehalten werden." § 18)

„Bei dem Abheben der Lack- und Firniskessel vom Feuer muß der Ofenschieber geschlossen und die Herdöffnung, auf welcher der Kessel gestanden hat, sofort mit einem Deckel dicht verschlossen werden.

In keinem Falle darf das Löschen mit Flüssigkeiten irgendwelcher Art, auch nicht mit sogenannten Löschungsflüssigkeiten, versucht werden." (§ 20)

Kessel von mehr als 5 kg Sudinhalt dürfen nicht unmittelbar mit den Händen von den Feuerungsstellen abgehoben werden. In diesen Fällen müssen vielmehr die vorhandenen mechanischen Vorrichtungen zum Abheben und Transportieren, Rollwagen, Hebewinden, Tragstangen u. dgl. benutzt werden." (§ 23)

„Die Verschlüsse in den Bedeckungen der Kochkessel dürfen nur so lange offen gehalten werden, als dies für die Arbeit unumgänglich notwendig ist." (§ 24)

„Das Hantieren mit brennbaren Flüssigkeiten, welche entzündliche Gase oder Dämpfe entwickeln können, in der Nähe der Feuerungen ist verboten." (§ 25)

„Das Reinigen gebrauchter Schmelzkessel bei offenem Licht ist verboten." (§ 26)

„Die Arbeits- und Lagerräume, in denen mit leicht entzündlichen Substanzen gearbeitet wird, dürfen, sofern nicht elektrische Beleuchtung vorhanden ist, nur mit Sicherheitslampen betreten werden. Das Zusetzen leicht entzündlicher Substanzen wie Terpentinöl, Alkohol, Benzin, Äther usw. zu nicht genügend abgekühlten Harzen ist untersagt." (§ 27)

„Das Rauchen in den Fabrikations- und Lagerräumen ist verboten." (§ 28)

„Bei Arbeiten, die durch Spritzen heißer oder ätzender Flüssigkeiten die Augen der beschäftigten Personen gefährden, müssen Schutzbrillen getragen werden." (§ 29)

„Die Fußbekleidung muß genügenden Schutz gegen Verbrennungen durch heiße Flüssigkeiten bieten." (§ 30)

Andere Sicherheitsmaßnahmen sind bereits erwähnt worden (S. 39. 43, 53, 77, 81).

IV. Besondere Gefahren.

1. Säuren und andere ätzende Flüssigkeiten.

Durch ätzende Flüssigkeiten werden, wie die Unfallstatistik zeigt, viele
Unfälle erzeugt, die durch Zerspringen oder Undichtwerden von Leitungen,
Gefäßen und Armaturen, durch das Austreten und Ausspritzen von Flüssigkeit
beim Transport, Abfüllen und andere Handhabungen der Flüssigkeiten entstehen. Außer den hierdurch entstehenden Verbrennungen und Verätzungen
ist noch die Unfallgefahr der aus vielen Säuren sich entwickelnden mehr oder
weniger gesundheitsschädlichen Dämpfe zu beachten.

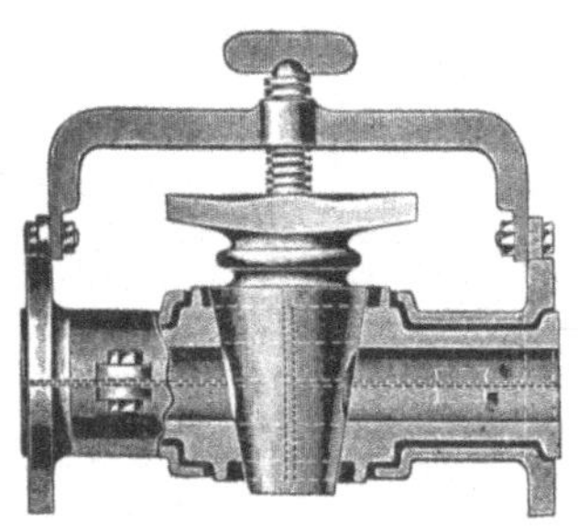

Fig. 181.

Die Leitungen, Armaturen und Ge-
fäße müssen selbstverständlich in einem Material
ausgeführt werden, das gegen die ätzende Flüssigkeit genügend widerstandsfähig ist. Immerhin
aber empfiehlt es sich, wenn ein Anfressen
durch die Einwirkung der Flüssigkeit nicht ganz
ausgeschlossen ist, häufig zu prüfen, ob die
Leitungen usw. noch haltbar sind.

Bei Leitungen aus Steinzeug, Glas und ähnlichem, leichter zerbrechendem Material muß auf
die Gefahr des Zerbrechens besonders geachtet
werden.

Für Druckleitungen aus Steinzeug empfehlen sich Rohrverbindungen mit
geschliffenen konischen Flanschen, die beim Anziehen weniger leicht abspringen als flache Flanschen.

Um Säureleitungen gegen mechanische Beschädigungen möglichst sicher
zu machen und dadurch das gefährliche Austreten von Säure aus Bruchstellen
zu verhüten, werden sie aus Steinzeug mit gußeiserner Ummantelung ausgeführt. Auch die Hähne werden so gebildet. Die *Deutschen Ton & Steinzeug-
Werke* in Charlottenburg liefern solche Hähne mit zweiteiliger gußeiserner
Fassung (Fig. 181). Steinzeugkern und Eisenmantel sind durch eine eingegossene
Zwischenlage zu einem Ganzen verbunden, das auch große Temperaturschwankungen verträgt, so daß die Hähne besonders für heiße Flüssigkeiten
verwendet werden. Die Firma liefert ferner Hähne mit zweiteiliger Blei- oder
Eisenummantelung, die auf den Hahn aufgepaßt, von beiden Seiten auf-
gepreßt und dann in der Mitte verbunden werden.

Tongefäße, die mit Säuren oder ätzenden Substanzen gefüllt werden,
bedingen insofern eine Gefahr, als gelegentliches Zerbrechen der Gefäße nicht

ausgeschlossen ist und durch die ausströmenden Flüssigkeiten Verletzungen der in der Nähe befindlichen Arbeiter verursacht werden können. Um in solchen Fällen wenigstens ein plötzliches Auseinanderfallen und damit das schnelle Ausströmen des Inhalts zu verhindern, wird das Gefäß in der Ausführung der vorgenannten *Deutschen Ton- & Steinzeug-Werke* mit einem Drahteinbande versehen, der es so lange zusammenhält, daß es möglich ist, den Flüssigkeitsinhalt abzuschöpfen oder abzuheben. Fig. 182 veranschaulicht eine Druckbirne (Montejus) mit Drahteinband.

Einen wirksameren Schutz gewährt die Ummantelung nach dem Systeme *Marx*, bei dem das aus einzelnen Fassonstücken zusammengesetzte Gefäß mit Hilfe eines starken schmiedeeisernen Mantels durch Schrauben unter einem bedeutenden, von außen nach innen wirkenden Drucke zusammengepreßt wird. Ohne daß solche Gefäße zerspringen, kann in ihnen scharf gekocht oder unmittelbar in sie heiße Flüssigkeit eingelassen werden. Diese Umpanzerung ist besonders zweckmäßig für sehr große Gefäße, da solche infolge der gewöhnlich in ihnen vorhandenen inneren Spannungen wenig betriebssicher sind.

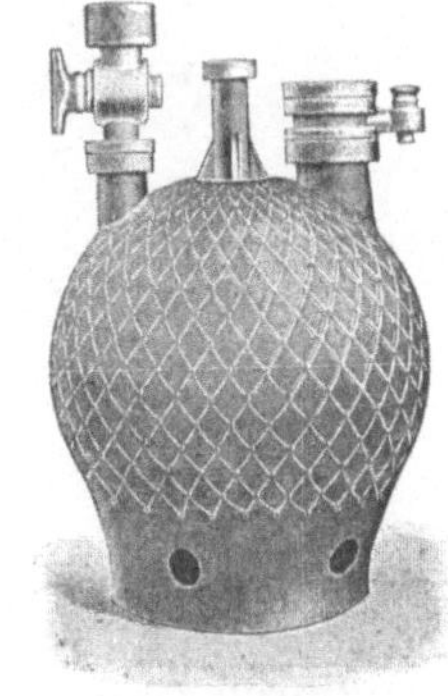

Fig. 182.

Die *Deutschen Ton- & Steinzeug-Werke* in Charlottenburg stellen Kühlschlangen aus Ton her, die zum Kondensieren oder Kühlen von Säuren oder ätzenden Dämpfen oder Flüssigkeiten verwendet werden, da sie infolge ihrer einfachen Gestalt weniger als andere Einrichtungen der Gefahr des Zerbrechens ausgesetzt sind. Bei der in solchen Kühlschlangen entstehenden lebhaften Kondensation wirken vorhandene undichte Stellen weniger schädlich, da der Austritt schädlicher Gase ausgeschlossen ist.

Um in Raffinerien beim Platzen der Tonschalen die Arbeiter vor Verbrennungen durch die heiße Lauge zu schützen, sind die Schalen in Holzbütten eingesetzt. Zu gleichem Zweck werden im Eindampfraum die Porzellanschalen von Metallkesseln umgeben.

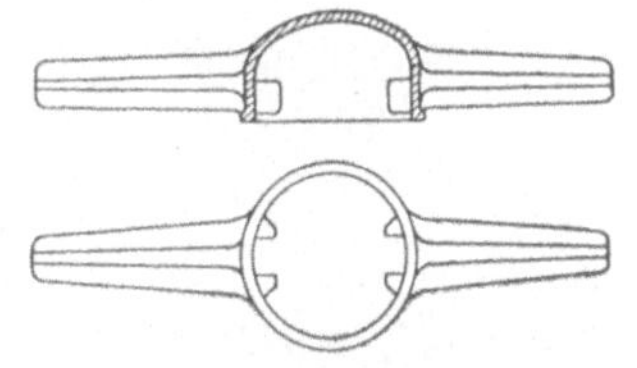

Fig. 183.

Die *Farbenfabriken vorm. Friedr. Bayer & Cie.* in Elberfeld-Leverkusen verwenden den in Fig. 183 dargestellten Schlüssel zum gefahrlosen Öffnen von Oleumflaschen. Der mit zwei Handgriffen versehene Schlüssel wird über den hierzu mit Aussparungen versehenen Rand des Schraubstopfens gesteckt; er deckt diesen mit einer Haube, so daß etwa ausspritzende Säure oder säurehaltige Luft nach abwärts, also weg vom Arbeiterstand, gelenkt wird.

Für Säuren werden auch Ventile mit Hartbleifutter verwendet, bei denen sämtliche inneren Teile, sowie Stopfbüchse und Spindel mit Hartblei umgossen oder ausgegossen sind. Hähne für Säuren werden ganz in Hartblei mit Hartgummi- oder Tonküken hergestellt.

Für Ammoniak werden Stopfbüchshähne benutzt, deren Körper aus
Gußeisen, Küken aus geschmiedetem Stahl bestehen, ferner Absperrventile
mit gußeisernem Gehäuse, Spindel aus Stahl, Kegel aus Gußeisen mit Hart-
bleidichtung. Solche Armaturen liefern z. B. *Schäffer & Budenberg* in Magdeburg-Buckau.

Viele Unfälle entstehen durch Ausspritzen von Säuren aus den Ton-
hähnen. Um dies in der Ruhestellung der Hahnkegel zu verhindern, werden

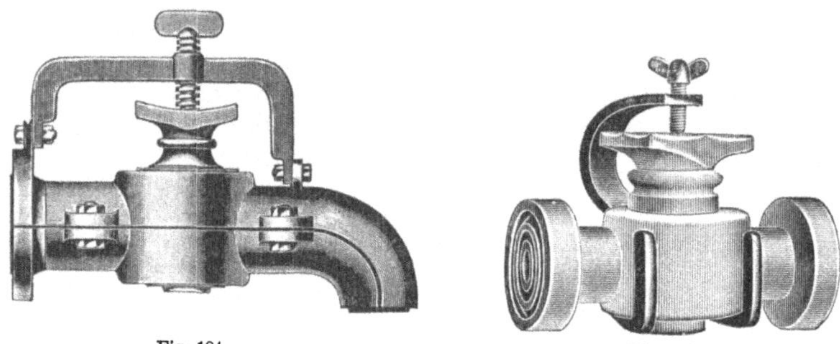

<table>
<tr><td>Fig. 184.</td><td>Fig. 185.</td></tr>
</table>

diese durch Bügel und Stellschraube oder Feder gesichert (Fig. 181, 184—186).
Gefährlich wird das Drehen des Hahnkegels, wenn er sich festgesetzt hat und
nach Zurückdrehen der Stellschraube gewaltsam durch Gegenschlagen gelockert wird. Dann spritzt leicht Säure heraus, da sie meist unter Druck

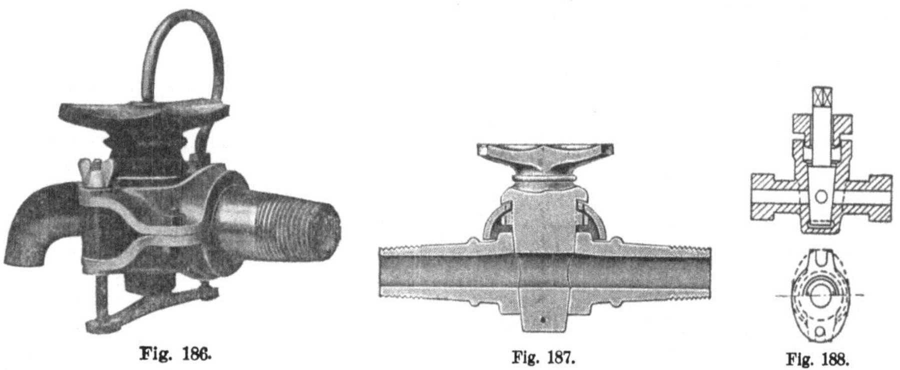

<table>
<tr><td>Fig. 186.</td><td>Fig. 187.</td><td>Fig. 188.</td></tr>
</table>

steht. Durch Schutzglocken (Fig. 187) wird das Ausspritzen nach oben verhindert.

Einfach und sicher ist die in Fig. 188 dargestellte von der *Fabrik chemischer
Produkte* in Thamm i. E. verwendete Hahnform aus Gußeisen, bei der eine
Lockerung durch Gegenschlagen nicht möglich ist.

Die *Deutschen Ton- & Steinzeugwerke* in Charlottenburg verfertigen
Strahlfänger, die den Arbeiter beim Abfüllen saurer oder ätzender
Flüssigkeiten vor Verletzungen schützen sollen, indem sie das Umherspritzen
und Abfallen einzelner Tropfen, wie es beim Ablaufen aus gewöhnlichen

Hähnen leicht stattfindet, verhindern und ein ruhiges Abfließen der Säure usw. bewirken. Die Apparate werden in zwei verschiedenen Konstruktionen und zwar nach dem System Dr. *Plath* und nach dem System Dr. *Rabe* angefertigt und entweder zum Anschließen an einen Hahn mittels einer Schlauchverbindung eingerichtet oder mit diesem Hahne aus einem Stücke hergestellt (Fig. 189).

Damit das Hahnküken nicht herausspringt, kann es durch eiserne Bügel mit Druckschraube gehalten werden.

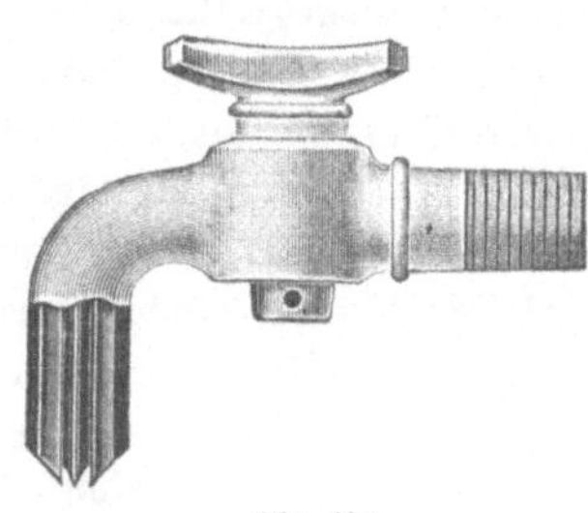

Fig. 189.

Für Säuredruckleitungen liefert die *Deutsche Steinzeugwarenfabrik* in Friedrichsfeld (Baden) einen Sicherheitshahn, bei dem die Säure auf eine am Hahngehäuse in einem angesetzten Gefäß enthaltene neutrale Flüssigkeit einen Druck ausübt, der auf eine Membrane übertragen wird, die mittels eines Stiftes auf den Hahnkegel drückt. Dieser wird also mit dem gleichen Druck, durch die ihn die Säure aus dem Gehäuse hinausdrücken will, belastet. Der Hahn läßt sich dadurch leicht öffnen und schließen, denn er kann ohne Gefahr etwas angehoben werden.

Gebr. Reuling in Mannheim liefern einen in der *Chemischen Fabrik Grünau, Landshoff & Meyer* benutzten Absperrhahn, der keine Stopfbüchsenpackung besitzt, sondern durch ein feingängiges Gewinde mit Tropfenschluß gedichtet wird. Das Gewinde wird dabei mit besonderer Schmiervorrichtung versehen, so daß es sich nicht festfrißt. Bei jeder Drehung des Kegels um 90° wird der Hahn durch das Gewinde etwas aus seiner eingeschliffenen Lage herausgehoben, so daß er sich in dieser nicht festsetzen kann und lange Zeit gangbar bleibt.

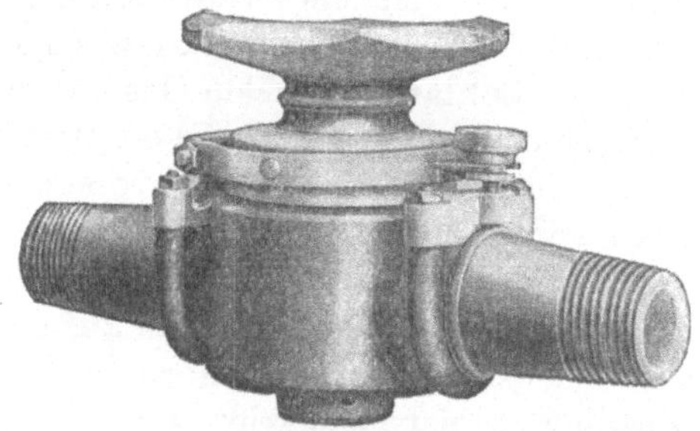

Fig. 190.

Andere, gleichfalls von den *Deutschen Ton- und Steinzeugwerken* hergestellte Sicherungen des Hahnkükens halten dieses durch eine Feder dicht in das Gehäuse gedrückt. Hat sich das Küken festgesetzt, so kann es mittels einer Flügelmutter durch einen von unten gegen ihn wirkenden Druck gelöst werden (Fig. 186). Die Sicherung wird dabei auch mit Schutzkappe aus Gußeisen, Aluminium, Blei oder Steinzeug ausgerüstet, um zu verhindern, daß bei heftigem Anziehen der Flügelmutter und dadurch bewirktem plötzlichem Lüften des Kükens Säure nach oben herausspritzt. Bei einer anderen Sicherungsform wird das Hahnküken durch einen Bügel gehalten, der mit Stiften in eine mit dem Kükenhals fest verbundene, als Schutzglocke ausgebildete Mitnehmerhülse faßt (Fig. 190). Der Bügel ist an einem Ende drehbar, am anderen verstellbar gelagert. Beide Lagerungen sind mit durch Gummiüberzug geschützten Bügeln am

Hahngehäuse befestigt. Je nach Drehung einer rändierten Mutter am verstellbaren Ende des Bügels kann das Küken festgezogen, gelockert oder beliebig stramm gehend eingestellt werden.

Ähnliche Bauarten von Hähnen liefern die *Westdeutschen Steinzeug-, Chamotte- und Dinas-Werke* in Euskirchen (Rheinland).

Der Transport von ätzenden Flüssigkeiten erfolgt in Kesselwagen, Steinzeugtöpfen, eisernen Fässern und gläsernen Ballons. Erstere bestehen aus einem Wagenuntergestell, auf dem ein schmiedeeiserner Zylinder wagerecht gelagert ist, der außer einem Mannloch noch je einen Stutzen zum Füllen, zum Ableiten und zur Zuführung von Preßluft besitzt. Für das Versenden mit der Eisenbahn werden große Kessel von etwa 10000 kg Inhalt, auf Waggongestellen montiert, benutzt. Damit die Kessel nicht auf zu hohen Druck beim Abdrücken mit Preßluft beansprucht werden, muß der zulässige Maximaldruck deutlich am Kessel vermerkt sein. Sofern in diesen Kesseln ein Überdruck von über $^1/_2$ Atm. entstehen kann, unterliegen sie den für Druckgefäße erlassenen besonderen Unfallverhütungsvorschriften (S. 183). Es ist dann ein Sicherheitsventil und ein Entlüftungshahn anzubringen, damit beim Öffnen des Verschlusses der z. B. auch durch Sonnenstrahlen entstandene Überdruck abgelassen und das Ausspritzen von Säure oder säurehaltiger Luft vermieden werden kann.

Da bei Gasentwicklung im Kessel beim Öffnen des Verschlusses Säure ausspritzen würde und Verbrennungen erzeugen könnte, müssen die Kessel mit Vorrichtungen zum Entweichen der Gase versehen werden. Das Reinigen der Kessel kann sehr gefährlich werden, wenn sich beim Aufrühren des abgelagerten Schlamms aus ihm Gase entwickeln, die wie z. B. Arsenwasserstoff aus Gloversäure giftig sind. Es empfiehlt sich deshalb, die Kessel mit Ablaufstutzen oder Schlammloch zu versehen und hierdurch die Reinigung von außen vorzunehmen.

Statt der Kessel werden auch, besonders für Salzsäure und Salpetersäure, Steinzeugtöpfe, eine größere Zahl auf einem Waggongestell montiert, benutzt. Eiserne Fässer werden in Form zylindrischer Blechgefäße verwendet, die neuerdings meist geschweißt und mit zwei Schutzringen versehen sind und eine mit Schraubstopfen verschließbare und abzudichtende Öffnung besitzen.

Am meisten werden zum Transport gläserne Säureballons verwendet, die etwa 60 l fassen und in ihrer älteren Verpackungsart mit Stroh in einen aus Weiden geflochtenen Korb gesetzt werden, um sie gegen Stöße widerstandsfähiger zu machen. Die Verpackung der mit Salpetersäure gefüllten Ballons ist besonders sorgsam zu bewirken, da beim Zerspringen Säure auf die Strohpackung spritzen und dadurch eine starke Entwicklung giftiger nitroser Gase entstehen, das Stroh auch sich entzünden würde. Die für den Salpetersäuretransport gebrauchten Körbe mit dem Stroh müssen vor dem Gebrauch mit einer Lösung von Glaubersalz, Chlorcalcium, Wasserglas, Alaun oder anderen die Oxydationswirkung der Salpetersäure hemmenden Stoffen gründlich durchtränkt werden. Statt dieser Imprägnierung kann zur Verhütung des Entzündens des Strohs dieses auch beim Füllen und Entleeren des Ballons

stark genäßt werden. Die Ballons sind auch vor der Einwirkung des Sonnen-
lichtes zu bewahren, weil dadurch die Salpetersäure unter Entwicklung von
Sauerstoff sich zersetzen kann und die nitrosen Gase in den verschlossenen
Ballons einen Druck erzeugen, die ein Zerspringen zu verursachen vermag.

Da die geflochtenen Körbe leicht Schaden leiden, müssen sie vor ihrer
Verwendung sorgfältig nachgesehen werden. Statt der Körbe werden vielfach
die Blechmetallkörbe der *Mauser-Eisenwerke* in Köln-Ehrenfeld verwendet,
die den Ballons eine größere Sicherheit gegen äußere Beschädigung bieten.
Diese Körbe werden mit Vollmantel (Fig. 191 und 192) und mit durchbrochenem
Mantel (Fig. 193) geliefert. Erstere umschließen den Ballon vollkommen, der
unter Zwischenlage von Stroh, Torf oder Kieselgur oder mittels elastischer
eiserner Tragbänder unter Wegfall solchen Füllmaterials, also auch unter
Vermeidung des erwähnten lästigen Imprägnierverfahrens, in sie eingesetzt
wird. Der Deckel umfaßt den Flaschenhals federnd und hält den Ballon
elastisch im Korb fest. Die Tragbänder sind mit Jute- oder Asbestschnur
umwickelt und haben oben und unten nachgiebige Endungen, mit denen die

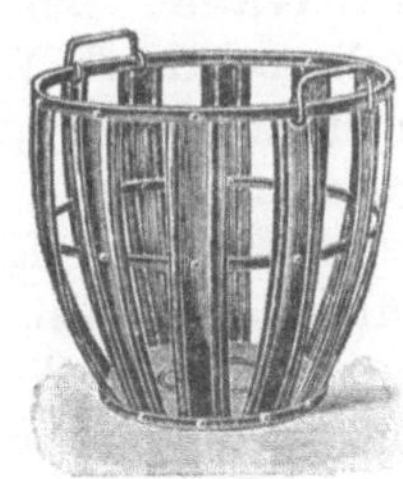

Fig. 191. Fig. 192. Fig. 193.

Flasche festgehalten wird, so daß der Korb auch ohne Deckel gebraucht
werden kann. Gebrauchte Ballons sind vor ihrer Weiterverwendung auf ihren
Inhalt zu prüfen, damit nicht Flüssigkeiten eingefüllt werden, die mit dem
vielleicht noch vorhandenen Rest des früheren Inhalts Entzündungen, Gasentwicklung usw. geben.

Die Säureballons werden durch Glasmacher mit der Pfeife hergestellt.
Nach dem Ausblasen in der Form werden die Ballons von der Pfeife abgesprengt.
Hierbei entstehen scharfkantige zackige Ränder an der Mündung. Solche
Ballons werden dann nach entsprechender Kühlung ohne weiteres in den
Handel gebracht. Den *Gerresheimer Glashüttenwerken vorm. Ferd. Heye* in
Gersheim ist es gelungen, durch Vorlegen von heißem Glas um die abgesprengte
Mündung und deren Bearbeitung mittels Vorrichtung, die einer Glasmacher-
schere ähnlich ist, an den Ballons und großen Korbflaschen eine vollkommen
glatte und runde Mündung herzustellen. Bei solchen Ballons schließen die
Holz- und Korkstopfen dicht. Das Überschwappen von Flüssigkeit und Auslaufen durch nicht dichten Verschluß bei unrunder Mündung ist daher vermieden, so daß nicht nur Warenverlust, sondern auch Transportschwierig-
keiten und Gefahren für Verbrennung und Verätzung von Menschen und
Geräten sowie der Transportmittel verhütet wird. Das Verletzen der Hände,

14*

das durch die scharfen kantigen Mündungsränder erfolgen kann und durch den ätzenden und oft giftigen Inhalt der Ballons sehr gefährlich würde, ist ausgeschlossen.

Noch besser bewähren sich die Ballons mit eingeriebenen Glasstöpseln. Aus solchen Ballons können Dämpfe und Gase nicht entweichen.

Für Salpetersäuren werden auch zum Verschließen der Ballons Tonstopfen verwendet, die lose aufgesetzt oder besser durch eine Mischung von Paraffin und Ton im Flaschenhals festgehalten und mit einem Glasröhrchen versehen werden, durch das die sich entwickelnden Gase entweichen können. Der häufig verwendete Schwefelsandverschluß muß heiß aufgebracht werden, wobei Glasbrüche, auch im Innern der Flasche gefährliche Spannungen entstehen können.

Wie schon angedeutet, bilden sich bei der Einwirkung von Salpetersäure auf desoxydierende Stoffe der verschiedensten Art, hauptsächlich auf Metalle (Eisen, Blei, Zink usw.) sowie auf organische Stoffe (Kohlenstaub, Holz, Stroh, Papier, Zeugstoff, Putzwolle usw.) die sehr giftigen salpetrigen (nitrosen) Gase. Durch Zerbrechen, Umfallen der mit Salpetersäure gefüllten Ballons, durch Verschütten, Ausspritzen können daher solche Prozesse eingeleitet werden, die schon oft zu tödlich verlaufenen Vergiftungen geführt haben.

Die große Unfallgefährlichkeit hat die Berufsgenossenschaft der chemischen Industrie veranlaßt, in ihren besonderen Unfallverhütungsvorschriften zum Schutz gegen die Wirkung salpetriger (nitroser) Gase und im Zusammenhang damit speziell für den Verkehr mit Salpetersäure folgende Bestimmungen über die Korbflaschen und Lagereinrichtungen für Salpetersäure zu erlassen:

„Korbflaschen, welche mit Salpetersäure gefüllt werden sollen, sind in erster Linie auf ihren guten Zustand zu untersuchen, und es dürfen Exemplare, welche in zu schwachen Körben sitzen oder an denen das Strohfutter unvollkommen erscheint, nicht verwendet werden, auch müssen die Körbe mit festen Henkeln versehen sein. Ballons mit sogenannten „Salzkörnern" im Glase sind auszuscheiden, ebenso solche, welche einen Sprung im Glase oder stark ausgebrochene Mündung aufweisen, was durch eine Besichtigung der Ballons vor dem Einsetzen in die Körbe stets zu bewerkstelligen ist." (I 1)

„Sämtliche für Salpetersäure in Verwendung kommende Korbflaschen, bzw. Körbe mit Strohinhalt, sind vor dem Gebrauch mit einer wenigstens 10proz. Lösung von Glaubersalz („Sulfat"), Chlorcalcium, Wasserglas, Alaun oder dgl. die Oxydationswirkung der Salpetersäure hemmenden Materialien gründlich zu durchtränken. Diese Operation muß wiederholt werden, wenn Anlaß zu der Annahme vorliegt, daß die Wirkung der voraufgegangenen Behandlung nicht mehr ausreicht." (I 2)

„Es ist darauf zu achten, daß die Ballons gut gespült und frei von organischen Substanzen sind und nur so weit gefüllt werden, daß noch ein Luftraum von cirka 2 l unter dem Stöpsel frei bleibt. Ein Verschluß der Flaschen mit einer Mischung von Schwefel und Sand ist genügend porös, um eine Ansammlung von Überdruck in den Flaschen zu verhindern." (I 3)

„Beim Füllen, Ausleeren oder aus anderem Anlaß in den Flaschenkorb gelangte Salpetersäure muß sofort durch Abgießen mit Wasser unschädlich gemacht werden." (I 4)

„Salpetersäure in Korbflaschen darf in den Fabrikationsräumen nicht in größerer Menge vorhanden sein, als es der Betrieb unmittelbar erfordert. Es ist dabei darauf zu achten, daß bei einem Bruch der Gefäße die auslaufende Säure sich nicht über desoxydierende Stoffe ergießen kann." (I 5)

„Die Lager für Salpetersäure in Korbflaschen sollen von allen Seiten leicht zugänglich und so belegen sein, daß im Falle eines Brandes oder einer Zersetzung, sei es im Lager selbst oder in der Umgebung desselben, die Gefahren für Menschen und benachbarte Objekte auf ein möglichst geringes Maß beschränkt sind.

Bei Einlagerung größerer Mengen von Salpetersäure sind die Korbflaschen möglichst in durch größere Zwischenräume getrennten Gruppen von nicht über 100 Flaschen in höchstens 4 Reihen nebeneinander aufzustellen. Die Zwischenräume müssen in zweckdienlicher Weise von Gräben oder Rinnen durchzogen sein, die den Abfluß der etwa auslaufenden Säure gewährleisten. Der Lagerplatz ist so zu wählen, daß der Boden möglichst frei ist von desoxydierenden Stoffen, wie auch von Materialien, die infolge einer Benetzung mit Salpetersäure sich erwärmen, als Kalk, Kreide usw. Als besonders geeignet für die Lagerung größerer Vorräte empfiehlt sich ein Belag des Bodens mit ungeteerten Sandsteinplatten, welche in Lehm gebettet sind, von Sandsteinrinnen für den Abfluß durchzogen und umgeben.

Andere Einrichtungen, insofern sie den Zweck erfüllen, die auslaufende Salpetersäure gefahrlos zu beseitigen, sind nicht ausgeschlossen.“ (I 6)

„Als Lagergebäude für Salpetersäure in Korbflaschen sind in erster Linie offene, möglichst feuersichere Schuppen zu wählen. Geschieht die Lagerung im Freien, so müssen sonstige Schutzeinrichtungen gegen atmosphärische Einflüsse oder mechanische Beschädigungen getroffen werden.“ (I 7)

„In der Nähe des Lagers ist eine hinreichende Menge Wassers bereit zu halten, damit im Falle von Flaschenbruch oder Brand eine sofortige ausgiebige Zuführung von Wasser erfolgen kann. Wo Druckwasserleitungen zur Verfügung stehen, müssen um das Lager herum — nach verschiedenen Windrichtungen — Hydranten angebracht werden, von welchen aus hinreichende Mengen Wasser über die bedrohten Teile geworfen werden können.“ (I 8)

„Bei Flaschenbruch oder Brand muß die Wasserzuführung aus angemessener Entfernung mittels Spritzen oder an die Hydranten gespannter Löschschläuche erfolgen, nicht etwa durch unmittelbares Ausschütten von Wasser aus unmittelbarer Nähe der rauchenden oder brennenden Teile. Dabei ist darauf zu achten, daß die Mannschaft so aufgestellt ist, daß der Wind die Gase von ihr wegtreibt. Das Aufwerfen von Erde, unreinem Sand, Kohlenstaub oder dgl. ungeeigneten bzw. direkt schädlichen Materialien ist untersagt. Handelt es sich um Löscharbeit in Gebäuden, so muß dieselbe, soweit tunlich, von außen her, durch Fenster und Türen, stattfinden, falls nicht besondere Verhältnisse — z. B. Ausrüstung mit einem frische Luft zuführenden Apparat oder dgl. — das Eindringen in das Innere als gefahrlos erscheinen lassen.

Nicht mit der Behandlung vertraute Arbeiter und Fremde (Feuerwehrleute usw.) müssen durch die mit der Fabrikation betrauten Personen von der Unfallstätte möglichst ferngehalten, jedenfalls aber über die Gefahren und Vorsichtsmaßregeln verständigt werden.“ (I 9)

„Durch salpetrige Gase beschädigte Personen sind zur möglichst sachdienlichen Behandlung ohne weiteres einem Krankenhaus zu überweisen.“ (I 10)

Den Arbeitern wird vorgeschrieben:

„Die mit Salpetersäure beschäftigten Arbeiter sind verpflichtet, die zur Verwendung kommenden Korbflaschen in jeder Weise sorgfältig zu behandeln. Schadhafte Korbflaschen dürfen nicht in Gebrauch genommen werden.“ (1)

„Beim Füllen dieser Flaschen ist Sorge zu tragen, daß in denselben noch ein leerer Raum von cirka 2 l unter dem Stopfen frei bleibt.“ (2)

„Sollte auf irgendeine Weise Salpetersäure in den Flaschenkorb gelangen — was nach Möglichkeit zu vermeiden ist —, so muß sofort ein Begießen des Korbes mit Wasser stattfinden, um die verschüttete Säure zu verschwächen.“ (3)

„Entstehen — infolge Flaschenbruches oder auf sonstige Weise — salpetrige Gase (rotbrauner Rauch) in größerer Menge, so haben sich die Arbeiter möglichst rasch aus dem Bereiche derselben zu entfernen und ihren Vorgesetzten sofort zu benachrichtigen.“ (4)

„Das Aufwerfen von Erde, unreinem Sand, Kohlenschutt oder dgl. auf ausgelaufene Salpetersäure ist streng verboten. Als einziges Mittel in solchem Falle ist die Verdünnung mit reichlichen Mengen Wassers sofort zu bewerkstelligen." (§ 5)

In der *Chemischen Fabrik auf Actien (vorm. E. Schering)*, Berlin N. ist der Schuppen zur Aufnahme von Mineralsäuren so eingerichtet, daß eine möglichst gefahrlose Lagerung von Salpetersäure erfolgt.

Da die Bildung der nitrosen Gase beim Bruche eines Salpetersäureballons durch die Stroh- und Korbumhüllung gefördert wird, welche die Glasballons umgibt, so hat man bei Erbauung des Schuppens dahin gestrebt, der ausfließenden Säure freien Abfluß zu schaffen, sie somit aus dem Bereiche der eigenen Korbumhüllung und derjenigen der benachbarten Ballons möglichst schnell zu entfernen und an einen Ort zu leiten, wo sie organische Substanzen oder Metalle, auf welche sie einwirken könnte, nicht vorfindet. Die Lagerstätte für Salpetersäureballons besteht aus einem offenen, mit Wellblech gedecktem Schuppen, der bis zur Höhe von 90 cm über Hofhöhe von einer starken Mauer eingefaßt ist. Die Längsmauern sind durch gußeiserne, in das Mauerwerk eingelassene Träger verbunden, die mit durchbrochenen, etwa 2 cm starken gußeisernen Platten überbrückt sind. Diese Siebplatten bilden den Boden für die Säureballons. Sie befinden sich mit dem Boden eines an den Schuppen herangebrachten Transportwagens in ungefähr gleicher horizontaler Höhenlage, so daß der Transport der Ballons vom Wagen auf den Stand und umgekehrt mit Leichtigkeit bewirkt werden kann. Unter den Siebplatten befindet sich ein 20 cm starker Betonfußboden mit genügendem Gefälle sowohl nach der einen Längsseite, wie auch nach beiden Breitseiten, um ein sicheres Abfließen von Flüssigkeiten zu gewährleisten. Diese Sohle mündet an der tiefer gelegenen Längsseite in eine dem Mauerwerke parallel laufende und an beiden Enden mit einer Tonrohrleitung in Verbindung stehende Rinne. Diese Tonrohrleitungen durchdringen zunächst das Mauerwerk, ziehen sich eine kurze Strecke oberirdisch an der Längsmauer hin und führen dann in zwei Senkgruben. Diese Gruben sind in Sohle und Wänden wasserdicht gemauert, massiv überwölbt und mit je zwei Einsteigelöchern versehen, die durch Eisenplatten mittels Wasserverschlusses luftdicht verschlossen werden. Auf der kurzen oberirdischen Strecke der Tonrohrleitungen befindet sich ein Hahn, der in geöffneter Stellung die Verbindung zwischen der Sohle des Schuppens und den Senkgruben herstellt, so daß die etwa aus den Ballons abfließende Säure in die Senkgruben gelangt, während bei geschlossenem Hahn etwaige Flüssigkeit (z. B. Regen- oder Spülwasser) in die Kanalisationsanlage abgeführt wird. Aus der Decke der Gruben führt ein Entlüftungsrohr zum Dache des Schuppens und über dieses hinaus. Die Sohle der Gruben ist geneigt und hat eine Vertiefung, welche eine vollkommene Entleerung der Gruben gestattet. Da die Einsteigelöcher mit Wasserverschluß abgedichtet sind, so können nitrose Gase, die sich in den Gruben bilden, nur durch das Entlüftungsrohr entweichen. Die das Wellblechdach tragenden doppelten T-Eisen sind so aufgestellt, daß zwischen den einzelnen Eisen je nach Bedarf eine Bretterverkleidung eingeschoben werden kann, wodurch es ermöglicht wird, Schnee und Regen auf der Wetterseite abzuhalten und bei kalter Witterung ein Erstarren der Ballonfüllung zu verhüten. Zur weiteren Sicherheit, d. h. um die Oxydationswirkung der Salpetersäure im Falle eines Ballonbruchs möglichst einzuschränken, wird die Strohumhüllung der Ballons sofort nach dem Abladen mit einer zehnproz. Chlorcalciumlauge getränkt. Der Schuppen liegt von anderen Gebäuden ziemlich weit entfernt und ist von allen Seiten zugängig, so daß im Falle eines Brandes der Angriff der Feuerwehr von der für die Bekämpfung des Feuers und mit Rücksicht auf die Sicherheit der Mannschaften günstigsten Stelle aus bewirkt werden kann. In unmittelbarer Nähe des Schuppens befindet sich ein Hydrant mit Schlauchleitung, um im Notfalle sofort genügende Wassermengen zur Hand zu haben.

Die Gefahr der Bildung nitroser Gase ist also sehr eingeschränkt, indem sich die Säure nur über die Umhüllung des eigenen Ballons ergießen und hierbei Gas erzeugen kann.

Fig. 194.

Bei Lagerung geringer Mengen von Ballons genügt es, den Flaschenstand mit starker Sandschicht zu bedecken oder einen Fußboden aus Sandsteinplatten anzuwenden, der nach einer Sammelgrube leicht abfällt.

Zum Tragen der Körbe sind sie mit Henkeln versehen, die aber bei den geflochtenen Körben bei dem schweren Gewicht häufig abreißen, so daß der Ballon hinfällt und zerbricht. Es empfiehlt sich daher, solche Transportkörbe auf besonderen Karren zu bewegen.

Friedländer & Josephson in Berlin liefern derartige Karren, die so gebaut sind, daß die Säureballons in sie leicht eingesetzt und durch Heben der Karrenbäume in gefahrloser Weise entleert werden können (Fig. 194).

Damit beim Ausgießen und Umgießen von Säuren und Laugen durch Verschütten nicht Unfälle entstehen, verlangt die Berufsgenossenschaft in ihren neuen Vorschriften:

„Zum Ausgießen von Säuren und ätzenden Laugen aus Ballons, Fässern u. dgl. müssen Vorrichtungen (Kipper usw.) verwendet werden, die ein gleichmäßiges Ausgießen des Inhaltes gestatten und das Verspritzen möglichst verhindern.“ (§ 46)

Die Ballonkipper sind entweder wiegenartig geformt oder bestehen aus einem eisernen, bockartigen Gestell, in dem ein eiserner Korb gelagert ist. Der Transportballen wird eingesetzt und dann ausgekippt. Bei dem raschen Wiederaufrichten des Ballons kann die in ihm noch enthaltene Flüssigkeit in so starke Schwankung geraten, daß etwas herausgeschleudert wird, wodurch der Arbeiter verletzt werden kann. Zur Verhütung solcher Unfälle wird der von *M. Eichtersheimer* in Mannheim hergestellte Abfüllapparat für Säureballons benutzt (Fig. 195).

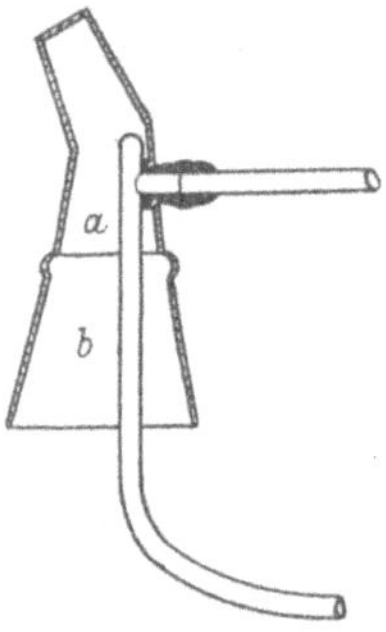

Fig. 195.

Auf die Ausgußöffnung wird eine aus Weichgummi hergestellte Haube *b* mit konischem Ausguß *a* aus Hartgummi gesteckt, durch welche eine Hartgummiröhre in das Innere des Ballons geführt wird. Durch diese tritt beim Ausgießen die Luft in das Gefäß, wodurch ein gleichmäßiger Auslauf entsteht.

Franz Clouth, Rheinische Gummiwarenfabrik in Köln-Nippes verfertigt den in Fig. 196 veranschaulichten Entleerungsapparat für Säureballons, der das Kippen entbehrlich macht und damit ein Ausspritzen von Flüssigkeit vermeidet. Durch Niederdrücken eines Tretbalges aus Gummi mit dem Fuße wird komprimierte Luft in den Glasballon getrieben, welche die Säure durch ein Glasrohr nach dem Abfüllgefäße drückt. Durch Herausziehen des Stopfens aus dem Schlauchansatze der zum Einsetzen des Apparates in den Glasballon angebrachten Kappe wird die Entleerung aufgehoben, so daß es möglich ist, dem Ballon, ohne ihn bewegen zu müssen, bis zu seiner vollständigen Entleerung jede beliebige Menge zu entnehmen.

Das Abfüllen von Säuren und anderen ätzenden Flüssigkeiten aus den Glasballons erfolgt in einfachster Weise durch Heber, da diese das Füllen und Entleeren ohne Verspritzen der Flüssigkeit, sowie die Entnahme beliebiger Mengen gestatten, ohne daß das Gefäß selbst gehoben oder gekippt zu werden braucht.

Die neuen Vorschriften verlangen:

„Das Hebern darf nicht mit dem Munde geschehen." (§ 46)

Fig. 196.

Die gewöhnliche Form solcher Heber ist jedoch sehr gefährlich, da sie mit dem Munde angesaugt werden müssen; auch die Benutzung von gebogenen Röhren, die mit der Hand verschlossen gehalten werden, hat Unzuträglichkeiten im Gefolge. Bei den z. B. von den *Deutschen Ton- & Steinzeugwerken*, Charlottenburg, hergestellten, in Fig. 197 bis 199 veranschaulichten Hebern werden diese Gefahren dadurch vermieden, daß sie nach Art der

Spritzflasche in Tätigkeit gesetzt werden, ohne daß der Arbeiter mit der Flüssigkeit irgendwie in Berührung kommt.

Der Heber Fig. 197 wird durch leichtes Anblasen von Stutzen e in Gang gesetzt, wobei sich die Ventilkugel c schließt, die Flüssigkeit im eingetauchten Schenkel durch a hochsteigt und durch l ausfließt, um dann in Bewegung zu bleiben. Für schwerere Flüssigkeiten werden die Heber zum Angießen eingerichtet. Diese Heber (Fig. 198) werden durch das Anblasen oder Angießen mit der Flüssigkeit so hoch gefüllt, daß sie im oberen Schenkel von selbst abfließt.

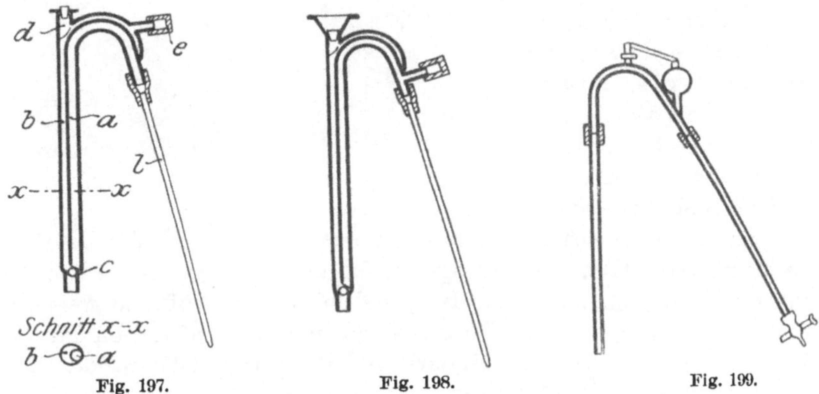

Fig. 197.   Fig. 198.   Fig. 199.

Zum Füllen der Ballons aus den Säuretransportwagen wird der durch Fig. 199 verdeutlichte Wagenheber benutzt. Die an den Ablaufschenkel angesetzte Kugel wird bei geschlossenem Hahn mit Flüssigkeit gefüllt, dann wird der Hahn geöffnet, und das Entleeren beginnt.

Einen zweckmäßigen Heber hat Dr. *Stegelitz* in Hameln angegeben. In den Ableitungsschenkel ist eine Kugel eingeblasen, die mit Gummistopfen versehen ist. Wird das Ende dieses Schenkels durch eine Schlauchklemme geschlossen, dann durch den Stopfen die Kugel und der Schenkel mit einem Teil der zu hebenden Flüssigkeit gefüllt und hierauf die Schlauchklemme geöffnet, so fließt die Flüssigkeit aus und saugt den Inhalt aus dem Gefäß, in das der andere Heberschenkel eingetaucht ist, nach.

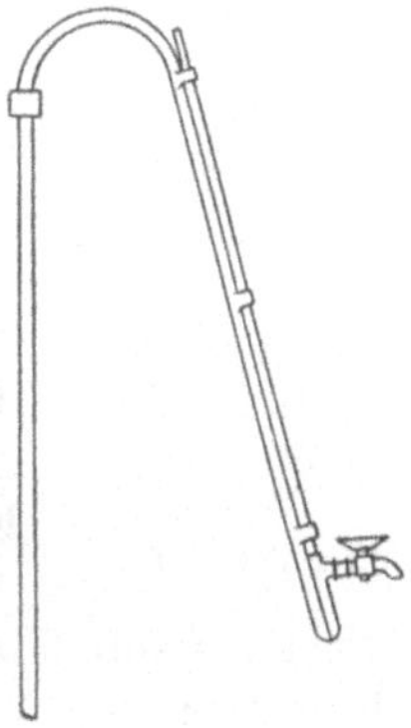

Überlaufheber (Fig. 200), sog. belgische Heber, ersetzen zugleich ein Überlaufrohr, bleiben stets gefüllt und sind daher immer gebrauchsfähig.

Fig. 200.

Die *Tonwarenfabrik Bettenhausen* liefert Heber zum Angießen und Anblasen.

Der kleine Ansatz des Hebers wird luftdicht mittels Hülse aus Gummi abgeschlossen. An der Stelle, wo sich der Tonschenkel unten verengt, befindet sich, wie beim Anblaseheber, eine gut abschließende Glaskugel, die als Ventil dient. Der aus Ton bestehende Tauchschenkel wird in die abzuhebernde

Flüssigkeit getaucht und zwar möglichst tief. Der aus Glas bestehende Ablaufschenkel führt die Flüssigkeit in das Abfüllgefäß.

Um den Heber in Gang zu setzen, gießt man von der abzufüllenden Flüssigkeit in die obere trichterförmig erweiterte Öffnung so lange, bis die Flüssigkeit im Glasschenkel stetig zu laufen beginnt. Hierauf wird die Öffnung mittels Gummistopfen geschlossen. Der Heber bleibt dann im Gang und hebert das Gefäß bis zum letzten Tropfen aus. Will man den Heber schon vorher außer Gebrauch setzen, so hebt man die Gummikappe des seitlichen kleinen Stutzens ab.

Eine andere Heberform ist von *R. Scheibe* angegeben. Sie besitzt Schenkel aus Celluloid;

Fig. 201.   Fig. 202.

an dem einen befindet sich ein Hahn, am anderen ein Gummiball. Dieser wird bei geschlossenem Hahn zusammengedrückt und ein Schenkel in den Ballon eingeführt. Wird dann der Ballon freigegeben, so wird Luft eingesaugt, die Säure steigt über den höchsten Punkt des Hebers und fließt beim Öffnen des Hahnes aus.

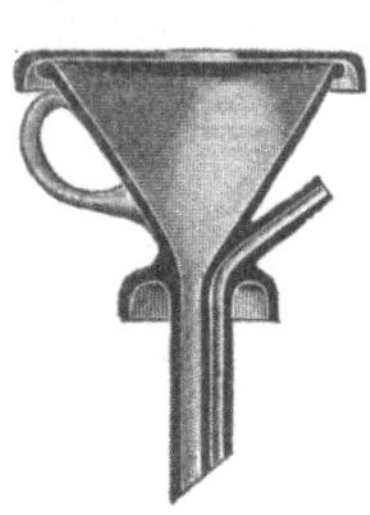
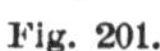

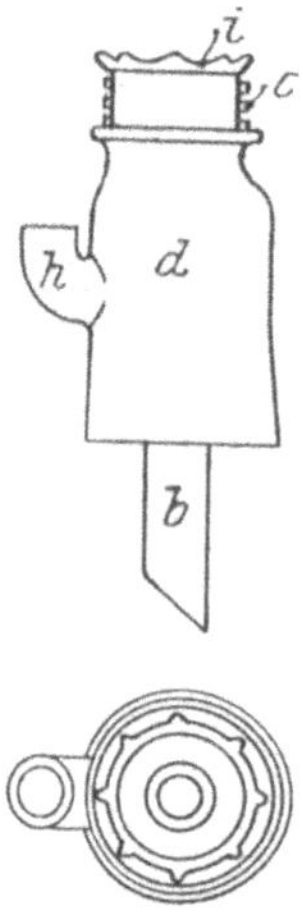

Fig. 205.

Fig. 203—204.

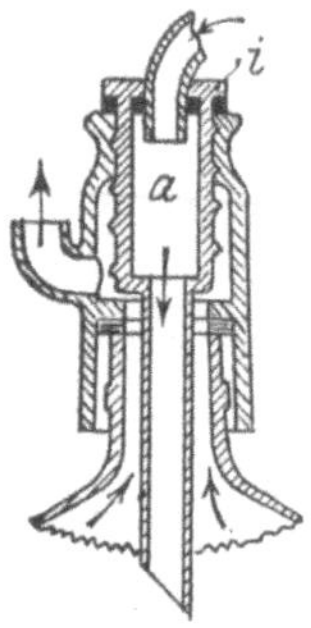

Beim Eingießen von Säuren in ballonartige Behälter spritzen häufig aus dem Trichter Tropfen heraus, da die Luft aus dem Ballon nicht schnell genug entweicht und die Flüssigkeit infolgedessen nicht rasch genug ablaufen kann.

Der von den *Deutschen Ton- und Steinzeugwerken*, Charlottenburg, hergestellte Ablauftrichter mit Schutzwand und besonderem Luftabführungsrohre vermeidet diesen Übelstand dadurch, daß er die Luft schnell entweichen und somit die Flüssigkeit ruhiger einlaufen läßt (Fig. 201).

Zum Abziehen rauchender Säuren liefern diese Werke Trichter nach Fig. 202, durch welche die aus dem Glasballon verdrängten Dämpfe in das Vorratsgefäß zurückgesaugt werden.

Beim Abfüllen oder beim Abgießen von rauchender Salpetersäure, rauchender Salzsäure, Dimethylsulfat und ähnlichen Flüssigkeiten entwickeln sich Dämpfe, die den dabei beschäftigten Arbeiter oder sonst in der Nähe befindlichen Personen gefährlich werden. Diese Gefahr soll der von *Pützer* angegebene und von den *Westdeutschen Steinzeug-, Chamotte- und Dinas-Werken* in Euskirchen (Rheinland) hergestellte Abfülltrichter für Säuren (Fig. 203 bis 205) beseitigen.

Ein zylindrischer Trichter *a* wird mittels Schraubgewinde in dem ihn umgebenden Mantel *d* beliebig hoch verstellt und damit den örtlichen Verhältnissen angepaßt.

Der Mantel wird auf das zu füllende Gefäß gesetzt; durch eine Dichtung wird das Entweichen von Dämpfen an dieser Stelle verhütet. Die sich in dem Gefäße entwickelnden Dämpfe gelangen in den oberen Teil des Mantels und durch ein seitlich angesetztes Rohr *h* in ein anderes Gefäß, einen Rauchkanal oder einen Abzug irgendwelcher Art. In den Trichter können die gewöhnlichen Hahnmundstücke oder Schlauchenden zum Abfüllen der Flüssigkeit eingeführt werden.

Beim Abfüllen gelangt die Flüssigkeit in den Abfülltrichter. Etwa hier sich entwickelnde Dämpfe werden durch den Strom der Flüssigkeit mitgerissen und gelangen mit ihm in das zu füllende Gefäß. Die in letzterem befindliche Luft strömt zugleich mit den hier sich entwickelnden oder eintretenden Dämpfen in den oberen Teil des Mantels und gelangt von hier nach einem beliebigen Abzug.

Eine ähnlich wirkende Abfüllvorrichtung für Salpetersäure, aus Ton hergestellt, wird in den *Höchster Farbwerken* verwendet (Fig. 206). Die Säure läuft in eine Kappe, an die oben die Absaugeleitung für die Dämpfe anschließt, während das in ein kurzes Rohr auslaufende untere Ende die Säure dem Ballon zuführt. Den Abschluß dieses Rohrstücks gegen' den Ballon bildet ein lotrecht verschiebliches Rohrstück, das mit einem Bleiverschluß sich auf den Ballon aufsetzt.

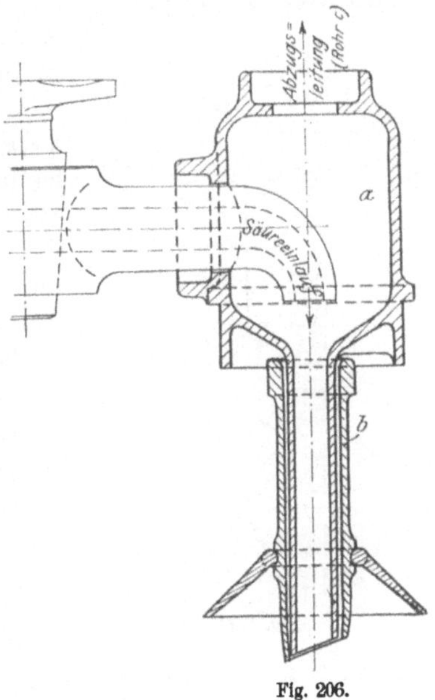

Fig. 206.

Eine einfache Vorrichtung zum Abfüllen von Salpetersäure in Glasballons besteht aus einem Tontrichter, dessen Höhlung durch eine Scheidewand geteilt ist. Durch den einen Teil wird die Säure eingefüllt, durch den anderen, der oben geschlossen ist, gelangen die sich entwickelnden und aus dem Ballon aufsteigenden Gase in einen seitlich vom Trichter angebrachten Stutzen, an den eine Absaugeleitung angeschlossen wird. Damit nicht zu viel Gase durch den Einfüllraum des Trichters nach außen treten, ist letzterer so weit wie möglich oben geschlossen.

In der *Badischen Anilin- und Sodafabrik*, Ludwigshafen a. Rh., wird eine Abfüllvorrichtung für Säuren benutzt, bei der das Absaugen der Dämpfe durch einen Abzug erfolgt.

Das zu füllende Gefäß wird unter den Abfüllhahn gestellt, eine Schutzscheibe nach unten geklappt und eine Drosselklappe geöffnet. Der Hahn wird geöffnet, und die Säure läuft in das Gefäß ein; die hierbei frei werdenden

Dämpfe werden durch den Abzug nach dem Kamin abgesaugt; die Schutz-scheibe schützt die mit dem Abfüllen beschäftigte Person vor etwa herum-spritzender Säure.

Eine Abfüllvorrichtung für Salpetersäure mit Ableitung der nitrosen Dämpfe wird in der *Chemischen Fabrik Griesheim* benutzt. Der Apparat be-steht aus einer geschlossenen schwingenden Bleirinne, welche mit dem einen Ende unter dem Ausfluß des Sammelgefäßes angebracht wird und von ihm zu dem zu füllenden Glasballon führt. Die Gase treten aus der Rinne, die hierzu in der Abdeckung eine Öffnung besitzt, in eine darübermündende feststehende Absaugeleitung, die mit einem Bleilappen sich genügend gegen die Rinne abdichtet.

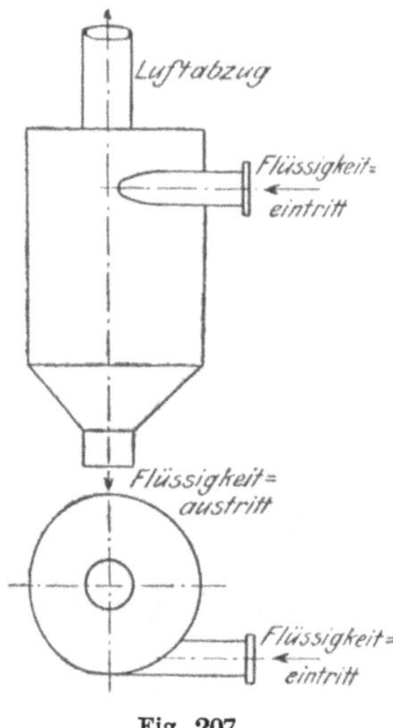

Fig. 207.

Eine andere Vorrichtung, die neuerdings in diesem Betrieb verwendet wird, besteht aus einer festliegenden abgedeckten Rinne, die an einen Stutzen anschließt, der einen Teil des erweiterten Endes der zur Ableitung der Dämpfe angebrachten Leitung bildet. Der Stutzen ist oben innerhalb dieses Leitungsendes mit einem Schieber versehen, so daß nach dessen Öffnung auch aus der Rinne und dem Stutzen Gase abgeleitet werden. Nach unten endet der Stutzen in ein Rohrstück. Um dieses und das Leitungsende ist eine Muffe lotrecht verschiebbar, die unten in einem Trichter endigt, der in den Flaschenhals paßt. Beim Abfüllen wird der Trichter in die Flasche geschoben und dann der über der Rinne angeordnete Abfüllhahn ge-öffnet. Die Säure fließt hierauf durch Rinne und Stutzen in die Flasche, während durch den Raum zwischen Stutzenhals und Trichter die sich entwickelnden Dämpfe in die Absaugeleitung gelangen, nach der, wie erwähnt, auch der Dampf aus der Rinne und dem Stutzen treten.

Für die Hebung von Säuren und anderen ätzenden Flüssigkeiten (Laugen usw.) werden vielfach die bereits erwähnten Druckfässer (Druck-birne, Montejus) verwendet (S. 182). Ihre Steuerung wird durch Einstellung von Hähnen mit der Hand oder durch sich selbsttätig bewegende Ventile bewirkt. Da hier das durch z. B. falsche Hahnstellung entstehende Ausspritzen von Flüssigkeit besonders gefährlich ist, so muß das bereits besprochene Rückschlagventil (S. 185) angeordnet werden.

Die *Höchster Farbwerke* verwenden den in Fig. 207 dargestellten Ab-drücktopf, der am Ende der Druckleitung dicht über dem Kühlbottich an-gebracht wird. Infolge des größeren Querschnittes des Topfes zum Rohr entsteht unter Beseitigung der namentlich bei unachtsamer Bedienung infolge des dann nicht richtig geregelten Druckes entstehenden Spritzgefahr ein Druckausgleich und damit eine ruhige Trennung der Flüssigkeit und der Luft.

Bei niedrigem Druck werden für Säure Apparate aus Ton (Steinzeug) verwendet, bei höherem Druck solche aus Gußeisen, die gegen die Einwirkung der ätzenden Flüssigkeiten vielfach mit Bleimantel ausgekleidet werden.

Diese Apparate arbeiten so lange ohne Unterbrechung weiter, als Preßluft vorhanden ist und Flüssigkeit zuläuft. Sie werden in verschiedenen Bauarten von den *Deutschen Ton- & Steinzeugwerken* in Charlottenburg, der *Gießerei und Maschinenfabrik Paul Schütze & Co.* in Oppersheim (Rheinpfalz), der *Deutschen Steinzeugfabrik* in Friedrichsfeld (Baden) usw. geliefert.

Die Wirkung ist derart, daß die zu hebende Flüssigkeit aus einem höher aufgestellten Behälter in ein Gefäß läuft und aus diesem durch Preßluft hochgedrückt wird. Dampf kann statt Luft nur angewendet werden, wenn die Flüssigkeit durch das aus dem Dampf sich niederschlagende Wasser nicht geschädigt wird.

Da in chemischen Betrieben, in denen solche Apparate verwendet werden, gwöhnlich eine größere Zahl gebraucht wird, so wird dann die durch einen Luftkompressor erzeugte Druckluft in einem großen Behälter aufgespeichert, von dem aus sie durch eine Rohrleitung mit Abzweigungen den einzelnen Druckfässern zugeführt wird. Das Einlaufen der Flüssigkeit und das Zuführen der Druckluft wird durch Hähne bewirkt, die mit der Hand gesteuert werden, oder durch Ventile, deren Bewegung selbsttätig erfolgt.

Gefährlich ist das zu zeitige Öffnen des Entlüftungshahnes, da durch den vielleicht noch im Apparat vorhandenen Druck ätzende Flüssigkeit herausgetrieben werden kann, was schon viele Unfälle verursacht hat. Es empfiehlt sich, am Hahn des Luftauslasses ein seitlich abgebogenes Rohrstück anzubringen, das die etwa austretenden Säurespritzer vom Arbeiterstand wegleitet.

Ungefährlicher und wirtschaftlich vorteilhafter ist die Verwendung selbsttätiger Maschinen und Apparate für die Säureförderung. Hierzu sind die Pumpen mit motorischem Antrieb zu nehmen, die als Zentrifugal- und als Plunscherpumpen verwendet und in den mit der Säure in Berührung kommenden Teilen aus Steinzeug hergestellt werden. Mit den Zentrifugalpumpen lassen sich nur geringe Höhen, 5 bis 6 m überwinden, jedoch beträchtliche Mengen fördern.

2. Giftige Stoffe.

In der chemischen Industrie werden eine Reihe von Stoffen hergestellt oder verwendet oder treten als Zwischen- oder Abfallstoffe auf, die in solchen Mengen in den Körper eintreten können, daß sie die Gesundheit des Arbeiters auf chemischem Wege gefährden. Wie schon ausgeführt (S. 3), können diese Schädigungen in so kurzer Zeit sich abspielen, daß sie als Unfälle im Sinne des Gewerbe-Unfallversicherungsgesetzes anzusehen und daher als solche von der Berufsgenossenschaft der chemischen Industrie zu entschädigen sind. Entstehen Gesundheitsschädigungen durch länger dauernde Einwirkung, so kennzeichnen sie sich als Gewerbekrankheiten, und dem Arbeiter stehen dann zunächst die Entschädigungen nach Maßgabe der Krankenversicherung und bei andauernder weitgehender Erwerbsbeeinträchtigung nach den Bestimmungen des Invalidenversicherungsgesetzes zu.

Die Kenntnis der gewerblichen Gifte und ihrer Einwirkung auf den menschlichen Körper ist in den letzten Jahren durch eine umfassende Literatur und eingehende Beratungen erweitert worden, und hieraus sind gesetzgeberische Maßnahmen entstanden, die für manche Industriezweige von einschneidendster Bedeutung geworden sind.

Es braucht hier nur auf einige wichtige Vorgänge aus der letzten Zeit hingewiesen zu werden, da damit der augenblickliche Stand der Giftbekämpfung in der chemischen Industrie genügend gekennzeichnet wird.

Eingehende Verhandlungen über die gewerblichen Gifte werden seit Jahren in der Delegierten-Versammlung der Internationalen Vereinigung für gesetzlichen Arbeiterschutz vorgenommen. Die Versammlung im Jahre 1901 beriet über die Gefährlichkeit des Phosphors und Bleis und beschloß Untersuchungen hierüber, die dann der Direktor des Internationalen Amts, Professor Dr. *Bauer*, in einem Sammelwerk „Gesundheitsgefährliche Industrien" besprach. Diese Arbeiten bildeten die Grundlage für weitere Verhandlungen, die dazu führten, daß in mehreren Staaten gesetzlich das Verbot des weißen Phosphors zur Herstellung von Zündhölzern erlassen wurde (S. 11). Auch zur Bekämpfung der Bleivergiftung wurden Maßnahmen, namentlich in Deutschland, veranlaßt (S. 7ff.).

Über die Bekämpfung der sonstigen gewerblichen Gifte wurde auf den Delegiertenkonferenzen der genannten Vereinigung im Jahre 1904 und 1906 verhandelt. Auf den letzteren legte Professor Dr. *Sommerfeld* in Berlin Aufstellungen über diese Gifte vor, die in den Landessektionen der Internationalen Vereinigung zur Begutachtung empfohlen wurden. Für die Deutsche Sektion hat Dr. *Fischer*, damals wissenschaftlicher Leiter des Institutes für Gewerbehygiene, jetzt Kgl. Gewerberat in Berlin, das Gutachten nach vorgenommener Umarbeitung erstattet[1].

Professor Dr. *Sommerfeld* hat für die weiteren Beratungen seine Abhandlung neu bearbeitet[2]. Auf der Delegiertenkonferenz 1910 wurde beschlossen, dem Letztgenannten die endgültige Redaktion zu übertragen. Die Arbeit soll dann vom Internationalen Arbeitsamt dem hygienischen Beirat vorgelegt und hierauf den verschiedenen Landessektionen der Internationalen Vereinigung zur Unterbreitung an ihre Regierungen übermittelt werden, um diese zu vorbeugenden Maßnahmen zu veranlassen.

Die von *Sommerfeld* und *Fischer* bearbeiteten Listen enthalten eine Aufzählung der gewerblichen Gifte und der Industriezweige, in denen eine Vergiftung in Frage kommt, ferner Angaben über die Art des Gifteintritts in den Körper und über die Vergiftungserscheinungen, dann über die für die Bekämpfung der Giftgefahren erlassenen Bekanntmachungen des Reichskanzlers (S. 7), Preußischen Ministerialerlasse (S. 7ff.) und Unfallverhütungsvorschriften der Berufsgenossenschaft der chemischen Industrie.

---

[1] Der Entwurf einer Liste der gewerblichen Gifte. Frankfurt a. M. 1910. Als Manuskript gedruckt.

[2] Liste der gewerblichen Gifte mit Erläuterungen. Jena. Verlag von Gustav Fischer, 1910.

Sehr instruktiv sind die Verhandlungen, welche auf der 14. Konferenz der **Zentralstelle für Arbeiterwohlfahrtseinrichtungen** 1905 stattgefunden haben. In eingehenden Referaten behandelten die Professoren Dr. *Lehmann* (Würzburg) und Dr. *L. Lewin* (Berlin) die wichtigsten Fabrikgifte, ihre Bekämpfung, die bisher erzielten Erfolge und die Wege zur Belehrung der Giftarbeiter. In Spezialreferaten wurde dann erörtert, was der Arbeitgeber, der Arbeiter, der Fabriks- und Kassenarzt, der Gewerbeaufsichtsbeamte, die Medizinalbehörde, die Schulbehörde und die Presse zur Lösung der Frage tun können.

Fast alle gewerblichen Gifte kommen in Gewerbszweigen der chemischen Industrie vor. Eine eingehende Behandlung dieser Stoffe hinsichtlich der Industriezweige, in denen eine Vergiftung durch sie in Frage kommen kann, und ferner hinsichtlich der Vergiftungserscheinungen und der Schutzmaßnahmen, die in besonderem Fall zu ergreifen sind, ist hier wegen der Menge des Erfahrungs- und Untersuchungsmaterials, das in einer umfangreichen Literatur niedergelegt ist, nicht möglich. Es ist aber auch für den hier zu verfolgenden Zweck ausreichend, wenn die wichtigsten Gesichtspunkte hervorgehoben werden. Die Berufsgenossenschaft der chemischen Industrie hat bisher die Gefahren giftiger Gase und Dämpfe in ihren allgemeinen Unfallverhütungsvorschriften kurz behandelt, besonders eingehende Vorschriften jedoch nur für **nitrose Gase** und **Arsenwasserstoff** erlassen. Es besteht jetzt aber die Absicht, die besonderen Vorschriften zu erweitern, für diejenigen Gase und Dämpfe, die nach der Unfallstatistik der Berufsgenossenschaft Unfälle herbeigeführt haben. Hiernach haben sich als gefährliche Gase ergeben:

Acetylengas. Giftig. Farbloses, eigentümlich unangenehm riechendes Gas. Entsteht durch Einwirkung von Wasser auf Calciumcarbid.

Ammoniakgas. In starker Konzentration sofort tödlich; bei Verdünnung mit Luft auf die Atmungsorgane und die Speiseröhre ätzend wirkend. Nicht brennbares, farbloses Gas von stechendem Geruch.

Arsenwasserstoff. Sehr giftig. Kleine Mengen können bei einmaliger Einwirkung bereits tödlich wirken. Farbloses Gas. Entsteht besonders bei Einwirkung von Säuren auf Metalle, hauptsächlich auf Zink, wenn Säuren oder Metalle nicht technisch rein sind, z. B. auch, wenn in eisernen Schwefelsäure-Transportkesseln arsenhaltiger Schlamm mit Wasser verdünnt wird.

Dämpfe von Alkohol, Äther, Brommethyl, Bromäthyl, Chloräthyl, Chlormethyl, Jodmethyl, Methylalkohol, Aceton, Tetrachlorkohlenstoff. In größerer Konzentration berauschend, bei längerer Einwirkung betäubend und ohne Hinzutritt frischer Luft in geschlossenen Behältern tödlich. Bei Brommethyl, Jodmethyl und Methylalkohol seelische Störungen, die sich bis zu Tobsuchtsanfällen steigern, Irresein; bei Methylalkohol außerdem Krampf, Erblindung. Bei Vergiftung durch diese drei Körper ist Morphiumbehandlung indiziert.

Camphylen. Herzgift. Streckkrämpfe.

Chlorschwefel. Wirkt in Dampfform eingeatmet erstickend. Dämpfe erregen Erbrechen, wenn sie in den Magen gelangen.

Cyanwasserstoff (Blausäure). Sehr giftig. Farbloses, nach Bittermandelöl riechendes Gas. Geringe Mengen wirken tödlich. Entsteht außer bei chemischen Prozessen z. B. auch beim Dämpfen von Horn und beim Verbrennen von Celluloid.

Chlorgas und Bromdämpfe. Von starkätzender Wirkung auf die Atmungsorgane. Grünlichgelbes Gas bzw. rotbrauner Dampf von unangenehmem, erstickendem Geruch. Gegenmittel: Einatmung von Alkoholdämpfen, nicht Ammoniak.

Benzol- (Toluol-, Xylol-) und Benzindämpfe. In größerer Konzentration berauschend, bei längerer Einwirkung betäubend und ohne Hinzutritt frischer Luft in abgeschlossenen Behältern und Lagerräumen tödlich. Die Dämpfe, durch ihren Geruch erkennbar, entstehen bereits durch Verflüchtigung der Flüssigkeiten bei gewöhnlicher Lufttemperatur.

Dimethylsulfatdämpfe. Außerordentlich heftiges Gift, kann schon in sehr geringen Mengen und bei kurzer Einwirkung die Schleimhäute und die äußere Haut zerstören.

Fluorwasserstoff (Flußsäure). Giftig und sehr ätzend. Die Dämpfe, welche an der Luft wie Wasserdampf wahrnehmbar sind, zerstören beim Einatmen Schleimhäute und Lungengewebe.

Formaldehyd. Wirkt bei stärkerer Konzentration erstickend und greift die Schleimhäute stark an, Nierenreizung.

Gase in Teer- und Mineralöl - Destillationsapparaten nach beendeter vollständiger Destillation. Sehr giftig.

Gase und Dämpfe der Harz- und Holzdestillation. In größerer Konzentration giftig.

Gase und Dämpfe der aromatischen Nitro- und Amidoverbindungen (Nitrobenzol, Anilin, Dinitrobenzol, Dinitrotoluol, Chlornitrobenzol). Sehr giftig. Vergiftungsgefahr besonders durch Aufnahme in die Haut, Kopfweh, Rausch, Blaufärbung der Lippen, Gelbsucht. (Jede Verunreinigung der Kleider oder der Haut selbst mit diesen Stoffen ist gefährlich und schleunigst zu beseitigen.)

Kohlenoxyd (Kohlendunst), Generator-, Misch- und Wassergas. Sehr gefährliche, geruchlose und deshalb nicht wahrnehmbare giftige Gase. Betäubend und tödlich wirkend. Entstehen bei unvollkommener Verbrennung von Kohlenstoff, z. B. Holzkohle, Koks, d. h. bei einer Verbrennung der Kohle bei sehr geringem Luftzutritt, z. B. auch bei zu frühem Schließen der Rauchschieber oder Ofenklappen.

Kohlensäure. Wirkt bei Anwesenheit größerer Mengen erstickend und, selbst mit viel Luft vermengt, bei längerer Einatmung gesundheitsschädlich. Farbloses Gas. Gefährliche Mengen lassen sich erkennen, wenn Licht matt darin brennt oder gar erlischt. Sammelt sich infolge seiner Schwere leicht in Gruben, Brunnen, Kanälen usw. an.

Leuchtgas und Ölgas (Fettgas). Mit Luft, je nach dem Mischungsverhältnis und der Dauer der Einwirkung, mehr oder weniger giftig. Meist erkennbar durch den ihm eigenen Geruch.

Nitrose Gase. Sehr giftig. Geringe Mengen können schon tödlich wirken. Vergiftungssymptome treten oft erst stundenlang nach dem Einatmen auf. Die Gase sind meist erkennbar an ihrer rotbraunen Farbe und entstehen bei der Einwirkung von Salpetersäure auf desoxydierende Stoffe, wie Holz, Stroh usw., ferner bei der Verarbeitung der Salpetersäure und ihrer Mischungen, ebenso beim Aufrühren des Schlammes in Schwefelsäurekammern, Gay-Lussac-Türmen, Schwefelsäuretransportzylindern und Vorratsbehältern für nitrose Säuren. Auch ohne Krankheitserscheinungen in allen Fällen sofortige Sauerstoffinhalation und dauernde ärztliche Beobachtung erforderlich.

Phosgengas (Chlorkohlenoxyd). Bei gewöhnlicher Temperatur farbloses, stark riechendes, zu Hustenanfällen reizendes Gas, wirkt stark giftig. Sofortige ärztliche Behandlung erforderlich wie bei nitrosen Gasen.

Phosphoroxychloride (Phosphortri-, Phosphoroxy- und Phosphorpentachlorid). Die Schleimhäute heftig angreifende Dämpfe, rufen gefährliche asthmatische Beschwerden hervor, Pulsverlangsamung.

Phosphordämpfe. Verdauungsstörungen, Kiefererkrankungen. Vorsicht bei hohlen Zähnen.

Phosphorwasserstoff. Giftig durch Einatmen, bewirkt Erbrechen, Krämpfe und Lähmung. Entsteht u. a. bei der Phosphorgewinnung, bei der Umwandlung weißen Phosphors in roten, bei der Acetylendarstellung und der Einwirkung von Wasser auf unreines im elektrischen Ofen hergestelltes Ferrosilicium.

Schwefelwasserstoff. Sehr giftig. Farbloses Gas von höchst unangenehmem Geruch. Kommt außer bei chemischen Prozessen überall da vor, wo Fäulnis eintritt (Gruben, Aborten, Kanälen). Entsteht auch beim Erhitzen (Destillieren) von verdicktem Waschöl der Kokereien. Gegenmittel: Fortgesetzte künstliche Atmung, auch bei Scheintod.

Schwefelkohlenstoff. Gesundheitsschädlich und in stärkerer Konzentration giftig. Die farblosen Gase, sehr unangenehm riechend, entstehen durch Verflüchtigung der Flüssigkeit bereits bei normaler Temperatur.

Schweflige Säure. Veranlaßt, in Dampfform eingeatmet, krampfhaften Husten, häufig mit Absonderung blutigen Schleims. Bei längerer Einwirkung gefährliche Erkrankungen der Atmungsorgane. Gegenmittel: Einatmen von Alkoholdämpfen.

Sumpfgas. Betäubend und bei längerer Einwirkung von tödlicher Wirkung. Fast geruchlos.

Wasserstoff. Farblos und geruchlos. Zuweilen verunreinigt mit Arsenwasserstoff und dann gesundheitsschädlich. Entsteht z. B. bei Einwirkung von Säuren und Wasser auf Metalle, bei Zerlegung des Wassers durch den elektrischen Strom und durch Überleiten von Wasserdampf über glühendes Eisen oder glühende Kohlen (vgl. Wassergas).

Die von *Fischer* und *Sommerfeld* aufgestellten Giftlisten enthalten noch Angaben über andere gewerbliche Gifte, die zum Teil als feste Körper oder Flüssigkeiten auftreten und daher in der vorstehenden Aufzählung nicht genannt sind und die nur zum geringen Teile eine so rasche Wirkung auf den menschlichen Körper äußern können, daß ein Unfall entsteht, in den allermeisten Fällen kennzeichnen sich die Körperschädigungen als Erkrankungen (vgl. S. 3).

Aus den Mitteilungen von *Fischer* und *Sommerfeld* sei das wichtigste über diese anderen Giftstoffe mitgeteilt:

Anilinfarbstoffe. Erzeugen durch unmittelbare Einwirkung auf die Haut und Schleimhäute in fester und flüssiger Form meist Hauterkrankungen, bei mechanischer Einwirkung auch Augenschädigungen. Fuchsin, Methylviolett, Korallin und andere Angehörige der Rosolgruppe sind ungiftig.

Antimonverbindungen (Antimonfarben, Goldschwefel usw.). Erzeugen in Dampf- und Staubform Hautausschläge durch örtliche Reizung, auch Entzündungen des Mundes, Rachens und Magens, Entkräftung, Herzschwäche, Schwindel und Ohnmacht.

Arsenverbindungen (arsenige Säure, Arsenfarben). Wirken in Gas- und Staubform auf den Körper und erzeugen akute und chronische Vergiftungen, unter Umständen solch schwerster Art, daß sie zu Lähmungen, Kräfteverfall und Tod führen können.

Blei und seine Verbindungen (Bleifarben usw.). In allen Aggregatzuständen gefährlich. Am giftigsten wirken die oxydischen Verbindungen. Aufnahme in den Organismus am häufigsten auf dem Wege der Verdauungsorgane, indem die giftigen Stoffe oder die mit ihnen verunreinigten Gegenstände in den Mund gebracht oder verunreinigte Speisen und Getränke genossen werden. Seltener als auf dem Verdauungswege, aber immerhin sehr häufig, erfolgt die chronische Bleivergiftung durch Einatmung bleiischer Gase und Dämpfe, wie staubförmiger Bleiverbindungen, bei metallischem Blei nur mittels feinster Bleistäubchen. Auch kann Aufnahme durch Hautwunden und bei Schweißbildung durch die unversehrte Haut eintreten. Die chronische Bleivergiftung kann in jedem Organ krankhafte Störungen hervorrufen, die zu den schwersten Erscheinungen, wie Lähmung, Hirnleiden, Nierenleiden ausarten können.

Braunstein. Gelangt in Stäubchen durch die Atmungsorgane in den Körper und wirkt nach längerer Einwirkung schädlich.

Chlordinitrobenzol (Roburit). Kann infolge Eintritts in Dampfform durch die Atmungsorgane verschiedene Krankheitserscheinungen hervorrufen (Roburitvergiftung).

Chlorkalk. Wirkt bei Einatmung in Dampf- und Staubform und unmittelbar durch die Haut mehr oder weniger schädlich.

Chlorschwefel (Schwefelchlorür). Dämpfe wirken erstickend. In Berührung mit Wasser und der Luftfeuchtigkeit zersetzen sie sich in Chlorwasserstoff, Schwefel und schweflige Säure unter Bildung von Salzsäuredämpfen.

Naphthalin. Erzeugt durch Einatmung der Dämpfe oder des Staubes Augen-, Hauterkrankungen usw.

Naphthol. Gelangt in Staubform durch Einatmung in den Organismus und kann schwere Erkrankungen erzeugen.

Nitroglycerin. Ölige, verdampfbare, farb- und geruchlose Flüssigkeit. Sehr giftig, nur wenige Tropfen wirken tödlich. Aufnahme durch Einatmung der Dämpfe oder durch die unverletzte Haut, Hautwunden und Schleimhäute.

Nitronaphthalin. Krystallische, gelbe, bröcklige Masse. Wirkt in Dampfform schädlich auf das Auge.

Oxalsäure. Gelangt in Staubform durch die Atmungsorgane in den Organismus und wirkt ätzend.

Petroleum. Wirkt als Flüssigkeit unmittelbar auf die Haut und in Dampfform durch die Atmungsorgane. Erzeugt Hautkrankheiten und wirkt schädlich auf die Respiration und Herztätigkeit.

Phenol. Weiße krystallinische Masse. Einwirkung auf die äußere Haut, Verdauungswege und Atmungsorgane mit unter Umständen schweren Krankheitserscheinungen.

Phenylhydrazin. Scharf riechende gelbliche bis braun ölige Flüssigkeit, die durch Einwirkung auf die Haut Erkrankungen erzeugt.

Phosphor. Gelangt in Dampfform durch die Atmungsorgane, bei Verunreinigung der Finger durch phosphorhaltige Massen durch die Verdauungswege in den Organismus, wirkt auch unmittelbar auf die Haut. Erzeugt schwere Krankheitserscheinungen (Nekrose usw.).

Phosphorsesquisulfid. Graugelbe, geruchlose und geschmacklose Masse. Wirkt durch Einatmung des beim Zusammenschmelzen von Phosphor und Schwefel, ebenso beim Herausschlagen des Schmelzgutes aus den Kesseln entstehenden Schwefelwasserstoffs.

Pikrinsäure (Trinitrophenol). Bildet in reinem Zustande blaßgelbe Blättchen. Gelangt in Staubform in die Atmungswege, wirkt unmittelbar auf die Haut. Kann schwere Erkrankung erzeugen.

Pyridin. Wirkt in Dampfform durch die Einatmung und in flüssigem Zustand auf die Haut der Hände und Arme. Erzeugt Ekzem und bei Einatmung Halskrankheiten usw.

Quecksilber. Tritt in den Körper in Dampfform durch die Atmungsorgane, in flüssigem Zustand durch die Haut und unmittelbar durch die Verdauungsorgane. Erzeugt schwere Störungen des Allgemeinbefindens und schwere Erkrankungen.

Salzsäure. Tritt in Dampfform durch die Atmungsorgane ein und erzeugt in konzentriertem Zustand, der selten in Gewerbebetrieben vorliegt, schädliche Reizung der Atmungsorgane, selbst Bewußtlosigkeit und Tod.

Schwefelsäure. Gelangt in Dampfform durch die Atmungsorgane in den Körper und erzeugt Erkrankungen derselben, Lungenentzündung, auch den Tod.

Terpentinöl. Wirkt in Lösung auf die äußere Haut, in Dampfform auf die Schleimhäute. Erzeugt Reizungen, bei langer Einwirkung auch der Niere.

Die zum Schutze der Arbeiter durchzuführenden Maßnahmen richten sich natürlich nach der Art der Arbeitsweise, bei der die Giftgefahr vorhanden ist. Bei der großen Zahl dieser Fabrikationsarten und der Giftstoffe ist eine ins einzelne gehende Erörterung der vom Unternehmer zu treffenden Einrichtungen und der vom Arbeiter zu beachtenden Verhaltungsmaßregeln unmöglich.

Im allgemeinen sind folgende, von *Sommerfeld* und *Fischer* angegebenen Sicherheitsmaßnahmen durchzuführen: „Geeignete bauliche Einrichtungen, Abtrennung gefährlicher Räume, gute Belichtung, gute Möglichkeit zur Reinhaltung der Arbeitsstätte und zur wirksamen Ventilation.

Für den besonderen Zweck geeignete, möglichst in allen Teilen dicht schließende Apparaturenvorrichtungen zur Abhaltung des Staubes vom Eintritt in Nase und Mund, die darin gipfeln, den Staub an der Entstehungsstelle zurückzuhalten und zu vernichten oder fortzuführen (abzusaugen) und zu sammeln.

Ausschaltung besonders gefährlicher Arbeitsweisen und Arbeitsstoffe durch Einführung weniger gefährlicher Arbeitsmethoden und Arbeitsstoffe sowie die Verwendung genügend reiner Arbeitsmaterialien.

Möglichste Vermeidung der unmittelbaren Berührung mit giftigen Stoffen bei der Arbeit, beim Transport und bei der Verpackung. Beachtung von Hautwunden.

Belehrung der neu in einen Betrieb eintretenden Arbeiter über die gewonnenen, hergestellten, gebrauchten oder sonst sich entwickelnden Giftstoffe.

Die Wiederholung dieser Belehrung in öfteren Zwischenräumen, wenn möglich an Hand von den Arbeitern auszuhändigenden Merkblättern.

Aushang von Sicherheitsvorschriften, Warnungstafeln, die zu besonderer Vorsicht mahnen und zur Benutzung der Sicherheitsmaßnahmen auffordern. Ständige Beaufsichtigung aller gefährlichen Arbeiten durch sachverständige und verantwortliche Personen.

Benutzung geeigneter persönlicher Schutzmittel, wie Arbeitsanzüge, Mund- und Nasenschützer, Atemmasken, Handschuhe, Schutzbrillen usw.

Übung körperlicher Sauberkeit durch Benutzung von Wasch-, Bade- und Umkleideräumen, Benutzung von besonderen Speiseräumen; getrennte Aufbewahrung der Straßen- und Arbeitskleider, gefahrlose Reinigung der letzteren.

Sofortige Meldung von Krankheitserscheinungen, schleunigste Anwendung einwandfreier, Erfolg versprechender Gegenmittel bei eingetretener Vergiftung unter gleichzeitiger Heranziehung eines Arztes. Ärztliche Kontrolle der Arbeiter in den Giftbetrieben. Auswahl gesunder widerstandsfähiger Arbeitskräfte.‟

Sommerfeld verlangt weiter:

„Belehrung der jugendlichen Arbeiter in den Fach- und Fortbildungsschulen, deren Besuch obligatorisch sein muß.

Vorübergehende oder dauernde Ausschaltung der erkrankten Arbeiter aus den gefährlichen Betriebsabteilungen.

Möglichste Verkürzung der Arbeitszeit in gefährlichen Betrieben.‟

Viele dieser Sicherheitsmaßnahmen kommen in den schon erwähnten Verordnungen und Vorschriften zum Ausdruck und sind in gut geleiteten Betrieben auch durchgeführt.

Große chemische Fabriken geben ihren Arbeitern gedruckte Belehrungen über ihr Verhalten bei der Arbeit mit giftigen Stoffen und bei der Wahrnehmung gesundheitlicher Schädigung durch sie. In manchen solchen Belehrungen finden sich auch Schilderungen über die Giftwirkung der Stoffe.

Andere Betriebe erteilen ihren Betriebsleitern besondere Instruktionen für die Arbeitsausführung, für das beim Einstellen von Arbeitern zu beachtende Vorgehen und für die Hilfeleistung bei Vergiftungen.

In anderen Betrieben werden „Warnungen" als Anschläge bekanntgemacht.

„Merkblätter", in denen gemeinverständlich ausgeführt ist, wie die Arbeiter sich vor gewissen Vergiftungen schützen können, sind vom Kaiserlichen Gesundheitsamt über die Gefahren der Bleivergiftung veröffentlicht worden.

Von größter Wichtigkeit ist gegenüber der Giftgefahr möglichste Sauberkeit im Betriebe und Reinlichkeit des Körpers und der Kleidung der Arbeiter. Die behördlichen Verordnungen enthalten daher auch Bestimmungen über die vom Unternehmer zu leistende Bereitstellung von Ankleide- und Waschräumen, Bade- und Wascheinrichtungen.

Zur Reinigung der Hände wird vielfach die Akremninseife verwendet, die beim Waschen das Freiwerden von Schwefelwasserstoff bewirkt, wodurch das z. B. auf der Haut befindliche unlösliche Blei in Schwefelblei übergeführt wird, das beim weiteren Reiben von der Seife beigemengtem Bimssteinpulver entfernt wird. Die Seifenstücke sind mit einem Paraffinüberzug versehen, der beim Gebrauch weggeht, so daß die Stücke in einem besonders präparierten Blechkästchen aufbewahrt werden müssen, welches durch einen Überzug die Zersetzung der in Gebrauch genommenen Seifenstücke verhindert.

Auch die Ernährung spielt eine gewisse Rolle, weshalb in größeren Betrieben den Arbeitern Gelegenheit gegeben wird, billige und gute Speisen zu erhalten.

Verschiedene Fabriken stehen ständig mit wissenschaftlichen Anstalten in Verbindung, um sich ein klares Bild über die Giftigkeit der von ihnen hergestellten und verarbeiteten Stoffe zu verschaffen.

Eine solche Anstalt ist das bereits erwähnte (S. 15) *Institut für Gewerbehygiene* in Frankfurt a. M. In den von dem Institut als Beiblatt zur Zeitschrift „Sozialtechnik" (Verlag von A. Seydel, Berlin) veröffentlichten Mitteilungen sind viele Angaben über die Giftgefahren und ihre Bekämpfung enthalten.

Wie erwähnt, hat die Berufsgenossenschaft der chemischen Industrie in ihren Unfallverhütungsvorschriften die Vergiftungsgefahr allgemein und für einzelne besonders gefährliche Stoffe besonders behandelt.

Auf solche allgemeine Bestimmungen über Sicherheitsmaßnahmen ist schon mehrfach hingewiesen.

Eine allgemein zu vielen Unfällen führende Gefahr besteht beim Einsteigen in Apparate, Behälter, Gruben usw., wenn in diesen giftige Gase oder Dämpfe enthalten sind. Die Gefahr ist um so größer, als meistens das Vorhandensein solcher Giftstoffe nicht vermutet oder in seiner Gefährlichkeit unterschätzt wird. Es kommt dann nicht selten vor, daß der Einsteigende durch Einatmen solcher Gase betäubt wird und umsinkt, und daß andere, die zu Hilfe eilen und dann auch die erforderlichen Vorsichtsmaßregeln nicht beachten, auch vergiftet werden. Die neuen berufsgenossenschaftlichen Vorschriften bestimmen:

„Das Befahren von Destillationsblasen, Tanks, Gruben, Kanälen, Transportwagen, überhaupt allen von der Luftzirkulation abgeschlossenen Behältern und Räumen, in welchen sich giftige, betäubende und nicht atembare Gase und Dämpfe entwickeln oder ansammeln können, darf nur unter Beobachtung der größten Sicherheitsmaßnahmen und nur auf besondere Anweisung des Betriebsführers geschehen. (Vgl. Unfallverhütungsvorschriften zum Schutz gegen gefährliche Gase und Dämpfe.)

An solchen Blasen, Apparaten usw. oder in deren Nähe müssen Schilder angebracht werden, durch welche in augenfälliger Schrift das Einsteigen ohne besondere Anweisung des die Aufsicht führenden Vorgesetzten verboten wird." (§ 49)

Wenn es sich nicht um besondere Giftgefahren handelt, sondern lediglich zu befürchten ist, daß in dem zu befahrenden Brunnen, Schacht od. dgl. die Luft durch Sauerstoffabnahme für die Atmung gefährlich geworden ist, dann genügt es, durch langsames Hinablassen eines offenen brennenden Lichtes die Luft zu untersuchen, da dieses dann bei Anwesenheit schlechter Luft erlischt. Tritt dies ein, dann muß vor dem Einsteigen ein kräftiger Luftwechsel herbeigeführt werden, wozu unter Umständen Eingießen von heißem Wasser, Hinablassen eines Eimers mit ungelöschtem Kalk, der vorher mit Wasser begossen wird, genügen kann. Besser ist natürlich die Absaugung der Luft durch Ventilatoren.

In vielen Fällen wird es sich empfehlen, den einsteigenden Arbeiter anzuseilen und stets unter Aufsicht zu halten, so daß er im Notfall sofort aus dem Brunnen herausgeholt werden kann.

Die obenerwähnten Unfallverhütungsvorschriften, welche die Berufsgenossenschaft besonders zum Schutz gegen gefährliche Gase und Dämpfe erlassen will, fordern folgende allgemeine Sicherheitsmaßnahmen:

Unterweisung der Arbeitnehmer.

„Die Arbeiter sind über die gefährlichen Eigenschaften der in ihrem Wirkungskreise vorkommenden Gase und Dämpfe, sowie über die zur Verhütung von Vergiftungen oder Explosionen und bei Vergiftungsfällen zu beachtenden Maßnahmen eingehend zu unterrichten.

Bei Betrieben, in denen erfahrungsgemäß giftige Gase und Dämpfe auftreten, ist ein Sauerstoffapparat zur Behandlung Vergifteter bereit zu halten." (§ 1)

Verbot des eigenmächtigen Einsteigens in Apparate und Behälter.

„Das Einsteigen in Apparate und Behälter, die zur Darstellung oder Aufbewahrung chemischer Produkte dienen, darf nur mit Zustimmung des Betriebsführers oder dessen Stellvertreter geschehen. Beim Einsteigen in Brunnen und verdeckte Kanäle muß Vorsicht in bezug auf gefährliche Gase und Dämpfe walten." (§ 2)

Verhinderung des Austritts giftiger Gase und Dämpfe in die Arbeitsräume.

„Bei allen chemischen Prozessen, bei denen die in § 1 genannten giftigen Gase oder Dämpfe auftreten, ist Vorsorge zu treffen, daß dieselben in ungefährlicher Weise abgeführt werden."

Der Austritt giftiger Gase in die Arbeitsräume ist auch zu verhindern, wenn die Apparate oder Behälter geöffnet werden müssen.

Zum Einfüllen der Materialien während des Ganges der Prozesse dürfen nur die dazu bestimmten Öffnungen benutzt werden. Das Hineinstecken des Kopfes in die Apparate während dieser Zeit ist strengstens verboten." (§ 3)

Schutz durch die Respirationsapparate.

„Wo bei chemischen Prozessen und Arbeiten mit Gasentwicklung die sichere Abführung gefährlicher Gase oder Dämpfe nicht möglich ist, müssen den Arbeitern geeignete Respirationsapparate zur Verfügung gestellt werden.

Die Arbeiter sind in solchen Fällen zur Benutzung der Respirationsapparate zu verpflichten. Als geeignet sind nur Sauerstoffatmungsapparate anzusehen oder Respiratoren, die das Einatmen frischer Außenluft ermöglichen." (§ 4)

Ventilation von Räumen.

„Räume, in welchen sich Apparate und Anlagen befinden, bei denen der Austritt gesundheitsschädlicher Gase und Dämpfe nicht ganz zu vermeiden ist, wie Röstöfen, Generatorenfeuerung usw., müssen gut ventilierbar oder mit künstlicher Ventilation versehen sein." (§ 5)

Reinigen und Befahren von Apparaten und Behältern, in denen sich gesundheitsschädliche Gase oder Dämpfe befinden.

„Sollen befahrbare Behälter, bei welchen mit der Anwesenheit gesundheitsschädlicher Gase oder Dämpfe zu rechnen ist, Bleikammern, Gay-Lussac-Türme, Glover-Türme, Reaktionsgefäße, Säuretransportzylinder u. a. m. ausgewaschen werden, so hat dies durch kräftiges Ausspritzen mit reichlichen Wassermengen oder durch Spülung mit anderen geeigneten Flüssigkeiten unter gleichzeitiger Durchrührung schlammiger Rückstände möglichst von außen zu erfolgen.

Lassen sich von außen allein die mit der Reinigung verbundenen Arbeiten nicht ausführen, so müssen beim Besteigen der Behälter die im § 4 bezeichneten Atmungsapparate benutzt oder die Gase unter Anwendung künstlicher Ventilation, z. B. Anschluß an den Schornstein, entfernt werden. Letztere ist bereits vor dem Einsteigen in Wirksamkeit zu setzen und darf während der Zeit des Befahrens nicht unterbrochen werden. Die Ventilation ist so anzuordnen, daß die abgeführten Gase den im Innern beschäftigen Personen nicht gefährlich werden können.

Die gleichen Schutzmaßnahmen sind beim Befahren aller Apparate und Behälter zu beobachten, solange die gesundheitsschädlichen Gase oder Dämpfe aus denselben nicht vollständig entfernt sind." (§ 6)

Beseitigung von Gasen und Dämpfen aus Apparaten und Behältern.

„Apparate und Behälter, die ohne die genannten Schutzvorkehrungen befahren werden sollen, müssen, falls nicht die Gase durch längeres Auslüften oder durch künstliche Ventilation bereits beseitigt sind, vor dem Besteigen mit Dampf ausgeblasen oder zur Verdrängung der Gase mit Wasser bis zum Überlaufen angefüllt werden. Das Befahren darf erst geschehen, nachdem die Wandungen trocken und abgekühlt sind, so daß eine Nachentwicklung von Gasen ausgeschlossen ist." (§ 7)

Verhinderung des Übertritts von Gasen und Dämpfen aus anderen Behältern oder Apparaten.

„Um zu verhindern, daß beim Befahren von Behältern ohne Benutzung der vorbezeichneten Atmungsapparate Gase oder Dämpfe aus anderen im Betriebe befindlichen Apparaten übertreten, müssen alle gefährlichen Verbindungen sowohl mit diesen Apparaten, wie auch mit deren gemeinschaftlichen Sammelbehältern und Kondensationsgefäßen aufgehoben werden. Zu diesem Zwecke sind die Verbindungsrohre abzunehmen oder Blindflaschen als Abschluß in dieselben einzufügen. Das Schließen der Hähne allein genügt nicht." (§ 8)

Weitere Vorsichtsmaßregeln beim Befahren.

„Bevor die Erlaubnis zum Befahren ohne Sicherheitslampen (§ 11) und ohne die im § 4 genannten Atmungsapparate erteilt werden darf, hat sich der Betriebsführer oder dessen Stellvertreter persönlich von der Beschaffenheit der Luft im Innern der Behälter zu überzeugen und festzustellen, daß alle Sicherheitsvorkehrungen getroffen sind. Besonders ist zu berücksichtigen, daß schwere Gase und Dämpfe sich am Boden ablagern und nicht durch Einbeugen des Kopfes in hochliegende Öffnungen bemerkt werden können.

Die zum Befahren bestimmte Person ist anzuseilen und während ihres Aufenthalts im Innern ständig zu überwachen. Ob in besonderen Fällen, z. B. beim gleichzeitigen

Einsteigen mehrerer Personen, vom Anseilen Abstand genommen werden kann, hat der Betriebsführer zu entscheiden. Aufsicht darf nie fehlen.

Das Anseilen hat so zu geschehen, daß der Befestigungsring für das Seil sich etwa im Nacken befindet, am besten an einem Gurt mit Achselträgern, die zwischen den Schultern miteinander verbunden sind.

Personen, die dem Betriebsleiter als lungen- oder herzkrank bekannt sind, dürfen zu den Arbeiten im Innern der Behälter nicht herangezogen werden." (§ 9)

In diesen Vorschriften wird auf die in vielen Fällen mit Erfolg durchführbar Unschädlichmachung giftiger Gase und Dämpfe durch Lüftung, Absaugung, Niederschlagen hingewiesen. Die hierzu geeigneten Einrichtungen sind bereits besprochen worden (S. 82 ff.). Der in den beabsichtigten Bestimmungen betonte Schutz durch Respirationsapparate wird noch erläutert.

Außerordentlich gefährlich haben sich die salpetrigen (nitrosen) Gase erwiesen. Die Gefährlichkeit ist eine um so größere, als die Wirkung nicht sofort bemerkbar wird, sondern erst nach einiger Zeit eintritt.

Die Berufsgenossenschaft der chemischen Industrie hat daher besondere Unfallverhütungsvorschriften zum Schutz gegen die Wirkung salpetriger („nitroser") Gase und im Zusammenhang damit speziell für den Verkehr mit Salpetersäure erlassen und führt in ihnen folgendes aus:

„Die salpetrigen Gase, an ihrer rotbraunen Farbe erkennbar, bilden sich bei der Einwirkung von Salpetersäure auf desoxydierende Stoffe der verschiedensten Art, hauptsächlich auf Metalle (Eisen, Blei, Zink usw.), auf organische Stoffe (Kohlenstaub, Holz, Stroh, Papier, Zeugstoff, Putzwolle usw.), sowie auf manche andere Substanzen (Schwefelkies, schweflige Säure und ihre Salze, Sodaschlamm, Salzsäure, Eisenchlorür, Eisenvitriol usw.). Bei sehr starker Salpetersäure kann zugleich eine Entzündung brennbarer Stoffe herbeigeführt werden. Salpetrige Gase entwickeln sich normalerweise bei der Verarbeitung der Salpetersäure und ihrer Mischungen und Salze — wozu auch die salpetrigsauren Salze (Nitrit) zu rechnen sind — in den verschiedensten Betrieben; desgleichen entbindet nitrose Schwefelsäure (Abfallsäure von Nitrierprozessen, Gay-Lussac-Säure usw.) beim Verdünnen mit Wasser salpetrige Gase. Auch bei der Fabrikation von Nitroglycerin und Schießbaumwolle können unter Umständen große Mengen von salpetrigen Gasen auftreten.

Um Unfällen bezeichneter Art nach Möglichkeit vorzubeugen, ist es geboten, solche Bedingungen zu schaffen, die 1. das unvorbereitete Auftreten salpetriger Gase soweit tunlich verhindern, 2. bei unvorbereitet auftretenden salpetrigen Gasen die Gefahren möglichst verringern, 3. bei normaler Hervorbringung salpetriger Gase die sichere Abführung derselben ermöglichen.

Es bleibt aber vorkommenden Falles Aufgabe jedes einzelnen, sich der Einwirkung der salpetrigen Gase zu entziehen, indem er sich aus dem Bereiche derselben so rasch als möglich entfernt, wie auch seine Mitarbeiter vor der Gefahr zu warnen.

Leider hat sich für den Verkehr mit Salpetersäure an Stelle der üblichen Korbflaschen mit Strohfutter bisher eine weniger gefährliche, dabei gleichhandliche Verpackungsart nicht auffinden lassen und es kann daher, unter Beibehaltung derselben, zunächst nur auf eine Beschränkung ihrer Gefährlichkeit hingewirkt werden."

Die Vorschriften enthalten zunächst die bereits mitgeteilten Bestimmungen über Korbflaschen und über deren Lagerung (S. 212).

Ferner sind folgende Bestimmungen für andere Vorgänge, bei denen sich nitrose Gase entwickeln können, gegeben:

„Wenn bei chemischen Prozessen die Entwicklung von salpetrigen Gasen unvermeidlich ist, so ist tunlichst dafür zu sorgen, daß die Gase nicht in den Arbeitsraum entweichen können. Der Arbeitsraum muß außerdem luftig und gut ventilierbar sein (durch Öffnen von Türen und Fenstern)." (II, 1)

„Sollen Behälter, in denen sich salpetrige oder sonst giftige Gase aufhalten oder entwickeln können (z. B. Bleikammern, Kesselwagen, Reservoirs, Reaktionsgefäße usw.), gereinigt werden, so sind dieselben, soweit ausführbar, nur von außen her zu behandeln. Es ist dabei Sorge zu tragen, daß die Gase den mit der Reinigung Beschäftigten nicht gefährlich werden können.

Ist die Reinigung allein von außen her nicht ausführbar, so hat vor allem eine ausgiebige Auswaschung mit einer so großen Menge Wasser stattzufinden — unter gleichzeitiger Durchrührung etwaiger fester Bestandteile (Bleischlamm od. dgl.) und Lüftung des Raumes —, daß ein weiteres Auftreten salpetriger Gase im Innern des Behälters als ausgeschlossen erscheint. Erst nachdem der Aufsichtsführende die Erlaubnis erteilt hat, darf der zu reinigende Raum betreten werden, in besonders schwierig gelagerten Fällen unter Zuhilfenahme eines frische Luftzufuhr bewirkenden Respirationsapparates. Mundschwämme u. dgl. zum Schutze der Lungen sowie die erforderlichen Materialien zum Schutze der Hände sind den mit der Reinigung Beschäftigten zur Verfügung zu stellen und ist auf deren Benutzung zu halten.

Die Reinigung darf nur unter Aufsicht erfolgen. Personen, die als lungen- oder herzleidend bekannt sind, dürfen bei den Reinigungsarbeiten nicht beschäftigt werden.

Die Arbeiter sind von Zeit zu Zeit auf die mit der Arbeit verbundenen Gefahren aufmerksam zu machen." (II, 2)

Für die Arbeiter sind außer den S. 213 mitgeteilten Anordnungen folgende bestimmt:

„Sind in einem Raume salpetrige Gase vorhanden, so darf derselbe nicht betreten werden, bevor die Gase durch gründliche Lüftung (Öffnen von Türen und Fenstern usw.) völlig entfernt sind. Bei Reinigung von Behältern (Bleikammern, Reservoirs usw.) sind die Anordnungen der Aufsichtsführenden genau zu befolgen, und ein Betreten solcher Räume darf nur auf ganz besondere Weisung stattfinden." (6)

„Abzüge und sonstige Sicherheitseinrichtungen sind nach den seitens der Betriebsleiter getroffenen Anordnungen auf das sorgfältigste zu bedienen." (7)

„Bei Eintritt größerer Unfälle mit Salpetersäure, z. B. Brand od. dgl., ist den Anordnungen der Vorgesetzten pünktlich Folge zu leisten." (8)

„Lungen- und herzleidende Arbeiter, welche in Betrieben, bei denen salpetrige Gase vorkommen, beschäftigt werden, sind verpflichtet, von ihrem Zustande ihren Vorgesetzten Mitteilung zu machen." (9)

Zur Verhütung von Vergiftungen durch Arsenwasserstoff hat die Berufsgenossenschaft der chemischen Industrie folgende besondere Vorschriften erlassen:

„Bei allen chemischen Prozessen mit Ausnahme der im § 4 Abs. 2 genannten, bei welchen durch Behandlung von Metallen und Metallverbindungen mit Säuren sich Arsenwasserstoff bilden kann, ist Vorsorge zu treffen, daß die schädlichen Gase mit Sicherheit abgeführt werden." (§ 1)

„Bei Zuführung der Materialien während des Ganges des Prozesses muß durch geeignete Vorrichtungen das Entweichen von Arsenwasserstoff in die Betriebsräume mit Sicherheit verhütet werden." (§ 2)

„Reaktionsmassen und Rückstände von diesen, in denen Arsenwasserstoff enthalten sein kann, sind in gleicher Weise, wie im § 1 und 2 vorgeschrieben ist, zu verarbeiten." (§ 3)

„Apparate, welche zu den im § 1 genannten Prozessen verwendet werden, dürfen vor ihrer Reinigung nicht bestiegen werden, Säuretransportkessel, Montejus und Behälter für Säuren, in denen Arsenwasserstoffgas enthalten ist, sich während der Reinigung entwickeln oder im Schlamm eingeschlossen sein könnte, dürfen nur unter Benutzung der in § 8 genannten Respirationsapparate bestiegen werden.

Dieses Verbot gilt auch für alle anderen Arbeiten und chemischen Prozesse, bei denen an offenen, im Freien stehenden Apparaten oder Gefäßen die Abführung der Gase nicht möglich oder aus technischen Gründen untunlich ist.

Bei der Reinigung ist unter gleichzeitigem Aufrühren etwa vorhandener schlammiger Rückstände kräftige Spülung mit geeigneter Flüssigkeit anzuwenden und bei geschlossenen Gefäßen für ausreichende Luftzirkulation zu sorgen." (§ 4)

„Bei Entwicklung von Wasserstoff für technische Zwecke darf nur arsenfreie Säure und bestes Handelszink verwendet werden.

Als arsenfrei im Sinne dieser Vorschrift gelten Säuren, wenn sie folgenden Bedingungen entsprechen:

a) Salzsäure: 1 cc Salzsäure gemischt mit 3 cc Zinnchlorlösung darf im Laufe einer Stunde eine dunklere Färbung nicht annehmen.

b) Schwefelsäure: Wird 1 cc eines erkalteten Gemisches von 1 Raumteil Schwefelsäure und 2 Raumteilen Wasser in 3 cc Zinnchlorlösung gegossen, so darf die Mischung im Lauf einer Stunde eine dunklere Färbung nicht annehmen." (§ 5)

„Vor Beginn aller chemischen Prozesse, bei welchen durch Behandlung von Metallen oder Metallverbindungen mit Säuren sich Arsenwasserstoff bilden kann, haben sich Aufseher und Arbeiter von dem guten Zustande der Abzugsvorrichtungen zu überzeugen." (§ 6)

„Zum Eintragen von Materialien bei diesen Prozessen darf nur die zum Einfüllen bestimmte Öffnung benutzt werden; namentlich ist darauf zu achten, daß dem Apparat keine Dämpfe entweichen." (§ 7)

„Das Ausräumen und Weiterverarbeiten des Inhaltes der vorbezeichneten Apparate darf erst auf ausdrückliche Anweisung des dazu befugten Beamten geschehen. Bei allen Arbeiten und chemischen Prozessen, bei denen die Gase nicht abgeführt werden, sind Schutzhelme mit Luftzuführung von außen zu benutzen." (§ 8)

Ferrosilicium, namentlich das auf elektrischem Wege hergestellte, pflegt Verunreinigungen zu enthalten, die bei Zutritt von Feuchtigkeit Gase, besonders Phosphorwasserstoff und Arsenwasserstoff, entwickeln, welche giftig und außerdem brennbar sind, so daß namentlich beim Lagern und Transport schwere Vergiftungen und Explosionen vorgekommen sind. Es sind daher für die Beförderung von Ferrosilicium auf der Eisenbahn und auf Rheinschiffen Vorschriften erlassen. Durch Erlaß vom 9. Dezember 1910 (S. 9) hat der Preußische Minister für Handel und Gewerbe ein Merkblatt bekanntgegeben, in dem auf die Gefährlichkeit des Materials hingewiesen und als notwendig bezeichnet wird, das Ferrosilicium bei der Lagerung und Beförderung vor Nässe zu bewahren, nur völlig trockene Packgefäße und Verpackungsstoffe zu verwenden, auch die etwa sich noch entwickelnden Gase durch ausgiebige Lüftung der Lager- oder Transporträume zu beseitigen und den Eintritt solcher Gase in bewohnte oder sonst zu dauerndem Aufenthalt von Menschen bestimmte Räume zu verhindern.

Sehr giftig wirkt der Schwefelkohlenstoff, der dazu noch sehr leicht entzündlich ist. Er wird besonders bei der Herstellung von Gummiwaren zum Vulkanisieren verwendet, wozu auch die gleichschädlichen Chlorschwefeldämpfe, sowie auch unterschwefligsaure Salze des Bleis und Zinkes u. a. m. verwendet werden. Die Gefahr, welche die meist giftigen Dämpfe der Vulkanisierungsmittel bieten, ist größer beim Kaltvulkanisieren als beim Heißvulkanisieren. Bei ersterer Betriebsart müssen die Schwefelkohlenstoffdämpfe am Entstehungsort sofort abgeführt, oder es muß durch eine allgemeine Luftabsaugung für reine Luft gesorgt werden. Da die Dämpfe schwerer als Luft sind, müssen sie nach unten abgesaugt werden. Ferner muß die Einatmung der Dämpfe vermieden werden, sowie die Berührung der zu bearbeitenden Materialien und Gegenstände mit den Fingern; es sind daher zur Handhabung zweckentsprechende Geräte, wie Zangen, Gabeln usw., zu benutzen. Beim Gießen aus der Flasche in die Schüsseln muß vermieden werden, daß Schwefelkohlenstoff auf die Haut kommt, da diese den Stoff durchdringen läßt und dann bösartige Geschwüre entstehen können.

Bei Verwendung von Chlorschwefel zum Kaltvulkanisieren sind die Gefahren an sich geringer, da er zwar ätzt, aber nicht allgemein giftig ist. Es ist eine örtliche oder genügende allgemeine Entlüftung anzuordnen.

Das Heißvulkanisieren besteht in der Erhitzung der gewalzten, stark geschwefelten Masse in Kesseln unter hohem Druck und Erwärmung auf 140°. Die entstehenden Dämpfe sind durch eine starke Ventilation abzuleiten.

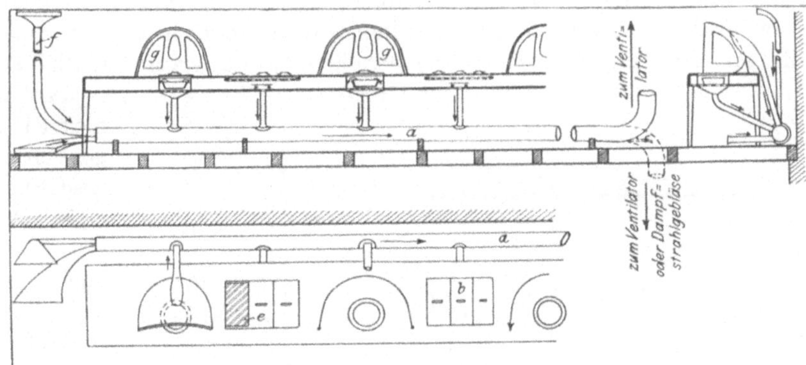

Fig. 208 u. 209.

Bei der Weichvulkanisation von Stoffgeweben wird statt Schwefelkohlenstoff Benzin verwendet, dessen Dämpfe ebenfalls durch Deckenventilator oder Blechhauben mit Abzug zu beseitigen sind.

Die Beseitigung der Schwefelkohlenstoffdämpfe beim Vulkanisieren erfolgt durch Ableitung nach unten, da die Dämpfe schwerer wie Luft sind, Die Gefäße, welche die Imprägnierungsflüssigkeit enthalten, werden in einem ringsum geschlossenen kastenförmigen Tisch (Fig. 208 u. 209) so aufgestellt, daß bei Anordnung einer über das Gefäß in der oberen Decke des Tisches vorzusehenden kreisrunden Öffnung die Vulkanisierungsarbeiten in dem tieferstehenden Gefäß vorgenommen werden können. Die hierbei sich entwickelnden Dämpfe fallen dann über die Gefäßränder in das Innere des Tischkastens, aus dem sie durch ein Saugrohr a, das an einen Exhaustor anschließt, entfernt werden. Die Dämpfe, die beim Arbeiten über dem Gefäß von den vulkanisierten Gegenständen ausgehen, werden durch Fangschirme g, die mit Glasfenstern versehen sind, aufgehalten und aus diesen auch durch die Saugwirkung abgeführt. Außerdem werden durch Saugtrichter, die an das Hauptsaugrohr a des Exhaustors anschließen, die Luftschichten unmittelbar über dem Fußboden des Arbeitstisches und unter der Decke des Arbeitsraumes stetig durch Absaugen erneuert. Die neben den Fangschirmen verbleibenden Räume der Tischplatte dienen zum vorläufigen Niederlegen der imprägnierten Gegenstände; um auch hier eine Saugwirkung zu erzeugen, werden diese Plattenteile c durchbrochen hergestellt, so daß die Dämpfe gleichfalls von den Gegenständen nach abwärts geleitet werden. Um diese Saugwirkung an den nichtgebrauchten Plattenteilen zu beseitigen, werden diese mit Deckeln b versehen. Um die Schwefel-

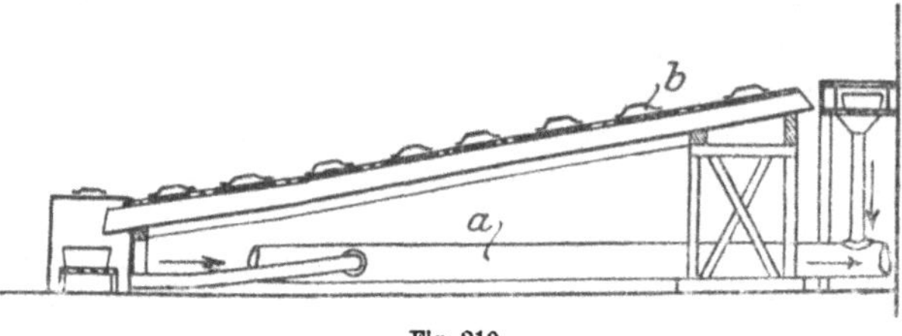

Fig. 210.

kohlenstoffdämpfe noch mehr zusammenzuhalten, wird das Vulkanisiergefäß mit einem Blechmantel umgeben und damit auf den rostartig konstruierten Boden des Arbeitstisches gestellt, an den sich dann der Absaugetrichter des Saugrohrs anschließt.

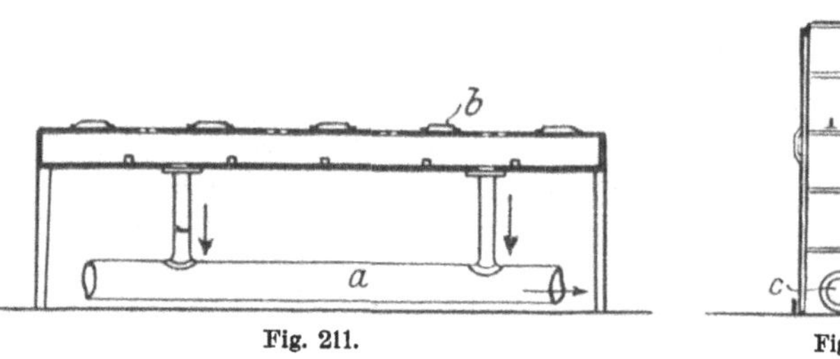

Fig. 211.

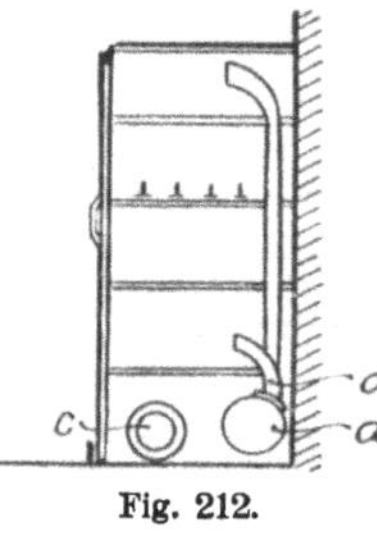

Fig. 212.

Das Vulkanisieren langer Schläuche geschieht in geneigtem Raume auf einem Gestell (Fig. 210). Einlauf und Ablauf der Vulkanisierflüssigkeit stehen unter der Wirkung des Saugrohrs a. Der Abschluß nach oben erfolgt durch abnehmbar eingerahmte Glasscheiben b.

Zum Trocknen der imprägnierten Gegenstände werden Tische (Fig. 211), Schränke (Fig. 212), Gestelle (Fig. 213) verwendet, die auch mit Absaugung versehen werden. Der Trockentisch (Fig. 211) erhält Öffnungen mit Deckel a zum Einsetzen der Gegenstände; das Saugrohr a ist in ihn eingeführt und mündet mit einzelnen Stützen in der

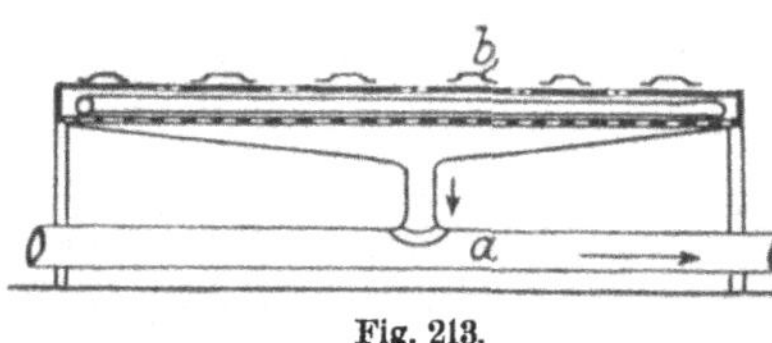

Fig. 213.

kastenförmigen Tischplatte. Der Trockenschrank (Fig. 212) ist gleichfalls in seinen einzelnen Räumen mit Saugtrichtern d versehen, die an das Saugrohr a führen. Zur Erwärmung ist das Heizrohr c eingebaut. Das für Schläuche geeignete Trockengestell (Fig. 213) ist in gleicher Weise mit Öffnungen b, die mit Deckeln geschlossen werden können, und mit der Absaugung a ausgerüstet.

3. Feuer- und explosionsgefährliche Stoffe.

In der chemischen Industrie finden eine Menge der verschiedenartigsten Gase, Dämpfe, Flüssigkeiten, feste Stoffe Verwendung oder werden als Zwischen- oder Endprodukte der Fabrikation erzeugt, die leicht entzündlich sind und vielfach denn auch Explosionen verursachen. Soweit es sich hierbei um Spreng-, Schieß- und Zündstoffe handelt, werden sie im nächsten Abschnitt behandelt.

Maßnahmen, die das Entstehen von Bränden und Explosionen verhüten, sind bereits an anderen Stellen behandelt (S. 69).

Zur Ergänzung sind hier noch verschiedene andere Sicherheitsvorkehrungen zu betrachten.

Die neuen Vorschriften enthalten in ihren allgemeinen Bestimmungen folgende Forderungen für Räume mit Explosionsgefahr.

„Räume, in welchen leicht entzündliche, bereits bei gewöhnlicher Lufttemperatur flüchtige Stoffe, wie Benzin, Äther, Schwefelkohlenstoff usw., in Mengen von 15 k und mehr lagern oder bei Verwendung solcher und anderer Stoffe die Ansammlung oder Entwicklung brennbarer oder explosiver Gase, Dämpfe oder staubförmiger Materialien in gefahrdrohender Weise eintreten kann, sind von außen mit Anschlag zu versehen: „Feuergefährlich! Rauchen, Benutzung von offenem Licht und Feuerzeug verboten!" In diesen Räumen dürfen sich keine Feuerquellen befinden, auch ist die Aufstellung von Elektromotoren, Dynamomaschinen oder Verbrennungsmotoren und die Anbringung von Funken gebenden elektrischen Armaturen in demselben unstatthaft. Die Fußböden dieser Räume müssen undurchlässig sein.

Die künstliche Beleuchtung muß durch Glühlampen mit Überglocken oder von außen durch Lampen geschehen, die durch starke, dicht abschließende Glasscheiben gegen den Raum abgeschlossen sind.

In solchen Räumen ist nur Dampf- oder Wasserheizung zulässig.

Vorstehende Bestimmungen erstrecken sich auch auf solche benachbarte Räume, welche mit den vorgenannten dauernd oder zeitweise, z. B. durch Türen, Fenster, Riemenöffnungen, Kanäle usw., in Verbindung stehen oder mit ihnen in Verbindung gebracht werden können.

Die Ausbreitung etwa auslaufender Flüssigkeiten obiger Art über den Hof oder über Nebenräume ist in geeigneter Weise, z. B. durch Neigung des Fußbodens und Sammelgruben, zu verhindern. Abwässerläufe dürfen zur Abführung brennbarer Flüssigkeiten nicht benutzt werden. Letztere sind im Raum festzuhalten oder durch dichte Leitungen abzuführen. Sammelgruben dürfen nicht durch Kanäle mit anderen Räumen in Verbindung stehen.

Die Flüssigkeitsbehälter dürfen nur so weit verschlossen sein, daß bei ihrer Erwärmung, insbesondere bei Bränden, die entstehenden Dämpfe ohne erhebliche Drucksteigerung Abzug haben.

Flüssigkeitsstandrohre sind gegen äußere Beschädigung zu schützen.

Die Verwendung offener oder lose bedeckter Scheidegefäße ist verboten.

Ins Freie führende Abtreibrohre müssen so ausmünden, daß eine Entzündung der austretenden Dämpfe nicht stattfinden kann.

Türen und Fenster des Erdgeschosses dürfen sich nicht in der Nähe ungeschützter Feuerstellen befinden. Notausgänge, insbesondere auch für obere Stockwerke, Bühnen und Podeste, müssen ein schnelles Verlassen der Räume ermöglichen." (§ 18)

Weiter wird für Kessel für leicht entzündliche Stoffe verlangt:

„Bei Kesseln mit direkter Feuerung für die Verarbeitung leicht entzündlicher Stoffe müssen Einrichtungen vorhanden sein, welche verhindern, daß der Inhalt beim Überkochen in die Feuerung laufen kann, oder daß die Dämpfe sich entzünden können." (§ 20)

Es ist aber nicht nur die Entzündung durch von außen auf den feuergefährlichen Stoff einwirkende Flammen, Funken, starke Erhitzung u. dgl. zu beachten, sondern auch die Gefahr der Selbstentzündung, die bei leicht oxydierbaren Substanzen eintritt, welche dem Sauerstoff der Luft eine große Oberfläche bieten, und in denen die durch Sauerstoffaufnahme entstehende Wärme so aufgespeichert wird, daß sie schließlich auf die Entzündungstemperatur des Stoffes sich steigert. Solche Selbstentzündung kann z. B. beim Öffnen der Verschlußdeckel besonders bei Destillationsapparaten von Mineralöl, beim Öffnen von Apparaten, welche Schwefelkohlenstoffdämpfe enthalten, eintreten und zwar durch zu frühen Luftzutritt.

Eine andere Gefahr bilden die Staubexplosionen. Solche können entstehen bei dem Staub von Kohle, Ruß, Holz, Kork, Lohe, Metallfarben, Bronze, Kolophonium, Harz, Celluloid, Schwefel, Naphthalin usw. Zur Verhütung solcher Explosionen ist Funkenbildung, namentlich solche von elektrischen Funken, dann starke Erhitzung an offenen Flammen, z. B. solchen der Kesselfeuerungen zu vermeiden; der Staub ist möglichst an der Entstehungsstelle zu beseitigen, der Austritt von Staub aus den Zerkleinerungs- und Mahlmaschinen und sonstigen Staub erzeugenden oder mit Staub erfüllten Einrichtungen ist zu verhüten. Statt offenem Licht sind geschlossene Beleuchtungsmittel, z. B. Glühlampen mit Überglocken, anzuwenden. Das Heißlaufen der Maschinen ist zu verhüten.

Von den feuergefährlichen festen Stoffen bildet namentlich das Celluloid bei der Herstellung und Lagerung große Gefahren. Die Preußischen Minister der öffentlichen Arbeiten, für Handel und Gewerbe sowie des Innern haben im Mai 1910 Grundsätze für die gewerbepolizeiliche Überwachung von Betrieben zur Herstellung von Celluloidwaren sowie für Celluloidlager aufgestellt. Es soll den Gewerbeaufsichtsbeamten überlassen bleiben, von Fall zu Fall zu prüfen, welchen Anforderungen zum Schutze der Arbeiter und der Nachbarn genügt werden muß. Die Königliche Technische Deputation für Handel und Gewerbe hat darauf aufmerksam gemacht, daß Brände in Celluloidlagern und Celluloidwarenfabriken um so mehr zu befürchten sind, je schlechter das Celluloid ist, d. h. je leichter es beim Erhitzen verpufft. Die Technische Deputation empfiehlt deshalb, Celluloid, das bereits beim Erhitzen bis zu 150° verpufft, nicht in die Lager aufzunehmen und nicht zu Celluloidwaren zu verarbeiten. Die Prüfung geschieht am zweckmäßigsten durch langsames Erhitzen kleiner Stückchen im Ölbad[1].

Die Grundsätze gelten für Anlagen, in deren Betriebsräumen drei oder mehr Gehilfen und Lehrlinge beschäftigt oder mehr als 50 k Celluloid bearbeitet oder aufbewahrt werden; bei geringerer Arbeiterschaft und geringerer Bearbeitungs- oder Aufbewahrungsmenge sind die Anforderungen milde. Ferner gelten die Grundsätze für die Lagerung von mehr als 50 k in Gebäuden aus Fachwerk oder Holz oder in Gebäuden mit massiven Wänden und Decken, die nur dem Zweck der Lagerung dienen. Die Anforderungen betreffen die

---

[1] Concordia 1910, Nr. 17, S. 335.

Lagerbauart und innere Einrichtung der Räume, die Löscheinrichtungen, den Umgang mit Feuer und Licht, die Verkehrswege und die Aufbewahrung von Material und Abfällen.

Die Lagerung leicht entzündlicher und explosibler Flüssigkeiten, besonders der flüssigen Kohlenwasserstoffe, wie Benzin, Benzol u. dgl., birgt wegen der leichten Verdampfungsfähigkeit der Flüssigkeiten große Gefahren in sich. Es können die Dämpfe bei äußerer Erhitzung der Lagerbehälter durch den sich steigernden Druck diese zersprengen, oder es können durch Zutreten oder durch beabsichtigte Einführung von Luft oder beim Bersten oder Undichtwerden der Behälter, Leitungen und Armaturen die Dämpfe mit atmosphärischer Luft ein Gemisch bilden, das dann durch eine Flamme, elektrische Funken, Blitz, Selbstentzündung zur Explosion gebracht wird, oder es kann die aus den Behältern, Leitungen, Armaturen aus irgendeiner Ursache entweichende Flüssigkeit ein vorhandenes Feuer wesentlich verstärken.

Eine Überschreitung des Gasdrucks in den Gefäßen kann durch Sicherheitsventile unschädlich gemacht werden. Um das sich in den Gefäßen z. B. bei deren teilweiser Entleerung durch die entsprechend eintretende Luftmenge bildende explosible Gemisch gegen Entzündung von außen zu schützen, trennt man das Innere des Lagergefäßes nach dem Prinzip der Davyschen Sicherheitslampe durch ein Drahtnetz von außen. Die sich entwickelnden Gase können sich an Außenfeuer entzünden, schlagen aber wegen der Gewebeschutzvorrichtung nicht zurück, sondern brennen mit ruhiger Flamme gefahrlos ab. Das Gefäß bleibt dabei verhältnismäßig kühl, da die zugeführte Wärme hauptsächlich zum Verdampfen der Flüssigkeit verbraucht wird. Erst wenn diese vollständig vergast ist, kann das leere Gefäß glühend werden; dann aber ist keine Explosion mehr möglich.

Einen guten Schutz bilden die von der *Fabrik explosionssicherer Gefäße*, Salzkotten i. W. hergestellten Hand-, Transport- und Lagergefäße zur Aufbewahrung, Behandlung und Verwendung feuergefährlicher Flüssigkeiten. Die Gefäße sind nach Angaben von *Henze*, Salzkotten, mit einer Schutzvorrichtung aus einem feinen Metalldrahtgewebezylinder versehen, der innen und außen noch mit einem Schutzmantel aus perforiertem Blech umgeben ist, um Verletzungen des Drahtgewebezylinders zu vermeiden. Durch diese Vorrichtung wird erreicht, daß eine an die Öffnungen der mit brennbaren Flüssigkeiten gefüllten Gefäße gebrachte Flamme den Inhalt nicht entzünden kann. Sie wirkt also ebenso wie das Davysche Drahtnetz bei den Sicherheitslampen, indem das feinmaschige Drahtgewebe der auf sie einwirkenden Flamme so viel Wärme entzieht, daß sie den Gefäßinhalt nicht mehr entzündet. Außerdem besitzen diese Gefäße Sicherheitsverschlüsse, deren Metallplättchen bei einer gewissen äußeren Hitze und bestimmtem Innendruck aus dem Verschluß herausgehoben werden und die Gase ruhig ausströmen lassen. Die Gefäße können also bei einer äußeren Erhitzung, z. B. durch ausbrechenden Brand, nicht bersten.

Diese explosionssicheren Gefäße werden für alle vorkommenden Ver-

wendungszwecke geliefert. Fig. 214 veranschaulicht ein Standgefäß mit Abzapfvorrichtung und Lufthahn. Die Abzapfvorrichtung besteht aus einem
Auslaßhahn *b*, der Verschraubung *c* und dem Sicherheitsverschluß *d*. Der
Lufthahn *c* sitzt auf der Verschraubung *f*, in die eine Schmelzplatte *g* eingesetzt ist, die bei Erhitzung sich löst und die Gase ausströmen läßt. Vom
Ersatzstutzen *h* führt das Einlaufrohr in das Gefäß *a*. Zur Sicherung sind,
wie erwähnt, die feinmaschigen Schutznetze *l m* und das aus starkem Blech *i*
hergestellte, mit Durchlochungen *k* versehene Schutzrohr *i* angebracht.

Gefäße der verschiedensten Art, die auch mit Sicherheitsnetzen nach dem
Davyschen Prinzip und mit Leichtlotpfropfen ausgerüstet sind, die meist in
der Verschlußkappe oder dem Verschlußstopfen der Füllöffnung angebracht

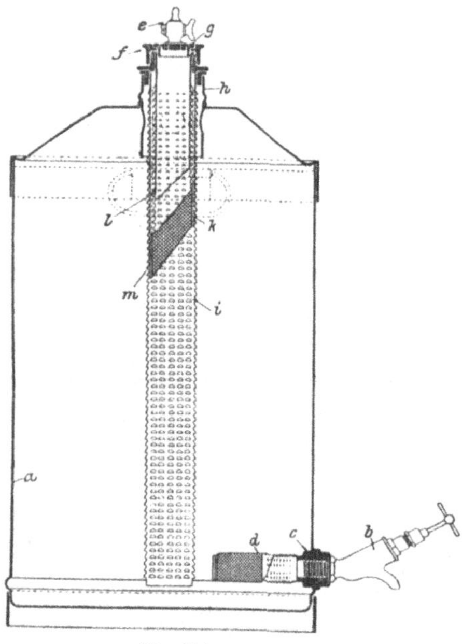

Fig. 214.

werden und bei Erhitzung schmelzen
und infolge Austretens der Gase das
Bersten verhindern, werden auch vom
Schwelmer Eisenwerk Müller & Co. in
Schwelm gebaut.

Gegen die Entzündung durch
Blitz oder elektrische Funken sind die
Netze ohne Nutzen. Auch muß auf
gute Reinigung und Instandhaltung
der Netze geachtet werden, da schadhafte Stellen die beabsichtigte Wirkung aufheben würden; häufiges Auswechseln ist daher notwendig.

Die Bildung explosibler Gemische
wird durch den Eintritt von Luft in
die bei der Entleerung der zur Lagerung oder zum Transport feuergefährlicher Flüssigkeiten benutzten Gefäße
und Leitungen entstehenden leeren
Räume und durch die Verwendung
von Druckluft zur Beförderung der
entzündlichen Flüssigkeiten gestei-
gert. Es sind daher Einrichtungen für die Lagerung solcher Flüssigkeiten
ersonnen und mit Erfolg ausgeführt worden, bei denen das Zutreten von Luft
zu der Flüssigkeit vermieden wird.

Seit mehreren Jahren sind für die Lagerung feuergefährlicher
Flüssigkeiten verschiedene Verfahren ausgeführt worden, die darauf be-
ruhen, daß durch Anwendung nicht explodierender Gase (Kohlensäure,
Stickstoff) zur Füllung der beim Entleeren der Flüssigkeitsbehälter in ihnen
entstehenden leeren Räume und auch zur Beförderung der Flüssigkeiten die
Bildung explosibler Gasgemische ausgeschlossen wird.

Martini & Hüneke, Maschinenbau-Aktien-Gesellschaft in Berlin, haben
dazu ihr System so ausgebildet, daß auch bei Beschädigung der Rohrleitungen
und Anschlüsse die feuergefährliche Flüssigkeit nicht austreten kann.

Der Grundgedanke der Sicherung bei Rohrbruch ergibt sich aus der Fig. 215. Um das die feuergefährliche Flüssigkeit enthaltende Rohr ist ein Mantel d gelegt, der durch das Rohr f mit dem Gasraum e des Lagerbehälters a in Verbindung steht. In diesen mündet die Zuleitung b des zur Sicherung und zur Flüssigkeitsförderung benutzten Schutz- und Druckgases.

Entsteht ein Rohrbruch, so entweicht der Gasdruck durch die schadhafte Stelle des Rohres; die feuergefährliche Flüssigkeit steht nicht mehr unter Druck und fällt durch ihre Schwere in den Behälter zurück, anstatt der Bruchstelle zuzufließen und aus dieser auszuströmen. Diese Sicherheit wird durchgeführt von dem unterirdisch gelagerten Flüssigkeitsbehälter bis zu den einzelnen Verwendungsstellen. Fig. 216 zeigt ein Ventil a, welches nach dem gleichen Prinzip mit einem Schutzmantel b umgeben ist, und welches einen Schmelzpfropfen enthält, so daß bei heraustretender Erwärmung der Gasdruck sofort entweicht.

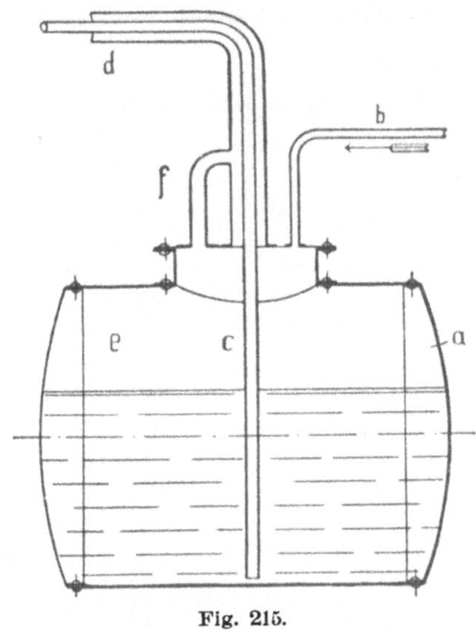

Fig. 215.

Die Sicherungsmaßnahmen finden auch für die Sicherstellung des Arbeitsvorganges bei der Verwendung feuergefährlicher Flüssigkeiten Verwendung. Ein solcher Arbeitsvorgang, welcher gerade bei der Verwendung feuergefährlicher Flüssigkeiten eine große Rolle spielt, ist die Destillation.

Fig. 217 veranschaulicht eine Anlage dieser Art.

Aus dem Lagerbehälter, welcher an die Kohlensäureleitung angeschlossen ist, tritt die feuergefährliche Flüssigkeit in die Arbeitsmaschine und nach vollzogenem Arbeitsvorgang durch die Leitung in die tiefstehende Destillationsblase, die mit dem Kohlensäurebehälter verbunden ist. Durch Zufuhr von Dämpfen wird die feuergefährliche Flüssigkeit erwärmt, steigt in Gasform zum hochstehenden Kühler auf und fließt in flüssiger Form

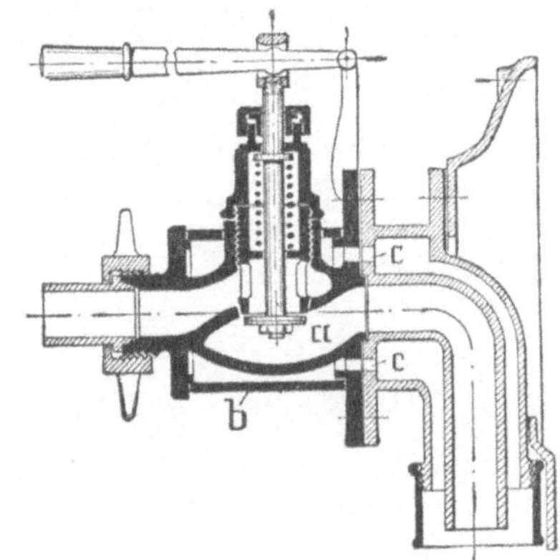

Fig. 216.

infolge der Hochstellung des Kühlers selbsttätig in den Lagerbehälter zurück, ohne daß der Gasdruck abgelassen wird. Die hierin befindliche Kohlensäure wird bei dem Einfließen der feuergefährlichen Flüssigkeit verdrängt, von den Akkumulatoren aufgenommen und bei Entnahme von feuergefährlicher

Flüssigkeit an den Lagerbehälter wieder abgegeben. Hierdurch wird Sicherheit gegen Explosion und Feuersgefahr erzielt. Denn der Lagerbehälter und die Destillationsblase stehen stets unter dem Schutz nicht oxydierender

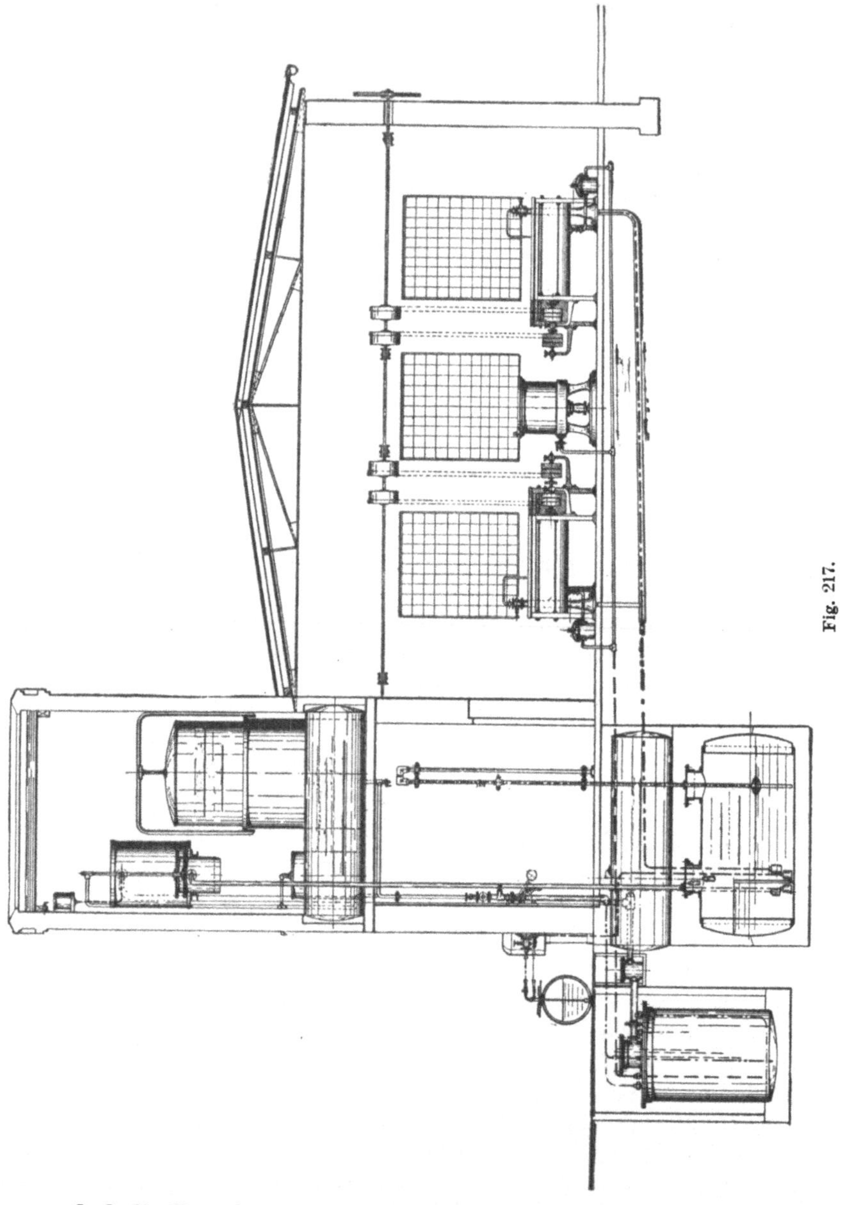

Fig. 217.

Gase, so daß die Entstehung explosibler Gasgemische ausgeschlossen ist. Die Flüssigkeitsrohrleitungen und Ventile sind von dem unter Druck stehenden Schutzgas umgeben, so daß die feuergefährliche Flüssigkeit bei Rohrbruch oder Undichtigkeit nicht austreten kann und selbst beim Bruch des Mantelrohres nur dem unterirdisch gelagerten Lagerbehälter zufließt.

In ähnlicher Weise werden die Sicherheitsmaßnahmen bei den Arbeitsvorgängen der Extraktion und Entfettung u. a. durchgeführt.

Bei der Einrichtung von *Grümer & Grimberg* in Bochum wird Kohlensäure als Schutzgas benutzt; zur Beförderung der Flüssigkeit nach den Entnahmestellen aber Preßluft oder ein anderes Preßgas verwendet. Weiter ist die Einrichtung so getroffen, daß die Leitungen nach dem Zapfen stets von der feuergefährlichen Flüssigkeit entleert werden, die wieder in das Lagergefäß zurückströmt. In die leeren Leitungen tritt dann Kohlensäure ein. Die Leitungen sind von einem Schutzmantel umgeben, der auch mit Kohlensäure ständig gefüllt und mit einem Sicherheitsdruckregler verbunden ist, so daß beim Fehlen des Schutzgases im Mantelrohre, also beim Entweichen des Gases infolge Bruch des letzteren der Zulauf des zur Beförderung der Flüssigkeit nach den Entnahmestellen benutzten Druckgases selbsttätig abgeschlossen wird; die Anlage kommt dann außer Betrieb. Die Flüssigkeit wird nicht unmittelbar durch das Druckgas, als welches auch Kohlensäure genommen werden kann, gefördert, sondern unter Einschaltung einer Sperrflüssigkeit, so daß der zur Förderung nötige Druck nur im Bedarfsfalle in den Leitungen erzeugt wird.

Das *Schwelmer Eisenwerk Müller & Co. Akt.-Ges.* baut auch explosionssichere Lagerungen für Benzin und ähnliche Stoffe.

Das Benzin wird in einem unterirdischen Lagerbehälter aufbewahrt, der durch eine Flügelpumpe aus dem Transportbehälter (Faß oder Tank), in dem das Benzin ankommt, gefüllt wird. Durch einige Schläge der Pumpe wird das Benzin angesaugt, so daß es selbsttätig in den Lagerbehälter fließt. Durch eine zweite kleinere Pumpe wird dem Behälter Benzin entnommen. Der dadurch entstehende leere Raum wird mit dem sichernden Gas, gewöhnlich Kohlensäure, selbsttätig auf folgende Weise ausgefüllt. Aus einer Flasche wird das Gas durch ein Reduzierventil in einen Zwischenbehälter und dann durch einen Regulierhahn in einen Gasometer geleitet. In die Rohrleitung ist noch ein Schnüffelventil eingebaut, durch welches der Druck nahezu ganz aufgehoben wird. Dringt das Gas in den Gasometer ein, so hebt sich seine Glocke bis zu einem bestimmten Punkt, bei welchem sich der Regulierhahn schließt und weiteres Gas nicht eintreten läßt. Wird dann Gas aus dem Gasometer in den flüssigkeitsleeren Raum des Lagerbehälters geleitet, so sinkt die Glocke durch die Entnahme, aber wieder nur bis zu einem bestimmten Punkt, an welchem sich der Regulierhahn öffnet und dem Gas den Zutritt wieder gestattet. Dieser Vorgang wiederholt sich immer wieder. Auch Meßgefäß, Inhaltsanzeigevorrichtung, sowie die Rohrleitungen usw., also alle Hohlräume werden mit dem sichernden Gas gefüllt; so daß ein explosibles Gasgemisch nicht entstehen kann.

Sollte einmal kein Gas mehr in der Bombe vorhanden sein, und dadurch die Gefahr entstehen, daß die Anlage ohne Gas betrieben würde, so ist diese Veränderung an einem Flüssigkeitsmanometer zu ersehen, das in dem Abzapf-

raum aufgestellt wird. Ferner ertönt dann eine Glocke. Sollten alle diese
Anzeichen nicht beachtet werden, so sorgt ein in die Flüssigkeitsleitung eingeschaltetes Ventil dafür, daß nicht weiter abgezapft werden kann, indem es
die Flüssigkeitsleitung automatisch schließt.

Die Apparatebauanstalt *Gebr. Dietzel* in Nordhausen a. H. hat Transport-
anlagen für Benzin eingerichtet, bei welchen Schornsteingase statt der Kohlensäure zum Abdrücken benutzt werden. Die Gase werden dem Schornstein
entnommen, gewaschen, komprimiert und in einem Druckwindkessel zur Verwendung aufgespeichert. Diese Gase können auch im Falle eines Brandes als
Feuerlöschmittel verwendet werden.

P. Schnorrenberg in Bremen-Rittershausen hat einen selbsttätig wirkenden
Sicherheitsapparat für das Heben und Umfüllen feuergefährlicher Flüssig-

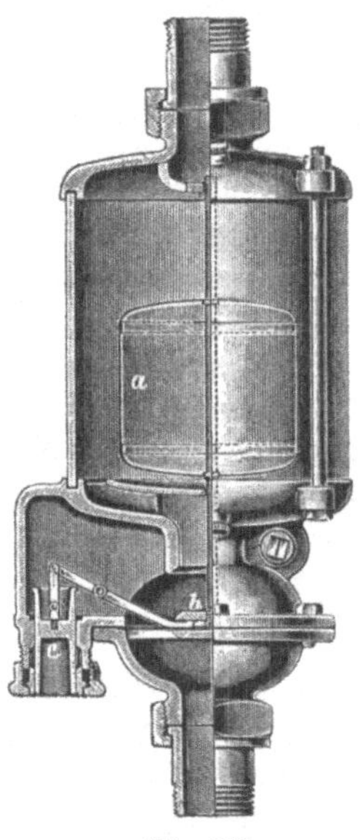

Fig. 218.

keiten konstruiert (Fig. 218). Er wirkt derart, daß
das zum Bewegen der Flüssigkeit benutzte Druckmittel (Wasser, Kohlensäure oder Luft) abgesperrt
wird, wenn der Vorratsbehälter entleert ist; das
Druckmittel kann also nicht in den zu füllenden Behälter eintreten. Der Apparat wird in die Druckleitung
zwischen den beiden Behältern eingeschaltet, von
denen der Lagerbehälter gewöhnlich unterirdisch angeordnet wird, um Feuersicherheit zu erzielen und
das Einfrieren zu verhüten. Der Apparat enthält
einen Schwimmer, dessen Gewicht so bemessen wird,
daß er in der schwereren Flüssigkeit schwimmt, in
der leichteren untersinkt. Je nachdem die zu hebende
Flüssigkeit schwerer oder leichter als Wasser ist,
werden die von den Behältern zu dem Apparat führenden Leitungen verschieden angeschlossen. Der
Schwimmer läßt dann mit dem angehängten Ventil
die zu hebende Flüssigkeit durch, sobald aber das als
Druckmittel benutzte Wasser nachdringt, bewegt er
sich sinkend oder hebend und schließt mit dem Ventil
das Zuströmen des Wassers ab. Sollte während des Umfüllens nach dem
Hochbehälter aus Unvorsichtigkeit ein Hahn geschlossen werden, oder der
Hochbehälter schon gefüllt sein, so würde ein gefährlich werdender Überdruck
entstehen können. Dies wird durch eine besondere Konstruktion des Schwim-
mers verhindert, der dann wieder sich so bewegt, daß das Druckwasser
selbsttätig abgesperrt wird.

Um bei Benzollagerung aus dem Raum, in dem der Lagerbehälter angeordnet ist, die etwa sich ansammelnden Dämpfe abzuleiten, wird von der
Sohle des Raumes ein Dunstrohr bis über das Dach ·des benachbarten Gebäudes geleitet und zur etwa nötigen Verstärkung des Abzuges ein kleines
Dampfstrahlgebläse in das Rohr gesetzt. Auch von der Sohle des Raumes,
in dem der Hochbehälter steht, wird ein Rohr in das Abzugsrohr geleitet und
mit letzterem auch das Entlüftungsrohr auch dieses Behälters verbunden.

Zur besseren Lüftung des Raumes wird noch von seiner Decke aus ein Abzugsrohr hochgeführt. In den Lagerbehälter wird die Druckwasserleitung eingeführt, so daß sie am Boden mündet. Ferner wird am Boden eine Abflußleitung angeschlossen. In diese wie in die nach dem Hochbehälter führende
Benzolleitung sind Schnorrenbergsche Sicherheitsapparate eingebaut. Bei geschlossener Benzol- und Druckwasserleitung wird zuerst der Lagerbehälter
mit Wasser gefüllt. Nunmehr wird die Verbindung mit dem das Benzol enthaltenden Kesselwagen hergestellt; das zufließende Benzol drückt dann das
Wasser durch die Abflußleitung weg. Sobald der Kesselwagen entleert und
alles Wasser verdrängt ist, tritt der Sicherheitsapparat in Wirksamkeit und
verhindert das Abfließen des Benzols in die Abflußleitung. Dann werden die
am Lagerbehälter befindlichen Wasserschieber und das Benzolventil am Kesselwagen sowie die Abflußleitung geschlossen. Zum Überfüllen nach dem Hochbehälter werden die Benzolleitung und die Druckwasserleitung geöffnet, das
Wasser drückt das Benzol hoch; ist der Hochbehälter gefüllt, so sperrt der
Sicherheitsapparat selbsttätig ab, wenn nicht schon vorher die Umfüllung
unterbrochen wurde. Nachdem dann Benzolleitung und die Druckwasserleitung geschlossen, kann die Entnahme von Benzol aus dem Hochbehälter
nach Bedarf erfolgen. Auf diese Weise ist jeder Luftzutritt zu den Behältern
und Leitungen und damit die sonst entstehende Explosionsgefahr vermieden.

Der Apparat wird von der *Deutschen Wassergas-Beleuchtungs-Gesellschaft*
in Berlin NW. geliefert.

Beim **Transport von Teerölen mittels Luftdruck** sind mehrfach
Explosionen entstanden, deren Ursache durch Experiment auf folgenden Vorgang zurückgeführt wurde. Eisen- und Rostpulver, das entsprechend den
Vorgängen im Lagerkessel wiederholt mit erneuten Mengen von Leichtöl oder
Schweröl getränkt und getrocknet worden ist, bildet beim Überleiten oder
Hindurchsaugen erwärmter Luft Funken, und zwar dadurch, daß sich infolge
des Gehalts der Teeröle an Schwefelwasserstoff und anderen Schwefelverbin-
dungen Schwefeleisen bildet, das ähnliche Eigenschaften wie Platinschwamm
zeigt. Es brauchen aber nicht einmal Funken zu entstehen, sondern es kann
die Entzündung des brennbaren Teeröl-Luftgemisches von selbst, nämlich durch
die bei der Kompression der Luft erreichte Zündungstemperatur erfolgen.
Es wird daher vor der Benutzung komprimierter Luft zum Transport erwärmter
Teeröle gewarnt[1].

Die ständige Entlüftung der großen Lagergefäße für Mineralöle und leichte
Kohlenwasserstoffe erfolgt z. B. zweckmäßig durch ein Rohr, das den Behälter
mit einem Gefäß verbindet, welches durch eine nicht ganz bis zum Boden
gehende Scheidewand in zwei Kammern geteilt ist, die durch eine Sperrflüssigkeit, z. B. Glycerin, abgeschlossen werden. Die eine Kammer steht mit dem
Behälter in Verbindung, die andere durch ein lotrechtes Rohr und Haube
mit der freien Luft. Die Haube ist mit dünnen Rundeisenstäben und darauf
gelagerten Kieselsteinen oder mit einem engmaschigen kupfernen Drahtnetz versehen, um ein Zurückschlagen der etwa ausbrennenden Dämpfe zu verhindern.

---

[1] Concordia 1903, Nr. 11, S. 151.

Erfolgt die Entleerung solcher Lagergefäße anstatt durch Pumpen durch Druckluft, so muß für die Zeit des Abdrückens das Entlüftungsrohr geschlossen werden. Wird nachher vergessen, das Entlüftungsrohr wieder zu öffnen, so kann für den Behälter im Falle eines Brandes Explosionsgefahr eintreten. Es muß daher der Verschluß des Abzugrohres mit dem Druckluftventil zwangläufig gekuppelt werden, so daß der Verschluß des einen Rohres sich öffnet, wenn der des anderen geschlossen wird und umgekehrt. Eine von der Armaturenfabrik *F. Dorandt* in Köln a. Rh. ausgeführte Einrichtung besteht in der Verbindung der beiden Ventilspindeln durch eine über Scheiben laufende Kette ohne Ende. Der gleiche Zweck kann erreicht werden durch Einbau eines Dreiwegehahnes, an den der Behälter, das Entlüftungsrohr und die Druckluftleitung angeschlossen sind.

Um namentlich bei Behältern für feuergefährliche Flüssigkeiten zu verhüten, daß durch Offenstehenlassen eines Hahnes die Flüssigkeit ausläuft und Gefahren erzeugt, werden Hähne verwendet, deren Kegel durch eine Spiralfeder stets in Verschlußstellung gehalten wird. Beim Öffnen des Hahnes muß der geringe Federdruck überwunden werden; wird der Hahngriff losgelassen, so schließt sich der Hahn von selbst. Diese Einrichtung ist auch an den Hähnen der Standgläser anzubringen.

Ferner wird für die Lagerung leicht entzündlicher Flüssigkeiten in den neuen allgemeinen Vorschriften bestimmt:

„Für große Mengen leicht entzündlicher Flüssigkeiten, soweit sie nicht zum geregelten Fortgange der Fabrikation in den Betriebsstätten vorrätig gehalten werden müssen, sind besondere Lager zu errichten. Neue Lager müssen so angelegt werden, daß der Inhalt der Gefäße sich beim Auslaufen nicht auf dem umliegenden Gelände verbreiten kann. Oberirdisch angelegte Lager sind zu diesem Zwecke mit einem Damm zu umgeben, der keinerlei Durchlaß haben darf. Bei der Lagerung in Gebäuden sind diese feuersicher so herzustellen, daß die Übertragung eines Brandes von außen möglichst verhindert wird.

Anderen Zwecken dienende Gebäude dürfen in der Nähe des Lagers nur errichtet werden, wenn ihr Abstand mindestens 20 m beträgt; ebenso dürfen neue Lager nicht in geringerer Entfernung von vorhandenen Gebäuden angelegt werden.“ (§ 19)

Von den feuer- und explosionsgefährlichen Gasen haben die größte Bedeutung für die Industrie die **Kraftgase**, die in gewissen Mischungen mit Luft Entzündungen und Explosionen erzeugen. Als Kraftgase bezeichnet *Ferd. Fischer* in seinem Werke „Kraftgas“ jedes Gas, welches in einer Verbrennungsmaschine zur Erzeugung von Kraft verwendet wird, also besonders **Leuchtgas, Kohlengas, Wassergas, Mischgas** bzw. **Generatorgas** und **Hochofengas.** Für das Beleuchtungswesen sind noch Ölgas und **Acetylengas** von besonderer Wichtigkeit.

Die Erzeugungsanstalten dieser Gase gehören nicht unmittelbar zur chemischen Industrie, jedoch sind vielfach die Fabriken der Großindustrie mit solchen Anlagen für Kraft- oder Beleuchtungszwecke ausgerüstet. Es sind dann natürlich auch die diesen Betrieben eigentümlichen Gefahren und die bereits bezeichneten Verordnungen (S. 7 ff.) und ferner die Unfallverhütungsvorschriften der Berufsgenossenschaft der **Gas- und Wasserwerke** zu beachten. Diese Unfallverhütungsvorschriften behandeln die Kohlengaswerke, Wassergas-, Luftgas- und Acetylengasfabriken.

Bei Besprechung der giftigen Gase und Dämpfe (S. 221) ist schon auf neue Unfallverhütungsvorschriften hingewiesen worden, welche die Berufsgenossenschaft der chemischen Industrie erlassen will. Diese Vorschriften sollen sich auf gefährliche Gase und Dämpfe erstrecken, zu denen die Berufsgenossenschaft auch die mit explosiven Eigenschaften rechnet. Auf Grund der Unfallstatistik sind folgende Gase als für die chemische Industrie besonders explosionsgefährlich festgestellt worden. Hinsichtlich der etwa auch vorhandenen giftigen Eigenschaft der Gase und Dämpfe, ihrer Färbung und der Prozesse, bei denen sie entstehen, ist auf die S. 223 ff. gemachten Angaben zu verweisen.

Die Gase sind:

Arsenwasserstoff. Brennbar und im Gemisch mit Luft explosiv.

Dämpfe von Aceton, Alkohol, Äther, Bromäthyl, Brommethyl, Chloräthyl, Chlormethyl, Jodmethyl, Methylalkohol. Im Gemisch mit Luft explosibel.

Acetylengas. Außerordentlich explosionsgefährlich.

Benzol- (Toluol-, Xylol-) und Benzindämpfe. Leicht und entzündlich und im Gemisch mit Luft explosiv.

Gase in Teer- und Mineralöl - Destillationsapparaten nach beendeter vollständiger Destillation. Sehr explosionsgefährlich.

Gase und Dämpfe der aromatischen Nitro- und Amidoverbindungen (Nitrobenzol usw.). Brennbar und einige im Gemisch mit Luft explosiv. **Leuchtgas und Ölgas (Fettgas).** Brennbar und mit Luft gemischt in bestimmten Grenzen explosiv.

Gase und Dämpfe der Harz- und Holzdestillation. Explosionsgefährlich.

Leuchtgas und Ölgas (Fettgas). Brennbar und mit Luft gemischt in bestimmten Grenzen explosiv.

Ruß und die bei dessen Herstellung in Rußfabriken auftretenden Gase (Kohlenoxyd). Ist mit seinen gasförmigen Nebenbestandteilen bei feiner Verteilung in die Rußkammern explosiv.

Schwefelwasserstoff. Brennbar, im Gemisch mit Luft explosiv.

Schwefelkohlenstoff. Äußerst leicht entzündlich, bereits an glimmenden Körpern oder heißen Dampfleitungen. Im Gemisch mit Luft sehr explosiv.

Sumpfgas. Im bestimmten Mischungsverhältnis mit Luft explosiv.

Wasserstoff. Äußerst explosionsgefährlich im Gemisch mit Luft (Knallgas).

Acetylen kann für sich und in verschiedenen Gemischen zur Explosion gelangen; nähere Angaben hierüber befinden sich in dem Bande „Das Acetylen, seine Eigenschaften, seine Herstellung und Verwendung" von Dr. *J. H. Vogel.*

Die Gefahren, die bei der Herstellung des Acetylens aus Calciumcarbid durch Entzündung und namentlich bei der Herstellung und Verwendung des komprimierten und verflüssigten Acetylens durch dessen stark explosible Eigenschaft auftreten, haben zum Erlaß von Polizeiverordnungen und Unfall-

verhütungsvorschriften geführt. Erstere bestimmen vielfach eine Abnahmeprüfung der Anlagen zur Herstellung von Acetylen durch behördlich zugelassene Sachverständige. Unfallverhütungsvorschriften haben die Berufsgenossenschaft der Gas- und Wasserwerke und die Berufsgenossenschaft der
chemischen Industrie erlassen. Die Preußischen Normalpolizeiverordnungen
und die erstgenannten Unfallverhütungsvorschriften sind in dem genannten
Werk mitgeteilt; es kann daher hierauf verwiesen werden.

Die von der Berufsgenossenschaft der chemischen Industrie erlassenen
besonderen Vorschriften für die Herstellung, Verdichtung und
Verflüssigung von Acetylengas lauten:

„Das Carbid ist zum Schutze gegen die Feuchtigkeit in festverschlossenen Gefäßen
aufzubewahren und darf den letzteren nur nach Maßgabe des jeweiligen Bedarfs entnommen werden. Die Gefäße sind in verschlossenen, gegen den Zutritt von Wasser
geschützten, gut ventilierten Räumen zu lagern. Kellerräume dürfen zur Lagerung nicht
benutzt werden." (§ 4)

„Die Zerkleinerung des Carbids muß mit möglichster Vermeidung von Staubentwicklung erfolgen. Die Arbeiter sind während ihrer Beschäftigung mit Respiratoren und Schutzbrillen zu versehen. Personen, von denen dem Arbeitgeber bekannt ist, daß sie herz-
oder lungenkrank sind, dürfen bei diesen Arbeiten nicht beschäftigt werden." (§ 5)

„Der Acetylengasbehälter ist im Freien oder in einem von dem Gasentwickler gesonderten, gut ventilierten Raume aufzustellen." (§ 6)

„In Verbindung mit dem Gasbehälter ist ein Wassermanometer anzubringen, an
welchem der in dem Behälter vorhandene Druck jederzeit ersichtlich ist." (§ 7)

„Zwischen Entwickler und Gasbehälter ist ein gut wirkender Gaswaschapparat
einzuschalten, welcher etwa vorhandene Verunreinigungen (Phosphorwasserstoff, Arsenwasserstoff, Schwefelwasserstoff, Ammoniak usw.) beseitigt." (§ 8)

Die Herstellung von Acetylen darf nicht durch Zuführung von Wasser zum Calciumcarbid, sondern muß durch allmähliche Einführung des Calciumcarbids in Wasser erfolgen. Die Menge des letzteren muß so groß sein, daß stets ein reichlicher Überschuß
davon vorhanden ist." (§ 9)

„Die Verdichtung des Acetylengases mit einem 10 Atm. übersteigenden Druck darf
nur bei starker Abkühlung stattfinden." (§ 10)

„Bei der Fabrikation von flüssigem Acetylen muß der Kondensator sofort nach der
Beendigung der Komprimierung entlastet werden." (§ 11)

„Die für flüssiges Acetylen zur Verwendung kommenden Transportflaschen müssen
als solche durch einen weißen Anstrich gekennzeichnet, mit Angabe der Tara und des
Fassungsraumes in Litern versehen und auf 250 Atm. geprüft sein.

Die Füllung der Flaschen darf das für den Transport auf den deutschen Eisenbahnen
vorgeschriebene Verhältnis von 1 k Acetylen auf 3 l Rauminhalt nicht überschreiten.

Vor dem Füllen und nach dem Füllen der Flaschen ist das Gewicht genau festzustellen." (§ 12)

„Die mit flüssigem Acetylen gefüllten Flaschen sind gegen äußere Wärmeeinflüsse
sorgfältig zu schützen." (§ 13)

„Sowohl bei den Transportflaschen als auch bei allen Maschinenteilen, welche mit
dem flüssigen Acetylen in Berührung kommen können, ist jede Spur von Kupfer oder
Kupferlegierung auszuschließen. Ebenso müssen scharfe Kanten bei Ventilen oder
Maschinenteilen, welche mit dem Acetylen in Berührung kommen können, vermieden
werden." (§ 14)

„Das Betreten der zur Herstellung, Verdichtung und Verflüssigung von Acetylengas dienenden Räume mit offenem Licht, sowie das Anzünden von Streichhölzern und die
Benutzung sonstiger Feuerzeuge in diesen Räumen ist verboten.

Bei Benutzung von Sicherheitslampen sind dieselben vor dem Gebrauch auf ihren ordnungsmäßigen Zustand zu prüfen. Das Öffnen der Lampen in den Fabrikationsräumen ist verboten." (S. 16)

„Herz- oder lungenkranke Arbeiter, welche zum Zerkleinern des Carbids verwendet werden sollen, haben von ihrem Leiden ihrem Vorgesetzten Mitteilung zu machen." (§ 18)

„Bei der Verdichtung und Verflüssigung von Acetylengas ist darauf zu achten, daß die Grenzen der vorgeschriebenen Temperatur genau eingehalten werden." (§ 19)

„Beim Öffnen der Flaschen ist darauf Bedacht zu nehmen, daß die Ausströmung des Acetylens nur ganz allmählich vor sich geht." (§ 26)

Zur Ergänzung dieser Verordnungen und Vorschriften hat der Deutsche Acetylenverein eingehende Normen und Vorschriften für die Acetylenindustrie aufgestellt, die gleichfalls im Buche von *Vogel* mitgeteilt sind.

Da dieses Werk das ganze Spezialgebiet eingehend behandelt, so kann von einer weiteren Erörterung hier abgesehen werden.

Feuergefährliche Gase und Dämpfe, die hier noch interessieren, entstehen bei vielen Fabrikationsvorgängen der chemischen Industrie. Es hängt dann ganz von der Natur dieser Gase usw. ab, ob es zweckmäßig ist, sie durch Kondensation wiederzugewinnen, wie z. B. die Benzindämpfe der Extraktionsanlagen, oder ob es geraten ist, diese Gase in Feuerungsanlagen zu verbrennen, damit auszunutzen und sie zugleich unschädlich zu machen. Als ein Beispiel von Sicherheitsmaßnahmen der Verbrennung feuergefährlicher Gase sei die bereits erwähnte Einrichtung von *Gebr. Burgdorf* in Altona genannt (S. 94), durch die bei der Verbrennung die bei der Harzdestillation als nicht kondensierbar entweichenden Gase die Gefahr der Explosion eines sich aus diesen Gasen und Luft bildenden Gemisches und das Zurückschlagen der Flammen in den Destillationsapparat verhütet wird.

Bei dieser Einrichtung wie überhaupt bei Anlagen zur Verbrennung von Gasen in Feuerungsanlagen ist natürlich sehr darauf zu achten, daß niemals solche Gase in die Feuerung gelangen, wenn sich dort kein Feuer befindet. Denn es würde dann die Gefahr der Bildung eines explosiblen Luftgemisches entstehen.

Um die Feuergefährlichkeit bei der Benzinentfettung der Knochenverarbeitung in Düngerfabriken zu mindern, bestimmen die besonderen Unfallverhütungsvorschriften:

„a) Das Entfettungsgebäude muß bei Neuanlagen in hinreichender Entfernung von anderen Gebäuden der Fabrik und der Fußboden der unteren Etage ebenerdig liegen. Die Türen sollen nach außen aufschlagen. Bei älteren Anlagen, bei denen das Entfettungsgebäude mit den übrigen Gebäuden verbunden bzw. daranstoßend liegt, müssen letztere durch Brandmauern, die bis über das Dach gehen, abgeschlossen werden.

b) Türen und untere zu öffnende Fenster dürfen nicht nach Kesselfeuerungen oder anderen Feuerquellen führen, um der Entzündung entweichender Benzindämpfe möglichst vorzubeugen. Abtreibrohre, welche Benzindämpfe ins Freie führen könnten, müssen möglichst hochliegende Ausmündungen haben.

c) Durch eine Neigung des Fußbodens und durch ein an der tiefsten Stelle angebrachtes Abflußrohr ist Vorsorge zu treffen, daß ausfließendes Benzin schnell beseitigt und unterirdisch in eine entfernt liegende dichte Grube abgeleitet wird.

d) Von den oberen Einfülletagen soll ein besonderer Notausgang unmittelbar ins Freie führen.

e) Die Beleuchtung muß entweder durch Glühlicht in Doppelbirnen, dessen Hauptleitung und Ausschaltung außerhalb des Gebäudes liegt, oder von außen durch Lampen geschehen, die durch ein Gehäuse geschützt und durch starke dicht schließende Glasscheiben von den Betriebsräumen abgeschlossen sind.

f) Die Verwendung offener oder lose bedeckter Scheidegefäße bei den Extraktionsapparaten ist verboten.

Die Flüssigkeitsstandrohre bei den Benzingefäßen sind gegen äußere Beschädigung zu schützen.

g) Das Betreten des Entfettungshauses mit Laternen oder offenem Licht ist zu verbieten und bei Dunkelheit nur in besonderen Fällen mit zuverlässigen Sicherheitslampen zu gestatten.

h) Das Rauchen, sowie das Mitbringen von Zündhölzern oder sonstigem Feuerzeug ist durch Anschlag zu verbieten.

i) Unbefugten ist das Betreten des Entfettungsgebäudes überhaupt nicht zu gestatten.

k) Bei Lagerung von Benzinvorräten in Barrels darf nur an feuersicheren isolierten Stellen stattfinden." (§ 19)

Von den Arbeitnehmern wird gefordert:

„Hautverletzungen auch der geringsten Art sind sorgfältig durch einen reinlichen Verband zu schützen und zum Zwecke der antiseptischen Behandlung sofort anzumelden." (§ 20)

„Werden von den im Gange befindlichen Brechwerken oder Quetschwalzen Stücke des Zerkleinerungsgutes oder dem letzteren beigemischte Fremdkörper nicht mit erfaßt, so sind diese Stücke oder sonstige Körper erst nach dem Auslösen und dem Stillstand der Werkmaschinen zu entfernen. Während des Ganges der Arbeitsmaschinen dürfen derartige Stücke oder Fremdkörper unter keiner Bedingung mit der Hand oder mit Instrumenten herausgeholt werden. Ebenso sind Becherwerke, Transportschnecken, Sicht- oder andere Maschinen auszulösen oder stillzusetzen, bis etwaige Verstopfungen oder sonstige Hindernisse gehoben sind." (§ 21)

„Vor dem Öffnen der Mannlochdeckel der Knochendämpfer hat der Arbeiter durch den Lufthahn sich zu überzeugen, daß kein Druck mehr im Dämpfer vorhanden ist." (§ 22)

„Bei Arbeiten, die die Augen der beschäftigten Personen durch Spritzen oder Säure gefährden, sind Schutzbrillen zu benutzen.

Wo Staub in gefahrdrohenden Mengen sich entwickelt, hat sich der Arbeiter der vorhandenen Respiratoren, Mundtücher, Schwämme oder sonstigen Schutzmittel zu bedienen." (§ 23)

Bei der Entfettung der Knochen durch Benzin ist folgendes vorgeschrieben:

„Um die Entzündung abziehender Benzindämpfe zu verhindern, sind die nach Feuerungen oder offenen Flammen führenden Türen und Fenster der Betriebsräume geschlossen zu halten.

Die Ansammlung von Benzindämpfen in den Betriebsräumen ist unter allen Umständen zu vermeiden. Das Abtreiben des Benzins von den Knochen muß in so vollkommener Weise bewirkt werden, daß ein gefahrdrohendes Nachdunsten von Benzin aus den herausgenommenen Knochen nicht stattfinden kann.

Der Extraktor darf nicht geöffnet werden, bevor das Abtreiben des Benzins vollständig erfolgt ist.

Notausgänge dürfen während des Betriebes nicht verschlossen sein." (§ 24)

Otto Ruf in München bringt bei den von ihm hergestellten Benzinextraktionsapparaten zum Niederschlagen und damit Wiedergewinnen des Lösungsmittels einen Sicherheitskühler an, der das Ausströmen von Gasen aus dem Benzinbehälter verhindert, so daß Explosion und Feuersgefahr verhütet sind. Zum Abscheiden des spezifisch schwereren Kondenswassers von dem Extraktionsbenzin ist der Benzinbehälter mit einem gänzlich abgeschlossenen Wasserabscheider versehen; dadurch ist ein Überlaufen, wie es bei den offenen

Scheideflaschen entstehen kann, ausgeschlossen und damit wieder eine Gefahr-
quelle beseitigt. Auch die Maschinenfabrik *Heinr. Schirm* in Leipzig-Plagwitz
verwendet bei ihren Extrakteuren der Benzinentfettungsanlagen einen
Sicherheitskühler anderer Bauart, bei dem auch Gase nicht entweichen können.

Die Brennbarkeit leicht entzündlicher Stoffe von niedrigem Siedepunkt,
wie Äther, Benzol, Alkohol, Benzin usw., kann durch Beimischung von Tetrachlorkohlenstoff beseitigt werden, jedoch nur bei verhältnismäßig großen Beimengungen dieses Mittels. So müßte zu 100 g Benzin etwa 900 g Tetrachlorkohlenstoff hinzugefügt werden, um die Feuergefährlichkeit zu beseitigen (Chemische Revue über Fett- und Harzindustrie 1906, Nr. 3). Bei Rein-
benzol würde ein Zusatz des gleichen Volumens genügen. Dagegen kann man
Tetrachlorkohlenstoff mit Vorteil verwenden, um die Gefahr einer Entzündung
durch Erhöhung des Entflammungspunktes zu vermindern. Tetrachlorkohlenstoff allein als Lösungsmittel bei Extraktionsanlagen zu verwenden,
hat sich wenig bewährt, da die Extraktion damit nur in verbleiten Apparaten
geschehen kann und auch diese noch stark angegriffen werden. Dagegen wird
Trichloräthylen verwendet, das nicht brennbar ist.

Es sind noch Sicherheitsmaßnahmen zu erwähnen, die bei der Lagerung
leichter Kohlenwasserstoffe zu treffen sind. Die Unfallverhütungsvorschriften bestimmen hierfür:

„Lagergefäße von über 1000 l Inhalt müssen derartig verschlossen sein, daß bei
etwaigem, durch Erwärmen von außen entstehenden Druck die Dämpfe Abzug haben
und das Gefäß nicht der Gefahr des Zerreißens ausgesetzt ist." (§ 8)

„Die beim Füllen und Entleeren der Lagergefäße aus diesem entweichende Luft
ist mittels geschlossener Rohrleitung derart auszuführen, daß eine Entzündung von
außen ausgeschlossen ist." (§ 9)

An anderer Stelle (S. 75) ist schon auf Maßnahmen hingewiesen worden,
die das Entstehen von Entzündungen durch elektrische Funken verhüten. Diese
Maßregeln haben natürlich gegenüber feuergefährlichen Stoffen eine besonders
große Bedeutung. Zur Ergänzung der bereits erfolgten Angaben ist hier noch
auf eigenartige Entstehungsursachen für elektrische Spannungen hinzuweisen.

Es ist bekannt, daß an Riemenläufen beträchtliche elektrische Spannungen auftreten können; solche werden vermieden durch Anfeuchten der
Riemen mit verdünntem säurefreien Glycerin. Auch die von *Emil Lachmann*
in Plochingen a. U. zum Belegen der Riemenscheiben behufs Vermeidung des
Riemenrutschens in den Handel gebrachte Masse „Mitropol" soll die Elek-
trizitätserzeugung verhindern.

Eine andere eigenartige Erzeugung elektrischer Ladungen tritt auf, wenn
trockene Wolle, Seide oder Pelzwaren in Benzin, Äther, Chlorkohlenstoff bewegt werden. Hierdurch sind schon manche Entzündungen und Explosionen
entstanden. Wenn diese auch vornehmlich in Benzinwaschanstalten vorkommen, so hat die Gefahr doch auch für die chemische Industrie Bedeutung,
weshalb sie hier kurz zu besprechen ist.

Um das Entstehen solcher elektrischer Spannungen zu verhindern,
werden dem Benzin verschiedene Mittel zugesetzt. Gut bewährt hat sich die
von Professor Dr. *Richter* in Karlsruhe für diesen Zweck angegebene, von

J. H. C. Kärstadt in Hamburg hergestellte und unter dem Namen „Richterol" von *Gebr. Seitz* in Frankfurt a. M. in den Handel gebrachte ölsaure Magnesia, früher Antibenzinpyrin genannt. Ein Kilogramm Richterol in mindestens 10 l Benzin unter Erwärmung gelöst, genügt, um 7000 l Benzin vor Selbstentzündung vor Elektrizität zu schützen.

Da die Anwendung solcher Mittel immerhin versäumt werden kann, so ist ein Apparat eingeführt worden, der von *Otto Behm* in Karlsruhe hergestellt wird und das Auftreten schon ganz geringer elektrischer Erregungen durch ein Läutesignal anzeigt. In seiner neueren Bauart besteht der Benzinfeuerwarner aus einem Empfänger, der an die Innenwand des Flüssigkeitsbehälters befestigt wird, und einem Warner, der mit einem Element und elektrischer Klingel verbunden ist, in deren Stromkreis noch ein Druckknopf eingeschaltet ist, mit dem täglich Element und Klingel probiert werden kann. Die entstehende elektrische Ladung wird am Empfänger aufgenommen und durch einen Leitungsdraht auf den Warner übertragen, der das Klingelwerk so lange ertönen läßt, als die Erregung andauert.

Zweckmäßig ist es, alle Behälter mit feuergefährlichen Flüssigkeiten sorgfältig zu erden.

Die Bildung statischer Elektrizität kann auch eintreten beim Umfüllen von Äther und Schwefelkohlenstoff.

Um die Entzündung elektrisch erregbarer Flüssigkeiten zu verhüten, wird in den neuen berufsgenossenschaftlichen Vorschriften gefordert:

„Zur Verhütung von Bränden beim Umfüllen und Verarbeiten elektrisch erregbarer Flüssigkeiten, wie Äther, Schwefelkohlenstoff, Aceton, Benzin, sind Maschinen, Apparate, Standgefäße, Rohrleitungen, Heber und Trichter aus Metall herzustellen und wo irgend angängig zu erden. Die beim Füllen der Transportgefäße benutzten Unterlagen müssen gleichfalls leitend geerdet sein.

Bei Anlagen, in denen sich die vorstehenden Sicherheitsmaßnahmen nicht im vollen Umfange ausführen lassen, müssen wenigstens Trichter oder Heber aus Metall bestehen und geerdet sein.

Bei der Behandlung kleiner Mengen im Laboratorium ist die Verwendung nichtmetallener Trichter und Heber zulässig.

Beim Füllen in Glasballons sind eiserne Trichter zu vermeiden, oder sie müssen zur Verhinderung der Funkenbildung beim Einsetzen in den Flaschenhals außen mit Kupfer oder einem anderen weichen Metall verkleidet und geerdet sein." (§ 21)

4. Spreng-, Schieß- und Zündstoffe.

Die große Unfallgefahr, die in den Fabriken zur Herstellung von Spreng-, Schieß- und Zündstoffen durch die Rohstoffe, Zwischenfabrikate und Fertigprodukte gegeben ist, hat strenge Maßnahmen der zuständigen Behörden und der Berufsgenossenschaft der chemischen Industrie veranlaßt, die in den bereits erwähnten (S. 8 ff.) und noch näher mitzuteilenden Verordnungen und Vorschriften zum Ausdruck kommen. Diese Maßnahmen erstrecken sich nicht allein auf die Vermeidung von Explosionen und Bränden, sondern auch darauf, solche Ereignisse möglichst unschädlich zu machen. Denn namentlich bei der Herstellung von Sprengstoffen werden sich trotz größter Vorsicht und Beachtung aller Sicherheitsvorschriften Explosionen nie ganz verhindern lassen.

Um dann aber das Entstehen von Unfällen möglichst zu beseitigen, müssen die Unfallverhütungsvorschriften die Aufgabe erfüllen, etwaige Explosionen auf ihren Herd zu beschränken und diesen so zu gestalten, daß möglichst wenig Menschen gefährdet werden. Daher bestimmen die Vorschriften, daß die Arbeitsvorgänge auf viele einzelne Gebäude zu verteilen, daß diese möglichst klein zu machen und auf großem Areal weit auseinander unterzubringen sind, um die Übertragung der·Explosionen möglichst zu hemmen. Ferner muß durch geeignete Bauart der Gebäude die Wirkung der Explosionen nach außen hin abgeschwächt werden, indem sie eine schnelle Verteilung des Explosionsdruckes herbeiführen und möglichst wenig größere Sprengsstücke ergeben. Letzteres führt zu besonderen Bauarten, wie an anderen Stellen besprochen worden ist (S. 31).

Der Forderung, der Explosion einen möglichst schnellen Weg ins Freie zu bahnen, entspricht das bereits erwähnte Ausblasesystem (S. 36). Zur Ableitung der Explosionswirkung nach oben dienen leichte Dächer und die Umgebung der Gebäude mit Wällen.

Die Betriebsstätten sind möglichst im Raum beschränkt zu gestalten, damit eine Explosion nur wenig Nahrung und Verbreitung auf andere Betriebseinrichtungen findet, unnötiger Aufenthalt von Arbeitern, das Ansammeln gefährlicher Stoffe vermieden wird.

Die an einer Betriebsstätte beschäftigte Arbeiterzahl ist möglichst zu beschränken und der Aufenthalt der Arbeiter in gefährlichen Räumen so weit, als die Betriebsweise es ermöglicht, zu verkürzen. Es ist daher, wo es irgend durchführbar ist, die Bedienung von Betriebseinrichtungen von außerhalb der Gebäude vorzunehmen, so daß deren Betreten nur kurze Zeit dauert. Bei Maschinen läßt sich diese Forderung vielfach durchführen, indem sie von außen ein- und ausgerückt werden.

Diese Hauptgesichtspunkte und noch viele andere Erwägungen haben zu den Forderungen der zahlreichen Verordnungen und Vorschriften geführt, die zum Teil schon besprochen worden sind (S. 18 ff., S. 31 ff).

Die Zahl der verschiedenartigen Spreng- und Schießstoffe ist namentlich durch die Einführung der Cellulosenitrate, Propenylnitrate (Sprengöl) und Pikrinsäure, ferner der Trinitro- und Dinitroderivate von Benzol und Toluol, des Nitronaphthalins und der zahlreichen Gemenge in der Sprengstoffindustrie bedeutend gewachsen.

Die Berufsgenossenschaft der chemischen Industrie hat bisher besondere Unfallverhütungsvorschriften erlassen, die für die Herstellung folgender Spreng- und Schießstoffe gelten (S. 13):

1. Schwarzpulver und schwarzpulverähnliche Sprengstoffe.

2. Nitropulver oder rauchschwache Pulver. Hierunter werden verstanden solche Pulver, bei denen nur Schießbaumwolle zur Verwendung kommt und solche, in denen Nitrocellulose zusammen mit einem Nitroderivat eines aromatischen Kohlenwasserstoffes (z. B. Pikrinsäure) od. dgl. enthalten sind.

3. Nitroglycerinsprengstoffe. Hierzu gehören das Gurdynamit,

ein Gemenge von Nitroglycerin (Sprengöl) mit Kieselgur, und das Gelatinedynamit, ein Gemenge von Nitroglycerin mit Schießbaumwolle (Nitrocellulose).

4. Pikrinsäure.

Ferner sind Vorschriften erlassen für Fabrikationsarten, bei denen diese Spreng- und Schießstoffe und weiter auch Zündstoffe Verwendung finden, nämlich für die Herstellung von Zündhütchen, Patronen, Zündern und Feuerwerkskörpern.

Die Sicherheitssprengstoffe sind bisher in den Unfallverhütungsvorschriften nicht besonders behandelt worden. Explosionskatastrophen der letzten Jahre haben aber die Berufsgenossenschaft veranlaßt, in die Beratung über Vorschriften für die Herstellung solcher Stoffe einzutreten (S. 14).

Die vorgenannten besonderen Unfallverhütungsvorschriften der Berufsgenossenschaft der chemischen Industrie sind zum Teil schon besprochen. Soweit sie Maßnahmen betreffen, die für die eigenartigen Fabrikationsverfahren gelten, werden die Vorschriften und die ihnen entsprechenden Sicherheitseinrichtungen in den nachstehenden Kapiteln getrennt behandelt. Nachstehend sind Unfallverhütungsforderungen angegeben, die im wesentlichen für alle Sprengstoffbetriebe gelten. Sie betreffen die zum Transport der Sprengstoffe benutzten Gefäße.

Für Fabriken zur Herstellung von Schwarzpulver und schwarzpulverähnlichen Sprengstoffen gilt:

„Die zum Transport und bei der Herstellung von Pulver und Pulversatz benutzten Gefäße dürfen nicht aus Eisen bestehen und müssen haltbar und dicht sein. Die Verwendung von eisernen Stiften oder Nägeln zu diesen Gefäßen, besonders zum Dübeln der Faßdeckel und Faßböden ist nicht gestattet.

Zum Transport der Pulvermasse von einem Werk zum andern sind nur gut geschlossene Gefäße oder dichte Säcke zu verwenden." (§ 24)

„Die in den Gebäuden mit Explosionsgefahr benutzten Gefäße und Geräte dürfen nicht von Eisen hergestellt sein, auch keinen Beschlag aus Eisen und keine eisernen Nägel, Schrauben oder Nieten haben. Ebenso ist für dieselben die Verwendung von verzinntem oder verzinktem Eisen unstatthaft.

Weich gelötete Gefäße oder Geräte, welche mit Pulver in Berührung kommen können, dürfen in Pulverwerken nicht benutzt werden." (§ 25)

„Fässer und andere Gefäße müssen vor dem Hineinbringen in ein Pulverhaus sorgfältig von Sand und Erde befreit, die leeren Gefäße auch innen gut gereinigt werden.

In Pulverherstellungs- und Lagerräumen darf während des Betriebes nicht gescharrt, geschoben, geworfen oder mit Metallgeräten geklopft werden. Die Gefäße sind unter Vermeidung von Stoßen und Schieben behutsam fortzubewegen." (§ 35)

Für Nitropulverfabriken:

„Die Fässer, Säcke oder sonstigen Behälter, in welche Pulver oder Pulvermasse aufgenommen werden soll, müssen dicht sein, so daß ein Verstreuen oder Verstauben ausgeschlossen ist.

Zum Fortschaffen der Pulvermasse von einem Werk zum anderen sind nur bedeckte Gefäße oder dichte Säcke zu verwenden.

Zum Transport der getrockneten Nitrocellulose dürfen die Gefäße nur aus Holz oder Papiermasse bestehen, sie müssen innen glatt sein und gut schließende Deckel sowie Handgriffe zum Tragen haben.

Eiserne Nägel und eiserne Schrauben oder sonstige Befestigungs- oder Verschlußteile aus Eisen dürfen zu diesen Gefäßen nicht verwendet werden." (§ 22)

„Fässer und andere Gefäße müssen vor dem Hineinbringen in ein Pulverhaus sorgfältig von Sand und Erde befreit, die leeren Fässer auch innen gut gereinigt werden. Die Gefäße sind unter Vermeidung von Stoßen und Schieben behutsam fortzubewegen." (§ 29)

„Transportgefäße für Äther, Alkohol, Aceton usw. aus Glas dürfen innerhalb des eigentlichen Fabrikationsbetriebes nicht verwendet werden." (§ 21)

In Betrieben zur Herstellung von Feuerwerkskörpern sind

„zum Transport von Pulver und entzündlichen Sätzen, sowie zur Herstellung und Aufbewahrung von letzteren nur dichte und halbare Gefäße aus Holz ohne Eisenbeschlag oder aus sonstigem weichen Material zu benutzen.

Gefäße aus Eisen, aus Steingut oder anderem zerbrechlichen Material sind ausgeschlossen." (§ 18)

Beim Laden und Entladen von Patronen

„sind zum Transport und zur Aufbewahrung des zur Verarbeitung kommenden Pulvers nur dichte und haltbare bedeckte Gefäße zu benutzen; die Verwendung von Eisen bei diesen Gefäßen ist verboten." (§ 18)

a) Schwarzpulver und schwarzpulverähnliche Sprengstoffe.

Für Fabriken zur Herstellung von Schwarzpulver und schwarzpulverähnlichen Sprengstoffen wird in den berufsgenossenschaftlichen Vorschriften bestimmt:

„Pulverbearbeitungsmaschinen, die eine fortlaufende Bedienung erfordern, wie Körnwerke, Patronenpressen, Sortiermaschinen usw., müssen sowohl vom Arbeitsraume aus wie auch vom Vorlegeraume bzw. Maschinenraume her ausgerückt werden können. Bei Pulverbearbeitungsmaschinen, die nach der Beschickung einer dauernden Bedienung nicht bedürfen, wie Läuferwerke, Stampfwerke, Meng- und Polierwerke, ist eine Ausrückvorrichtung nur außerhalb des Arbeitsraumes erforderlich."

„An den Pulverarbeitsmaschinen ist die Reibung von Eisen auf Eisen zu vermeiden, sowie für zuverlässige Schmierung der sich reibenden Teile, für leichte Zugänglichkeit derselben und für möglichste Fernhaltung des Pulverstaubes zu sorgen." (§ 18)

„Bei Neuanlagen ist die Aufstellung von mehr als 36 Stampfen in einem Raume nicht zulässig; auch darf sich in der Stampfmühle nicht zugleich eine andere Arbeitsmaschine befinden.

Für die Schuhe der Stampfwerke darf Eisen nicht verwendet werden. Zulässig sind Kupfer, Zink, Bronze oder entsprechende Legierungen. Die Schuhe müssen stets fest an den Stampen sitzen." (§ 19)

„Läuferwerke (Kollergänge), deren Läufe aus Gußeisen oder Hartguß bestehen und keine Aufhängevorrichtung besitzen, müssen eine hölzerne mit Messingschrauben befestigte Läuferbahn haben; bei eisernem Läuferteller sind die Läufer so aufzuhängen, daß eine direkte Berührung zwischen Läufer und Läuferteller ausgeschlossen ist.

Der § 80 Abs. 1 des Abschnittes I der revidierten allgemeinen Unfallverhütungsvorschriften findet hier keine Anwendung.

Den Arbeitern ist der Aufenthalt in dem Arbeitsraum während schnellen Betriebsganges zu verbieten." (§ 20)

„Die Walzen der Körnmaschinen dürfen weder aus Eisen noch aus Porzellan bestehen und sind derart einzurichten, daß sie sich beim Laufen nicht berühren können." (§ 21)

„Bei den hydraulischen Pulverpressen ist die Verwendung eiserner oder stählerner Preßplatten oder solcher aus Hartgummi nicht gestattet. Die unmittelbare Berührung von Metall mit Metall ist zu vermeiden.

Beim Pressen der Pulvermasse sind zwischen Platten und Pulver Preßtücher einzulegen. Das Pressen der Masse in Kästen ist unstatthaft.

An der Preßleitung müssen Manometer angebracht sein, deren Beobachtung im Preßraume möglich ist und die mit Maximalmarke versehen sind.

Es sind Vorrichtungen (Wasserwage oder Senkel) am Holm der Presse anzubringen, die eine Kontrolle der wagerechten Lage desselben ermöglichen. Die eisernen Säulen der Pressen sind mit Leder oder einem ähnlichen Material zu verkleiden." (§ 22)

„Die Rohmaterialien sind vor dem Vermahlen gründlich von mechanischen Beimengungen zu reinigen. Holzkohle, Kuchen- oder Stangenschwefel sind sorgfältig auszulesen, und Fremdkörper wie Steine u. dgl. zu entfernen, Salpeter, pulverisierter Schwefel, Kohle und Graphit sind durch entsprechend feine Siebe durchzulassen. Die Siebe dürfen nicht aus Eisen bestehen." (§ 27)

„Die in den Zerkleinerungs- und Mengtrommeln hergestellten Pulversätze müssen vor ihrer weiteren Verarbeitung durch engmaschige Siebe, die nicht aus Eisen bestehen dürfen, durchgelassen werden." (§ 29)

„Die Zerkleinerung von Sätzen aus Schwefel und Salpeter oder aus Schwefel und Holzkohle in eisernen Trommeln bei Anwendung von Bronzekugeln ist zulässig; dagegen ist die Zerkleinerung des Schwefels allein in eisernen Trommeln nicht zulässig.

Frisch gebrannte Pulverkohle darf nicht vor Ablauf von 8 Tagen gekleint werden." (§ 28)

„Die Mengtrommeln für Pulversatz dürfen nur aus Holz mit oder ohne Ledereinlage hergestellt sein. Eisenteile im Innern der Trommel sind zu vermeiden. Die etwa durch die Trommel geführte eiserne Achse ist mit Leder zu überziehen oder mit Holz ohne eiserne Befestigungsteile zu verkleiden. Zu den Verschlußteilen darf Eisen in reibender Verbindung mit Eisen nicht verwendet werden.

Die zum Mischen des Pulversatzes erforderlichen Kugeln müssen aus Holz (Packholz) hergestellt sein.

Von den Poliertrommeln gilt bezüglich des Materials und der Verschlüsse das für Mengtrommeln Bestimmte." (§ 23)

Den Arbeitern ist vorgeschrieben:

„Wo Pulverarbeitsmaschinen durch Wasserkraft bewegt werden, ist darauf zu achten, daß die normale Geschwindigkeit nicht erheblich überschritten wird.

Jedes Warmlaufen der Lager in Pulverherstellungsräumen ist besonders gefährlich. Die Lager sind daher gut zu schmieren und häufig nachzusehen. Tritt trotzdem ein Warmlaufen ein, so ist das Werk still zu setzen und Meldung davon zu machen.

Bei sonstigen Unregelmäßigkeiten im Gang der Maschinen ist in gleicher Weise zu verfahren.

Keinesfalls dürfen Reparaturen an den Maschinen und Gebäuden von den Arbeitern ausgeführt werden, bevor der zuständige Betriebsführer oder Meister die ausdrückliche Erlaubnis dazu erteilt hat." (§ 68)

„Die Benutzung metallner Hämmer zu Arbeiten in Pulverherstellungsräumen ist streng untersagt, ausgenommen bei Reparaturen, die auf ausdrückliche Anordnung nach vorhergegangener Ausräumung des Gebäudes und gründlicher Anfeuchtung vorgenommen werden." (§ 69)

„Es ist den Arbeitern der Prismen- und Patronenpresse streng verboten, bei gehender Presse zwischen die Stempel zu greifen oder Pulverkörper mit der Hand von den Unterstempeln abzuheben.

Verstopfte Kanäle der Stempel und Traversen der Pressen sind nur mit Holzstäbchen und Wasser oder Öl frei zu machen.

Im Gange befindliche Prismen- und Patronenpressen dürfen nie ohne Aufsicht gelassen werden." (§ 73)

„Die über den Meng-, Körn- und Poliertrommeln angebrachten hölzernen Schutzhauben gegen das Verstauben sowie die Auslauftrichter sind wiederholt darauf zu untersuchen, daß sie mit der rotierenden Trommel nicht in Berührung kommen und daran schleifen." (§ 74)

„An den Stampfschuhen oder in den Kumplöchern (Trögen) festsitzende harte Pulverkrusten sind durch Aufweichen mit Wasser und mittels hölzerner Schaber oder solcher aus Kupfer, Zink oder entsprechender Legierung herauszunehmen." (§ 70)

„Beim Beschicken der Läuferwerke ist die Pulvermasse von vornherein auf dem Läuferteller gleichmäßig zu verteilen.

Die Schicht, auf welcher die Läufer sich bewegen, darf nie weniger als 1 cm stark sein.

Das Ausnehmen der Läuferwerke hat im Stillstande oder bei langsamem Gang zu erfolgen.

Die an den Läufern festsitzenden Krusten dürfen nur nach vorherigem Aufweichen mittels hölzernem Spatel ohne Anwendung von Hämmern entfernt werden. Die durch das Stehen der Läufer unter diesen entstandenen harten Pulverkuchen sind ebenfalls nur mittels hölzerner Spatel, wenn notwendig unter Anwendung bleierner oder hölzerner Hämmer herauszuholen.

Jeder nicht durch den Betrieb bedingte Aufenthalt im Läuferwerk ist verboten." (§ 71)

„Schief aufgesetzte Stapel dürfen nicht gepreßt werden.

Der Druck darf die von der Betriebsleitung festgesetzte, auf dem Zifferblatt des Manometers durch die rote Marke bezeichnete Grenze nicht überschreiten.

Die Pulvermasse darf nicht unmittelbar zwischen den Preßwerken gepreßt werden, sondern es sind zwischen Platten und Pulver Preßtücher einzulegen." (§ 72)

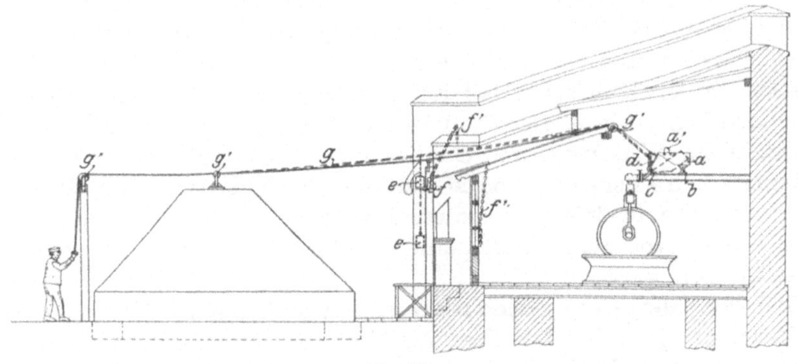

Fig. 219.

Bei der Herstellung von Schwarzpulver und schwarzpulverähnlichen Sprengstoffen ist vor allem Funkenbildung zu vermeiden, die Verwendung von Eisen und Stahl ist daher auf das Notwendigste zu beschränken, Gefäße und Handwerkszeug aus Eisen dürfen nicht verwendet werden. Läßt sich die Verwendung von Eisen nicht gänzlich vermeiden, so darf dieses nur in reibende Berührung mit Kupfer, Bronze und ähnlichen Legierungen kommen. Vielfach werden Eisenteile, wie Achsen, Gleitsäulen, mit Ledereinlage versehen oder mit Leder umgeben. Um Explosionen beim Dichten des Pulversatzes zu verhüten, muß der Klumpenbildung in den Stampf- und Läuferwerken entgegengewirkt werden, und die Arbeiter müssen die Unfallverhütungsvorschriften genau befolgen, nach denen sie die Krusten nicht durchschlagen, sondern nur durch Abschaben mit hölzernen Spateln unter Zuführung von Wasser entfernen dürfen. Die Läuferwerke sind mit hölzerner Läuferbahn zu versehen, wenn die Läufer aus Gußeisen oder Hartguß bestehen und nicht so aufgehängt sind, daß eine unmittelbare Berührung zwischen Läufer und Teller ausgeschlossen ist. Eine solche Aufhängung erfolgt an einem auf der Königswelle sitzenden

Querträger; dann kann der Läuferteller aus Eisen hergestellt sein. Die Aufhängung muß jedoch sehr sicher sein, so daß die Läufer nicht auf die Bahn und auf das dort befindliche Pulver fallen können.

Um eine etwa entstehende Entzündung sofort ersticken zu können, werden Löschvorrichtungen angewendet, die von außen her bedient werden oder selbsttätig wirken. Solche Vorkehrungen werden z. B. so angeordnet, daß über dem Läuferwerk ein wassergefülltes Kippgefäß so gelagert wird, daß es durch einen Schnurzug umgekippt werden kann und seinen Inhalt über die Maschine schüttet (Fig. 219).

Über dem Läuferwerk ist ein Kippgefäß a mit etwa 150 l Wasserinhalt und Schwimmer a' angebracht. Wenn im Gefahrfall an einem Schnurzug gezogen wird, der über Rollen g geführt ist, so wird durch den Hebel f ein Fallgewicht e ausgelöst. Dieses wirkt auf einen Fallstutzen, der sich dann um das Gelenk c dreht, so daß das Gefäß a um das Gelenk b kippt und seinen Wasserinhalt auf die Läufer ausgießt. Gleiches geschieht selbsttätig, wenn durch ein ausgekommenes Feuer das Schmelzband f^1 abbrennt.

Bei den zum Dichten des Pulversatzes vielfach verwendeten hydraulischen Pressen darf der Druck eine bestimmte Höchstgrenze nicht überschreiten, weshalb in der Preßleitung Manometer mit einer Höchstdruckmarke anzubringen sind. Der Preßtisch muß stets genau wagerecht eingestellt werden, wozu Wasserwage und Senkel anzuordnen sind. Beim Pressen muß die unmittelbare Berührung von Metall und Metall bei den Preßplatten durch zwischengelegte Preßtücher vermieden werden.

Bei den Körnwalzen muß eine Berührung der Walzen beim Laufen ausgeschlossen werden.

Bei den Meng- und Poliertrommeln ist auch die Berührung von Eisen und Eisen zu vermeiden. Die über den Trommeln angebrachten Schutzhauben und die Auslauftrichter dürfen daher auch nicht mit der kreisenden Trommel in Berührung kommen.

Die Verhütung der gefährlichen Staubablagerung in Schwarzpulverfabriken erfolgt am sichersten durch eine systematisch durchgearbeitete Entstaubung aller Pulverarbeitsmaschinen. Auch die gesundheitlichen Verhältnisse werden dadurch sehr gebessert und die Wiedergewinnung eines erheblichen Teils des sonst verlorenen Pulversatzes in dem verwendbaren Zustand bringt hohe wirtschaftliche Vorteile.

Für die Einrichtung solcher Entstaubungsanlagen ist aber die Empfindlichkeit des Pulverstaubes gegen Stoß, Reibung und starke Erhitzung maßgebend. Ferner darf sämtlicher Staub nicht nach außen treten. Auch muß der Staub zur Erhaltung seines Wertes im ursprünglichen Zustand bleiben und darf mit anderen Stoffen nicht zusammenkommen.

Hierdurch ergeben sich besondere Anforderungen, denen die Entstaubungsanlagen in Pulverfabriken genügen müssen. In der *Pulverfabrik Spandau* sind Arbeitsweisen und Einrichtungen getroffen, die den Forderungen durch Ausführung der Arbeit in völlig abgeschlossenen Räumen, Vermeidung starker Bewegung des Pulversatzes und Absaugung des entstehenden Staubes entsprechen (S. 89).

Die Mengungsarbeiten mit staubförmigem Pulversatz, das Mengen der Einzelbestandteile, sowie das Mengen des beim Körnen entstehenden feinen Kornes und Körnstaubes mit neuem Pulversatze wird in geschlossenen Trommeln vorgenommen. Das Vormengen auf offenen Tischen oder in offenen Kasten ist zu vermeiden, ebenso ist das offene Umschütten staubigen Materials zu unterlassen. Das Umschütten ist überhaupt nach Möglichkeit einzuschränken; ist es in besonderen Fällen unvermeidlich, so erfolgt es in einem staubdichten Kasten mit einer Verschlußklappe und einer Öffnung am Boden mit angehängtem Tuchtrichter, der in einem mit Pelzbesatz versehenen Deckel für die unterzustellende Tonne oder ein anderes Gefäß endigt. Der Behälter wird in den auf der Bodenöffnung ruhenden Rahmen eingeführt, die Klappe geschlossen, der Rahmen von außen durch einen Handgriff umgekippt und wieder zurückgedreht. Nach einigen Sekunden kann der leere Behälter fast ohne eine Spur von Staub aus dem Behälter entfernt werden.

Zum staubfreien Aufschütten des auf der hydraulischen Presse zu Platten zu verdichtenden Pulversatzes wird der sonst übliche einfache Holzrahmen erheblich verbreitert und mit einer rinnenartigen Aussparung versehen, die den abgestrichenen Pulversatz aufnimmt und von Zeit zu Zeit auf den mit Staubabsaugung versehenen Arbeitstisch ausgeschüttet wird. Durch diese Einrichtung wird das sonst bei Verwendung des üblichen schmalen Aufschütterahmens und des sog. Satzfängers, der zwischen zwei bereits beschickte Preßplatten eingeschoben und beim Höherwerden des Stapels zeitweise nachgedrückt wird, unter starker Staubentwicklung entstehende Herabfallen des abgestrichenen Pulversatzes verhütet.

Für Siebarbeiten werden die leicht einhüllbaren, ruhig laufenden Zylindersiebe den viel Staub erzeugenden Rüttelsieben vorgezogen.

Wo diese Maßnahmen nicht ausreichen, um eine Verbreitung von Pulverstaub an der Arbeitsstelle zu verhüten, wird Absaugung angeordnet.

Dabei sind wegen der Explosionsgefahr alle mechanisch angetriebenen Ventilatoren ausgeschlossen; es bleiben nur Strahlapparate verwendbar. Diese werden mit einfachen Strahldüsen ausgerüstet, die sich gegenüber den mit mehreren Düsen versehenen Apparaten besser bewähren.

Bei der Herstellung der Saugeleitung darf weder Weißblech noch Weißlot verwendet werden, da sich sonst unter Umständen das hochexplosible, schon bei einfachem Ausfegen der Leitungen entzündliche salpetersaure Zinnoxyd bilden kann. Am besten haben sich gefalzte Kupferleitungen bewährt. Für die Wahl des Strahlmittels ist folgendes zu beachten: Das Dampfstrahlgebläse hat einen befriedigenden Wirkungsgrad, doch wird der Staub naß und ist daher nicht unmittelbar als Pulversatz verwendbar. Außerdem ist bei hoher Spannung oder Überhitzung des Dampfes die Gefahr einer Entzündung des auf der Düse abgelagerten Staubes nicht ausgeschlossen, wenn auch die Einhüllung der Düse in Isoliermasse eine gewisse Sicherheit zu bieten vermag. Weiter muß während des Nichtgebrauchs der Dampfstrahlgebläse für gute Entwässerung der Dampfleitung zur Verhütung des Einfrierens gesorgt werden.

Wasserstrahlsauger sind nur bei ruhig laufenden Maschinen, Zylindersieben usw. verwendbar, sind der Frostgefahr ausgesetzt und veranlassen ein Naßwerden des Satzes; sie bieten aber eine unbedingte Sicherheit gegen Entzündung. Werden Dampf- oder Wasserstrahlsauger verwendet, so wird der Staub, da er ohnehin schon naß wird, am einfachsten in einem Wasserbottich niedergeschlagen.

Bei Verwendung von Druckluft sind die den Dampf- und Wasserstrahlsaugern anhaftenden Nachteile vermieden. Der abgesaugte Pulversatz bleibt trocken und kann ohne weiteres wieder verwendet werden. Zum Abscheiden des Pulverstaubes dient ein über einen Rahmen gespanntes Filter aus Müllertuch, das in einem Kasten untergebracht wird. Die Saugluft tritt in ihn seitlich ein und wird durch einen Blechschirm so abgelenkt, daß sie mit mäßiger Geschwindigkeit aufwärts durch das Filter strömt. Die von Staub gereinigte Luft zieht durch einen auf den Kasten gesetzten Schlot ab. Der abfiltrierte Staub wird von Zeit zu Zeit durch eine Tür aus dem Kasten entfernt.

Es ist bei den Absaugungsanlagen hauptsächlich darauf zu achten, daß die Geschwindigkeit der Saugluft an der Staubentstehungsstelle so klein wie möglich gehalten wird, damit die Menge des abgesaugten Pulversatzes möglichst gering wird. Um kurze Leitungen zu erzielen, ist der Staubsammler möglichst nahe an die Staubquelle heranzurücken.

Bei den Ausschüttetischen der hydraulischen Presse wird um die Tischplatte ein Kanal angebracht, der durch einen Spalt an der Tischfläche ringsum mündet. Der Kanal ist durch Stutzen, in welche Scheiben eingesetzt sind, mit einem Sammelkanal verbunden, an den die mit dem Strahlsauger versehene kurze Leitung anschließt, die in den Abscheidekasten mündet.

Bei der Quetschmaschine sind die Walzen mit Ausnahme der Lager in einen Kasten eingebaut. Der gequetschte Satz fällt durch ein Tuchtrichter in die Pulvertonne. Der beim Aufgeben entstehende Staub wird durch einen dem Arbeiter gegenüberliegenden Spalt abgesaugt, wobei die schwereren Teile gleich in einen Kasten fallen und nur die leichteren in die Saugleitung gelangen.

Bei der Walzenkörnmaschine handelt es sich um einen Anschluß an bewegte Maschinenteile. Die Saugleitung wird über den Walzen durch hohe Trichter an die Maschine angeschlossen. Der gekörnte Satz fällt aus dem durch Kasten, die mit dem Maschinengestell blasebalgartig verbunden sind, eingehüllten Schüttelsiebe in die Tonnen durch Schläuche, die wegen ihrer starken Bewegung aus Wildleder hergestellt sind.

Das von den Arbeitern zu befolgende Verhalten ergibt sich sinngemäß aus den bereits erwähnten Anforderungen an die Unfallsicherheit. Es ist nur noch zu bemerken, daß die Vorschriften für die Arbeitnehmer noch folgendes bestimmen:

„Heizrohre und Öfen der Trockenhäuser sind frei vom Pulverstaub zu halten. Die Temperatur in den Trockenkammern darf 75° C nicht übersteigen." (§ 67)

„Fässer und andere Gefäße müssen vor dem Hineinbringen in ein Pulverhaus sorgfältig von Sand und Erde befreit, die leeren Gefäße auch innen gut gereinigt werden.

In Pulverherstellungs- und Lagerräumen darf während des Betriebes nicht gescharrt, geschoben, geworfen oder mit Metallgeräten geklopft werden. Die Gefäße sind unter Vermeidung von Stößen und Schieben behutsam fortzubewegen." (§ 75)

Andere Sicherheitsmaßnahmen für Fabriken zur Herstellung von Schwarzpulver und schwarzpulverähnlichen Sprengstoffen sind bereits besprochen worden und zwar für die Betriebsführung S. 19ff., bauliche Anlage S. 32ff., Feuersicherheit und Feuerbekämpfung S. 70ff., elektrische Einrichtungen S. 125. Die Anlage einer Schwarzpulverfabrik und eine Blitzschutzanlage sind S. 55 mitgeteilt.

b) Nitropulver (rauchschwaches Pulver).

Die Fabrikation der Nitropulver besteht aus der Herstellung der Nitrocellulose und der eigentlichen Pulverfabrikation.

Die Nitrierung wird in Töpfen, Druckapparaten oder in Zentrifugen ausgeführt. In letzteren wird die nitrierte Wolle nach Beendigung des Nitrierprozesses sofort ausgeschleudert. Hierzu werden besondere Bauarten von Zentrifugen verwendet (S. 171). Die Baumwolle wird in ein Gemenge von Salpeter- und Schwefelsäure in den stillstehenden Zentrifugenkessel getaucht, der dabei dicht geschlossen wird. Die entstehenden giftigen Dämpfe werden durch ein vom Gehäuse, das den Kessel vollständig umschließt, abgeleitetes Rohr abgesaugt. Dann wird die Säure ausgeschleudert und die nitrierte Wolle in geschlossenen Leitungen nach der Wäsche geschwemmt.

Die Hauptgefahr für die bei der Nitropulverfabrikation beschäftigten Arbeiter bilden die nitrosen Gase, die, wie schon erörtert (S. 231), sehr giftig sind. Sie entstehen, wo Salpetersäure oder Nitriergut zur Zersetzung kommt und bei Bränden. Es sind im allgemeinen die bereits erwähnten Unfallverhütungsmaßnahmen durchzuführen (S. 232). An den Nitrierapparaten, den Schleudern und den ersten Waschbottichen sind Absaugungsvorrichtungen anzubringen.

Die berufsgenossenschaftlichen Vorschriften verlangen von den Arbeitnehmern:

„Bei vorkommenden Bränden haben sich die Arbeiter, wenn nitrose Dämpfe (rotbrauner Rauch) in größeren Mengen entstehen, schleunigst aus dem Bereich derselben zu entfernen. Das Wiederbetreten der Räume ist erst nach ausreichender Lüftung erlaubt." (§ 61)

Die Arbeiter müssen beim Nitrieren auch gegen Einwirkung von Säure geschützt werden, die beim Undichtwerden der Säureleitungen ausspritzen und beim Ausbrennen der Nitrierapparate umhergeschleudert werden kann. Es werden daher die Arbeiter mit dichten Drillichanzügen, auch mit Gummischürzen, Gummihandschuhen, Holzschuhen, Asbestgamaschen, Kapuzen mit Glimmereinsatz ausgerüstet.

Durch kräftige elektrische Funken kann Nitrocellulose entzündet werden. Auch kann sie selbst elektrisch werden, wenn die völlig trockene Faser sich an ebenfalls trockenen Gegenständen reibt. Auch geringfügige Reibungen können, wenn sie sich oft wiederholen, die elektrische Erregung vermehren, z .B. das Umfüllen getrockneter Nitrocellulose, das Durchsieben durch Haarsiebe, die reibende Berührung mit Wachstuch, Gummi, Leder. Es kann der elektrische Zustand dann sich so steigern, daß eine plötzliche Entladung der Elektrizität in Gestalt eines Funkens entsteht, durch den in der Nähe befindliches Nitroglycerin entzündet und zur Explosion gebracht werden kann.

Guttmann empfiehlt in seinem Werke „Industrie der Explosivstoffe" die Ableitung der Elektrizität, die aber in der Praxis nicht leicht durchführbar ist. Größere isoliert stehende Gefäße, welche eine die Elektrizität leitende Oberfläche besitzen, können geerdet werden, um einer Aufspeicherung beträchtlicher Elektrizitätsmengen vorzubeugen. Durch eine solche Erdableitung kann aber die auf den einzelnen Nitrocellulosefasern vorhandene Elektrizität nicht beseitigt werden, da die Nitrocellulose ein Nichtleiter ist. Diese Eigenschaft bewirkt aber auch, daß größere Elektrizitätsmengen, die starke Funkenbildung veranlassen, nicht leicht gleichzeitig zur Entladung kommen können.

Bei Nitrocellulose, die einen Feuchtigkeitsgehalt von noch 2% besitzt, treten erfahrungsgemäß keine gefährlichen elektrischen Spannungen auf, so daß schon durch dauerndes Naßhalten der Fußböden in den Arbeitsräumen einer elektrischen Erregung entgegengewirkt wird. Am besten ist es, von jeglicher Trocknung der Nitrocellulose abzusehen, wie dies beispielsweise beim Alkoholverdrängungsverfahren in vielen Fällen möglich ist. Es kann auch unter Umständen eine Trocknung bis zum Feuchtigkeitsgehalt von 2% herbeigeführt werden; ein etwaiger Nachteil dieses Feuchtigkeitsrückstandes z. B. für die Gelatinierung kann durch ein konzentriertes Lösemittel aufgehoben werden. Auch Transportgefäße für Äther, Alkohol, Aceton usw. aus Glas dürfen innerhalb des Fabrikationsbetriebes nicht verwendet werden. An dem Walz- und Schneidewerke sind Löschvorrichtungen anzubringen, die auch von außerhalb des Gebäudes bedient werden können.

Es ist noch zu erwähnen, daß außer den bereits S. 97 erwähnten Sicherheitsmaßregeln für elektrische Anlagen in den Unfallverhütungsvorschriften noch verlangt wird:.

„Die Verwendung gekreuzter Riemen ist zu vermeiden.
Starkstromanlagen und zugehörige Schalter, Drahtleitungen, Sicherungen usw. sind nur außerhalb der Gebäude zulässig." (§ 19)

Da an den Durchgangsstellen der Wellen durch den Trog von Knet- und Mischwerken sich Pulverreste ansetzen können, die ausgetrocknet leicht zur Entzündung gelangen, so müssen diese Stellen vor dem Beschicken mit Lösemitteln gut angefeuchtet oder geschmiert werden.

Zum Trocknen werden V a k u u m s c h r ä n k e verwendet, die so gebaut sein müssen, daß sie bei Entzündung des Inhalts schnell offen werden, damit die Gase am Entweichen nicht gehindert sind und nicht durch Überdruck Sprengwirkungen entstehen. Hierzu werden die Verschlußschrauben der Türen nach dem Anstellen des Vakuums geöffnet, damit die Türen sofort aufspringen können, oder die Schrauben werden so gestaltet, daß beim Auftreten eines Innendrucks der Verschluß selbsttätig aufgeht. Durch die Verwendung eines Vakuums, das durch Auspumpen der Luft aus dem Schrank erzeugt wird, entsteht eine Abschwächung der Explosionswirkung, da die Luft, die sonst den Stoß der Explosionsgase auf die Umschließungswände überträgt, beseitigt ist.

Die Explosionsgase können sich in dem luftverdünnten Raum auch schneller ausdehnen, wodurch eine Herabsetzung der bei der Explosion entstehenden Wärmemenge entsteht. Weitere Vorteile sollen auch in der Herabsetzung der Siedetemperaturen der zu verdampfenden Lösemittel und in der Abkürzung der Trockenzeit bestehen; es kann daher mit geringeren Sprengstoffmengen gearbeitet werden. Solche nach Angaben von *Ernst Storch* konstruierte Vakuumtrockenschränke werden von *Julius Pintsch, A.-G.* in Berlin ausgeführt und zwar nicht nur für Explosivstoffe, sondern auch zum Trocknen vieler anderer, in der chemischen Industrie vorkommender Materialien. Für Sprengstoffe werden die Apparate als zylindrische Kessel aus Schmiedeeisen hergestellt, in welche die zu trocknenden Stoffe auf Horden oder Schalen eingesetzt werden. Durch eine Luftpumpe wird ein Vakuum von 72 bis 73 cm Quecksilbersäule erzeugt. Nach beendeter Trocknung wird das Vakuum abgestellt und Luft eingelassen. Da hierbei eine gewisse Gefahr entstehen kann, werden die Rohrleitungen von den Apparaten durch die Sicherheitswälle hindurch nach außen geleitet, so daß ein Betreten der Trockenräume beim Einlassen der Luft nicht notwendig ist, auch können die schweren

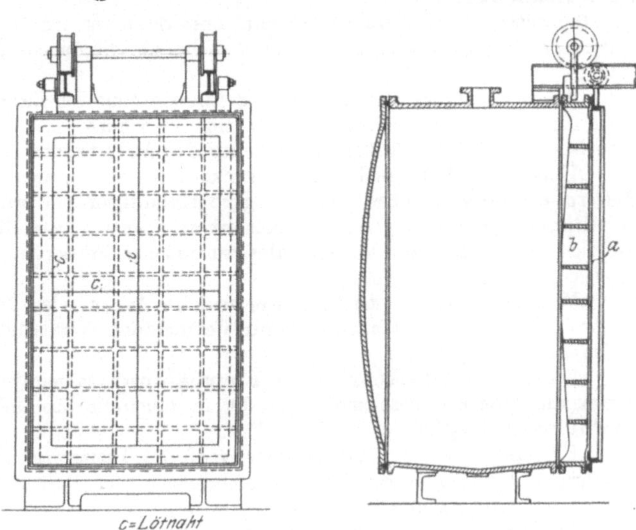

Fig. 220 u. 221.

Verschlußtüren aus der Entfernung gelockert werden. Um bei einer Explosion den Gasen schnellen Austritt zu ermöglichen, werden nach einem von den *Vereinigten Köln-Rottweiler Pulverfabriken* in Berlin benutzten Verfahren die Türen in Form von Gitterrosten gebaut. Die Öffnungen *b* (Fig. 220 und 221) sind mit Scheiben *a* aus Blei oder anderem geeigneten Material bedeckt, die durch Lötnähte *c* unter sich und mit der Umfassungswand verbunden werden. Durch die bei einer Entzündung des Trockengutes entstehende Wärme schmelzen die Lötstellen, die Scheiben fallen herunter und lassen plötzlich eine große Austrittsöffnung entstehen.

Zur Heizung der im Apparat befindlichen Heizplatten wird Heißwasser benutzt.

Bei Verwendung von Trockenschränken mit leichtem Abzug der im Falle einer Entzündung sich entwickelnden Pulvergase gelten die Trockenhäuser nach den berufsgenossenschaftlichen Vorschriften nicht als Gebäude mit Explosionsgefahr, sondern nur als solche mit Brandgefahr (S. 37).

Die berufsgenossenschaftlichen Unfallverhütungsvorschriften bestimmen:

„In Pulverherstellungsräumen, in denen sich entzündliche oder gesundheitsschädliche Dämpfe entwickeln können, ist für gute Entlüftung zu sorgen." (§ 12)

„Vor dem Beschicken der Knet- und Mischwerke mit Nitrocellulose-Pulvermasse sind die Stellen, an welchen die Welle durch den Behälter geht, gut mit Lösemitteln anzufeuchten.

Bei nitroglycerinhaltigen Pulvermassen sind diese Stellen von anhaftender Pulvermasse sorgfältig zu reinigen und zu schmieren." (§ 27)

„Das Einbringen trockener Nitrocellulose in Knetmaschinen ist auf das strengste zu untersagen, ebenso jedes Schieben und Stoßen von Gefäßen, die mit trockener Nitrocellulose gefüllt sind. Im Ansatzraum darf sich nie mehr als ein mit Nitrocellulose gefülltes Gefäß befinden.

Die getrocknete Nitrocellulose darf erst dann von den Trockenhorden in die Transportgefäße eingefüllt werden, wenn sie sich bis auf die Außentemperatur abgekühlt hat." (§ 28)

„An den Pulverarbeitsmaschinen ist die Reibung von Eisen auf Eisen zu vermeiden, sowie für zuverlässige Schmierung der sich reibenden Teile, für leichte Zugänglichkeit derselben und für möglichste Fernhaltung des Pulverstaubs zu sorgen." (§ 20)

„Über den Walz- und Schneidewerken, die zur Verarbeitung leicht entzündlicher Pulvermasse, insbesondere von nitroglycerinhaltigen Pulvern, gebraucht werden, ist eine Kippmulde oder dergleichen für Löschwasser anzubringen, die sowohl im Raume selbst als auch von außerhalb des Gebäudes zu rascher Entleerung gebracht werden kann." (§ 13)

„Metallene Gefäße und Apparate, welche Aceton oder Äther oder mit diesen getränkte Pulvermasse enthalten, sind zur Vermeidung elektrischer Ladungen in allen ihren Teilen zu erden." (§ 14)

„Die Rohmaterialien sind von Fremdkörpern zu reinigen. Die zur Verwendung kommende Nitrocellulose und Paste ist in feuchtem Zustande durch geeignete Siebe durchzulassen." (§ 23)

„Für nitroglycerinhaltiges Pulver darf die Temperatur in den Räumen zur Aufbewahrung der Rohmasse, den Ablagerhäusern, den Pulverwerken und den Trockenhäusern nicht unter plus 10° C sinken." (§ 24)

„In den Pulverarbeitsräumen muß überall die größte Ordnung herrschen. Die Türen und die Vorplätze der Gebäude mit Explosions- oder Brandgefahr müssen stets freibleiben und dürfen auch vorübergehend nicht verstellt, die Türen während der Arbeitszeit auch nicht verschlossen werden.

Gebrauchte Putzwolle oder gebrauchte Putzlappen sind am Tage in Arbeitsräumen in besonderen Behältnissen aufzubewahren und abends aus den Betriebsräumen zu entfernen. In den Pulverherstellungs- und Verpackungsräumen ist jede durch den Betrieb nicht gebotene Anhäufung von Pulver- und Rohstoffen zu vermeiden.

Andere Arbeiten, als der Betrieb es erfordert, dürfen in diesen Räumen nicht vorgenommen werden." (§ 58)

„In den Trockenräumen für Nitrocellulosepulver darf die Temperatur plus 85° C, in den Trockenräumen für Nitrocellulose und nitroglycerinhaltiges Pulver plus 50° C nicht übersteigen und in den letzteren niemals unter plus 10° C sinken.

Beim Trocknen der Nitrocellulose ist ein Verstäuben nach Möglichkeit zu vermeiden. Die Trockenhorden müssen frei von Staub gehalten werden und sind bei Nitrocellulose vor der Neubeschickung, bei Pulver öfters, mit feuchten Schwämmen oder Tüchern abzuwischen.

Die Darrhorden dürfen auf ihre Unterlagen nicht geschoben werden, wie überhaupt jede Reibung der trockenen Nitrocellulose vermieden werden muß.

Die getrocknete Nitrocellulose darf erst dann von den Trockenhorden in die Trans-

portgefäße eingefüllt werden, wenn sie sich bis auf die Außentemperatur abgekühlt hat."
(§ 64)

Andere Sicherheitsmaßnahmen für Nitropulverfabriken sind bereits besprochen worden, und zwar für die Betriebsführung S. 19ff., für die bauliche Anlage S. 32ff., Feuersicherheit und Feuerbekämpfung S. 70ff., elektrische Einrichtungen S. 125.

c) Nitroglycerinsprengstoffe.

Die Berufsgenossenschaft der chemischen Industrie hat für die Herstellung von Nitroglycerinsprengstoffen sehr eingehende Unfallverhütungsvorschriften erlassen. Soweit sie die Betriebsführung, bauliche Anlage, Bekämpfung von Bränden, elektrische Einrichtungen betreffen, sind sie bereits mitgeteilt (S. 19ff., S. 33ff., S. 70ff., S. 125). Ein Magazin zur Lagerung von Dynamit ist S. 56 mitgeteilt.

Das Nitroglycerin (Sprengöl) wird durch Nitrierung des Glycerins mit Salpetersäure unter Mitwirkung von konzentrierter Schwefelsäure gewonnen, wobei letztere nur zur Aufnahme des sich bildenden Wassers dient. Das erzeugte Sprengöl wird, um die Gefahren der Handhabung, Lagerung und des Transports zu verringern, nie in reinem Zustande als Sprengmittel verwendet, sondern stets mit Kieselgur, Gelatine, Sägemehl, Kohlenpulver usw. vermengt. Diese Gemenge bilden die unter verschiedenen Namen in den Handel kommenden Sprengmittel.

Bei der Herstellung von Nitroglycerinsprengstoffen muß eine Erwärmung des sauren Sprengöls über die höchst zulässige Maximaltemperatur vermieden werden. Im Nitriergefäß soll die Temperatur 30° nicht übersteigen; der Abfluß des nitrierten Gemisches in den Scheidetrichter darf erst erfolgen, nachdem es sich auf mindestens 25° abgekühlt hat. Da beim Zutreten von Wasser zum Nitriergemisch eine gefährliche Temperatursteigerung entsteht, so muß dies durch geeignete Arbeitsweise vermieden werden. Daher sind die Kühlschlangen durch Stehenlassen unter Druck vor Beginn des Nitrierprozesses auf ihre Dichtigkeit zu prüfen und muß beim Nachspülen des Nitriergefäßes die Verbindung mit dem Scheidetrichter aufgehoben und diejenige mit dem Sicherheitsbottich hergestellt werden. Zur gleichmäßigen Temperaturregulierung sind Nitriergefäße und Scheidetrichter mit einer Luftrührung auszustatten und müssen Reserverührvorrichtungen für Druckluft, flüssige Kohlensäure oder verdichteten Stickstoff vorhanden sein, da ein Versagen der gewöhnlichen Vorkehrung sehr gefährlich werden könnte. Nitrierapparate und Scheidetrichter müssen eine Einrichtung haben, durch die ihr Inhalt im Falle der Gefahr schnell in einen Sicherheitsbottich abgelassen werden kann. Letzterer ist für die mindestens fünffache Wassermenge der vorhandenen Mischsäure zu bemessen, mit Luftrührvorrichtung und einem am Boden mündenden Wasserzuflußrohr sowie mit einer Überlaufrinne zu versehen. Das Wasserrohr ist so zu bemessen, daß durch den Wasserzufluß eine schnelle Verdrängung der Säure stattfindet und eine Erhitzung des Nitroglycerins verhindert wird.

Der Wasserzufluß und die Luftrührung müssen gleichzeitig mit dem Öffnen
der Ablaßvorrichtung zum Sicherheitsbottich in Wirksamkeit treten oder so
eingerichtet sein, daß sie vom Sicherheitsstand an der Außenseite des Walles
in Tätigkeit gesetzt werden können.

Die *Dynamit-Akt.-Ges. vorm. Alfred Nobel & Co.* in Hamburg verwendet
folgende Sicherheitsvorrichtung zum automatischen Entleeren von
Nitrierapparat und Scheider im Nitrierraum einer Nitroglycerinanlage.
Durch Preßluft wird ein Kolben aus einem Zylinder herausbewegt und damit
durch eine an der Kolbenstange befestigte Kette der am Nitrierapparat angebrachte Hahn geöffnet, so daß das Einströmen der Luft in die Zylinder
durch Öffnen von Hähnen, die an jeder Tür, sowie auch an jedem Sicher-
heitsunterstand außerhalb der Umwallung der Hütte angebracht sind, bewirkt
werden kann. An der Luftleitung sind Signalpfeifen angeordnet, welche in
allen übrigen Sprengstoffhütten den darin Anwesenden Alarmsignale zum
Verlassen der Hütte geben.

Lesser empfiehlt[1], den Zylinder ständig unter Druck zu halten, so daß
die Verschiebung des Kolbens eintritt, sobald die Leitung geöffnet wird oder
abreißt. Dann wird, auch wenn die Druckluftleitung durch Explosion einer
der Hütten beschädigt wird, doch sofort die Entleerung nach dem Sicherheitsbottich stattfinden. Die zum Rühren benutzte Luft müßte dann den Apparaten
durch eine besondere Leitung zugeführt werden. Es können hierzu Vierweg-
hähne angelegt werden, so daß gleichzeitig die Zylinder mit der Außenluft,
die Rührleitung mit der Druckluft in Verbindung gesetzt würden. Um der
Gefahr des Versagens der Luftrührung bei Leitungsbruch zu begegnen, kann
man zweierlei Anordnungen treffen. Bei der einen wird in der Nähe der Nitrier-
häuser und des Waschhauses ein größerer Druckluftkessel eingeschaltet; bei
der anderen wird eine mit flüssiger Kohlensäure gefüllte Flasche vorgesehen,
um hierdurch das Rühren zu vermitteln.

Um im Falle einer Gefahr den weiteren Glycerinzufluß absperren zu können,
ist vereinzelt auch der hierzu anzubringende Hahn mit dem Kolben eines
Druckluftzylinders verbunden worden. Zweckmäßiger ist es, den Hahn durch
eine Feder selbsttätig schließen zu lassen, sowie der Arbeiter die Hand davon
nimmt.

Nach Beendigung der Operation kann es vorkommen, daß noch einzelne
Glycerintropfen in den im Nitriergefäß verbliebenen Säurerest tropfen, so
daß sich noch nachträglich etwas Nitroglycerin bildet, durch dessen Zersetzung eine Explosion entstehen kann. Um dieser Gefahr zu begegnen, wird
die Einrichtung getroffen, daß die Mündungen des Einflußrohres nach der
Beendigung des Verfahrens umgelegt werden, so daß etwa noch abtropfendes
Glycerin nicht mehr in die Säure fällt. Beide Einrichtungen, der selbsttätig
schließende Hahn und die Umlegung der Mündungen des Rohres, lassen sich
miteinander verbinden, so daß beim Loslassen eines außerhalb des Apparates
angebrachten Hahngriffes der Hahn des Glycerinzuflusses sich selbsttätig

---

[1] Zeitschrift für das gesamte Schieß- und Sprengstoffwesen 1907. S. 121.

schließt und gleichzeitig die Mündungsstücke für diesen Zufluß sich umlegen in eine Rinne, durch die das abtropfende Glycerin abgeführt wird.

Der Transport ungereinigten Sprengöls vom Nitrierhaus zum Waschhaus erfolgt meist durch Rohrleitungen, die mit Wasser nachgespült werden, um sie von anhaftenden Öltropfen zu reinigen und so die Gefahr der Übertragung einer Explosion von einer Hütte auf die andere auf die kurze Zeit zu beschränken, während deren das Öl abfließt. Gereinigtes Sprengöl wird entweder durch Rohrleitungen oder durch Tragen in Kannen transportiert. Bei der ersteren Einrichtung wird auch wohl in die Röhren ein Schlauch eingeschaltet, der nach dem Durchfließen abgehängt wird, um die Leitung zu unterbrechen. Nach *Lesser* (a. a. O.) kann diese Einrichtung nur dann ausreichen, wenn an jedem Ende eine solche Unterbrechung angeordnet wird, da sonst nur diejenige Hütte geschützt wird, in deren Umwallung die Unterbrechung liegt.

Um zu verhindern, daß im Waschhaus durch Unterbringung der Filtergefäße größere Mengen von Sprengöl sich ansammeln, wird in einzelnen Fabriken zwischen Waschhaus und Mischhütten ein besonderes Filterhaus eingeschaltet, in dem das Öl aufbewahrt wird, und das nur zu gelegentlicher Revision und zum Umstellen der Hähne von einzelnen Arbeitern betreten wird.

Für das Tragen von Sprengöl werden gewöhnlich Kannen aus Hartgummi benutzt, für vorgelatinierte Masse, die nach dem Knetwerk zu tragen ist, hölzerne Tröge mit Hartgummi- oder Kautschukeinlage. *Lesser* bemerkt, daß es zweifelhaft sei, ob man nicht besser ein die Elektrizität leitendes Material, etwa Messing, benutzen würde, da immerhin, z. B. wenn der Arbeiter einen Tropfen Öl mit einem Tuche abwischt, Reibungselektrizität auftreten kann.

Das Trocknen der Kollodiumwolle konnte in den Nitroglycerinsprengstoffabriken durch ein nasses Verfahren noch nicht ersetzt werden. Die bei der Verwendung der leicht flüchtigen Gelatinierungsmittel entstehenden Gefahren bedingen besondere Sicherheitsmaßnahmen. In den Pulverherstellungsräumen, in denen entzündliche und gesundheitsschädliche Dämpfe auftreten können, muß für gute Entlüftung gesorgt werden. Das Auftreten elektrischer Spannungen, das beim Abfüllen der Gelatinierungsmittel, insbesondere Schwefeläther, oder beim Weiterverarbeiten gelatinierter Pulvermassen zu befürchten ist, muß durch Erdung der metallenen Gefäße und Apparate, die Aceton oder Äther oder mit diesen getränkte Pulvermassen enthalten, in allen ihren Teilen verhütet werden.

Nitroglycerin friert schon bei 8° und ist dann bedeutend explosionsgefährlicher als in flüssigem Zustande. Es muß also ein Unterschreiten der Mindesttemperatur von 10° vermieden werden; hierzu darf die Temperatur der Betriebsräumnicht zu tief sinken.

Zum Auftauen der gefrorenen Patronen werden Apparate verwendet, die mit heißem Wasser geheizt oder mit einer besonderen Masse gefüllt werden. „Dynamit-Thermophore" der letzteren Art liefert die *Deutsche Thermophor-A.-G.* Andernach a. Rh., eine Erwärmung der Masse findet durch Einsetzen des Apparates in kochendes Wasser statt. Einen Dynamitauftauapparat, der in seinem Doppelmantel mit kochendheißem Wasser gefüllt wird, verfertigt *Gustav Kniprath* in Velbert i. Rhld.

Das Zutragen des Dynamits zu den Patronenmachern bildet insofern eine Gefahr, als dann immer Schmutz in die Patronenbude getragen wird, und die in ihr beschäftigten Arbeiter von ihrer Tätigkeit abgelenkt werden. Zur Vermeidung dieser Übelstände wird in der Dynamitfabrik von Dr. *Nahnsen & Cie.* in Anzhausen bei Siegen die in Fig. 222—224 dargestellte Einrichtung benutzt. Sie besteht in einem an die Bude angebauten zweiteiligen Schalter *a b*, welcher von außen durch eine Schiebetür verschlossen und im rechten Winkel dazu, nach der Bude hin, offen ist. Die Schiebetür *f* besteht aus einem Holzrahmen mit Linoleumfüllung und läuft in Messingrollen auf einer Stahlschiene *d*. Die beiden Fächer im Schalter und das vor ihm angebrachte Absatzbrett *c*

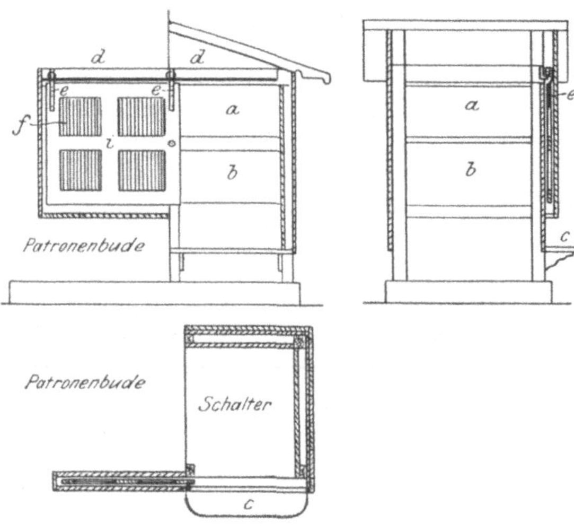

Fig. 222—224.

haben Linoleumbelag. Die Dynamitkasten werden außerhalb der Erdumwallung auf Gleiswagen herangefahren, der Zuträger öffnet den Schalter, entnimmt ihm die leeren Kasten und setzt volle hinein.

Die besonderen Unfallverhütungsvorschriften für Nitroglycerinsprengstofffabriken enthalten folgende Bestimmungen:

„Die Nitrierapparate und Scheidetrichter müssen außer ihrer Luftrührung eine Reserve-Rührvorrichtung haben. Hierzu können Druckluftbehälter oder Flaschen mit flüssiger Kohlensäure bzw. komprimiertem Stickstoff dienen, deren Ausströmung durch ein Druckreduzierventil regulierbar sein muß, und für welche geeignete Vorrichtungen, wie Manometer, Wage, Finimeter, zur Kontrolle des Inhalts vorzusehen sind.

Nitrierapparate und Scheidetrichter müssen ferner eine Einrichtung haben, mittels welcher ihr Inhalt im Falle der Gefahr in kürzester Zeit in einen Sicherheitsbottich abgelassen werden kann. Letzterer ist für die mindestens fünffache Wassermenge der vorhandenen Mischsäure zu bemessen, mit Luftrührvorrichtung und einem am Boden des Bottichs mündenden Wasserzuflußrohr sowie mit einer Überlaufrinne zu versehen. Das Wasserrohr ist so zu bemessen, daß durch den Zufluß des Wassers eine schnelle Verdrängung der Säure stattfindet und eine Erhitzung des Nitroglycerins verhindert wird. Der Wasserzufluß und die Luftrührung müssen gleichzeitig mit dem Öffnen der Ablaßvorrichtung zum Sicherheitsbottich in Wirksamkeit treten oder so eingerichtet sein, daß sie vom Sicherheitsstand an der Außenseite des Walles in Tätigkeit gesetzt werden können.

Die Sicherheitsbottiche müssen stets mit der vorgeschriebenen Wassermenge gefüllt sein.

Die Ersatzluftrührung muß sich sowohl vom Innern des Gebäudes wie von der Deckung aus einfach und sicher in Tätigkeit setzen lassen.

Mit der Betätigung der Ablaufvorrichtung in den Sicherheitsbottich ist gleichzeitig ein Alarmsignal auszulösen.

Nitriergefäße und Scheidetrichter sind mit Thermometern zu versehen." (§ 10)

„Am Eingange eines jeden Raumes ist eine dauerhafte Tafel anzubringen, auf welcher die Art des Sprengstoffes, die zulässige Menge desselben und die zulässige Zahl der Arbeiter angegeben ist.

Jedem Arbeiter ist ein bestimmter Wirkungskreis anzuweisen, der strengstens innezuhalten ist.

Die Arbeiter dürfen nur diejenigen Arbeitsstätten betreten, an denen sie nach der Anweisung der Betriebsleitung zu tun haben.

Zu- und Abträger haben sich nach der Ausführung ihrer Verrichtung sofort wieder zu entfernen.

Bei Ausbesserungs- und Umänderungsarbeiten, die wegen der damit verbundenen Gefahr einer besonderen Vorsicht bedürfen, ist die Zahl der Arbeiter auf das notwendigste Maß zu beschränken." (§ 15)

„Für gute Ventilation der Magazine ist zu sorgen." (§ 6)

Die Unfallverhütungsvorschriften der Berufsgenossenschaft enthalten weiter Bestimmungen über den zulässigen Sprengstoffinhalt für die einzelnen Gebäude, deren geringsten zulässigen Abstand voneinander und die höchste zulässige Zahl der Arbeiter außer Zu- und Abträgern. In nachstehender, den Vorschriften entnommener Tabelle sind diese Angaben zusammengestellt:

	Gebäude	Abstand von Mitte bis Mitte der Gebäude in m	Zulässige Sprengstoffmenge in kg	Zulässige Zahl der Arbeiter
Gebäude eines Systems	1. Nitrierhaus	25	600	
		40	1200	2
		50	2000	
	2. Scheidehaus	25	600	
		40	1200	1
		50	2000	
	3. Wasch- und Filterhaus	25	1200	
		40	2400	2
		50	4000	
	4. Sprengölmagazin	30	4000	2
	5. Nachscheidehaus Abwasserhaus Denitrierung	Können f. mehrere Systeme gemeinschaftlich verwendet werden (vgl. § 3)	Ohne Ansammlung von Sprengöl (vgl. §§ 18, 19, 20)	2
	6. Vorgelatinierhaus und Mischhaus für Kieselgurdynamit			
	7. Knet- und Mischmaschinenhaus für hochprozentige (über 25%) gelatinierte und nicht gelatinierte, nitroglycerinhaltige Sprengstoffe bei Verwendung von Maschinen mit horizontaler Achse	25	600	2
		40	1200	

<table>
<tr>
<th colspan="2">Gebäude</th>
<th>Abstand von Mitte bis Mitte der Gebäude in m</th>
<th>Zulässige Sprengstoffmenge in kg</th>
<th>Zulässige Zahl der Arbeiter</th>
</tr>
<tr>
<td rowspan="7">Gebäude eines Systems</td>
<td rowspan="1">8. Mischmaschinenhaus für hochprozentige, gelatinöse Nitroglycerinsprengstoffe bei Verwendung von Maschinen mit vertikal aufgehängter Achse und Rührflügeln</td>
<td>50</td>
<td>2000</td>
<td>2</td>
</tr>
<tr>
<td rowspan="3">9. Mischhaus für niedrigprozentige (4 bis 5%), nitroglycerinhaltige Sprengstoffe mit und ohne Kraftbetrieb</td>
<td>25</td>
<td>600</td>
<td>2</td>
</tr>
<tr>
<td>40</td>
<td>1200</td>
<td rowspan="2">4</td>
</tr>
<tr>
<td>50</td>
<td>2000</td>
</tr>
<tr>
<td rowspan="3">10. Zwischenlager für Sprengstoffe</td>
<td>25</td>
<td>600</td>
<td rowspan="3">2</td>
</tr>
<tr>
<td>40</td>
<td>1200</td>
</tr>
<tr>
<td>50</td>
<td>2000</td>
</tr>
<tr>
<td colspan="2">11. Patronenhütten für hochprozentige Sprengstoffe</td>
<td>12</td>
<td>50</td>
<td rowspan="2">2</td>
</tr>
<tr>
<td colspan="2"></td>
<td>15</td>
<td>75</td>
</tr>
<tr>
<td colspan="2">12. Patronenhütten für niedrigprozentige Sprengstoffe</td>
<td>15</td>
<td>200</td>
<td>4</td>
</tr>
<tr>
<td colspan="2">13. Packhäuser</td>
<td>30</td>
<td>Ohne Ansammlungen</td>
<td>6</td>
</tr>
<tr>
<td colspan="2" rowspan="2">14. Sprengstoffmagazine</td>
<td>untereinander 15   von den Packhäusern 40</td>
<td>5000</td>
<td rowspan="2">—</td>
</tr>
<tr>
<td>40   150</td>
<td>30000</td>
</tr>
<tr>
<td colspan="2">15. Trockenhaus für Kollodiumwolle</td>
<td>45</td>
<td>—</td>
<td>2</td>
</tr>
</table>

Für die Knet- und Mischmaschinen gilt:

„Spateln oder sonstige Werkzeuge zur Bedienung der Maschinen sind im Knet- oder Mischwerk zu vermeiden. Nur soweit solche Arbeiten nicht mit den Händen allein auszuführen sind, ist der Gebrauch hölzerner Spateln gestattet."

„Das Durchtränken trockener Nitrocellulose mit Glycerin in Knet- oder Mischmaschinen ist aufs strengste untersagt. Dagegen ist bei der Herstellung von Sicherheitssprengstoffen gestattet, trockene Nitrocellulose in die Mischmaschinen einzubringen, wenn letztere zuvor mit den übrigen Bestandteilen, denen die Nitrocellulose zugesetzt werden soll, beschickt ist oder alle Bestandteile der Sicherheitssprengstoffe vor dem Einbringen in die Maschine von Hand vorgemischt sind." (§ 21)

für Patronenmaschinen:

„In einer Patronenhütte dürfen zu gleicher Zeit Sprengstoffe verschiedener Art nicht verarbeitet werden.

An den Patronenmaschinen darf das Auswechseln der Hülsen und das Einstellen der Maschinen nur von dem Meister oder dessen Stellvertreter vorgenommen werden, der die Ersatzstücke zu verschließen oder sicher zu verwahren hat. Erst nachdem sich dieser von dem regelmäßigen Gange der Maschine überzeugt hat, ist mit der Arbeit zu beginnen.

Werkzeuge zum Einstellen und Reinigen der Maschinen dürfen innerhalb der Patronenhütten nur in einem unter Verschluß des Meisters stehenden Schrank aufbewahrt werden.

Mit Schmieröl durchtränkte Putzlappen oder Putzwolle sind außerhalb der Patronen-hütte in einem Blechkasten unterzubringen." (§ 22)

Weiter gilt:

„Die Leitungen für Nitroglycerin, nitroglycerinhaltige Säuren und nitroglycerin-haltiges Wasser sind aus Blei oder glasiertem Steingut herzustellen. Sie müssen mit mög-lichst großem, gleichmäßigem Gefälle ohne tote Punkte so verlegt werden, daß sie auf Dichtigkeit und Sauberkeit untersucht werden können. Ist dabei Beleuchtung nicht zu vermeiden, so dürfen nur elektrische Sicherheitslampen benutzt werden.

Es ist Sorge zu tragen, daß das Nitroglycerin in den Leitungen nicht erstarren kann. Offene Leitungen sind zu überdecken.

Die Küken der Tonhähne für Nitroglycerin und Säuren müssen durch geeignete Vorrichtungen gegen Herausfliegen gesichert sein." (§ 9)

„Alle Hähne von Nitroglyceringefäßen und Leitungen müssen sorgfältig geschmiert werden. Die Arbeiter haben sich vor Beginn und während der Arbeit von der leichten Gangbarkeit zu überzeugen." (§ 27)

Für die Nitrierung, Waschung und Filtrierung ist bestimmt:

„Zur Absonderung grober Verunreinigungen muß das Glycerin vor dem Einlauf in das Nitriergefäß ein Sieb durchfließen.

Befinden sich Nitrierapparat und Scheidetrichter in demselben Raume, so darf mit der Füllung des Nitrierapparates für eine neue Operation nicht begonnen werden, bevor die Ladung den Scheidetrichter verlassen hat, es sei denn, daß ein Zusammenfließen des Inhalts vom Scheidetrichter mit dem des Nitrierapparates, z. B. durch getrennte Sicherheitsbottiche, unmöglich gemacht ist, oder beim Vorhandensein von nur einem Sicherheitsbottich nicht mehr als der zehnte Teil der übrigen Nitriersäure in den Nitrier-apparat hineingelassen wird.

Die Temperatur im Nitriergefäß soll 30° C nicht übersteigen und der Ablauf des nitrierten Gemisches in den Scheidetrichter erst erfolgen, nachdem sich dasselbe auf min-destens 25° C abgekühlt hat.

Um zu verhindern, daß beim Nachspülen des Nitriergefäßes Wasser in den gefüllten Scheidetrichter eintreten kann, ist die Verbindung zwischen beiden aufzuheben und gleich-zeitig ein Ablauf vom Nitriergefäß nach dem Sicherheitsbottich herzustellen.

Das gewaschene Nitroglycerin ist zu filtrieren und muß, wenn seine Beförderung durch Leitungen erfolgt, bevor es in das Sprengölmagazin oder an den Verbrauchsstätten in den Sammelbehälter gelangt, nochmals ein Filtertuch durchfließen.

Der Gang der Fabrikation im Nitrier-, Scheide- und Waschhaus ist so zu regeln, daß nach Schluß der Arbeit kein saures Nitroglycerin in diesen Gebäuden zurückbleibt." (§ 17)

für die Nachscheidung:

In der Nachscheidung ist jede nicht durch den Betrieb bedingte Ansammlung von Nitroglycerin zu vermeiden.

Das abgezogene Sprengöl ist sofort in einen teilweise mit Wasser angefüllten Be-hälter zu geben und, falls es nicht in der Nachscheidung selbst gewaschen wird, recht-zeitig zum Vorwaschbottich oder Waschhaus zu tragen und dort, solange die Wascharbei-ten im Gange sind, mitzubearbeiten.

Das nach Schluß des Betriebes im Waschhause und während der Nachtzeit ab-gezogene Nitroglycerin ist mit einer der ersten Chargen zu waschen.

In den Transportgefäßen ist das saure Sprengöl unter Wasser zu halten.

Um ein Gefrieren und Ausscheiden von Nitroglycerin in der Rohrleitung zur De-nitrierung zu verhindern, ist entweder durch die Bemessung der Temperatur in der Nach-scheidung oder durch geeignete Vorkehrungen dafür zu sorgen, daß die Abfallsäure in der Denitrierung mit wenigstens +10° C eintrifft." (§ 18) für die Denitrierung:

„Die Abfallsäure soll im Vorratsbehälter auf eine Temperatur von mindestens 15 ° C gebracht werden und darf nie unter +10 ° C herabsinken. Letzteres gilt auch bei der Verwendung von Montejus für nicht denitrierte Säure.

Alle aus der Nachscheidung abgelassene Säure ist im Laufe des Tages zu denitrieren. Weder im Vorratsbehälter noch in den Leitungen oder im Montejus darf nach Schluß der Denitrierarbeiten sprengölhaltige Abfallsäure zurückbleiben.

Das im Vorratsbehälter noch abgeschiedene Nitroglycerin ist sorgfältig abzuziehen, unter Wasserabschluß zum Vorwaschbottich, Waschhaus oder zu der Nachscheidung zu tragen und mit dem daselbst gewonnenen Sprengöl weiter zu behandeln.

Der Vorratsbehälter ist nach seiner vollständigen Entleerung mit warmer, denitrierter Abfallsäure nachzuspülen; dann sind die Hahnküken aus ihren Gehäusen zu entfernen und für sich besonders in gleicher Weise zu reinigen.“ (§ 19)

Weiter ist bestimmt:

„Das im Abwasserhaus gewonnene Nitroglycerin ist täglich mindestens einmal abzuziehen und nach dem Vorwaschbottich oder dem Waschhaus zu schaffen.“ (§ 20)

„Alle pulverförmigen Aufsaugestoffe und Zumischpulver sind vor ihrer Mischung mit Nitroglycerin sorgfältig durchzusieben.

Die zur Gelatinierung bestimmte Kollodiumwolle ist in feuchtem Zustande durch geeignete Siebe zu reiben.“ (§ 21)

für das Trocknen von Kollodiumwolle:

„Das Durchreiben der feuchten Kollodiumwolle darf nicht in dem Trockenraum selbst, kann aber in dem Vorraume des Trockenhauses geschehen.

Die Trockengestelle und -rahmen aus Holz dürfen keine eisernen oder metallenen Befestigungsteile haben. Die Trockenrahmen dürfen auf ihren Unterlagen nicht geschoben werden. Jede Reibung muß bei trockner Kollodiumwolle vermieden werden.

Ein Verstäuben ist gleichfalls zu vermeiden und der Staub vor jeder Neubeschickung von den Rahmen und Gestellen durch feuchtes Abwischen zu beseitigen.

Die Temperatur im Trockenraume darf 50 ° C nicht überschreiten. Das Ablesen des Thermometers muß geschehen können, ohne daß der Trockenraum betreten zu werden braucht.

Zum Transport sind Beutel aus weichem Leder oder ähnlichen Stoffen sowie dunkelgefärbte Behälter aus Papiermasse oder Holz zu benutzen, die innen glatt sind und gut abschließende Deckel haben. Nägel, Schrauben und sonstige Befestigungsmittel- bzw. Verschlußteile aus Eisen oder Metall dürfen zu den Behältern nicht verwendet werden.“ (§ 24)

Dann gilt noch:

„Der Transport von neutralem Sprengöl darf sowohl durch Leitungen wie in leicht geschlossenen Gefäßen aus Guttapercha oder Papiermasse erfolgen; Gleiswagen sind nur, soweit sie bei Inkrafttreten dieser Vorschriften in Verwendung sind, weiter zulässig.

Abgezogenes Nitroglycerinöl aus der Nachscheidung und Denitrierung ist zu tragen. Die zum Transport der Sprengstoffe benutzten Kasten sind abzudecken.

Die Abfallsäure soll von der Nachscheidung nach der Denitrierung durch Leitungen transportiert werden. Nur im Falle von Reparaturen ist der Transport nitroglycerinhaltiger Abfallsäure im ungefrorenen Zustande in Glasballons gestattet.“ (§ 26)

„Der Filterschlamm darf über Nacht nicht trocken im Waschhaus verbleiben; er ist nach sorgfältigem Auswaschen alkalisch zu machen und unter einer Sodalösung bis zu seiner Vernichtung aufzubewahren. Letztere hat mindestens einmal wöchentlich zu geschehen.

Saurer Schlamm darf nicht aufbewahrt werden.

Die Vernichtung des Filterschlammes und der verunreinigten nitroglycerinhaltigen Aufsaugestoffe hat nach Anweisung der Betriebsleitung unter Aufsicht des Meisters zu erfolgen. Versenken in Wasser oder Vergraben ist unzulässig. Nitroglycerinhaltige Filtertücher sind zu reinigen und mit Wasser auszuwaschen, Schwämme nach dem Gebrauch unter Wasser oder in einer Sodalösung aufzubewahren." (§ 30)

„Das Einschmelzen von Bleigefäßen oder sonstigen mit Nitroglycerin in Berührung gekommenen Teilen darf erst erfolgen, nachdem sie unter Beobachtung der erforderlichen Sicherheitsmaßregeln über hellem Feuer abgebrannt sind.

In derselben Weise sind alle unbrauchbar gewordenen Gegenstände gleicher Eigenschaft zu behandeln, deren Vernichtung durch Explodieren oder Verbrennen nicht möglich ist." (§ 32)

d) Pikrinsäure.

Die folgenschwere Explosion, welche am 25. April 1901 die Pikrinsäureabteilung der chemischen Fabrik in Griesheim zerstörte, zeigte die bis dahin unterschätzte Gefährlichkeit der Herstellung und veranlaßte die Berufsgenossenschaft der chemischen Industrie, besondere Unfallverhütungsvorschriften zu erlassen. Soweit diese die Betriebsführung und die bauliche Anlage der Fabriken betreffen, sind sie schon mitgeteilt (S. 18ff., S. 31ff.), auch die Maßnahmen zur Feuersicherheit und Feuerbekämpfung sind bereits besprochen (S. 69ff.). Für den Betrieb sind noch folgende Bestimmungen festgesetzt:

„Den Arbeitern sind taschenlose Arbeitsanzüge zu liefern, welche regelmäßig zu reinigen sind. Feuerzeuge und Metallgegenstände sind vor dem Betreten des Betriebes abzulegen." (§ 24)

„Trockene Pikrinsäure, welche umkristallisiert werden soll, ist unter Aufsicht in den Arbeitsraum und sogleich in Wasser zu bringen." (§ 31)

„Bei den Einrichtungen zum Trocknen, Mahlen und Sieben ist eine Reibung von Eisen auf Eisen und eine Verstäubung von Pikrinsäure zu vermeiden." (§ 32)

„Alle Einrichtungen sind so zu treffen, daß die Bildung von Pikraten verhindert wird; insbesondere ist es in den Abteilungen b bis e möglichst zu vermeiden, daß zwischen Pikrinsäure und Metallen eine Berührung eintrete, welche eine Pikratbildung veranlassen könnte." (§ 33)

„Es dürfen keinerlei Abgänge aus der Fabrikation in den Boden vergraben werden. Abgänge, welche feuer- oder explosionsgefährliche Stoffe enthalten, sind an einem hierfür bestimmten Ort unter Aufsicht durch Verbrennen zu vernichten." (§ 35)

e) Zündhütchen und Patronen.

Bei der Zündhütchenfabrikation handelt es sich um die Herstellung der metallenen Kapseln, der Zündmasse und um das Laden der Kapseln. Die Anfertigung der Kapseln erfolgt auf Ziehmaschinen, bei denen hauptsächlich durch geeignete Bauart der Maschine oder durch Abschluß mittels Glasplatte oder Drahtgewebe verhindert werden muß, daß der Arbeiter an den Ziehdorn greift.

Die Herstellung der Zündmasse ist durch die Verwendung des sehr explosiven Knallquecksilbers, bei dessen Herstellung auch giftige nitrose Gase und bei dessen Zersetzung Quecksilberdämpfe entstehen, besonders gefährlich. Die Gase sind durch kräftig wirkende Saugschlote abzuleiten; soweit sie sich niederschlagen lassen, sind sie einer Kondensationsanlage zuzuführen.

Bei der Nitrierung des Quecksilbers werden nur kleine Mengen desselben in konischen Glasflaschen der Einwirkung von chemisch reiner Salpetersäure ausgesetzt. Die Glasflaschen werden nach Einfüllung von Quecksilber und Salpetersäure in einem auf ungefähr 50° erhitzten Wasserbade erwärmt. Fig. 225 veranschaulicht ein solches, wie es in den *Deutschen Waffen- und Munitionsfabriken* in Karlsruhe verwendet wird.

Die besonderen Unfallverhütungsvorschriften fordern:

„Bei der Herstellung von Knallquecksilber und bei der Verarbeitung von dessen Neben- und Abfallprodukten müssen die Arbeiter durch geeignete Vorichtungen möglichst gegen das Einatmen der sich dabei entwickelnden schädlichen Gase geschützt sein.

Diese Vorrichtungen müssen auch dort angebracht sein, wo sich Quecksilberdämpfe in größerer Menge entwickeln." (§ 18)

Eine eingehende Darstellung der Gefahren der Knallquecksilberfabrikation hat Dr. *Klocke* in Bochum im Heft 2 des II. Bandes der Monatsschrift „Soziale Medizin und Hygiene" gegeben.

Das Trocknen des Knallquecksilbers und der Zündsätze geschieht jetzt fast allgemein in Vakuumtrockenschränken (S. 262), deren Beschickung genau so geregelt sein muß. Das Mischen erfolgt meist in kleinen Papptrommeln. Die hierbei und beim Sieben und Körnen zu beobachtenden Sicherheitsmaßnahmen sind in den nachstehenden berufsgenossenschaftlichen Vorschriften angegeben, die ferner auch genaue Bestimmungen über das Laden enthalten. Die Vorschriften lauten:

Fig. 225.

„Überall, wo Sprengstoffe zur Verarbeitung kommen, ist streng darüber zu wachen, daß der sich entwickelnde Staub sich nicht gefahrbringend anhäufen kann." (§ 19)

„Knallquecksilber ist bis zu dessen Vermischung in dichten glatten Gefäßen in feuchtem Zustande zu bewahren und zu erhalten." (§ 20)

„Das Körnen und das Sieben von halbtrockenem und trockenem Sprengstoff muß möglichst auf maschinellem Wege erfolgen unter Anwendung geeigneter Schutzvorrichtungen.

Im Siebhause darf nur ein einziger Arbeiter beschäftigt werden." (§ 21)

„Die Arbeitstische der Räume, in denen Sprengstoffe gemischt, getrocknet, gekörnt oder gesiebt werden, sind, wo es die Arbeitsweise gestattet, mit dickem Wollgewebe oder Teppich und diese wieder mit Wachstuch allein so zu belegen, daß der Belag nicht abrutscht. Es ist aber auch die Verwendung von Platten aus Hartgummi oder ähnlichem Material allein gestattet." (§ 22)

„Die Rahmen, auf denen die Sprengstoffe ausgelegt werden, müssen aus leichtem glatten Holz und einem zwischengespannten Geflecht aus Bindfaden, Seide, Gaze oder einem ähnlichen Stoff hergestellt sein.

Wenn diese Rahmen in den Trockenhäusern auf die Latten lose aufgelegt werden, so müssen letztere mit Wollstoff und dieser wieder mit glattem Wachstuch dicht umhüllt sein." (§ 23)

„Das Einbringen der leeren Sprengzündhütchen-Hülsen in die Ladelöffel soll in einem Raum vorgenommen werden, der von dem Raume zur Bedienung der Lademaschinen und Pressen abgetrennt und mit demselben nur durch eine Öffnung zum Durchreichen der Ladelöffel verbunden ist." (§ 24)

„Das Oberteil der Ladelöffel soll aus einem durch die Luftfeuchtigkeit nicht beeinflußten Material, wie z. B. Hartgummi, hergestellt sein und die Hütchen in den Löchern einen möglichst geringen Spielraum haben." (§ 25)

„Gegen die Wirkung von Explosionen in der Lademaschine sind die Arbeiter in den Ladehäusern durch Panzerplatten an diesen Maschinen und sonstige Einrichtungen zu schützen." (§ 26)

„Die Lademaschinen müssen so eingerichtet sein, daß sie keine größere Menge als 500 g Sprengstoff fassen.

Dieselben müssen täglich wiederholt gereinigt werden, jedoch erst, nachdem sie vom Preßraum aus entleert worden sind." (§ 27)

„Überall, wo die gefüllten Transportbehälter des zum Einfüllen fertigen Sprengstoffes zur Aufbewahrung hingestellt werden, muß die Unterlage mit Sägemehl bedeckt werden." (§ 28)

„Bei Sprengzündhütchen oder Zündhütchen mit gleicher Explosionsgefahr ist dafür Sorge zu tragen, daß die Arbeiter gegen die Einwirkung einer Explosion in der Presse geschützt sind, ebenso sind geeignete Vorrichtungen zu treffen, daß eine Explosion in der Presse sich nicht auf die fertig gewordenen Sprengzündhütchen übertragen kann. Auch müssen letztere so aufgehoben werden, daß eine Explosion derselben die Arbeiter im Presseraume nicht gefährdet.

Der Sammelkasten der Sprenghütchen muß außerhalb des Arbeitsraumes hinter einer solide befestigten und genügend starken Panzerplatte stehen." (§ 29)

Weiter ist für das Laden von gewöhnlichen Zündhütchen und Flobert - Zündhütchen vorgeschrieben:

A. Maschinelle Laderei.

„Die Lademaschinen müssen so eingerichtet sein, daß sie keine größere Menge als 500 g Sprengstoff fassen.

Besondere Anbauten für die Lademaschinen sind hier nicht erforderlich, falls die in der Lademaschine enthaltene Zündsatzmenge 50 g nicht übersteigt und durch eine Explosion dieser Menge eine für die Gesundheit gefährliche Verunreinigung der Luft des Arbeitsraumes ausgeschlossen erscheint. Die Lademaschinen sind von dem Füll- und Preßraume und voneinander durch genügend starke und hohe eiserne Blechschirme oder Mauern zu trennen, so daß die in dem Raume befindlichen Personen gegen Explosionen geschützt sind. Der § 6 findet, soweit er das Ladehaus betrifft, für das maschinelle und Handladen keine Anwendung." (§ 31)

„Die für das Laden verwendeten Löffel dürfen auch aus Eisen oder Stahl hergestellt sein." (§ 32)

„Das Reinigen der Lademaschinen hat täglich wiederholt zu erfolgen, nachdem sie vorher entleert sind. Das Entleeren hat in der Weise zu geschehen, daß während desselben keine Person hinter der Schutzwand sich befindet." (§ 33)

„Die Bedienung der Lademaschinen, insbesondere das Einsetzen, Füllen und Herausnehmen derselben darf nur von erwachsenen zuverlässigen Arbeitern ausgeführt werden." (§ 34)

„Die fertig gepreßten Hütchen sind in ein besonderes Sammelgefäß zu entleeren. Ehe dieselben in dieses Sammelgefäß gelangen, müssen sie über ein Messingsieb oder dgl. rollen, damit sie von anhaftendem Zündstaube möglichst befreit werden. Der Zündstaub ist in einem besonderen Kasten so aufzufangen, daß eine Gefährdung der Arbeiter durch denselben ausgeschlossen ist." (§ 35)

„Die Pressen sind nach Möglichkeit mit Schutzblechen zu versehen, so daß bei Explosionen der Ladelöffel die Arbeiter gegen umherfliegende Kupferstückchen usw. möglichst geschützt sind." (§ 36)

B. Handladerei.

„Das Laden der Zündhütchen und Flobertzündhütchen auf Handapparaten ist gestattet. Hierbei genügt für die Umfassungswände des Gebäudes und die Trennungswand des Laderaums vom Preß- und Füllraum eine einen Stein starke Mauer. Erdschutzwälle sind hier, wie bei der im vorhergehenden behandelten maschinellen Ladeweise, abweichend von der Vorschrift des § 4, nicht erforderlich. Bei Neuanlagen ist dafür Sorge zu tragen, daß die einzelnen Ladestellen in geeigneter Weise gegeneinander gesichert sind." (§ 37)

„Bei Handfüllung darf die an einer Ladestelle vorhandene Zündsatzmenge 50 g nicht übersteigen. Bei Verwendung wesentlich geringerer Quantitäten Zündsatz an einer Ladestelle genügt es, daß Sicherungen der Arbeiter gegen Verbrennungen getroffen werden, ohne obligatorische Trennung der Räume.

Die Verbindungsöffnungen zwischen Lade- und Preßraum müssen möglichst klein gehalten werden und mit einer selbsttätigen Abschlußvorrichtung versehen sein. Die Arbeiter an den Ladestellen sind durch Glasplatten gegen Verbrennungen zu schützen. Die Füllkasten müssen vor Bewegung des Füllschiebers hinter einen Blechschirm gestellt werden. Das Abstreichen des Zündsatzes darf nur mit einem Abstreicher aus weichem Material wie Gummi oder dgl. erfolgen." (§ 38)

und für die Verpackung von gewöhnlichen Zündhütchen und Floberzündhütchen:

„Das Verpacken von gewöhnlichen Zündhütchen und Flobertzündhütchen in Schachteln, Pakete, Beutel oder dgl. darf nicht mit denjenigen von Sprengzündhütchen in demselben Raume vorgenommen werden. Die Vorschrift des § 30 Abs. 2 findet hierauf keine Anwendung." (§ 39)

Für Zündhütchenfabriken gilt ferner:

„Zum Transport und zur Herstellung von Sprengstoff dürfen mangelhafte oder unganze Gefäße nicht benutzt werden.

Die Transportbehälter für den zum Einfüllen fertigen Sprengstoff müssen aus leichten unzerbrechlichen Gefäßen mit glatten innern und äußern Wandungen bestehen, welche mit leichten, keine Reibung verursachenden Deckeln verschlossen sind. Diese Gefäße müssen leicht zu handhaben sein.

Die sämtlichen anderen Gefäße für halbtrockene und trockene Explosivstoffe müssen aus Guttapercha, Ölpappe oder ähnlichen glatten, nicht metallischen Stoffen bestehen.

Bewegliche Henkel dürfen an den vorgenannten Gefäßen nicht angebracht sein.

Es ist strenge darüber zu wachen, daß die Gefäße, in denen sich Sprengstoff befunden oder niedergeschlagen hat, nach dem Gebrauch stets sorgfältig gereinigt oder im Innern feucht erhalten werden." (§ 16)

„In dem Raum, in welchem Sprengzündhütchen in die Schachteln gefüllt, sowie in dem Verpackungsraum, in dem die Schachteln mit Etiketten, Klebstreifen und Umschlag versehen und zu Paketen verpackt werden, dürfen höchstens je drei Arbeiter oder Arbeiterinnen beschäftigt werden.

Diese Räume sind voneinander durch einen Schutzwall zu trennen." (§ 30)

Den Arbeitern in den Zündhütchenfabriken wird noch geboten:

„Die Räume, in denen das Körnen und Sieben von halbtrockenem oder trockenem Sprengstoffe auf maschinellem Wege geschieht, dürfen nur beim Stillstande der maschinellen Vorrichtung betreten werden, ebenso deren Zugänge." (§ 48)

„Die Lademaschinen sollen täglich wiederholt gereinigt werden, jedoch erst, nachdem sie vom Preßraume aus entleert worden sind." (§ 49)

Die Handladerei ist billiger als das Maschinenladen, jedoch gefährlicher. Zur Verhütung der Verbrennung der Finger beim Handladen sind Glasplatten anzubringen. Es werden auch Ladeapparate verwendet, bei denen sich der Zündsatz hinter einer starken Panzerwand befindet, dort mechanisch auf den Ladelöffel gebracht wird, während die Verteilung in dem pultförmigen Ansatz, der durch eine starke Glaswand abgeschlossen ist, von Hand erfolgt. *W. Simon & Co.* in Nürnberg bauen solche Apparate mit Panzerschutz. Wenn beim Pressen das gefüllte Zündhütchen im Löffel stecken bleibt, so darf es nicht mit einem Metallstift oder gar mit Hilfe eines anderen Zündhütchens aus dem Löffel herausgestoßen werden. Hierbei sind schon Explosionen entstanden.

Zum gefahrlosen Ausstoßen steckengebliebener Zündhütchen wird der in Fig. 226 und 227 dargestellte Apparat benutzt. Mittels eines Handhebels wird ein genau senkrecht geführter Rundeisenstößer, in den unten Hartgummistifte von einer dem Durchmesser des Zündhütchens entsprechenden Stärke eingesetzt werden, niedergedrückt, worauf ihn eine Blattfeder selbsttätig wieder hochzieht. Der Ladelöffel wird auf eine Holzplatte so gestellt, daß das steckengebliebene Zündhütchen unter den Hartgummistift kommt. Die durchlochte Holzplatte ist in der

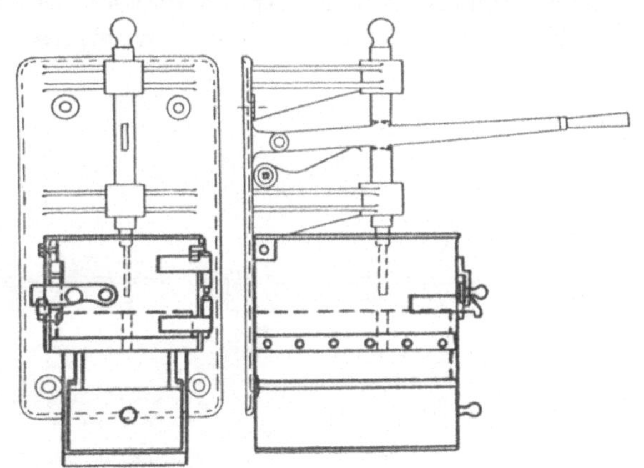

Fig. 226 u. 227.

Mitte eines aus starkem Eisenblech hergestellten und unten mit einer Schublade versehenen Kastens angebracht. Es wird dann die andere Tür des Eisenkastens geschlossen und der Stößer niedergedrückt. Das hierbei durch den Hartgummistift aus dem Ladelöffel herausgestoßene Zündhütchen fällt dann durch das in der Holzunterlage befindliche Loch in die mit Sägemehl gefüllte Schublade.

Das Reinigen der Lademaschinen hat täglich wiederholt zu geschehen, nachdem sie vorher entleert sind. Während des Entleerens darf niemand hinter der Schutzwand sich befinden. Einen Apparat zum Entleeren hat *J. P. Hösterley* in Barmen angegeben (Fig. 228 und 229). Durch einen an der Panzerwand angebrachten Handhebel wird der das Knallquecksilber enthaltende Kasten der Lademaschine um eine von ihm seitlich gelegene Achse gekippt und entleert. Hierbei legt sich der Kasten gegen ein seitlich angebrachtes Gleitbrettchen, wobei der Knallsatz in ein untergestelltes Pappkästchen fällt. Ist die Lademaschine hierdurch völlig entleert, so begibt sich der Arbeiter hinter die Schutzwand, um das Pappkästchen mit dem Knallsatz fortzutragen.

Zur Herbeiführung der Explosion von Sicherheitssprengstoffen werden vielfach Sprengkapseln verwendet, die mit Knallquecksilber geladen sind.

Beim Pressen von Sprengsalpeter sind Unfälle durch Entzündung des Pulversatzes vorgekommen; als Ursachen dafür werden angegeben, daß beim Pressen des feuchten Salpetersalzes sich die Preßstempel festfressen oder ansetzen können und dadurch eine so starke Reibung des zwischen Stempel und Matrize befindlichen Pulvers entstehen kann, daß die Entzündungstemperatur erreicht wird. Es ist daher der Beschaffenheit der Stempel große Aufmerksamkeit zu schenken, bei der geringsten Formänderung oder zu strammem Gang sind sie auszuwechseln. Ferner kann es vorkommen, daß bei ungeeigneter Anordnung des Preßtisches Patronen umfallen und zurückrollen; dadurch ist es möglich, daß ein Pulverzylinder über ein eben gefülltes Preßloch rollt und zusammen mit dem in diesem befindlichen Pulver gepreßt wird. Durch die dabei entstehende starke Kompression kann eine zur Entzündung

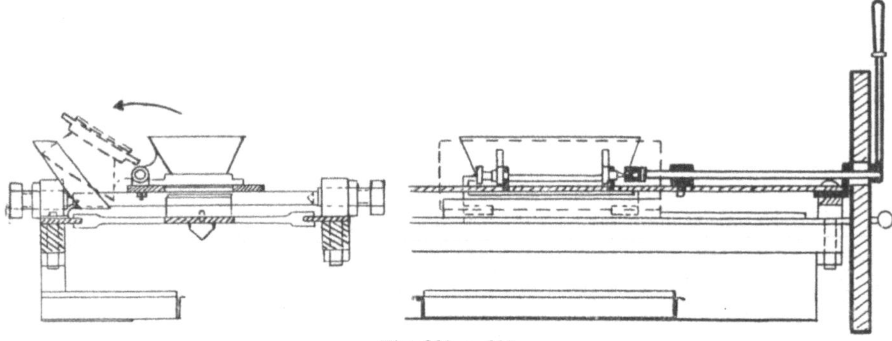

Fig. 228 u. 229.

führende Temperatur entstehen. Zur Verhütung solcher Ereignisse haben technische Aufsichtsbeamte der Berufsgenossenschaft angeordnet, den Preßtisch durch eine gelochte Bronzeplatte so zu verlängern, daß die aufrechtstehenden gepreßten Pulverzylinder auf ihn fortgeschoben werden können. Der Arbeiter nimmt dann die Patronen weg. Das Staubpulver fällt durch die Lochung in eine darunter befindliche Schublade, so daß der Arbeiter nichts damit zu tun hat.

Die Sicherheitsmaßnahmen bei der Betriebsführung, für die bauliche Anlage, Feuersicherheit und für elektrische Anlagen in Zündhütchenfabriken sind schon besprochen worden (S. 20ff., S. 34ff., S. 70ff., S. 125).

Die Anlage einer Zündhütchenfabrik ist S. 58 mitgeteilt.

Patronenladereien.

Das Laden von Patronen mit Schwarzpulver oder rauchschwachem Pulver erfolgt durch Apparate mit Hand- oder Maschinenbetrieb, wobei das Einbringen des Pulvers in die vorher mit dem Zündhütchen versehene Hülse

Explosionsgefahren verursacht, zu deren Bekämpfung verschiedene Maßnahmen zu treffen sind.

Die Lademaschinen werden in Großbetrieben in besonderen, vom übrigen
Betriebe isolierten Gebäuden aufgestellt, die nach den bereits erwähnten Bestimmungen zu gestalten sind (S. 34 ff.). Diese Ladehütten werden mit dem
Pulvermagazin durch einen besonderen Gang verbunden; von einem zweiten,
an den Hütten vorbeiführenden Gang aus werden die Lademaschinen durch
Röhren mit Pulver versehen, so daß in der Ladehütte selbst nur eine sehr
geringe Pulvermenge vorhanden zu sein braucht. Auf der Lademaschine
wird das Pulver eingefüllt, das etwaige Zwischenmittel eingebracht und das Geschoß aufgesetzt, oder die Schrotkörner werden eingefüllt und mit einer Papp-
scheibe abgedeckt, worauf die Hülse wieder geschlossen wird. Bei Gewehr-
patronen und anderen mit einem Geschoß versehenen Patronen wird noch
eine besondere Befestigung des Geschosses auf besonderen Maschinen ausgeführt. An den Stellen der Maschinen, wo Explosionen möglich sind, müssen
Glasscheiben von etwa 10 mm Dicke als Abschluß angebracht werden, um die
unmittelbare Umgebung zu schützen.

Das Entladen der Patronen hat entweder im Freien, an einer vom Verkehr
nicht berührten Stelle oder in einem Raume zu geschehen, in dem keine anderen
Arbeiten ausgeführt werden. Auch hierbei sind Vorsichtsmaßregeln zu treffen.

Die von der Berufsgenossenschaft erlassenen besonderen Vorschriften
enthalten folgende sehr ausführliche Bestimmungen über die Schutzmaßnahmen
beim Laden und Entladen, so daß sich weitere Angaben erübrigen.

„Die Ladeapparate, in denen das in die Patronenhülsen zu bringende Pulver enthalten ist und welche von Hand bedient und in Betrieb gesetzt werden, müssen von den
Räumen, in welchen sich Personen aufhalten, durch eine Panzerwand oder Mauer getrennt sein. In diesen Scheidewänden dürfen nur Öffnungen sein, durch welche die Formen mit den zu ladenden Hülsen unter den Ladeapparat gebracht werden. Diese Öffnungen müssen tunlichst klein gehalten und durch eine selbsttätig wirkende Vorrichtung
geschlossen werden, bevor die Ladeapparate in Betrieb gesetzt werden. Die Ausblas-
seite des Raumes, in dem sich die Ladeapparate befinden, muß aus einer leichten Wand,
Fenstern oder dgl. bestehen; die Umgebung ist gegen Explosionswirkung durch eine
Mauer oder Erdwall in genügender Höhe zu sichern.

Vor dem Füllen der Apparate mit Pulver müssen dieselben stillgestellt werden.

Auf Ladevorrichtungen, welche nicht mehr als 100 g Pulver enthalten, beziehen sich
die Vorschriften dieses Paragraphen nicht. Doch müssen bei diesen Apparaten solche
Vorkehrungen getroffen sein, daß bei einer Entzündung des Pulvers eine Verbrennung
der Arbeiter oder die Verbreitung einer Entzündung nach Möglichkeit vermieden wird.

Andere Pulvervorräte, als jeweils zum Laden der Patronen nötig sind, dürfen in
dem Arbeitsraum unter keinen Umständen lagern. Ebensowenig darf das Absieben des
Pulvers in diesem Raum geschehen." (§ 13)

„Bei den durch Elementarkraft betriebenen Lademaschinen müssen die Anordnungen,
soweit dies möglich ist, denen für Handbetrieb sinngemäß entsprechen. Auf jeden
Fall müssen wenigstens die Pulverbehälter dieser Maschinen hinter genügend starken
Panzerwänden oder dgl. angeordnet sein, falls man nicht die ganzen Maschinen in der
Weise aufstellen kann, daß sie durch diese Scheidewände von dem Raume, in welchem
sich die die Maschinen bedienenden Arbeiter befinden, abgeschlossen sind, in dem so abge-
teilten Raume für die Pulverbehälter darf sich während des Ganges der Maschinen keine
Person befinden. Im übrigen muß dieser Raum nach den für die Ladeapparate gegebenen
Vorschriften hergestellt sein. Bei rauchschwachem Pulver können die Pulverbehälter

auch über den Maschinen auf dem Dachboden der Gebäude angeordnet sein und das Pulver der Maschinen vermittels eines Rohres durch die Decke zugeleitet werden. In diesem Falle ist das Dach über den Pulverbehältern möglichst leicht, die Decke über den Maschinen möglichst fest und solide zu konstruieren.

Auf Maschinen mit Pulverbehältern von weniger als 100 g Inhalt beziehen sich die Vorschriften dieses Paragraphen nicht, doch muß der Pulverbehälter durch Schutzbleche so gesichert sein, daß bei einer Entzündung des in demselben enthaltenen Pulvers die an der Maschine beschäftigten Arbeiter nicht verbrannt und die fertigen Patronen nicht entzündet werden können.

Die Abführungsrohre an den Maschinen für die fertigen Patronen müssen abnehmbar und leicht zugänglich sein und sind so zu konstruieren, daß ein Verstopfen derselben möglichst vermieden wird. Sollte ein Verstopfen eintreten, so sind die Abführungsrohre abzunehmen und in einem gesonderten Raume zu entleeren." (§ 14)

„Die fertigen Patronen müssen in einer solchen Weise von der Maschine zum Sammelkasten geführt werden, daß Stöße, die eine Entzündung herbeiführen könnten, vermieden werden.

Bei Lefaucheuxpatronen muß dieser Kasten durch eine Blechwand derartig gesichert sein, daß bei einer Entzündung von Patronen keine Person verletzt werden kann." (§ 15)

„Diejenigen Teile der Apparate und Maschinen, welche direkt mit dem Schwarzpulver in Berührung kommen, wie z. B. die Schieber zum Abmessen der Ladung usw., sind aus Messing, Hartgummi oder anderm geeigneten Material herzustellen.

Die Herstellung dieser Teile aus Stahl oder Eisen ist bei Apparaten und Maschinen für das Verladen von rauchschwachem Pulver gestattet." (§ 16)

„Für die Werkzeuge, Formen usw., welche beim Herstellen von Patronen angewendet werden, ist die Verwendung von Eisen und Stahl möglichst einzuschränken. Nur für solche Werkzeuge, welche eine gewisse Widerstandsfähigkeit haben müssen, wie z. B. Stempel und Matrizen zum Festkneifen der Geschosse auf den Patronenhülsen u. dgl., ist die Verwendung von Eisen und Stahl zulässig, im übrigen ist an Stelle dieser Materialen Messing, Hartgummi, Holz usw. zu verwenden." (§ 17)

„Die Werkzeuge, welche zum Entleeren von Patronen verwendet werden, sind aus Kupfer, Messing oder ähnlichen Materialien herzustellen. Unbedingt erforderlich ist dieses bei den Instrumenten, welche zur Lockerung und Entfernung des Pulvers in bzw. aus den Hülsen verwendet werden." (§ 23)

„Das Entladen von Patronen hat in einem Raume zu geschehen, in welchem keinerlei andere Arbeiten zu gleicher Zeit vorgenommen werden dürfen. In ein und demselben Raume sind möglichst wenig Personen zu beschäftigen. Die Einrichtungen sind so zu treffen, daß die einzelnen Personen möglichst gegen die Wirkungen von Explosionen geschützt sind, und daß ein Überschlagen der Flamme bei etwaiger Explosion möglichst ausgeschlossen ist.

Falls diese Arbeit im Freien ausgeführt wird, muß dies an einer vom Verkehr nicht berührten Stelle geschehen." (§ 20)

„Die mit dem Entleeren von Patronen beschäftigten Personen dürfen nicht mehr als höchstens 50 g loses Pulver bei sich stehen haben. Ist diese Menge erreicht, so ist das Gefäß in ein größeres zu entleeren, welches hinter einer Panzerwand oder Mauer aufgestellt ist, damit im Falle einer Entzündung des Pulvers die Arbeiter geschützt sind. Die Einrichtung kann auch so getroffen sein, daß das Pulver aus den Patronen direkt in das hinter der Schutzwand befindliche Gefäß entleert wird, wenn eine Beschädigung des Arbeiters bei einer ev. Entzündung des Pulvers ausgeschlossen erscheint.

Hinter der Schutzwand dürfen sich nicht mehr wie 10 kg Pulver befinden. Ist diese Menge erreicht, so ist das Gefäß in das Pulvermagazin zu bringen und dort zu entleeren." (§ 21)

„Für das Entladen von Lefaucheux-Patronen wird vorgeschrieben, daß zunächst in einem geeigneten Apparate der Stift aus der Patrone entfernt wird, so daß bei dem Losgehen der Patrone, welches bei Entfernung des Stiftes erfolgen könnte, der Arbeiter geschützt ist.

Erst nach Entfernung des Zündstoffes ist die Patrone zu entleeren.

Aus Zentralfeuer-Patronen ist stets zuerst die Ladung und dann erst aus der leeren Hülse ev. das Zündhütchen zu entfernen." (§ 22)

„Pulver, welches schon einmal in Patronen verladen gewesen ist, darf nur dann wieder zum Verladen verwendet werden, wenn mit Sicherheit angenommen werden kann, daß in demselben keinerlei Zündsatz enthalten ist." (§ 24)

„Durch Zündsatz, Sand oder andere harte Körper verunreinigtes Pulver ist zu vernichten." (§ 25)

„Für das Füllen von Geschützhülsen mit Schwarzpulver oder rauchschwachem Pulver finden die Vorschriften für die Pulverfabriken sinngemäße Anwendung mit folgender Maßgabe:

In dem Füll-(Verpackungs-)Raum ist das jeweils vorhandene Pulverquantum auf das geringst mögliche Maß zu beschränken.

Die zur Aufnahme des Pulvers verwendeten Hülsen dürfen keine Zündung (Zündkapsel) enthalten.

Ein etwa erforderlich werdendes Entladen von Geschützpatronen hat entweder im Freien in ungefährlicher Umgebung oder in einem getrennten sicheren Raume, in dem sich keine explosiven Gegenstände befinden, stattzufinden." (§ 26)

„Größere Mengen von Schießpulver dürfen nur vorschriftsmäßig und in solchen Räumen gelagert werden, deren Benutzung für diesen Zweck polizeilich genehmigt ist." (§ 3)

„In den Räumen, in denen mit Schwarz- oder rauchschwachem Pulver gefüllte Patronenhülsen verarbeitet werden, ist jede durch den Betrieb nicht gebotene Anhäufung von nur erst mit Pulver geladenen Hülsen zu vermeiden." (§ 19)

„Der Gang der Lade- oder sonstigen Maschinen darf die normale Geschwindigkeit nicht überschreiten. Dieselben sind stets auf das sorgfältigste reinzuhalten. Jedes Warmlaufen der Lager ist als besonders gefährlich zu vermeiden. Die Lager sind daher gut zu schmieren und häufig nachzusehen.

Lose gewordene Maschinenteile müssen sofort mit gehöriger Vorsicht und nur beim Stillstand wieder befestigt werden. Sollten Teile der Maschine nicht ordnungsmäßig funktionieren, so ist ebenfalls die Maschine anzuhalten und der Schaden vorsichtig zu beheben. Im allgemeinen wird es in diesem Falle angezeigt sein, den Pulverbehälter oder, falls derselbe sich in einem anderen Raume befindet, das von demselben herführende Pulverzuleitungsrohr, sowie die geladenen Patronen von der Maschine zu entfernen und die Reparatur vorzunehmen. Erst wenn die Maschine wieder tadellos funktioniert, darf dieselbe in Gang gesetzt werden." (§ 36)

Die Sicherheitsmaßnahmen bei der Betriebsführung, für die bauliche Anlage, Feuersicherheit und für elektrische Einrichtungen in Patronenladereien sind bereits besprochen (S. 20ff., S. 34ff., S. 70ff., S. 125). Die Anordnung und Einrichtung der Ladehütten einer Patronenladerei sind S. 59 mitgeteilt.

f) Zünder.

Bei der Herstellung von Zündern ist hauptsächlich die Explosionsgefahr zu bekämpfen, die durch die Verwendung mehr oder minder explosiver Zündsätze gegeben ist.

An anderen Stellen sind bereits die für die bauliche Anlage, Betriebsführung, Verhütung von Bränden durchzuführenden Sicherheitsmaßnahmen besprochen (S. 20ff., S. 33ff., S. 70ff.).

Die besonderen Gefahren der Herstellung von Zündern haben die Berufsgenossenschaft veranlaßt, folgende Vorschriften für die besonderen Fabrikationen zu erlassen.

a) Zündschnüre.

„Das Pulvermagazin muß in hinreichender Entfernung von den übrigen Fabrikgebäuden gelegen sein.

Das in der Nähe der Arbeitsgebäude belegene Siebhaus muß zwischen Erdwällen oder im Erdboden liegen und darf nie mehr wie 150 kg Pulver enthalten.

Das Betreten des Pulvermagazins, des Siebhauses, sowie der Pulverräume ist nur einem bestimmten männlichen Arbeiter zu übertragen. Diese Räume sind bei Nichtgebrauch stets verschlossen zu halten.

Eiserne und gelötete Transportgefäße dürfen für Pulver nicht benutzt werden.

Zu Sieben darf Eisengeflecht nicht verwendet werden." (§ 15)

„Die einzelnen Spinnräume müssen entweder durch Brandmauern voneinander geschieden sein oder sich in einzelnen Gebäuden befinden, welche zweckentsprechend durch Hofräume oder Wälle getrennt sind. Brandmauern müssen 50 cm über das Dach hinausragen." (§ 16)

„Die Aufstellung der Pulvertrichter muß im Dachraum über der Decke des Spinnraumes erfolgen. Die Bedachung soll möglichst leicht gehalten werden. Der Zugang zu den Dachräumen muß von außen mittels Treppen erfolgen, und der Zugang zu den einzelnen Abteilungen kann durch eine Außengalerie vermittelt werden." (§ 17)

„Jeder Pulvertrichter darf höchstens 3 kg Pulver enthalten." (§ 18)

„Das Pulverzuführungsrohr muß zum Pulveraufnahmerohr an der Spinnmaschine so genau zentriert sein, daß jede Reibung ausgeschlossen ist. Auch dürfen die Rohre nicht gelötet sein." (§ 19)

„Die Spinnräume müssen zu ebener Erde liegen; in jedem Raume dürfen nicht mehr als zwei Personen beschäftigt werden, und deren Arbeitsplätze müssen sich in der Nähe der Ausgangstüren befinden.

Wenn bei bestehenden Anlagen vier Arbeiter in einem Spinnraum beschäftigt sind, muß für je zwei Arbeiter ein Ausgang vorhanden sein." (§ 20)

„Die Zündschnüre müssen, wenn sie von den Spinnmaschinen abgenommen sind, baldigst aus den Spinnräumen entfernt werden." (§ 21)

„Bei Neuanlagen ist das Montieren der Spinnmaschinen im Holzrahmen verboten; bei bestehenden Anlagen sind locker werdende Holzrahmen durch Metallrahmen zu ersetzen.

Bei der echten Fadenführung darf nur Bronze Verwendung finden.

Unregelmäßigkeiten am Mechanismus der Spinnmaschinen dürfen nur von einem dafür bestimmten, mit der Maschine genau vertrauten Angestellten oder Arbeiter beseitigt werden.

Bei Reparaturen ist der Pulvertrichter zu entleeren, Pulverstaub sorgfältig zu entfernen, die betreffende Stelle in genügendem Umfange zu benetzen und während der Ausbesserung feucht zu erhalten." (§ 22)

Die Arbeiter in den Spinnräumen sind anzuweisen und streng anzuhalten, sich der für diese Arbeitsräume bestimmten Fußbekleidung zu bedienen.

Die für den äußeren Verkehr benutzten Schuhe sind im Vorraum abzulegen." (§ 23)

„Den Arbeitern in den Spinnräumen müssen Sicherheitskleider oder Überwürfe zur Benutzung bei der Arbeit zur Verfügung gestellt werden." (§ 24)

„In den Überspinnräumen müssen genügend Ausgänge vorhanden sein, welche von den Arbeitern leicht erreicht werden können." (§ 25)

„Die Gebäude, in denen das Teeren der Zündschnüre stattfindet, müssen von den anderen Gebäuden getrennt sein.

Die Zündschnüre müssen durch eine enge Öffnung in der massiven Wand in den Trockenraum geführt werden, und muß Vorsorge getroffen werden, daß bei Feuergefahr eine Abtrennung der Zündschnüre und Schließung der Öffnung sofort bewirkt werden kann.

Die Teerkocherei ist feuersicher herzustellen und mit nach außen aufschlagenden eisernen Türen und eisernen Fensterläden zu versehen. Bei Neuanlagen ist Dampfkocherei anzuwenden.

Der Teer muß von den leicht flüchtigen Ölen befreit sein." (§ 26)

„Der Leim darf nicht über freiem Feuer erwärmt werden." (§ 27)

„In Räumen, in denen Guttapercha mit leicht entzündlichen Lösungsmitteln verarbeitet wird, muß elektrische oder Außenbeleuchtung angewendet werden." (§ 28)

b) Elektrische Zünder.

„Die Verwendung von eisenhaltigem, sowie von künstlich dargestelltem Schwefelantimon ist nicht gestattet." (§ 29)

„Das Mahlen der Rohmaterialien muß in besonderen Gebäuden, und zwar für chlorsaures Kali und für Schwefelantimon getrennt stattfinden." (§ 30)

Das Mischen und Sieben des Zündsatzes muß in einem besonderen durch Wälle oder Mauern geschützten Gebäude vorgenommen werden. Zum Sieben ist eine mechanische Vorrichtung anzuwenden, die von einem Punkte außerhalb der Wälle bzw. Mauern bedient wird. Die einzelnen Abteilungen sind durch genügend hohe Brandmauern zu trennen. In jeder Abteilung dürfen jeweilig nicht mehr als 300 g Zündsatz sich befinden und verarbeitet werden.

Zündsatz mit chlorsaurem Kali darf nur in glatten Gefäßen von Gummi, Leder oder ähnlichem weichen haltbaren Material transportiert und aufbewahrt werden." (§ 31)

„Zündsatz, welcher chlorsaures Kali enthält, darf in Füllräume nur durch eine kleine Öffnung in der übrigens massiven Wand hineingereicht werden. Diese Öffnungen müssen durch Schieber oder Drehteller mit senkrechter Mittelwand verschließbar sein." (§ 32)

„In den Füllräumen dürfen sich jeweilig nicht mehr als 200 g Zündsatz befinden.

Den einzelnen Arbeitern ist der Zündsatz in glatten Schälchen von Gummi u. dgl. zuzuteilen.

Bei der Verwendung von Klebemasse hat die Erwärmung durch Dampf zu erfolgen.

Die Füllarbeit darf bei trockenem Salz nur unter dem Schutze starker Glasplatten vorgenommen werden und müssen dabei die Arbeiter mit anschließenden Ledermanschetten und Sicherheitskleider oder solchen Überwürfen versehen sein. Das Schuhzeug muß Filzsohlen haben.

Die zur Verwendung gelangenden metallenen Handwerkzeuge dürfen nur auf weiche Unterlage niedergelegt werden. Die Arbeitsstellen der Füller sind durch Blechschirme gegen das Überschlagen von Flammen zu sichern.

Der Fußboden muß mit Linoleum oder einem ähnlichen dichten weichen Stoffe bedeckt sein. Für die Erwärmung ist Dampf- oder Wasserheizung, zur Beleuchtung elektrisches Licht oder Außenlicht zu verwenden.

Für je zwei Arbeiter muß mindestens ein Ausgang ins Freie vorhanden sein." (§ 33)

„Wenn das Füllen in Ladelöffeln geschieht, so hat das Einbringen der leeren Zünder in die Ladelöffel in einem vom Füll- oder Preßraum abgetrennten Raume zu erfolgen, der mit dem Füllraum nur durch Durchreichöffnungen verbunden ist, die durch Schieber oder Drehteller mit Wand verschließbar sind." (§ 34)

„Das Einbringen der Zünder in die Sprengkapseln muß in besonderen Gebäuden erfolgen, in denen die einzelnen Arbeitsräume voneinander in sicherer Weise getrennt sind.

In jedem dieser Arbeitsräume dürfen nicht mehr als vier Personen beschäftigt werden, deren Arbeitsstellen durch Panzerschirme voneinander genügend getrennt sind. Es darf jedesmal nur ein einziges Zündhütchen aus dem Vorrat entnommen, aufgesteckt und befestigt werden. Die fertigen Zünder, sowie der Vorrat von Sprengzündhütchen müssen in einer vom Arbeiter durch einen Panzerschirm getrennten Abteilung sich befinden; in einer solchen dürfen nie mehr als 60 g Knallquecksilber vorhanden sein." (§ 35)

„Für das Montieren der Zünder auf Stäbchen und das Fertigstellen gelten sinngemäß die Bestimmungen des § 35." (§ 36)

„In allen Räumen muß größte Ordnung und Reinlichkeit herrschen. Namentlich ist darauf zu achten, daß sich im Kehricht keine Zünder oder Sprengkapseln befinden." (§ 37)

„Das Trocknen der fertigen Zünder darf nur in einem mit Wällen umgebenen Gebäude unter Anwendung von Dampf oder Heißwasser erfolgen." (§ 38)

Das Sortieren und Packen darf nur in besonderen Einzelgebäuden erfolgen. In jedem Sortierraum und in jedem Packraum dürfen nicht mehr als drei Personen beschäftigt werden.

Kisten mit fertigen Zündern dürfen nur zugeschraubt, nicht aber zugenagelt werden. Die Schrauben dürfen nicht mit dem Hammer eingetrieben werden." (§ 39)

„Die Räume, in den Sprengzündhütchen und fertige Zünder gelagert werden, müssen einzeln mit sicheren Erdwällen oder Mauern umgeben sein." (§ 40)

„Bei Verarbeitung von Pulver und Zündsatz dürfen nur die hierfür überwiesenen Geräte benutzt werden." (§ 46)

„Verschüttetes Pulver, Zündsatz, Abfallstücke von fertigen Zündern und Kehricht müssen durch Eintragen in Wasser oder in sonst von der Fabrikleitung vorgeschriebener Weise unschädlich gemacht werden. Namentlich ist sorgfältig nachzusehen, ob nicht Zünder oder Sprengkapseln sich in dem Abfall befinden, die dann auszulesen sind." (§ 47)

Für das Entleeren der Lademaschinen kann der bereits angegebene Apparat von *Hösterley* benutzt werden (S. 277).

Zündholzherstellung.

Die Hauptgefahr der Herstellung der Zündhölzer bestand in der Verwendung des sehr giftigen weißen (gelben) Phosphors (S. 226). Die schweren Schädigungen, welche bei der Anfertigung der Weißphosphorzündhölzer für die Gesundheit der Arbeiter entstanden, veranlaßten den Erlaß des Reichsgesetzes vom 10. Mai 1903 (S. 11), durch das die Verwendung des weißen oder gelben Phosphors für die Herstellung von Zündhölzern und anderen Zündwaren verboten wurde. Es wird nunmehr als Zündmasse eine mit einem Bindemittel versetzte Mischung von Schwefelantimon und Kaliumchlorat benutzt. Die damit hergestellten Antiphosphor- oder Sicherheitshölzer, vielfach auch schwedische Zündhölzer genannt, da sie zuerst in Schweden hergestellt wurden, entzünden sich nur an präparierten Reibeflächen, die durch Auftragen einer aus rotem Phosphor in Verbindung mit Glaspulver, Quarzmehl usw. zusammengesetzten Mischung auf Holz, Papier oder Pappe erzeugt werden. Dieser rote (amorphe) Phosphor ist nicht selbstentzündlich und ist auch nicht wie weißer Phosphor giftig.

An den Schachtelfüllmaschinen für schwedische Streichhölzer sind schon wiederholt schwere Verbrennungen dadurch vorgekommen, daß sich beim Nachfüllen der Behälter die Köpfe an der glatten Rückwand entzündeten und der ganze Inhalt dem Bedienungspersonal explosionsartig entgegengeschleudert wurde. Es werden daher die Füllmaschinen vorn mit einer verschiebbaren Schutzwand aus Glas versehen, die aber beim Einsetzen neuer Behälter in die Höhe geschoben werden muß, also gerade dann, wenn der Schutz am notwendigsten ist, keinen solchen bietet. Auch unterlassen die Arbeiter immer gern das Hin- und Herschieben der Schutzplatte und lassen sie in der Hochlage stehen. Es werden daher auch den Arbeitern Schutzmasken gegeben, die aus einem den Kopf umspannenden Reifen mit Schleier aus dichtem Stoff und Glaseinsätzen bestehen. Während des Einsetzens wird der Schleier heruntergezogen und sonst hochgeschlagen. Dieses Schutzmittel wird aber ungern getragen und vielfach unbenutzt gelassen.

Eine zweckmäßige Sicherheitsvorkehrung wird in der Zündholzfabrik von *Daylen & Sohn* in Visselhövede benutzt (Fig. 230 u. 231). Die Glasschutzwand hängt an einem durch die Hölzer *b* gestützten Balancier *c* und ist geteilt, der obere Teil *d* ist beweglich aufgehängt und wird durch Federn stets nach außen gedrückt, so daß er lotrecht hängt, der untere Teil *f* steht für gewöhnlich fest, kann aber nötigenfalls herausgezogen oder umgeklappt werden. Der Füllbehälter *a* befindet sich zwischen den Stützen *b*. Das Einbringen der Rahmen geschieht so von der Seite her, daß dabei die obere Glasschutzwand etwas einwärts gedrückt wird. Die Arbeiterinnen sollen dabei lange Handschuhe tragen. Die in kleinerem Maßstabe wiedergegebene Figur veranschaulicht das Einsetzen, die andere die Ruhelage der Schutzwand.

Die Magazine der Schachtfüllmaschinen können dadurch gefährlich werden, daß sich einzelne Hölzer durch Reibung an der Magazinwand erhitzen und dann die ganze Masse der Zündhölzer explosionsartig verbrennt. Es sind daher solche Magazine aus weichem Weißmetall hergestellt worden, das eine geringere Reibung ergibt.

Für die Kleidung der Arbeiter empfiehlt es sich, glatte, aus einem nicht leicht in Flammen geratenden Stoffe zu verwenden, nicht z. B. alte Jutesäcke zu Schürzen. Auch ist es gut, wenn die Arbeiter ihre Schürzen

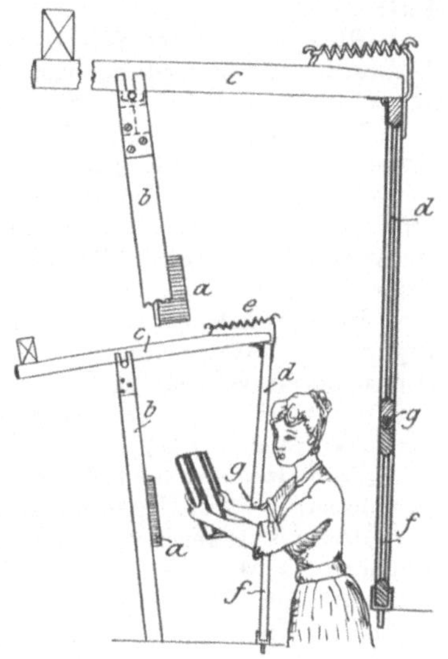

Fig. 230 u. 231.

regelmäßig auswaschen, damit sich nicht Massespritzen an ihnen ansetzen, die sich einmal entzünden können.

g) Feuerwerkskörper.

Bei der Herstellung von Feuerwerkskörpern ist die Entzündungs- und Explosionsgefahr um so größer, als diese Arbeiten vielfach in Kleinbetrieben und ohne genügende Vorsicht ausgeführt werden. Die Berufsgenossenschaft der chemischen Industrie hat daher folgende eingehende Unfallverhütungsvorschriften erlassen:

„Der Betriebsunternehmer hat die Pflicht, sich die Gewißheit zu verschaffen, daß die zur Verarbeitung kommenden Materialien diejenige chemische und mechanische Reinheit besitzen, die nötig ist, um die Gefahren bei der Verarbeitung und Aufbewahrung möglichst zu vermeiden. Im besonderen soll das chlorsaure Kali möglichst frei von anderen Chlorverbindungen sein. Die Kohle muß vor dem Gebrauch besonders durchgesiebt werden, um etwaige Verunreinigungen auszuscheiden. Schwefelblüte darf zu

Feuerwerkskörpern nicht verwendet werden; es ist statt dessen fein gepulverter Schwefel zu benutzen." (§ 21)

„Es sind Vorkehrungen zu treffen, daß das chlorsaure Kali nicht in Sätze gelangt, für die es nicht bestimmt ist. Siebe, Gefäße und andere Geräte für chlorsaure Sätze sind daher ausschließlich nur für diese zu verwenden. Damit dieselben nicht verwechselt werden, sind diese Apparate in auffallender Weise, etwa durch besonderen farbigen Anstrich, zu bezeichnen." (§ 22)

„Mit der Herstellung von Feuerwerkskörpern dürfen — sofern nicht für gewisse Arbeitstätigkeiten besondere Vorschriften gegeben sind (§ 24) — nicht mehr als drei Personen gleichzeitig in demselben Raum beschäftigt werden." (§ 23)

„Das Schlagen und Pressen von Raketen und Brändern jeder Art darf nur in besonderen Gebäuden und in jedem Raume von nur je einem einzigen Arbeiter vorgenommen werden. Auch dürfen in solchen Räumen keine anderen Arbeiten ausgeführt werden.

Das Festschlagen des Satzes darf nur mit Holzstempeln — Setzern — geschehen." (§ 24)

„Räume, in denen Pulversätze hergestellt und aufbewahrt werden, dürfen nicht gleichzeitig zur Herstellung oder Aufbewahrung von Sätzen, welche chlorsaure Salze und Schwefel enthalten, benutzt werden." (§ 25)

„Die Gefäße, in welchen Pulver, Satz und Rohmaterialien aus einem Gebäude in das andere geschafft werden, sind stets zugedeckt zu halten und nie offen zu transportieren.

Mit Pulver oder Satz gefüllte Transportgefäße — Fässer, Kisten — dürfen nicht gerollt, geschoben oder gekantet werden. Die Fortbewegung ist vielmehr nur durch Heben und Tragen zu bewirken. Das Hinsetzen der Gefäße darf nur mit größter Vorsicht geschehen." (§ 38)

„In den Arbeits- und Aufbewahrungsräumen darf der Arbeiter nur solche Werkzeuge und Geräte verwenden, die ihm von seinem Vorgesetzten übergeben worden sind oder zu deren Verwendung letzterer vorher seine Zustimmung gegeben hat. Die Werkzeuge und Geräte sind mit Vorsicht so hinzulegen, daß sie nicht umfallen oder umgestoßen werden können." (§ 39)

„Beim Reinigen der Kohle und bei Verarbeitung aller Rohmaterialien, insbesondere des chlorsauren Kali, haben die Arbeiter die größte Sorgfalt anzuwenden." (§ 40)

„Jedes Verstreuen von Pulver oder entzündlichem Satz ist sorgfältig zu vermeiden, verschüttetes Material aber sofort behutsam vollständig aufzunehmen und in das dafür bestimmte mit Wasser gefüllte Glas zu schütten.

Es ist überhaupt darauf zu achten, daß die Arbeits- und Lagerräume, sowie besonders die Arbeitstische möglichst staubfrei gehalten werden." (§ 36)

„In sämtlichen Arbeitsräumen darf nur das der Bearbeitung unterliegende Material sich befinden; der Arbeiter hat das von der betreffenden Verarbeitung übrig bleibende Material und angesammelte fertige Produkte in den dafür bestimmten Raum zu schaffen. Ebenso ist auch das zu verarbeitende explosible Material nicht früher in das Arbeitsgebäude zu bringen, als es zur Verwendung kommt." (§ 37)

Die Sicherheitsmaßnahmen bei der Betriebsführung, für die bauliche Anlage, Feuersicherheit und für elektrische Einrichtungen sind bereits besprochen worden (S. 19ff., S. 33ff., S. 70ff., S. 125).

Die Gefahren der Herstellung können wesentlich vermindert werden dadurch, daß die Mischungen nicht noch besonders empfindlich hergestellt werden, so daß nicht durch Oxydationsvorgänge der verwendeten Materialien die Selbstentzündung der Mischung entsteht. Die Verwendung von chlorsaurem Kali ist mit großer Vorsicht auszuführen; es darf nicht in Sätze gelangen, für die es nicht bestimmt ist. Zur Vermeidung von Verwechslungen sind Siebe, Gefäße und Geräte für chlorsaure Sätze nur hierfür zu benutzen und durch besonderen Anstrich zu kennzeichnen.

Für die Herstellung von Blitzpulver unter Verwendung von chlorsaurem
Kali sind die Vorschriften für die Herstellung von Feuerwerkskörpern (S. 286,
§ 22) zu beachten. Es ist aber möglichst chlorsaures Kali zu vermeiden. In
Hinsicht auf verschiedene Unfälle bei der Herstellung von Blitzlichtapparaten
haben die technischen Aufsichtsbeamten der Berufsgenossenschaft sich auf
die Durchführung folgender Forderungen geeinigt:

„Das trockene Reinigen des Fabrikationsraumes ist zu vermeiden, besonders wenn
sich in ihm noch andere Ganz- oder Halbfabrikate befinden. Das Sieben, Mischen und
Einfüllen soll hinter einer 2,5 cm starken Glaswand stattfinden. Das Mischen darf nur
kurz vor dem Einfüllen geschehen. Jedes heftige Reiben und Stoßen bei der Arbeit ist
zu vermeiden. Das Aufbewahren von Blitzpulver ist nur in trockenen Räumen gestattet."

Nach Untersuchungen von Dr. *R. Gartenmeister* in Elberfeld soll das auf
elektrolytischem Wege hergestellte Kaliumchlorat, das in der Zündwaren-
und Sprengstoffindustrie allgemein verwendet wird, eine wesentliche Menge
von aktivem Chlor enthalten können, das Selbstentzündung von Chlorgemischen
verursacht haben soll. Es wird daher in dem Jahresbericht der Berufsgenossenschaft der chemischen Industrie für 1908 vorgeschlagen, das Kaliumchlorat
vor der Verwendung einer Prüfung zu unterziehen.

5. Verdichtete und verflüssigte Gase.

Bei der Kompression der Gase, ihrer Abfüllung in die Flaschen und bei
deren Aufbewahrung, dem Versand und der Verwendung können Gefahren
entstehen, die, je nach der Art der Gase, ihren explosiblen oder giftigen Eigenschaften zu Explosionen oder Vergiftungen führen können.

Eine eingehende Darlegung der Unfallgefahren der komprimierten Gase
hat Dr. *W. Bramkamp* gegeben[1]. Es sind hauptsächlich zu hohe Drucke in
den Einrichtungen, durch welche die Verdichtung der Gase bewirkt wird und
in denen diese verdichteten oder verflüssigten Gase aufbewahrt und transportiert werden, zu verhindern. Da es sich, wie noch auszuführen ist, um
bedeutende Spannungen handelt, so werden durchgängig für die Aufnahme
der komprimierten Gase Stahlflaschen verwendet, deren Herstellung besondere Sorgfalt erfordert.

Bei brennbaren Gasen ist eine Entzündung zu verhüten. Da durch das
Zusammenkommen von Gasen, wie z. B. Wasserstoff mit Sauerstoff oder
Luft, Chlor mit Wasserstoff, Methan, Acetylen, Ammoniak explosible Gemische
entstehen können, so muß einer Verwechslung der Flaschen beim Füllen oder
bei der Verwendung des Gases durch Kennzeichnung mittels verschiedenen
Anstriches, besser aber durch verschiedene Gewinde der Anschlußstutzen und
Flaschenventile vorgebeugt werden.

Die durchzuführenden Sicherheitsmaßnahmen sind in den besonderen
Unfallverhütungsvorschriften zum Ausdruck gekommen, welche die Berufsgenossenschaft der chemischen Industrie für die Fabrikation und Verwendung
von komprimierten Gasen und für den besonderen Fall der Verwendung

---

[1] Gewerblich Technischer Ratgeber 1906. VI. Jahrgang, S. 161.

komprimierter Kohlensäure in den Mineralwasserfabriken (vgl. S. 196) erlassen hat. Die ersteren Vorschriften lauten:

„Auf den Flaschen für komprimierte und verflüssigte Gase ist der Inhalt durch Aufschlag zu bezeichnen. Flaschen für brennbare Gase sind mit rotem Anstrich zu versehen." (§ 1)

„Flaschen und Abfüllbehälter für komprimierte Gase müssen mit Normalgewinde versehen sein, welches so beschaffen ist, daß Verwechslungen der Flaschen bei der Füllung tunlichst ausgeschlossen werden. Ventile für brennbare Gase (Wasserstoff, Leuchtgas und Grubengas usw.) sind mit Linksgewinde zu versehen. Die Ventile für alle übrigen Gase dürfen dasselbe Gewinde haben, wie es für Kohlensäure üblich ist, jedoch muß für Chlor und Chlorkohlenoxyd ein anderer Gewindedurchmesser in Anwendung kommen." (§ 2)

„Vor jeder Neufüllung mit verflüssigten Gasen ist durch Verwiegung jeder einzelnen Flasche und Öffnen des Ventils festzustellen, daß die Flaschen völlig leer sind." (§ 3)

„Bei Anlagen für Kompression brennbarer Gase, in denen der Kompressionsdruck 20 Atm. übersteigt, ist der Abfüllraum von dem Raum für die Kompression und Sammelgefäße (Kühler) durch eine genügend widerstandsfähige Wand von mindestens $2\frac{1}{2}$ m Höhe zu trennen. (§ 4)

„Beim Abfüllen brennbarer Gase, deren Spannung 20 Atm. übersteigt, ist der Stand des damit beschäftigten Arbeiters gegen eine Explosionswirkung der zu füllenden Flasche in geeigneter Weise zu schützen. (§ 5)

„Bei Flaschen für Sauerstoff und andere oxydierend wirkende Gase müssen Armaturteile, Dichtung und Schmiermittel frei von Fett, Öl und Schwefel sein. Die Flaschen für Ammoniak dürfen nur Ventile aus Schmiedeeisen oder Stahl haben." (§ 6)

„Jeder Druckzylinder eines Kompressors ist mit einem zuverlässigen Sicherheitsventil und Manometer zu versehen, bei Chlor, schwefliger Säure und Gasen, welche leicht eine Zerstörung dieser Ventile bewirken, mit solchen Einrichtungen, die mittels Kontaktes den zulässigen Maximaldruck laut anzeigen, z. B. durch Ertönen einer Glocke." (§ 7)

„Die Druckprobe der Flaschen ist in regelmäßigen Zeitabschnitten[1] zu wiederholen. Nur solche Flaschen, welche dieser Druckprobe unterworfen sind, dürfen in Gebrauch genommen werden." (§ 8)

„Die Flaschen müssen mit Ventilschutzkappen aus Stahl, Schmiedeeisen oder schmiedebarem Guß und mit einer das Rollen verhindenden Vorrichtung versehen sein. Die Vorrichtung gegen das Rollen muß mit der Flasche fest verbunden sein. Die Ventilschutzkappen müssen mit einer Öffnung für etwa entweichende Gase versehen sein.

Auf die zur Zeit des Erlasses dieser Vorschriften bereits im Verkehr befindlichen, nicht zum Bahnversand Verwendung findenden Kohlensäureflaschen findet die Bestimmung, daß die Vorrichtung gegen das Rollen mit der Flasche fest verbunden sein muß, keine Anwendung." (§ 9)

Die Angaben über das Leergewicht, das Gewicht der zulässigen Füllung oder bei verdichteten Gasen des zulässigen Füllungsdruckes, ferner die Höhe des Prüfungsdruckes und das Datum der letzten Prüfung sind auf der Flasche durch Stempel anzubringen." (§ 10)

„Es empfiehlt sich, die Flaschen für verflüssigte Gase, sofern die chemischen Eigenschaften der Gase es gestatten, mit einer Sicherheitsvorrichtung auszustatten, durch die das Gas entweicht, sobald die Spannung in der Flasche den zulässigen Druck (etwa $\frac{2}{3}$ des Probedrucks) übersteigt." (§ 16)

„Flaschen für verflüssigte Gase sind auf der Wage zu füllen. Das auf ihnen angegebene zulässige Füllungsgewicht darf nicht überschritten werden. Zur Kontrolle ist jede Flasche einer Nachwägung zu unterziehen." (§ 12).

„Die mit verflüssigten oder verdichteten Gasen gefüllten Flaschen dürfen nicht geworfen werden und sind gegen Umfallen, Abrollen vom Stapel und ähnliche Erschütterungen zu schützen.

---

[1] Zu vergleichen die Vorschriften der Eisenbahnverkehrsordnung.

Gefüllte Flaschen dürfen weder der unmittelbaren Einwirkung der Sonnenstrahlen oder anderer Wärmequellen, noch einer Lufttemperatur von mehr als 40° C ausgesetzt werden." (§ 13)

„Das Umfüllen verflüssigter und verdichteter Gase in andere Behälter darf nicht unter Zuhilfenahme von offenem Feuer oder von Gasflammen erfolgen; auch ist Vorsorge zu treffen, daß die Temperatur nicht über 40° C steigen kann. Ausgenommen sind große stationierte Behälter von 1 cbm ab; diese können auch mit Hilfe von Dampf oder Gas erwärmt werden, wenn an ihnen die Sicherheitsvorrichtungen, wie im § 7 erwähnt, angebracht sind." (§ 14)

„Werden verflüssigte oder verdichtete Gase aus Versandbehältern in geschlossene Gefäße übergeleitet, die nicht für den gleichen Druck gebaut sind wie die Versandbehälter, so sind entweder Reduzierventile zu verwenden, oder die Gefäße sind mit einem zuverlässigen Sicherheitsventil und Manometer zu versehen." (§ 15, vgl. auch § 7)

„Die Lagerräume für gefüllte Flaschen sind gegen Feuersgefahr zu schützen; für ausreichende Lüftung ist Sorge zu tragen." (§ 16)

„Die Glycerin- und Ölabscheider müssen mit bequem zu handhabenden Abblasevorrichtungen versehen sein; die Abscheider müssen täglich mehrmals abgeblasen werden." (§ 17)

Die Preußische Polizeiverordnung (S. 9) erstreckt sich auf den Verkehr mit Kohlensäure, Ammoniak, Chlor, wasserfreier schwefliger Säure, Chlorkohlenoxyd (Phosphor), Chlormethyl, Chloräthyl, Stickoxydul, Acetylen, gelöstes und in porösen Massen aufgesaugtes Acetylen (Acetylenlösungen), Grubengas, Leucht- und Fettgas, Mischgas (Fettgas und Acetylen), Wassergas, Wasserstoff, Sauerstoff und Luft in verflüssigtem und verdichtetem Zustande. Die Verordnung enthält Forderungen für den Baustoff der Behälter, für die Wandstärke und Beschaffenheit des Baustoffs der Flaschen, genieteten oder geschweißten eisernen und kupfernen Behälter, dann für deren Druckprobe, Ausrüstung, zulässige Füllung, Behandlung, Beförderung und Prüfung und regelmäßig wiederkehrende Untersuchung durch behördlich ernannte Sachverständige.

Die Maschinenfabrik *Eduard Weiler* in Heinersdorf bei Berlin verfertigt Stahlflaschen zur Aufnahme für hochgespannte und verflüssigte Gase in zwei verschiedenen Ausführungen. Zur Aufnahme von hochgespanntem Wasserstoff, Sauerstoff, Luft, Stickstoff, sowie für verflüssigte Kohlensäure werden die Flaschen aus nahtlosem Stahlrohr hergestellt. Die Wandstärken dieser Flaschen sind so bemessen, daß ihre schwächste Stelle bei dem vorgeschriebenen Probedruck nicht über 30 kg auf 1 qmm beansprucht wird. Außerdem muß die aus dem Probedruck für die schwächste Stelle zu berechnende Beanspruchung mindestens $^1/_3$ unter der Spannung an der Streckgrenze liegen. Jeder neue Behälter wird vor Prüfung und Verwendung sorgfältig ausgeglüht. Vor dem Versand werden die Behälter einer Wasserdruckprobe unterworfen, welche für flüssige Kohlensäure stets 190 Atm. beträgt, für Luft, Stickstoff, Wasserstoff und Sauerstoff bis 125 Atm., Füllungsdruck 120 Atm., bei 150 Atm. Füllungsdruck 225 Atm. Für die Füllung mit giftigen Gasen, wie Ammoniak, Chlor, schweflige Säure, Phosphor usw. eignet sich nahtloses Material wegen seiner Sprödigkeit nicht so gut wie patentgeschweißtes Material. Die genannte Fabrik verwendet hierzu ein Stahlmaterial, das in ausgeglühtem Zustand die Festigkeit von 34,41 kg für 1 qmm bei mindestens 25% Dehnung gezeigt hat. Diese Flaschen werden ganz aus einem Stück mit halbkugelförmigem Boden und Kopf hergestellt und vor Versand auch einer hydraulischen Druckprobe unterworfen, welche für Ammoniak 30 Atm., für Chlor 22 Atm., für schweflige Säure 12 Atm., für Chlorkohlenoxyd 30 Atm. beträgt.

Da eine Verwechslung der Flaschen ernste Gefahren herbeiführen kann, werden sie auch durch verschiedenen Anstrich gekennzeichnet; so wird z. B.

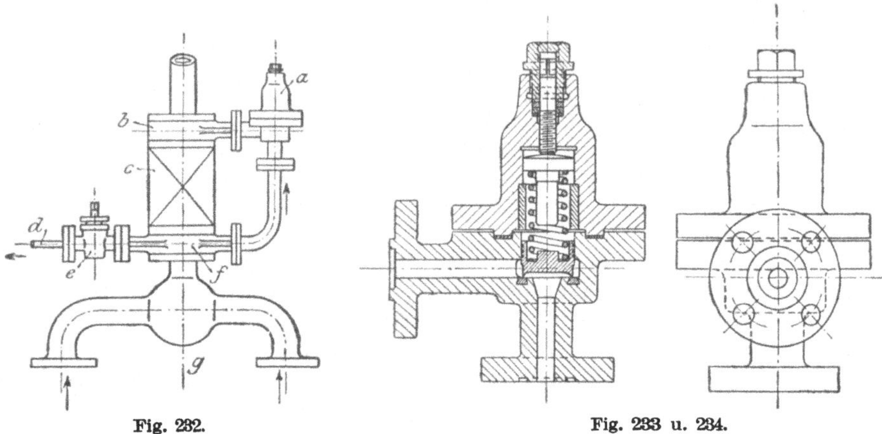

Fig. 232.   Fig. 233 u. 234.

Wasserstoffflaschen ein roter Anstrich gegeben, Sauerstoffflaschen bleiben schwarz.

Ferner bestimmen die Unfallverhütungsvorschriften:

„Aufseher und Arbeiter haben darauf zu achten, daß die zu füllenden Flaschen für komprimierte oder verflüssigte Gase bei Ankunft genau nach ihrer Inhaltsbezeichnung sortiert werden; nur Flaschen für gleiche Gase dürfen zusammengelegt werden." (§ 18)

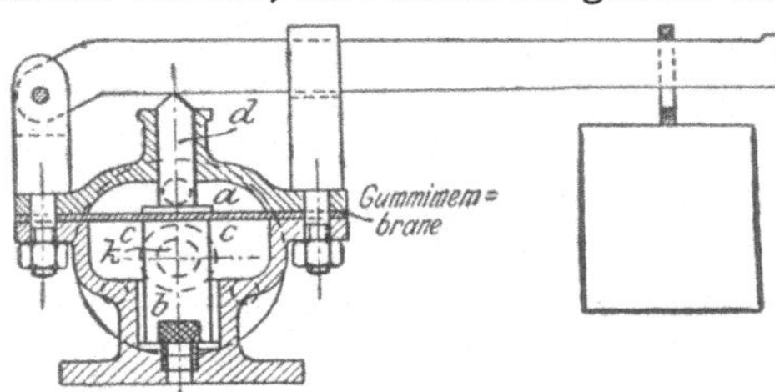

Fig. 235.

Wenn eine Giftigkeit der Gase nicht in Frage kommt, wie z. B. bei Luft, Sauerstoff, so genügt die Ausrüstung der Kompressoren mit guten und zuverlässigen Sicherheitsventilen, die eine Drucküberschreitung nicht zulassen.

Eine solche Sicherheitsvorrichtung wird von der Maschinenfabrik *Fr. Stein* in Cannstatt geliefert. Der Kompressor ist mit Saug- und Druckventil versehen, die derart miteinander verkuppelt sind, daß beim Anlassen zuerst das Druckventil geöffnet werden muß, ehe das Saugventil geöffnet werden kann. Beim Abstellen kann das Schließen des Druckventils nur bei geschlossenem Saugventil erfolgen, wodurch dem Auftreten schädlicher Drucke, die ein Zertrümmern des Kompressors bewirken könnten, vorgebeugt wird.

Bei Gasen, die gesundheitsschädlich sind, wie Ammoniak, Chlor, schweflige Säure, Kohlensäure, muß das Austreten von Gas durch das Sicherheitsventil in den Maschinenraum verhindert werden. Eine solche Konstruktion wird von der Maschinenfabrik *G. Kuhn* in Eßlingen geliefert (Fig. 232 bis 235). Das Ventil ist mit einer Federbelastung versehen, deren Einstellung auf einen zu hohen Druck dadurch verhindert wird, daß eine Büchse in das Gehäuse eingesetzt ist, auf welche die verstellbare Federdruckplatte sich aufsetzt, wenn die Federspannung durch die Druckschraube auf den höchstzulässigen Druck eingestellt wird; eine weitere Anspannung der Feder ist dann unmöglich. Hebt sich das Ventil bei zu hoch steigendem Druck im Kompressor, so tritt das Gas in eine Ableitung. Dabei ist das Ventil in eine Umgehungsleitung des Absperrventils eingebaut, so daß auch bei versehentlich geschlossenem Absperrventil das Gas hinter diesem abströmt. Fig. 232 veranschaulicht den Zusammenbau des Sicherheitsventils *a* unter Einschaltung des Zwischenflansches *b* mit dem Absperrventil *c* und dem Entlüftungshahn *e* mit dem Entlüftungsrohr *d*. Der Anschluß an den Kompressor erfolgt bei *g*.

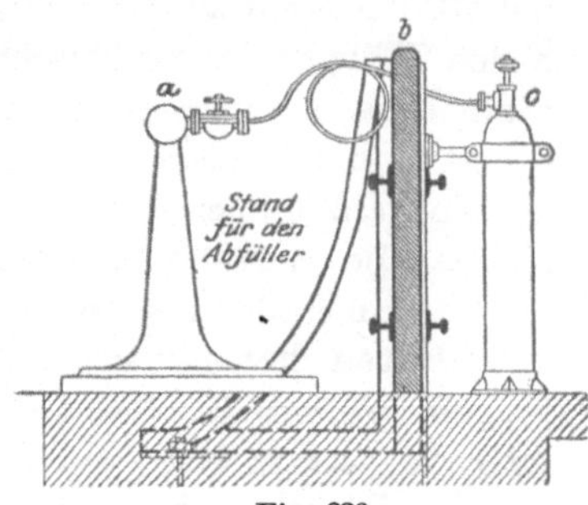

Fig. 236.

Eine andere Ventilkonstruktion wird von der *Sürther Maschinenfabrik* in Sürth bei Köln gebaut (Fig. 235). Das zylindrische Ventil *c* sitzt mit einem Gummipfropfen *b* auf und wird durch den mit Gewichtsbelastung versehenen Stift *d* auf seinem Sitz zerdrückt. Hebt sich das Ventil bei zu hoch gestiegenem Druck, so strömt das Gas durch eine seitlich abgehende Leitung nach einem Behälter oder in ein Wasserbad; die Abdichtung erfolgt dabei durch eine eingespannte Gummiplatte *a*, die der Bewegung des Ventils nachgibt.

Beim Füllen der Stahlflaschen muß der Stand der Arbeiter gegen das Zerspringen der Flaschen gesichert werden. Es geschieht dies durch eine starke, versteifte Wand, die

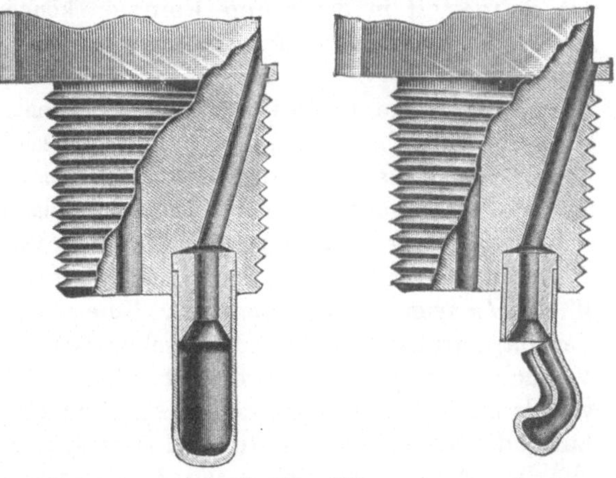
Fig. 237 u. 238.

zwischendem Abfüllständer und der Flasche errichtet ist. Fig. 236 veranschaulicht eine solche Sicherheitseinrichtung. Die Schutzwand *b* trennt den Arbeiterstand am Abfüllständer *a* von der Stahlflasche *a*. Bei einer anderen gebräuchlichen Anordnung werden die Flaschen wagerecht gelagert, so daß sie mit ihren Köpfen durch Löcher der Panzerwand in den Raum des Füllstandes ragen.

Die mit komprimierten Gasen gefüllten Flaschen können infolge äußerer Erhitzung durch einen Brand, eine Flamme, Sonnenbestrahlung, einen in der

Nähe befindlichen Ofen, in heißen Schiffsräumen und infolge Überfüllung bei unvorschriftsmäßigem Füllen zur Explosion gelangen. Diesen Gefahren wirken Ventilkonstruktionen entgegen, die an der Flasche angebracht werden und selbsttätig zur Wirkung kommen, sobald in der Flasche ein zu hoher gefahrdrohender Druck entsteht. Eine dieser bewährten Vorkehrungen wird von *Kunheim & Cie.* in Berlin angewendet. Das Sicherheitsventil (Fig. 237 und 238) besteht aus einer dünnwandigen Metallhülse, die mit einem Stopfen in den Körper des gewöhnlichen Ausflußventils eingeschraubt und mit ihm in die Flasche eingesetzt wird. Bei einem bestimmten Höchstdruck (165 bis 175 Atm. bei Kohlensäure) wird die Hülse zerdrückt, das scharfkantige Ende des Stopfens schneidet dabei die Hülse ab, so daß das Gas entweichen kann, die Flasche entlastet wird (**vgl.** S. 82).

Um im Falle eines Brandes die **Explosion von Wasserstoffflaschen** zu verhüten, hat man sie auch in einem großen offenen Blechgefäß gelagert, das mit Wasserleitungsanschluß versehen ist, so daß im Notfall die Flaschen unter Wasser gesetzt werden können.

Bei Flaschen, die mit **verdichtetem Sauerstoff** gefüllt sind, entstanden Explosionen dadurch, daß sich das zum Einfetten der Ventilteile und Dichtungen verwendete Öl entzündete, was in reinem Sauerstoff schon bei verhältnismäßig geringem Druck möglich ist. Es empfiehlt sich daher, die etwa an den Armaturen befindlichen Ölteile und die vielleicht noch im Manometer von seiner Prüfung zurückgebliebenen Ölrückstände, soweit sie mit Sauerstoff in Berührung kommen können, vor dem Gebrauch durch Äther oder Benzin zu entfernen. Zur Dichtung darf nur fettfreier Asbest verwendet werden.

Eine andere Explosionsursache entsteht, wenn der Sauerstoff etwas Wasserstoff enthält, wie es bei elektrolytischer Herstellung eintreten kann. Es tritt dann die Gefahr der Knallgasexplosion auf. Um dies zu vermeiden, muß der erzeugte Sauerstoff fortgesetzt analytisch untersucht werden, oder er ist durch einen elektrolytischen Ofen zu leiten, der den etwa vorhandenen Wasserstoff verbrennt. Solche Sauerstoffreinigungsöfen werden z. B. von *W. C. Heraeus* in Hanau benutzt. Eine andere Ursache der Entzündung der Ventilapparatur an Sauerstoffflaschen hat das *Drägerwerk* in Lübeck durch Versuche ermittelt. Es wurde gefunden, daß die beim Öffnen des Verschlußventils einer Sauerstoffflasche am Anschlußrohr des Reduzierventils enthaltene Luft- oder Sauerstoffmenge durch den einströmenden hochgespannten Sauerstoff plötzlich derart komprimiert wurde, daß das am Ende dieses Rohres zu seinem Abschluß angebrachte Hartgummikörperchen infolge der Temperatursteigerung augenblicklich zur Entzündung gebracht werden kann. Die genannte Firma liefert zur Verhütung dieser Gefahr zwei Schutzvorrichtungen. Sie bestehen in der Einfügung eines Röhrchens oder eines Metallsiebs oder einer Drahtsiebrolle in der Verlängerung des Anschlußrohrs zur Aufnahme der Kompressionswärme, so daß die zur Entzündung des Hartgummiventilchens notwendige Temperatur nicht entstehen kann.

V. Persönliche Ausrüstung der Arbeiter.

Die Unfallstatistik lehrt, daß nicht wenige Unfälle durch unzweckmäßige Kleidung der Arbeiter veranlaßt werden.

Schwere Unfälle entstehen dadurch, daß Kleidungsstücke von bewegten Maschinenteilen erfaßt werden. Schon viele Arbeiterinnen sind getötet oder schwer verletzt worden dadurch, daß ihre Zöpfe, lose hängenden Haare, aufgebauschte Haarfrisuren in Maschinen gerieten und mitgerissen wurden.

Die berufsgenossenschaftlichen Vorschriften bestimmen daher:

„Die mit der Wartung und Bedienung von Motoren und Transmissionen beschäftigten Arbeiter sind verpflichtet, anschließende Kleidung zu tragen.“ (II 20)

„Den in der Nähe bewegter Maschinenteile beschäftigten Personen ist das Tragen lose hängender Haare und Zöpfe, freihängender Kleiderteile, Schleifen, Bänder, Halstuchzipfel und dergleichen verboten.“ (II 21)

Die neuen Vorschriften fordern gleiches auch für die in der Nähe von Transmissionen tätigen Personen und weiter:

„Bei feuergefährlichen Arbeiten dürfen leicht entflammende Kleidungsstücke nicht getragen werden, diese sind durch Schürzen oder andere zweckmäßige Bekleidung zu schützen.“ (§ 59)

Für Motoren- und Transmissionsarbeiter eignet sich am besten eine enganschließende, zugeknöpfte Jacke mit geschlossenen Ärmeln, für Kesselarbeiter ein Anzug aus einem Stück. Besondere Vorschriften gelten für Kleider und Schuhwerk der Arbeiter in Sprengstoffabriken, da hier die etwa durch Reibung von Eisenteilen entstehende Funkenbildung verhindert werden muß.

Wegen der großen Gefahr der laufenden Teile an Maschinen und Transmissionen ist nach den alten und neuen berufsgenossenschaftlichen Unfallverhütungsvorschriften:

„das Ab- und Anlegen, sowie das Aufbewahren von Kleidungsstücken in unmittelbarer Nähe bewegter Triebwerke zu verbieten.“ (I 20, § 59)

Das Tragen besonderer Kleidung während der Arbeit wird notwendig, wenn die Kleider bei dieser dem Eindringen von Feuchtigkeit oder giftiger ätzender Stoffe ausgesetzt sind. In solchen Fällen werden wasserdichte Anzüge aus Öltuch, Leder, Gummistoff, säurefesten Stoffen verwendet.

Für manche andere Arbeiter ist das Tragen einzelner Kleidungsstücke aus besonderem Stoff und in besonderer Form notwendig, so daß sie den Arbeiter vor der Einwirkung, z. B. von Stichflammen, Nässe, Säurespritzern, von Glassplittern beim Füllen und Drahten von Mineralwasserflaschen, von elektrischen Strömen schützen. Schürzen, Kapuzen, Pelerinen, Rückenumhänge, Brustlatze, Handschuhe, Manschetten, Gamaschen sind je nach Bedarf aus verschiedenen, der schädlichen Einwirkung widerstandsfähigen Materialien zu benutzen.

Das Schützen der Unterbeine durch Umbinden mit Säcken, wie es manche Arbeiter gern tun, ist unzweckmäßig, da dann das Schuhzeug doch nicht genügend gedeckt ist; besser sind dann Holzpantoffel mit hohem Lederschaft.

Schutzanzüge liefern viele Firmen, säurefeste Anzüge z. B. *J. G. Eisel jr.* in Griesheim, *S. Salomon jr.* in Frankfurt a. M., *C. A. F. Kahlbaum* in Berlin.

Besondere Vorschriften gelten für Kleider und Schuhwerk der Arbeiter in den Fabriken, in denen sie etwa durch Eisenteile, wie eiserne Nägel oder eiserne Beschläge erzeugten Funken die Gefahr einer Explosion herbeiführen oder in denen besondere Gefahren für die Füße durch Verbrennung entstehen können.

Die berufsgenossenschaftlichen Unfallverhütungsvorschriften verlangen für Schwarzpulverfabriken:

„In gehenden Werken müssen die Arbeiter anschließende Kleider tragen. Kittel, lose hängende Halstücher und sonstige lose Kleidungsstücke sind verboten.

Die mit der Herstellung von Pulver beschäftigten Arbeiter haben vor Beginn der Arbeit die ihnen von der Fabrikleitung zugewiesenen Anzüge ohne Taschen und eiserne Bestandteile anzuziehen und nach beendeter Arbeit im Umkleideraum zurückzulassen. In den Pulverräumen darf keine Fußbekleidung, die mit Eisenstiften genagelt oder mit eisernem Beschlag versehen ist, getragen werden.

Entspricht das eigene Schuhzeug diesen Bestimmungen nicht, so ist dasselbe vor dem Betreten der Pulverräume gegen dort vorhandenes vorschriftsmäßiges zu vertauschen und nach Schluß der Arbeit wieder auszuwechseln.

Vor dem Betreten der für das Rauchen zugelassenen, sowie der Speise- und Umkleideräume ist die Kleidung vom Pulverstaub zu reinigen. Es hat dies gleich nach dem Verlassen der Pulverräume zu geschehen. Hände und Gesicht sind zu waschen oder wenigstens vom Pulverstaub zu befreien.“

„Jeder in ein Gebäude mit Explosionsgefahr Eintretende hat vorher seine Fußbekleidung zu reinigen. Er muß Filzschuhe oder Lederschuhe ohne Eisenstifte und ohne eiserne Beschläge oder ebensolche Pantoffeln tragen oder sein Schuhzeug ablegen.

Filz- oder Lederschuhe oder Pantoffeln vorgenannter Art müssen am Eingang zu jedem Pulverraume in genügender Anzahl vorrätig gehalten werden.“ (§ 33)

„Den Pulverarbeitern sind taschenlose Arbeitsanzüge, den Pulverarbeiterinnen Schürzen zur Verfügung zu stellen, die nach Beendigung der Arbeit im Umkleideraum zurückzubehalten sind.“ (§ 50)

für Nitropulverfabriken:

„Jeder in die Pulverarbeitsräume Eintretende hat vorher seine Fußbekleidung zu reinigen. Beim Eintritt in Trockenhäuser für Nitrocellulose und in Gebäude mit Pulverstaubentwicklung müssen Filzschuhe oder Lederschuhe ohne Eisenstifte oder ebensolche Pantoffeln getragen werden, oder das Schuhzeug ist abzulegen.

Es sind Filz- oder Lederschuhe oder Pantoffeln vorgenannter Art in genügender Anzahl bereit zu halten.“ (§ 36)

für Nitroglycerinsprengstoffabriken:

„Die Arbeiter, welche mit losen Sprengstoffen in Berührung kommen, haben vor Beginn der Arbeit besondere Anzüge ohne Taschen anzuziehen und vor dem Verlassen der Fabrik wieder abzulegen.

In der Sprengstoffabteilung darf keine Fußbekleidung, die mit Eisen beschlagen ist, getragen werden.

Vorschriftsmäßige Anzüge sind zu liefern und von der Fabrikleitung in brauchbarem Zustand zu erhalten." (§ 34)

Für das Laden und Entladen von Patronen mit Pulver und für **die Herstellung von Feuerwerkskörpern** ist vorgeschrieben:

„Das Betreten der Pulvermagazine, Laderäume und Entladeräume ist nur in solchem Schuhwerk gestattet, welches nicht mit eisernen Nägeln oder solchen Beschlägen versehen ist." (§ 9)

In Pikrinsäurefabriken dürfen die Abteilungen zum Trocknen der Reinpikrinsäuren, zum Sieben, Verpacken und Lagern nur mit nichtgenagelten Sohlen betreten werden.

In Zünderfabriken dürfen:

„Räume mit Explosionsgefahr nur unter Benutzung der hierfür bestimmten Schuhzeuge betreten werden. Das Wechseln des Schuhzeuges hat in den Vorbauten der Gebäude zu erfolgen.

Die Arbeiter müssen die ihnen überwiesenen Sicherheitskleider benutzen. Das Anlegen derselben hat in dem dafür bestimmten Raume zu erfolgen." (§ 44)

In Zündhütchenfabriken dürfen:

„die Räume, in denen Sprengstoff gemischt, getrocknet, gekörnt oder gesiebt wird, nur auf Filzschuhen oder Socken betreten werden." (§ 44)

„Nach Beendigung der Arbeit müssen die Arbeiter ihre Kleider, an denen Sprengstoffstaub haftet, an gesicherter Stelle im Freien reinigen und Gesicht und Hände waschen.

Die vorgenannten Kleidungsstücke sind beim Verlassen der Arbeit in der Fabrik zurückzulassen." (§ 42)

Für Betriebe zur Herstellung von Feuerwerkskörpern:

„Die Arbeiter müssen ihre Kleider tunlichst frei von gefährlichem Staube halten und dieselben nach beendigter Arbeit im Freien reinigen. Das Tragen von Schuhen mit eisernen Nägeln oder eisernem Beschlag ist verboten."

Gleiches wird verlangt für das Betreten von Räumen zur Herstellung von Feuerwerkskörpern (§ 15).

In Lack- und Firnissiedereien muß

„die Fußbekleidung genügenden Schutz gegen Verbrennungen durch heiße Flüssigkeiten bieten." (§ 30)

Zum Schutz gegen die Einwirkung elektrischen Stromes werden Gummihandschuhe getragen und zwar als Finger- oder Fausthandschuhe, ohne Manschetten, also nur bis zum Handgelenk reichend oder mit Manschetten bis zum halben Unterarm, bis zum Ellenbogen oder bis zum halben Oberarm. Die *Rheinische Gummiwarenfabrik Franz Clouth* in Köln-Nippes liefert solche Handschuhe mit Gummiplatte, ohne und mit Futter, ferner aus Paragummi, ohne Naht und mit Futter aus Trikotstoff. Die letztere Form wird vor dem Versand auf eine Widerstandsfähigkeit von 5000 und 10 000 Volt geprüft.

Wie die Unfallstatistik zeigt, entstehen viele **Augenschädigungen** durch einfliegende Splitter und Stückchen, Funken, Schmelztropfen, heiße Schlackenteile, verspritzende heiße oder ätzende Flüssigkeiten, dann durch Staub, Rauch, gewisse Dämpfe, Dünste, Gase, durch grelles Licht, große

Hitze. Diese Schädigungen sind nicht selten dauernd, führen auch manchmal zur Erblindung und sind dann wegen der dem Arbeiter für die ganze Dauer seines Lebens zu zahlenden Rente von schwerwiegender Bedeutung für die Unfallversicherung. Dem Schutz der Augen ist daher mehr Wert beizulegen, als es gewöhnlich in Unterschätzung der Gefahren und ihrer Folgen geschieht.

Die allgemeinen berufsgenossenschaftlichen Vorschriften bestimmen:

„Bei allen Arbeiten, die ihrer Natur nach zu Augenverletzungen leicht Veranlassung geben können, sind den damit beschäftigten Personen geeignete Schutzmittel (Brillen, Masken, Schirme) zur Verfügung zu halten." (I 25)

Die neuen Vorschriften fordern:

„Bei allen Arbeiten, die ihrer Natur nach zu Augenverletzungen leicht Veranlassung geben können, sind den damit beschäftigten Personen geeignete Schutzmittel (Brillen, Masken, Schutzschirme) zur Verfügung zu stellen, auf deren Benutzung zu halten ist.

Die Arbeiter sind verpflichtet, sich dieser Schutzmittel in obigen Fällen zu bedienen, insbesondere da, wo mit dem Verspritzen von Säure, Lauge oder anderen ätzenden Stoffen gerechnet werden muß, beim Mühlsteinschärfen, Kiesklopfen, bei der Bearbeitung harter und spröder Arbeitsstücke sowie beim Abfüllen von Getränken auf Glasflaschen unter Druck." (§ 45)

Die besonderen Vorschriften für Düngerfabriken mit Knochenverarbeitung und für solche einschließlich Thomasschlackenmühlen sowie für Lack- und Firnissiedereien fordern nochmals ausdrücklich die Benutzung von Schutzbrillen für Arbeiten, bei denen die Augen durch gefährlichen Staub, Spritzer und ätzende Flüssigkeiten bedroht sind (§ 17, § 24, § 16).

Von den Arbeitern wird die Benutzung dieser Augenschutzmittel verlangt. Leider ist die Mißachtung der die Augen bedrohenden Gefahren bei den Arbeitern weit verbreitet, die daher oft die ihnen gebotenen Schutzmittel nicht gebrauchen. Einem solchen unvorsichtigen und oft leichtsinnigen Verhalten gegenüber muß der Betriebsunternehmer durch strenge Aufsicht dafür sorgen, daß bei augengefährdenden Arbeiten die Schutzmittel getragen werden.

Allerdings ist der bei vielen Arbeitern vorhandene und sich gelegentlich bis zu offenem Widerstand und zur Kündigung des Arbeitsverhältnisses steigernde Widerwille gegen das Tragen von Augenschutzmitteln nicht immer unberechtigt. Recht oft beschaffen Arbeitgeber, nur um den Unfallverhütungsvorschriften zu genügen, irgendwelche schablonenmäßig hergestellte, billige Schutzbrillen, ganz gleich, ob diese auch für die zu verrichtende Arbeit zweckmäßig sind. Dann entstehen natürlich Klagen: das Gesichtsfeld werde beschränkt und dadurch die Hantierung der Arbeiter unsicher gemacht; das Sehvermögen werde herabgesetzt; es werden Schmerzen in den Augen, Kopfschmerz, Schwindel, Flimmern, Tränen und Heißwerden der Augen erzeugt; die Gläser werden trübe oder laufen an, so daß die Sehschärfe beeinträchtigt wird; die Brillen seien zu schwer und belasten unerträglich das Gesicht; schließlich seien die Brillen gar nicht geeignet, den erwarteten Schutz zu gewähren.

Es ist daher eine dringende Pflicht der Arbeitgeber, unter den zahlreichen, in den Handel gebrachten Arten von Augenschutzmitteln diejenigen auszuwählen, die sich für die betreffende Arbeit eignen; es wird sich manchmal empfehlen, bei der Wahl verständige Arbeiter zuzuziehen.

Im allgemeinen müssen die Schutzbrillen folgenden Bedingungen genügen: Die Brille muß die Augen nach allen Seiten schützen; sie muß möglichst leicht und im Gestell dauerhaft sein, sich leicht am Kopf befestigen lassen und bequem sitzen; das Gesichtsfeld muß möglichst groß sein; die Brille muß, wenn die besonderen Gefahren nicht einen dichten Abschluß der Augen erfordern, reichlichen Luftwechsel zulassen, damit die Augen sich nicht erhitzen; werden Gläser, weiße oder farbige, in der Brille verwendet, so müssen sie sich leicht reinigen und auswechseln lassen.

Wenn es sich um Arbeiten handelt, bei denen scharfes Zusehen erforderlich ist, so darf die Brille die Sehschärfe nicht wesentlich beeinträchtigen; es können daher nur Einsätze aus Glas oder anderem durchsichtigen Material, wie Glimmer, angewendet werden; Drahtgeflecht ist unzweckmäßig. Bei Behandlung glühender, heißer oder ätzender Stoffe, wobei ein Verspritzen zu befürchten ist, wie z. B. bei Ofen- und Feuerungsarbeiten, beim Umgießen von Säuren und Laugen, Abfüllen hochgespannter Gase oder Flüssigkeiten unter Druck, muß der durchsichtige Teil der Brille aus einem Stoff bestehen, der unter der Berührung durch Funken, heiße oder ätzende Stoffe nicht wesentlich leidet. Für das Arbeiten mit heißen Stoffen oder am Feuer muß der am Gesicht anliegende Teil der Brille mit schlechten Wärmeleitern versehen sein. Handelt es sich um Schutz der Augen gegen stärkere anfliegende Stücke, so muß darauf auch geachtet werden, daß die Brilleneinsätze dem Anprall solcher widerstehen. Dünne Gläser würden dann zerspringen und ihre Splitter erst recht die Augen gefährden.

Für Arbeiten in chemischen Fabriken oder Laboratorien werden sehr verschiedenartige Brillenformen verwendet, je nachdem es dabei notwendig ist, die Augen vollständig dicht abzuschließen, oder ob es genügt, das Eindringen von Splittern, Funken, das Einspritzen ätzender Flüssigkeiten usw. aus bestimmter Richtung zu verhüten, so daß an dem Brillengehäuse noch Luftöffnungen, welche in diesen Richtungen nicht liegen oder nach ihnen zu abgedeckt sind, zulässig sind. Brillen mit Drahtgeflechteinsätzen sind nur zulässig, wenn kein genaues Zusehen notwendig ist und etwa durch die Maschine eindringender Staub die Augen nicht gefährden kann, wenn also z. B. das Zerkleinern von nicht ätzendem Material auszuführen ist.

Wenn nicht nur die Augen, sondern auch die angrenzenden Gesichtsteile zu schützen sind, so sind Schutzmasken zu verwenden, für die hinsichtlich der Brilleneinsätze dasselbe gilt wie für die Schutzbrillen.

Für das Arbeiten in staub- oder raucherfüllten Räumen sind gewöhnlich Schutzbrillen oder Schutzmasken oder Schutzhelme mit dichtem Abschluß zu verwenden, der durch eine Brilleneinfassung aus Leder, Tuch, Gummi, Schwammfilz, bei den Masken und Helmen durch Polster aus Gummi usw. gebildet wird.

Zum Schutz gegen grellen Feuer- oder Lichtschein werden gewöhnliche Brillen mit gefärbtem Glas verwendet, seltener mit Einsätzen aus gefärbtem Glimmer. Damit dann die Farben der im Gesichtsfeld liegenden Gegenstände nicht stark verändert erscheinen, empfiehlt es sich, nicht blaue, rote, grüne

Gläser, sondern dunkles graues oder Rauchglas zu verwenden, durch das die Augen nicht gereizt werden.

Vielfach wird statt des Glases Glimmer oder Mika zu den Einsätzen verwendet, weil diese Materialien gegen auftretende Splitter widerstandsfähiger als Glas sind und daher in dünneren Platten verwendet werden können als Glas, so daß die Brille leicht wird. Bei Arbeiten in heißen Räumen eignet sich Glimmer besser als Glas, da es ein schlechterer Wärmeableiter ist. Diesen Vorzügen steht aber der Nachteil gegenüber, daß Glimmer weniger durchsichtig ist, auch beim Durchsehen irisierende Ringe bilden kann, die die Augen anstrengen und Kopfschmerz und Schwindel erzeugen. Ferner ist Glimmer nicht so dauerhaft wie Glas, wirft sich, splittert leicht ab und wird bei häufigem Abwischen, wie es für Arbeiten bei Staubbildung oder in Rauch notwendig ist, durch entstehende Ritzen und Schrammen trübe.

Brilleneinsätze aus sehr dünnen Scheiben von Horn, Gelatoid und Celluloid werden auch angewendet, sind aber im allgemeinen nicht zu empfehlen, da das Sehen durch diese nicht völlig durchsichtigen Stoffe bei längerer Dauer anstrengt und solche Einsätze durch Nässe, Sonneneinwirkung, hohe Temperatur, feine Splitter, Staub leiden, bald blind werden, sich verziehen und werfen und dadurch an Sehschärfe verlieren. Celluloid ist natürlich wegen seiner leichten Entzündlichkeit bei Arbeiten, wo Funken, Schmelztropfen von Metall auf die Brille treffen können, und in heißen Räumen, bei Feuerarbeiten keinesfalls anzuwenden; auch Gelatoid hat sich in solchen Fällen nicht bewährt.

Die Brilleneinfassung oder das Brillengestell muß gut sitzen und sich leicht befestigen lassen, ohne zu sehr auf den Kopf zu drücken. Gewöhnlich werden Schutzbrillen und Schutzmasken am Kopf festgebunden oder mit Ohrenbügeln angehängt.

Eine zweckmäßige Übertragung des Brillengewichts auf den Kopf wird durch die Anwendung eines Kopfbügels oder einer Mütze, an der die Maske in Scharnieren hochgeklappt werden kann, erzielt. Die letztere Form haben *Specht* und Dr. *Plessner* angegeben und wird von *Seipp* in Frankfurt a. M. geliefert.

In dieser Fassung dürfen die Einsätze nicht zu weit nach vorn vorstehen, da sonst das Gesichtsfeld zu klein wird. Für viele Fälle empfiehlt es sich, die Einsätze herausnehmbar zu machen, um sie leicht reinigen und auswechseln zu können. Wenn ein dichter Abschluß am Gesicht nicht notwendig ist, muß das Brillengestell so mit Löchern versehen oder so geformt sein, daß die Luft an den Augen vorbeistreichen und sie kühl halten kann.

Fig. 239 veranschaulicht die Stroofsche Schutzbrille, wie sie z. B. von *J. G. Eisel jr.* in Griesheim mit Blechgehäuse oder Drahtgewebegehäuse, Schnureinfassung mit Glas- oder Glimmereinsatz oder mit Drahtgeflecht geliefert wird. Die Entfernung der Einsätze läßt sich dem Abstand der Augen bequem anpassen; die Glas- und Glimmereinsätze lassen sich leicht auswechseln. Eine neue, von der genannten Firma in den Handel gebrachte Brillenform ist im Blechgehäuse mit Luftlöchern versehen, die sich durch eine ringförmige Verschiebung schließen lassen, wenn die Brille bei gewissen Arbeiten luftdicht abschließen soll.

Eine gegen Säurespritzer schützende Brille veranschaulicht Fig. 240 nach einer Ausführung von *Gebr. Merz* in Frankfurt a. M.-Rödelheim. Diese Brille wird auch mit Gummiluftpolsterung zum dichten Abschluß der Augen geliefert.

Schutzmasken werden in sehr verschiedener Ausführung verwendet. Wenn es sich nur um Schutz gegen Splitter oder Funken handelt und der ganze Kopf zu sichern ist, dann können Hauben aus verzinntem Eisendraht-netz benutzt werden, wie sie nach Fig. 241 *F. Hugers-hoff* in Leipzig liefert. Diese Schutzmittel sind leicht zu tragen, da sie auf der Schulter ruhen.

Fig. 239.

Zweckmäßige Schutz-brillen und Schutzmasken verschiedenster Bauart werden von zahlreichen Firmen geliefert, außer von den genannten z. B. auch von *Leonh. Berg* in Kaiserslautern, *C. Goerg & Co.* in Berlin, *C. B. König* in Altona, *Sigm. Löwensohn* in Fürth i. B., *St. Scheidig & Sohn* in Fürth i. B., *Friedr. Schlagdenhaufen* in St. Johann, *J. Seipp* in Frankfurt a. M., *K. P. Simmelbauer & Co.* in Montigny bei Metz, *Carl Wendschuch* in Dresden.

Fig. 240.

Wichtig ist es, daß die Augenschutzmittel bequem aufbewahrt werden können. Das Herum-liegen in den Arbeitstischen, zusammen mit Werkzeugen usw. führt sehr leicht zu Beschä-digungen und Verschmutzungen. Zu empfehlen ist daher, die Brillen in Kästchen, Futteralen, größere Formen, Schutzmasken und Schutzhelme in Schränkchen unterzubringen. Der Aufbewahrungsort ist für die Arbeiter kenntlich zu machen; auch ist, etwa durch Anschlag, dem Arbeiter kundzugeben, bei welchen Arbeiten sie die Schutzmittel benutzen müssen. Ihre Lieferung und In-standhaltung muß vom Arbeitgeber unentgeltlich erfolgen. Die Arbeiter müssen angehalten werden, die Brille sofort nach ihrer Benutzung wieder an den Aufbewahrungsort zurückzubringen und Beschädigungen dem Werkmeister usw. sogleich anzuzeigen.

Fig. 241.

Unter Umständen kann es sich empfehlen, die Augen-schutzmittel in der Werkzeug- oder Materialausgabe auf-zubewahren oder sie dem Werkmeister usw. oder Vertrauens-männern der Arbeiterschaft zu übergeben, die sie den Arbeitern ausfolgen.

In der chemischen Industrie ist ferner bei vielen Fabrikationsarten und Arbeitstätigkeiten der Arbeiter gegen die Einatmung schädlicher Gase, Dämpfe, Staub, Rauch zu schützen. Es ist schon bei Besprechung der Lüftung und Absaugungseinrichtungen auf die Notwendigkeit des Schutzes der Einatmung hingewiesen worden. Wenn durch solche Vorkehrungen die vom

Arbeiter einzuatmende Luft genügend rein erzielt werden kann, dann sind sie den Mitteln vorzuziehen, die unmittelbar vom Arbeiter anzulegen sind. Denn diese Schutzmittel sind in jedem Fall mehr oder weniger lästig, werden daher vielfach von den Arbeitern nicht benutzt. Diese Abneigung beruht allerdings meist auf Vorurteil, aber es ist auch nicht zu leugnen, daß manche Schutzmittel keine genügende Wirkung haben.

Die berufsgenossenschaftlichen Vorschriften bestimmen:

„Auf Arbeitsstellen oder in geschlossenen Gefäßen und Apparaten, wo zu befürchten ist, daß trotz gewöhnlicher Vorsicht gesundheitsschädlicher Staub, gesundheitsschädliche Gase oder gesundheitsschädliche Dämpfe in gefahrdrohender Menge sich ansammeln können, sind den daselbst beschäftigten Arbeitern Mundschwämme, Respiratoren und andere zweckentsprechende Schutzmittel zur Verfügung zu halten." (I 24)

Die neuen Vorschriften verlangen:

„Bei Arbeiten mit Staubentwicklung müssen den Arbeitern geeignete Respiratoren zur Verfügung gestellt werden, auf deren Benutzung zu halten ist." (§ 50)

Für Düngerfabriken und bei der Vornahme von gewissen chemischen Prozessen, bei denen sich Arsenwasserstoff bilden kann, ist die Benutzung von Respiratoren u. dgl. von den besonderen Unfallverhütungsvorschriften vorgeschrieben (S. 200, S. 234).

Von den Arbeitern wird natürlich verlangt, daß sie die ihnen zur Verfügung gestellten Schutzmittel auch tragen. Es ist dies aber vielfach nur durch strenge Aufsicht zu erreichen.

Als Schutzmittel werden häufig auch Schwämme oder Tücher, die vor Mund oder Nase gebunden werden, benutzt.

Die Respiratoren usw. werden entweder mit Filtern zur Reinigung der einzuatmenden Luft oder mit Zuführung frischer Luft oder von Sauerstoff versehen; erstere Art wird verwendet, wenn die der Luft beigemischten Staubteile, Gase, Dämpfe usw. leicht durch Filter ausgeschieden werden können; die andere Art muß zur Anwendung kommen, wenn eine solche Reinigung nicht möglich ist. Als Filterstoff werden Watte, Filz, Schwamm und luftdurchlässige Gewebe verwendet; durch diese Stoffe, die häufig gereinigt oder durch frische ersetzt werden müssen, wird eingeatmet; das Ausatmen erfolgt wieder durch das Filter oder durch kleine, am Respiratorgehäuse angebrachte Klappen oder Ventile; die Gehäuse müssen dabei dicht an das Gesicht anschließen. Bei den Respiratoren und Rauchschutzapparaten mit Frischluftzuführung erfolgt letztere durch einen in das dicht an das Gesicht anschließende oder den Kopf umgebende Gehäuse einmündenden Schlauch, dem reine Luft durch einen Blasebalg oder eine Luftpumpe zugeführt wird; die ausgeatmete Luft entweicht aus dem Gehäuse durch Ventile. Bei den neuerdings mit Erfolg eingeführten Apparaten mit Sauerstoffzuführung wird der Sauerstoff einer Flasche, in der er sich im komprimierten Zustand befindet, entnommen; diese Flasche wird gewöhnlich von der betreffenden Person in einem Tornister mitgeführt. Bei allen Arten von Atmungsschutzapparaten ist es wichtig, daß die Ein- und Ausatmung so wenig wie möglich behindert wird; viele der in Anwendung befindlichen Respiratoren genügen dieser Forderung nicht und geben dadurch hauptsächlich Veranlassung, daß ihrer Verwendung, trotz der außerordentlichen Bedeutung des Schutzes der Einatmung, von Unternehmern und Arbeitern vielfach Widerstand entgegengesetzt wird.

Respiratoren, bei denen die ausgeatmete Luft durch das zum Reinigen der einzuatmenden Luft angebrachte Filter nach außen entweichen muß, werden in sehr verschiedenen Formen geliefert. Fig. 242 veranschaulicht einen Respirator mit Nickel-Zink-Gehäuse und Filzeinlage, Fig. 243 mit Ledergehäuse und Watteeinlage; beide sind Ausführungen von *Gebr. Merz* in Frankfurt a. M.-Rödelheim.

Ein von *Adolf Bräuer* in Wien I hergestellter Respirator bedeckt Mund und Nase und besteht aus zwei dünnen Zinkdrahtgeweben mit weicher Aluminiumfassung, welche sich jeder Gesichtsform leicht durch Biegen anpassen läßt. Zwischen die Gewebe wird

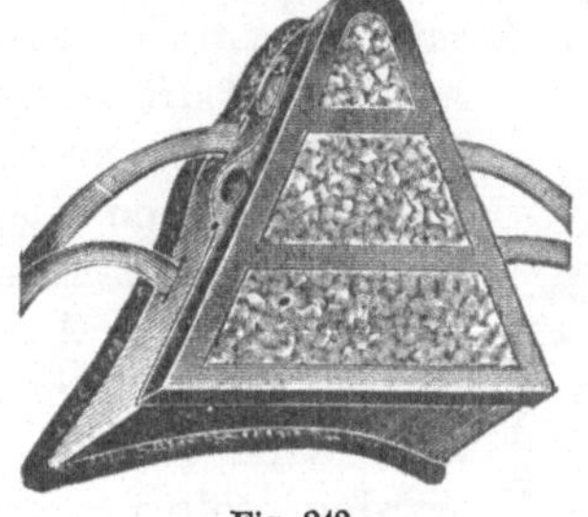

Fig. 242.

Fig. 243.

Watte gelegt, die häufig auszuwechseln ist. Für Staub genügt meist die Watte, für Gase wird sie gegebenenfalls mit verdünnter Lauge oder Essigsäure getränkt. Für saure Dämpfe sind die Respiratoren nicht zu brauchen, da der Zinkdraht zerfressen wird.

Mit Schwammfilter sind die Respiratoren von *F. Sarg* in Malstatt-Laubach ausgerüstet. Der Schwamm ist in Muschelform gepreßt und bedeckt Mund und Nasenlöcher. Er wird vor dem Gebrauch etwas angefeuchtet und läßt sich nachher durch Eintauchen in Wasser und Ausdrücken leicht reinigen. Diese Respiratoren eignen sich besonders für staubhaltige Luft, z. B. in Thomasschlacken-Mahlwerken; sie werden von *Jakob Rohmann* in St. Johann a. d. Saar geliefert.

Waschbar ist der von *Phil. Burger* in Berlin gelieferte „Lungenschutz Philos", der aus einem weitmaschig gewebtem gefalteten Tuchstück besteht, in das imprägnierte Watte gelegt wird. Das Tuch wird über Mund und Nase gelegt und festgebunden.

Fig. 244.

Fig. 244 veranschaulicht einen Staubrespirator, der von *Hugo Schäfer* nach der Angabe von *Buchwald-Körnich* geliefert wird und aus einem sich leicht dem Gesicht anschmiegenden Ledergehäuse mit Atmungseinsatz mit auswechselbarer Friesplatte besteht.

Die Verbindung eines Schwammrespirators mit einer Schutzbrille zeigt Fig. 245 nach einer Ausführung von *Gebr. Merz*; sie eignet sich zum Schutz gegen Rauch und ätzende Dämpfe. Bei den vorerwähnten Respiratoren muß die ausgeatmete Luft durch den Filterstoff nach außen dringen, der zur

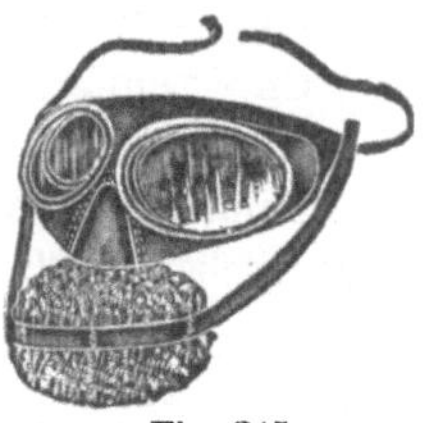

Fig. 245.

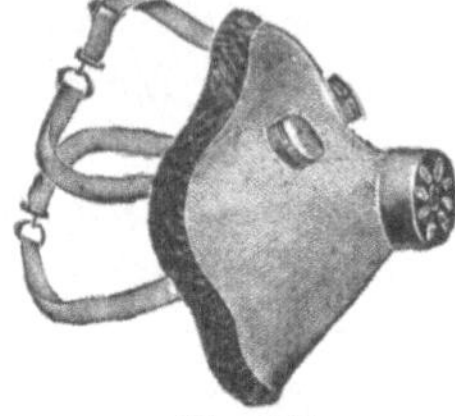

Fig. 246.

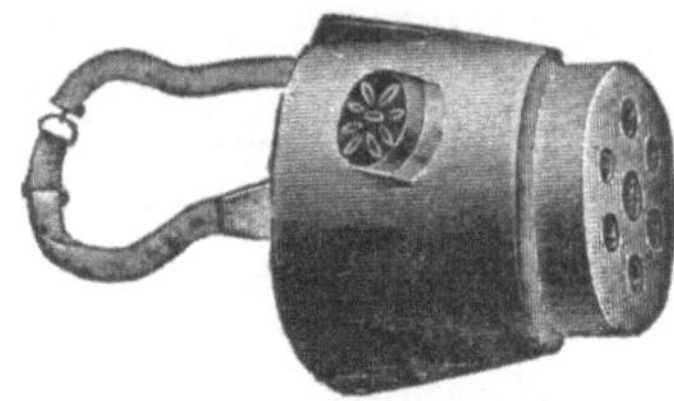

Fig. 247.

Reinigung der eingeatmeten Luft angebracht ist. Dagegen läßt sich einwenden, daß in dem Filter sich Ausatmungsstoffe festsetzen, mit denen die einzu-

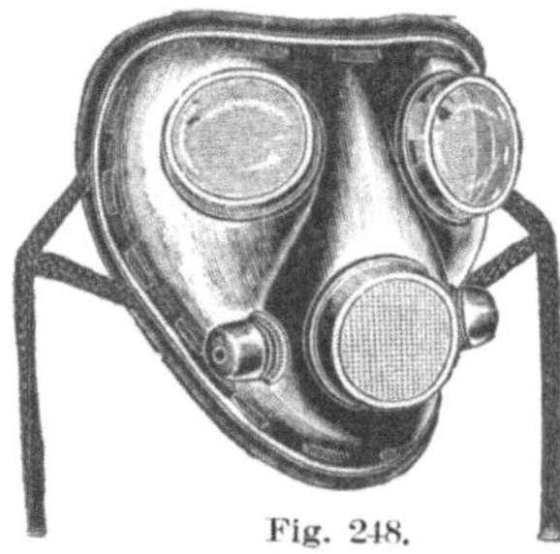

Fig. 248.

atmende Luft wieder in Berührung kommt. Es werden daher vielfach Respiratoren vorgezogen, die mit kleinen Klappen oder Ventilen versehen sind, die beim Einatmen sich selbsttätig schließen und beim Ausatmen die Luft entweichen lassen. Diese kleinen Ventile und Klappen müssen aber sehr gut gehalten und beim Schadhaftwerden sofort erneuert werden, da sie leicht Schaden leiden und dann die Luft von außen ungereinigt durchlassen.

Fig. 246 zeigt einen Respirator mit Gehäuse aus vulkanisiertem Kautschuk, Schwammeinlage und zwei Glimmerventilen, Fig. 247 eine Form mit

Fig. 249.

Gummigehäuse, Watteeinlage und Glimmerventilen. Beide Schutzmittel werden von *Gebr. Merz* geliefert.

Mit Aluminiumgehäuse und an das Gesicht sich dicht anlegendem Gummipolster sind die Respiratoren versehen, die von *J. G. Eisel jr.* in Griesheim geliefert werden und entweder nur Nase und Mund oder auch die Augen bedecken (Fig. 248), in letzterem Falle hat die Maske einen Brilleneinsatz.

Mit verhältnismäßig großer Filterfläche in Form eines auswechselbaren Sackes ist der Respirator von *Horstig* ausgerüstet; zur Ausatmung ist ein

Fig. 250.

Ventil angebracht. Er wird von der *Mannheimer Gummi-, Guttapercha- und Asbest-Fabrik* hergestellt.

Die *Rheinische Gummi- und Celluloid-Fabrik Mannheim Neckerau* liefert einen von *Jul. Wolff* angegebenen Staubschutzrespirator (Fig. 249 u. 250), bei dem das Einatmen lediglich durch die Nase erfolgt, der Mund ist geschlossen zu halten. In den Nasenlöchern wird ein mit zwei Düsen und einem Ausatmungsventil versehenes, aus Celluloid, in der älteren Form aus Silber hergestelltes Atmungsstück gesteckt, an das, je nachdem die Luft mit Staub mehr oder weniger verunreinigt ist, ein längerer Schlauch oder beiderseitig kurze Schlauchstücke anschließen. Diese bestehen aus einigen luftdurchlässigen Lagen, durch welche die Einatmung erfolgt und die dann den Staub abfiltrieren.

Respiratoren und Rauchhelme mit Luftzuführung werden in vielen Formen hergestellt. Eine von *Gebr. Merz* und *J. G. Eisel jr.* gelieferte Staubmaske verdeutlicht Fig. 251. Sie wird am Hals durch Umschnüren dicht befestigt; ein an der Maske befestigtes Aluminiumrohr wird mit der Luftzuleitung verbunden und führt die frische Luft durch einen Verteiler dem Gesicht zu. Atmungsschutzapparate in verschiedenen ähnlichen Formen liefern z. B. noch folgende Firmen: *C. Goerg & C*o. in Berlin, *C. B. König* in Altona, *Carl Wendschuch* in Dresden.

Fig. 251.   Fig. 252.

Um das Arbeiten in Rauch, giftigen Gasen und Dämpfen ohne Zufuhr frischer Luft von außen zu ermöglichen, wird seit mehreren Jahren die Anreicherung der ausgeatmeten und von ihrem Kohlensäuregehalt befreiten Luft mit Sauerstoff verwendet. Die hierzu benutzten Apparate müssen so beschaffen sein, daß sie die für die Ein- und Ausatmung erforderlichen Luftmengen liefern, die ausgeatmete Kohlensäure sicher beseitigen und den Lungen den notwendigen Sauerstoff in richtigen, auch nicht zu reichlichen Mengen zuführen. Der Luftbedarf ist je nach der Schwere der Arbeit sehr verschieden. In Ruhe oder bei ganz leichter Tätigkeit beträgt er 8 bis 12 l in der Minute; er steigt aber bei schwerer Arbeit auf 30 und 50 l. Der Apparat muß also diese Mengen liefern können. Ferner muß er mit vollkommener Sicherheit die ausgeatmete Kohlensäure absorbieren, was in mit Ätzkali oder Ätznatron gefüllten Behältern geschieht; natürlich muß dieses Material genügend oft erneuert werden.

Einen von *Gebr. Merz* gelieferten Helm aus Aluminium mit Sauerstoffflasche verdeutlicht Fig. 252. Die Einatmung erfolgt unter Zuhilfenahme eines Reduzierventils, das Ausatmen durch einen Mundbecher mit Rückschlagventil.

Die *Armaturen- und Maschinenfabrik „Westfalia"* in Gelsenkirchen i. W. liefert Rettungsapparate mit Mund- oder Helmatmung. Sie enthalten zwei mit komprimiertem Sauerstoff gefüllte Stahlflaschen und einen Regenerator zur Luftreinigung, der bei der Brusttype auf der Brust, bei der

Rückentype auf dem Rücken getragen wird. Die Wirkungsweise ist folgende: Nach Öffnen eines Absperrventils tritt Sauerstoff durch ein Manometer in ein mit Sicherheitsventil versehenes Reduzierventil, das den Druck mindert und den Durchfluß regelt. Darauf gelangt der Sauerstoff in einen Injektor und saugt in ihn

Fig. 253.

ausgeatmete Luft, die im Regenerator von der Kohlensäure befreit ist, vermischt sich mit ihr und drückt sie dann in das Mundstück bei der Mundatmung (Fig. 253). Die ausgeatmete Luft wird gleichzeitig durch eine zweite Kammer der Munddüse abgesaugt und tritt in den Regenerator. Die Nase wird durch eingefettete Wattepfropfen abgeschlossen. In die Schläuche der ausgeatmeten und der einzuatmenden Luft sind Säcke eingeschaltet, die als Ausgleich dienen und die Aus- und Einatmung erleichtern. Da der Apparat bedeutend mehr mit Sauerstoff angereicherte Luft liefert, als zur Atmung notwendig ist, so entweicht der Überschuß durch ein Abblaseventil. Der Inhalt der beiden Sauerstoffflaschen genügt für eine Arbeitsdauer von reichlich 2 Stunden und gibt das Manometer genau an, für wieviel Arbeitsminuten sich noch Sauerstoff in den Flaschen befindet. Auf Wunsch wird auch eine Signalvorrichtung mitgeliefert, die dem Träger des Apparates anzeigt, wann der Sauerstoffvorrat zu Ende geht, so daß er noch rechtzeitig die Arbeitsstätte verlassen kann.

Bei der Helmatmung (Fig. 254) wird der Kopf von einem Helm luftdicht umschlossen, in den unten in der unmittelbaren Nähe des Mundes die angereicherte Luft eintritt, während die ausgeatmete oben abgesaugt wird.

Fig. 254.

Um eine Verständigung des den Apparat tragenden Mannes mit den außerhalb des gefährlichen Raumes befindlichen Leuten zu erzielen, wird ein Telephon am Helm angebracht. Auch können die Rettungsapparate, namentlich die mit Mundatmung, mit einer Sprechvorrichtung versehen werden, so daß sich der Apparatträger mit Mitarbeitern oder Verunglückten verständigen kann. Zur Aufbewahrung des Apparates und der notwendigen Reservestücke und sonstigem Zubehör, z. B. Sicherheitslampen, liefert die genannte Firma besondere Schränke.

Ähnlich sind die Apparate, die das *Drägerwerk* in Lübeck und die *Sauerstoffabrik Berlin* liefern. Das *Drägerwerk* benutzt zur Regeneration der Atemluft Ätzkali in Körnerform. Die Kalipatrone enthält eine größere Zahl von schichtweise gelagerten Körnern, die der durchstreichenden Atemluft eine große Oberfläche bieten. Sie wird fertig geliefert, so daß sie nur eingesetzt zu werden braucht, wobei ein Berühren der Körner vermieden ist.

Das Ätzkali zerfließt durch die Aufnahme von Kohlensäure und Wasser und bildet die Beseitigung der Lauge eine gewisse Schwierigkeit. Bei dem Drägerschen Apparat wird die Flüssigkeit durch eine poröse Unterlage der Körnerschichten aufgesaugt. Bei Aufnahme der Kohlensäure erhitzt sich das Kali; um die dadurch entstehende Erwärmung der Atemluft zu vermeiden, wird sie bei dem Drägerschen Apparat durch einen Flächenkühler geleitet.

Sach- und Namenregister.